Math is Life ■ 012

기하학의 역사적 배경과 발달

이종우 지음

KM 경문사

Preface

아무리 미개한 문화라도 어떤 초보적인 기하학을 반영하지 않은 문화는 없다. 기하학의 추론은 논리적이고, 명백하고, 또한 질서 정연하여 오류가 끼어드는 것은 불가능하다. 그리하여 플라톤은 "신은 기하학적으로 사고한다"고 말했다.

수학은 어려운 학문이지만 수학의 역사와 특성을 통해 어렴풋이 이해하고 즐길 수 있는 학문이다. 요즘은 수학에 흥미를 갖고 있는 다양한 독자들의 눈높이에 맞게 수학을 재미있게 풀어 쓴 여러 수준의 책들이 다양하게 출판되어 독자들의 지적 욕구를 채워주는데 크게 공헌하고 있다.

이 책은 기하학의 역사를 바탕으로 오늘날까지 쌓아올린 기하학적 지식의 근거는 무엇이며, 어떠한 순서로, 어떠한 사고를 하는 사람들의 어떠한 노력에 의해 발전하여 왔는가를 소개함으로써 수학에 흥미를 갖은 독자들이 좀 더 기하학을 쉽게 이해하도록 하는데 목적이 있다.

1997년에 출판된 이 책을 새롭게 편집하여 출판하는 과정에서 많은 도움을 준 경문사 모든 직원 분들의 노고에 감사드립니다.

2009년 3월

이종우

Contents

9 수학의 대수적인 고찰 : 해석기하학

10 사영기하학의 재발견

11 탄생을 위한 전주곡 : 평행공준

12 새로운 탄생과 기하학의 해방 : 비유클리드 기하학

1 기하학이란 무엇인가

기하학이라는 단어 geometry는 그리스 어의 geometrein(geo : 땅, metrein : 측정하다)으로부터 유래된 것이다. 그리스의 역사학자 헤로도토스(Herodotus, 기원전 5세기)는

> 기하학은 땅을 측정하는 학문이며, 고대 이집트인들이 나일 강의 범람 후에 그들의 땅을 복원하기 위해 사용했다.

고 기록하고 있다. 그러나 다른 고대 문명국가인 바빌로니아, 중국 등에서도 역시 기하학적 지식을 갖고 있음은 기록에서 찾아볼 수 있다.

실용적인 목적을 초월하여 도형에 대하여 논증기하학을 도입한 시기는 고대 그리스 시대로 거슬러 올라간다. 밀레투스의 탈레스(Thales of Miletus)는 삼각형과 원에 관한 몇 가지 성질을 알고 있었으며, 간접적인 측량에서 이러한 성질을 이용했다고 한다. 또한 피타고라스는 증명이라는 방법으로 이런 지식을 논리적으로 체계화하는 착상이 있었던 것으로 전해진다. 유클리드의 〈원론〉은 이러한 착상에 의해 최초로 얻어진 위대한 부산물이다. 〈원론〉에서는 대부분 평면과 공간에서 도형에 관하여 다루고 있으며, 또한 수론적인 면을 기하학적 용어로 나타내고 있다. 특히 여기서는 논리적으로 이루어진 그 당시 수학적 지식 전체를 찾아볼 수 있다.

오늘날의 기하학은 공간에서 도형을 다루는 수학의 한 분야이지만 고대 그리스 시대에는 모든 수학은 기하학으로 간주되었다. 그래서 수학자라는 단어 'mathematician'의 동의어로 프랑스 어로는 'géomètre', 또 독일어로는 'Geometer'가 사용되기도 한다.

대수학은 중세기 말경에 중동에서 유럽으로 소개되었으며 르네상스 시대에 더욱 발전되었다. 기하학은 17세기와 18세기에 해석학의 발전과 더불어 대수학 및 해석학과 동등해졌다. 기하학적 도형은 해석기하학(analytic geometry) 방법인 좌표를 이용하여 대수학적 또는 해석학적으로 다룰 수 있으며, 역으로 대수학적 또는 해석학적인 면은 기하학적

으로 표현될 수 있다.

17세기에 데카르트의 착상은 해석기하학의 기초가 되었다. 특히 18세기 들어서 오일러가 2차 곡선에 대한 완전한 대수적 이론을 확립하여 해석기하학은 상당한 발전을 하게 되었는데, 그 전에 이 곡선은 아폴로니우스에 의해 원추곡선으로 연구되었었다. 18세기 말경에 해석학은 기하학에 다시 응용되어 **미분기하학**(differential geometry)을 탄생시켰다. 예를 들면 몽주의 공헌은 미분기하학의 선구자로 간주될 수 있다.

그러나 해석학적 방법이 기하학적 문제를 다루는 데 항상 최선의 방법이라고 말할 수는 없다. 좌표를 사용하지 않고 직접 도형을 다루는 기하학을 **종합기하학**(synthetic geometry)이라고 부른다. **사영기하학**(projective geometry)이라는 새로운 기하학이 17세기에 데자르그와 파스칼에 의해 창조되었는데 이것은 종합기하학의 대표적인 경우이다. 그리고 사영기하학은 19세기 들어서 퐁슬레와 카르노를 비롯한 많은 수학자들에 의해 더욱더 발전되었다.

한편 유클리드 〈원론〉에서 평행공준은 고대 이후 계속 비평의 대상이 되어 왔다. 19세기에 유클리드 기하학의 선험적(priori) 정당성을 거부한 볼리아이와 로바체프스키는 **비유클리드 기하학**(non-Euclidean geometry)을 발표했으며, 클라인, 푸앵카레, 벨트라미 등은 이 기하학의 논리적 무모순성을 유클리드 기하학과 사영기하학을 바탕으로 만든 모형을 이용하여 입증하였다.

해석기하학에서 눈에 보이는 평면과 공간은 우리가 잘 알고 있는 2차원 유클리드 공간 E^2와 3차원 유클리드 공간 E^3로 나타낼 수 있다. 이러한 공간을 n차원 유클리드 공간 E^n으로 확장하는 것은 쉬운 일이다. E^n에서의 점은 실수의 n쌍 $(x_1, x_2, \cdots, x_n)$으로, 그리고 두 점 $(x_1, x_2, \cdots, x_n)$과 $(y_1, y_2, \cdots, y_n)$ 사이의 거리는

$$\sqrt{(y_1 - x_1)^2 + (y_2 - x_2)^2 + \cdots + (y_n - x_n)^2}$$

으로 정의한다. 여기서 E^2와 E^3의 기하학을 각각 **평면기하학**(plane geometry)과 **입체기하학**(solid geometry)이라 부르고, E^n의 기하학을 n차원 **유클리드 기하학**(n-dimensional Euclidean geometry)이라 부른다. 마찬가지 방법으로 n차원 사영기하학과 비유클리드 기하학도 얻을 수 있다.

1872년에 클라인은 당시 새로운 학문으로 각광을 받고 있던 군(group)의 개념을 사용

하여 기하학적 성질을 군론적 입장에서 밝히는 데 성공했다. 그는

> **기하학이란 주어진 변환군에 속하는 임의의 변환에 대하여 불변인 도형의 성질을 연구하는 학문이다.**

라고 정의했다. 이것을 클라인의 **에를랑겐 목록**(Erlangen program)이라고 부른다.

1854년에 리만은 괴팅겐 대학 취임 강연에서 '기하학의 기초를 이루는 가정에 대하여'라는 제목으로 기하학 연구에 획기적인 새로운 방향을 제시하였다. **리만 기하학**의 어떤 부분은 클라인이 주장하는 기하학의 범주에 속하지 않으며, 특히 리만 기하학인 **미분가능 다양체**는 오늘날 수학의 많은 분야에서 폭넓게 연구되고 있다.

1899년에 힐베르트는 유클리드 〈원론〉의 공리계를 재검토하여 〈기하학의 기초〉를 저술하였다. 이 책은 오늘날의 수학을 공리론적 경향으로 유도하는 데 다른 어떤 책보다 훨씬 더 영향을 끼쳤다.

원추곡선의 연구에서 출발한 대수적 곡선에 관한 연구는 오늘날 급속히 발전하여 대수적 기하학인 대수적 다양체론으로 발전되었다. 기하학에서 출발하여 19세기 말부터 급속히 발전된 분야는 **위상수학**(topology)인데, 이 위상수학은 오늘날 수학의 전 분야에 상당한 영향을 미치고 있다.

오늘날의 기하학은 다른 수학의 모든 분야에 응용되어 가끔 기하학을 다른 수학과 구분하기 어렵다. 그러나 기하학의 특성인 직관적인 통찰력은 고대에서부터 지금까지 그 중요성이 조금도 감소하지 않았다.

2 기하학의 기원

아무리 미개할지라도 어떤 종류의 초보적인 기하학을 반영하지 않은 문화는 거의 없다. 따라서 기하학은 역사가 기록되기 훨씬 이전부터 발전되어 왔다고 추측할 수 있다. 그럼에도 불구하고 기하학에 관한 역사적 사실은 전해지고 있는 기록에 의존할 수밖에 없는데 고대문명의 발상지인 이집트, 바빌로니아, 중국 등의 고대 기록 중에서 남아 있는 것은 대부분 이집트와 바빌로니아의 것이다. 고대 중국에서는 나무껍질이나 대나무에 기록을 남겨 놓았기 때문에 오래 견딜 수 없었다. 이에 반하여 고대 이집트의 파피루스는 건조한 기후 덕분에 오늘날까지도 일부가 남아 있고, 바빌로니아는 점토판에 쐐기형 문자로 기록하여 불에 구워서 남겼으므로 오랫동안 보존될 수 있었다. 따라서 파피루스와 점토판은 오늘날 고대의 수학을 연구하는 데 훌륭한 자료를 제공하고 있다.

고대 문명국가이면서 농업 국가인 이집트, 바빌로니아, 중국의 사람들은 나일 강, 유프라테스 강, 황하의 반복되는 홍수로 인한 농토 정리를 위한 토지 측량 및 홍수를 막기 위한 토목사업을 위해 원, 삼각형, 사각형 등으로 표현되는 도형을 그리고, 그것들의 면적, 둘레 등을 계산하기 위해 기하학적 지식이 필요하였다. 이 시대 기하학의 특징은 논리에 의한 것이 아니라 실험과 관찰, 추측, 때로는 번득이는 직관에 의해서 얻은 결과로 이루어진 것이었지만 후에 이집트와 바빌로니아의 기하학적 결과는 그리스의 기하학에 지대한 영향을 주었다.

2-1 바빌로니아의 기하학 : 플림프톤 322

19세기 초에 메소포타미아에서 활동하던 고고학자들은 약 50만 개의 바빌로니아 점토판을 발굴해 냈는데 그 점토판에는 글자가 새겨져 있었다. 이들은 주로 파리, 런던, 베를린 등의 대박물관과 예일, 컬럼비아, 펜실베이니아 대학의 고고학 전시관 등에 소장되어 있다. 이 점토판 중에서 약 300개가 수학에 관한 점토판으로 판명되었는데 수학에 관한 표와 문제가 적혀 있다. 수학판 중에서 가장 놀라운 것은 '플림프톤 322(Plimpton 322)'로 알려져 있고(그림 2-1), 이 이름은 컬럼비아 대학의 플림프톤 소장품 목록번호 322라는 데서 따온 것이다.

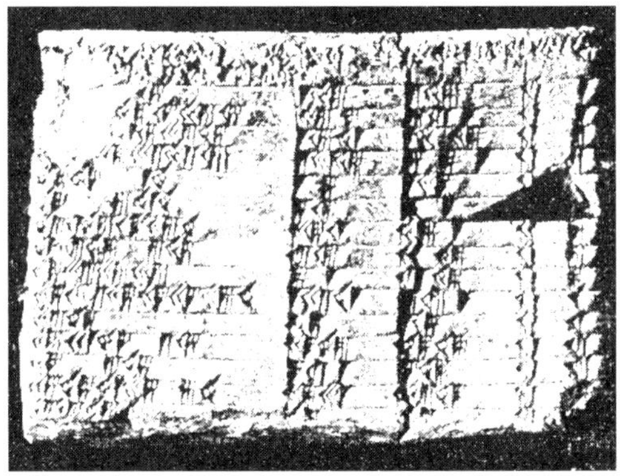

그림 2-1

이 수학판은 바빌로니아 고어체로 쓰인 것으로 연대는 기원전 1900년에서 기원전 1600년 사이로 추정되며 1945년에 처음으로 노이게바우어(Neugebauer)와 사크스(Sachs)에 의해 내용이 분석되었다. 이 판은 세 줄로 숫자가 적혀 있는데 편의상 오늘날의 10진법으로 표현하면 다음과 같다.

119	169	1
3367	4825	2
4601	6649	3
12709	18541	4
65	97	5
319	481	6
2291	3541	7
799	1249	8
481	769	9
4961	8161	10
45	75	11
1679	2929	12
161	289	13
1771	3229	14
56	106	15

여기에서 맨 오른쪽 줄의 숫자는 단순히 순서를 나타내기 위해 매긴 것으로 추측할 수 있다. 오늘날 우리는 직각삼각형의 변의 크기가 될 수 있는 {3, 4, 5}와 같은 세 개의 양의 정수의 집합을 **피타고라스 3쌍**(Pythagorean triple)이라고 하며, 특히 그 3쌍이 1 이외의 어떤 공통 인수도 갖지 않으면 **원시 피타고라스 3쌍**(primitive Pythagorean triple)이라고 부른다. 따라서 {3, 4, 5}는 원시 3쌍이고 {6, 8, 10}은 원시 3쌍이 아니다. 그런데

놀라운 것은 '플림프톤 322'에 쓰인 15줄의 숫자 중에서 11번째 줄의 {45, 60, 75}와 15번째 줄의 {56, 90, 106}을 제외한 13개의 줄은 원시 피타고라스 3쌍이라는 것이다. 예를 들어 첫 번째 줄의 {119, 120, 169}은 원시 피타고라스 3쌍이다. 따라서 그들은 이미 피타고라스 정리도 잘 알고 있었다고 추측할 수 있다.

1936년에도 바빌론에서 200마일 떨어진 수사(Susa)에서 고대 바빌로니아 점토판이 무더기로 발굴되었다. 이 점토판 중에는 3, 4, 5, 6개의 변을 갖는 정다각형의 면적과 제곱의 비를 구하고 있으며, 또한 정6각형의 둘레와 그것에 외접하는 원의 원주의 비가 $57/60 + 36/3600$으로 주어져 있어, π에 대한 근사값으로 $25/8 = 3.125$를 택한 것을 알 수 있다. 이것들 외에도 발굴된 점토판에 있는 구체적인 예로 미루어 보아 바빌로니아인들은 면적과 부피를 계산하는 상당히 높은 수준의 기하학을 오래 전부터 알고 있었음을 추측할 수 있다. 오늘날 원주를 360등분하는 것도 틀림없는 고대 바빌로니아인의 업적인 것으로 보는 것은 당연시되고 있다.

2-2 이집트의 기하학 : 파피루스

이집트의 나일 강은 사하라 기후인데도 수원을 이루는 에티오피아 지방의 비와 녹은 눈 때문에 정기적으로 범람하였다. 그러나 물이 빠지면 기름진 땅이 그 자리에 남는다. 이 토지는 다음 홍수가 시작할 때까지 훌륭한 농토가 되었다. 이집트는 지정학적으로도 바빌로니아와 비교할 때 반 고립적인 위치에 있어서 이집트 수학은 바빌로니아의 수준에 미치지 못했다.

이집트인들은 나일 강변에서 자라는 방동사니과의 다년초 파피루스(papyrus)의 줄기를 세로로 얇게 잘라 종횡으로 배열하여 밀착시킨 용지에 고대 이집트의 신관문자와 민중문자 등의 여러 언어로 지식을 기록하였다. 이집트 어로 된 파피루스 문서가 피라미드 등 왕조의 고분에서 출토되었는데, 그것에 기록된 왕조의 연대록, 수학, 의학, 종교 이야기, 교훈, 시문, 민간문학 등은 고대 이집트 학문의 귀중한 연구 대상이 된다. 그 중에서도 의학의 '에베루스 파피루스'와 수학의 '모스크바 파피루스' '린드 파피루스' 등이 특히 유명하다.

오늘날 이집트의 기하학을 알 수 있는 자료로 '모스크바 파피루스'와 '린드 파피루스'

가 있다. 이 문헌에는 110개의 수학문제가 있는데 그 중에서 26개가 기하학에 관한 문제이다.

기원전 1850년경으로 추정되는 '모스크바 파피루스'는 편찬되기 훨씬 이전에 알려진 수학문제 25개가 실린 문헌이다. 이 파피루스는 1893년에 이집트에서 구입되어 현재 모스크바의 한 박물관에 소장되어 있다. 이 파피루스의 문제 14를 현대어로 바꾸면 다음과 같다.

> 당신에게 수직 높이가 6, 밑면의 변의 길이가 4, 또 윗면의 변의 길이가 2인 상단부가 절단된 피라미드가 주어졌다. 당신은 4를 제곱해서 16을 얻는다. 당신은 4를 두 배 해서 8을 얻는다. 당신은 2를 제곱해서 4를 얻는다. 당신은 16, 8, 4를 더해서 28을 얻는다. 이제 6을 3등분해서 2를 얻는다. 이 2와 28을 곱하면 56을 얻는다. 보아라, 56이 당신이 찾는 옳은 답이다.

여기에서 이집트인들은 왜 그것이 바른 답이 되는지 또 일반적인 피라미드의 절두체의 부피는 어떻게 구하는지에 관해서는 전혀 흔적이 없다. 그런네 사실상 수직높이가 h, 밑면의 변의 길이가 a, 또 윗면의 변의 길이가 b인 피라미드의 절두체의 부피 V는

$$V=\frac{1}{3}h(a^2+ah+b^2)$$

이므로, 위의 이집트인들의 답은 옳은 것이다.

적어도 기원전 1650년 이전으로 추정되는 '린드 파피루스'에는 원의 넓이를 그 원의 지름의 8/9을 한 변으로 갖는 정사각형의 넓이로 택하고 있음을 알 수 있다. 이 공식은 원주율을 $\pi=(4/3)^4=3.1604\cdots$로 택한 것과 동치이다. 또한 직원기둥의 부피는 밑면의 면적과 높이의 곱으로 구했다. 그러나 네 변이 길이가 연속적으로 a, b, c, d인 임의의 사변형의 면적을 구하는 데 잘못된 공식

$$S=\frac{a+c}{2}\cdot\frac{b+d}{2}$$

를 이용하고 있음도 찾아볼 수 있다. 이 공식은 직사각형이 아닌 모든 사각형에 대해서는 너무 큰 값을 준다.

2-3 중국의 기하학 : 구장산술

고대 중국의 문명은 황하 유역에서 발생한 문명이 중심을 이룬다. 그러나 5,464km인 황하는 그 유역의 농업에 크게 이바지한 것은 사실이지만 평균 2년에 한 번꼴로 홍수가 일어나 엄청난 피해를 가져왔다. 이 폭력적인 홍수로 인한 황폐한 토지를 다시 가꾸기까지는 몇 해가 지나야 했고 그 동안 기근이 덮쳐 오곤 했다. 따라서 고대 중국에서는 치수 문제가 매우 중요한 위치를 차지하여 토목공사에 필요한 계산문제를 다루게 되었다고 추측할 수 있다.

그러나 고대 중국의 기하학의 근원적인 발생에 관해서는 오늘날에 전해지는 것은 거의 없다. 그 중에서 가장 중요한 이유는 고대 중국인들은 그들의 발견을 대나무에 기록하였기 때문에 영구 보존할 수 없었고, 더욱이 기원전 213년에 진의 시황제가 중국을 통일한 후 권력을 확대하고 철저히 하기 위하여 승상 이사(李斯)의 말을 듣고 관청에 소장된 책 중에서 진에 대하여 서술되어 있지 않은 서적을 불태웠고, 이어서 민간이 소장한 책 중에서 의학, 복서, 종수에 관계되는 것 이외는 모두 거두어 불태웠다. 특히 황제를 비방한 학자 등 460명을 생매장하였는데, 이 사건을 분서갱유라고 한다. 물론 황제의 포고령이 완벽하게 수행되지 못했고, 또 불타버린 많은 책 중의 일부가 그 후에 복원되기는 했지만 그것으로는 부족하다.

유교 경전의 하나로 주대의 관제를 기록한 〈주례〉에는 관영 공장에서 제작되는 각종 기구에 관한 기록이 실려 있는데 이것을 제작하기 위해서 자나 컴퍼스 등을 이용했음을 알 수 있다. 실제로 고대 중국의 전설상의 제왕으로 몸은 뱀이고 머리는 사람의 머리인 복희와 여화를 한대(206 B.C-222 A.D)에 조각했다는 석각에는 컴퍼스와 자를 그림 2-2와 같이 각각 손에 들고 있다.

그림 2-2

흔히 중국의 고전시대로 일컬어지는 전국시대(500?-221B.C.)에 한 기술자 집단의 최초의 맹주인 묵자의 저술 〈묵자〉에는 기하학에서 기본적인 전제가 될 수 있는 기하학에 관한 명제

> 점은 넓이가 없는 선의 맨 끝에 있는 부분이다.
> 평행이란 같은 높이를 뜻한다.
> 원의 중심은 원주로부터 같은 거리에 있다.
> 직사각형은 모두 네 선분과 네 직각을 가지고 있다.

등이 실려 있다.

고대 중국의 수학책 중에서 가장 중요한 〈구장산술〉은 한대에 쓰인 것으로 한대 훨씬 이전의 내용도 담고 있다. 흔히 동양의 〈원론〉이라고 불리는 이것은 기하학과 수론에 관해서는 고대 그리스에 비할 수 없지만, 산술과 대수에서는 3세기 이전의 그리스 수준을 능가한다. 이 책은 모두 아홉 장으로 나누어져 있기 때문에 구장산술이라고 부르며, 농업, 상업, 공업, 측량, 방정식의 해법, 직각삼각형의 성질 등에 관한 246개의 문제를 다루고 있다. 문제마다 답이 적혀 있으며, 같은 종류의 문제를 묶어서 간단한 해법이 주어졌지만 유클리드의 〈원론〉처럼 엄밀한 논리적 전개에 의한 증명은 찾아볼 수 없다. 38문제로 이루어진 제1장 〈방전〉은 전묘의 면적을 구하는 계산에 분수가 있으며, 분자·분모·통분이라는 말도 엿볼 수 있다. 특히 문제 36에는 밑변이 b이고 호의 높이(원호의 중점에서 그 현의 중점까지의 거리)가 s인 원호의 면적은 경험에 의한 공식인

$$\frac{s(s+b)}{2}$$

로 주어져 있다. 아마 이것은 그림 2-3과 같이 밑변을 양쪽으로 각각 $s/2$만큼 연장하면 연장된 끝점들과 원호의 중점을 연결시켜 얻은 이등변삼각형의 면적이 원호의 면적과 같아 보이기 때문에 만든 것으로 추측된다. 반원에 대하여 이 공식을 적용하면 $\pi=3$이 된다. 24문제로 이루어진 제9장 〈구고〉는 피타고라스의 응용문제로서 2차방정식을 취급하였다. 이 서적은 후대 수학서적의 모델로서 246개의 실용적인 문제는 고대 사회경제사의 사료로서도 그 가치가 인정된다.

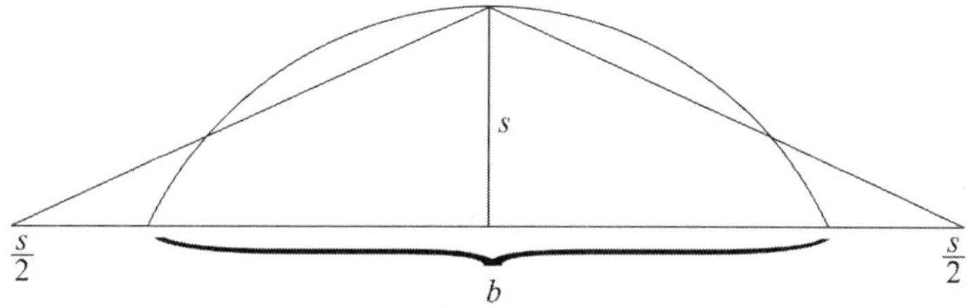

그림 2-3

〈구장산술〉보다 더 오래된 것으로 기원전 2000년경으로 추정되는 또 하나의 유명한 고전으로 〈주비산경〉이 있다. 이 책은 천문학에 관한 서적으로 일부만 수학적 내용을 담고 있는데 그림 2-4를 바탕으로 한 피타고라스 정리에 대한 논의가 있지만 증명은 없다.

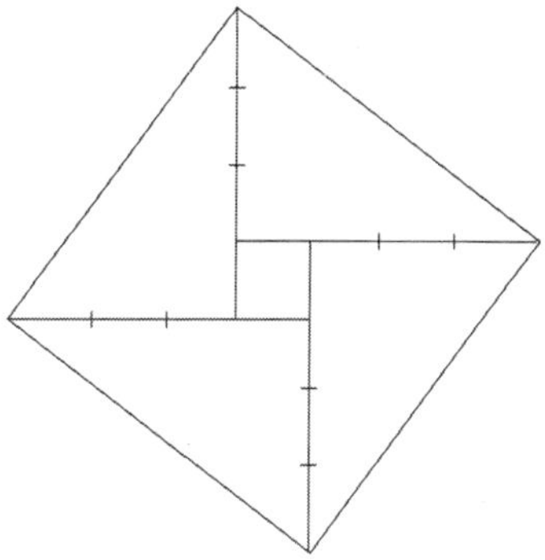

그림 2-4

후한(200? B.C.- 600?) 시대의 3세기 때 왕판이라는 장군은 π의 값으로 $\pi = 3.155$가 되는 근사값인 유리수 142/45를 만들어 낸 것으로 알려져 있다. 또한 중국 삼국시대의 위나라 수학자 유휘는 〈구장산술〉에 주석을 가하였으며 〈해도산경〉을 저작하였다. 〈구장산술주〉는 단순한 주석서에 그치지 않고 수학자로서 진가를 발휘한 귀중한 자료서이다. 그는 원주율을 산출함에 무한등비급수의 극한값을 구하는 방법과 유사한 추리방법을 적용하여 근사값

$$3.1410 < \pi < 3.1427$$

을 구하였다. 또 여러 가지 모양의 부피를 구하는 데도 뛰어난 기하학적 직관과 극한을 구하는 방법을 이용하였다. 유휘는 과거 중국의 가장 위대한 수학자로 평가되고 있다.

그 후 약 200년 뒤에 중국 남조 송의 과학자 조충지(430－501)와 그의 아들은 〈구장산술〉의 주석을 썼으며, 특히 원주율의 근사값

$$3.1415926 < \pi < 3.1415927$$

을 구했고, 또한 원의 지름이 113일 때 원둘레를 355로 잡은 소수 여섯 자리까지 정확한 π의 근사값인 유리수 355/113을 구하였다. 그러나 이 저작은 분실되었으며, 중국의 역사서로 수대의 사실을 제기 5권, 열전 50권, 지 30권으로 나누어 기록한 중국 역대 정사의 하나인 〈수서〉에 그들의 간단한 산법이 소개되기는 했지만 이것만으로는 자세한 내용은 알 수 없다. 중국의 π의 근사값인 유리수 355/113는 1573년경에 독일인 오토(V. Otto)에 의해 서양에 소개된 것으로 알려져 있으며, 서양에서는 1585년에 이르러서야 π의 근사값인 유리수 355/113가 안토니준(A. Anthoniszoon)에 의해 재발견되었다. 안토니준은

$$\frac{377}{120} < \pi < \frac{333}{106}$$

을 구한 다음 π의 좀더 정확한 값을 구하기 위하여 분모와 분자를 평균하여 π의 근사값인 유리수 355/113를 구했다. 따라서 서양의 수학자들도 1600년경까지도 조충지 부자의 근사값을 뛰어넘지는 못했다.

3 논증기하학의 창조 : 그리스 기하학

고대 그리스인들은 고대문명으로부터 토지의 측량기술과 상업적인 산술을 배웠다. 고대 그리스 이전에는 기하학의 문제에 대하여 오늘날 논증이라고 부르는 추리과정을 찾아볼 수 없고 단순히 이렇게 하면 구해진다는 식일 뿐, 구할 수 있는 이유에 대해서는 밝히지 않아 체계적으로 이루어지지 않았다. 그러나 고대 그리스인들은 기원전 4세기 중엽에 고대문명으로부터 배운 모든 기하학의 문제를 어떤 실험이나 관찰을 행하지 않고 좀더 기본적인 명제들로부터 오직 논증에 의하여 추론하여 연역적인 사슬로 얻어지는 기하학을 창조하였다. 이러한 기하학을 **논증기하학**(demonstrative geometry) 또는 **연역기하학**(deductive geometry)이라고 한다. 따라서 논증기하학은 고대 그리스 시대부터 시작되었다고 말할 수 있다. 고대 그리스 시대에는 이런 기하학을 모든 학문의 바탕으로 여겼으며, 인간의 사고는 논리적으로 따질 능력이 있어야 한다고 생각하였다.

플루타르크(Plutarch, 약 100년경)는 플라톤의 유명한

신은 기하학적으로 사고한다.

는 말을 기록하고 있다. 이 말은

> 기하학의 추론은 논리적으로 잘 배열되어 있기 때문에 기하학의 증명은 매우 명백하고 질서 정연하여 오류가 끼어드는 것은 불가능하다. 그러므로 기하학적인 사고는 오류에 빠지는 일이 없다. 따라서 기하학적으로 사고하는 신은 오류를 범하지 않는다.

는 것을 의미한다.

그리스 수학은 계산술보다는 기하학이 발전하였으며, 이를 바탕으로 미술, 건축 등에 기하학적 조화와 균형을 중요시하였다. 따라서 이 시대 수학의 모든 것은 기하학으로 간주되었다. 이러한 실용적인 목적을 초월한 논증기하학의 창조는 인류문화의 역사에서

가장 주목할 만한 사건 중의 하나이며, 과학의 모든 분야의 발전에 지대한 영향을 준 것 중의 하나이다. 이러한 논증기하학에 지대한 영향을 끼친 사람은 탈레스, 피타고라스, 히포크라테스, 플라톤, 에우독소스, 유클리드 등이다.

그런데 529년 말에 이르러 그 동안 기독교인의 반대에 끝까지 저항해 오던 아테네 학교가 결국 유스티니아누스(Justinian) 황제의 명령에 의하여 영원히 문을 닫고 말았다. 그리고 641년에는 알렉산드리아가 아라비아인들의 손으로 넘어간 후 알렉산드리아 학교는 얼마동안 부분적으로 존속하긴 했지만 끝내 아라비아인들은 기독교의 유산에 불을 지르고 말았다. 그리하여 길고 긴 영광의 그리스 기하학의 역사가 막을 내리게 되었다.

3-1 기하학의 창시자 : 탈레스

그리스의 7현 중의 한 사람인 탈레스(Thales, 624－547 B.C.)는 소아시아 연안의 그리스 식민지 밀레투스(Miletus)에서 태어났다. 페니키아인의 혈통이며, 당초에는 상인으로 재산을 모아 이집트로 유학하여 수학과 천문학을 배웠다. 탈레스는 이집트의 경험적, 실용적 지식을 바탕으로 그 당시보다 훨씬 이전부터 알려진 다음과 같은 기하학적 결과를 최초로 논리적인 추론에 의해 증명함으로써 기하학의 창시자라고 불린다.

1. 원은 임의의 지름에 의하여 이등분된다.
2. 이등변 삼각형의 두 밑각은 서로 같다.
3. 두 직선이 만나서 만드는 맞꼭지각은 서로 같다.
4. 두 삼각형에서 대응하는 두 각이 서로 같고 대응하는 한 변이 서로 같으면 두 삼각형은 서로 같다.
5. 반원에 내접하는 원주각은 직각이다.

위의 내용에 대한 그의 증명은 전해지지 않지만, 유클리드의 〈원론〉에 있는 일부 증명은 탈레스의 증명으로 간주된다. 탈레스는 이집트를 방문했을 때 최초로 비례식을 이용하여 피라미드의 높이를 계산하여 주위 사람을 탄복하게 하였다. 그런데 그가 그림자를 이용하여 피라미드의 높이를 계산한 방법에 대해서는, 사람의 그림자가 그 사람의 키와 같아지는 시점에 피라미드의 그림자의 길이를 재어 그 피라미드의 높이를 계산하였다는 아리스토텔레스의 제자인 히에로니무스(Hieronymus)의 학설과, 막대기를 세운 다음 닮은 삼각형의 성질을 이용하여 피라미드의 높이를 계산하였다는 플루타르크(Plutarch)의 학설 두 가지가 있지만, 두 학설 모두 피라미드 꼭지점의 그림자에서 그 피라미드 밑면의 중심까지의 길이를 구하는 방법이 언급되지 않아 이 부분을 **탈레스의 수수께끼**로 불리게 되었다.

탈레스는 철학에서 만물의 근원은 무엇이냐 하는 설문을 만들어 그 근원은 '물'이라고 하였다. 그 이유는 분명하지 않지만 아마 물은 생명을 위하여 불가결한 것이며, 고체, 기체, 액체라는 세 가지 상태로 나타난다는 것에서 추정한 것으로 여겨지고 있다. 이러한 점에서 볼 때, 그리스의 자연과학도 그에 의해서 창시된 것이라 할 수 있다. 또한 천문학자로 유명한 탈레스는 기원전 585년 5월 28일에 일식이 일어날 것을 예언한 것으로 유명하다.

3-2 최초로 위대한 정리 : 피타고라스

피타고라스

피타고라스(Pythagoras, 572?-492? B.C.)에 관해서는 유클리드의 〈원론〉에 조금 기록되어 있는 것을 제외하고는 확실하게 알려진 자료는 거의 없다. 그러나 그에 관한 이야기는 전설적이지만 업적은 불멸의 것이다. 탈레스에 의한 기하학의 체계화는 피타고라스와 그의 제자들에 의해 다음 2세기 동안 계속 진행되었다. 피타고라스는 동시대인에게는 종교적 예언가로 여겨졌으며, 피타고라스 학파를 창설하였는데, 이 단체는 철학, 수학, 자연과학의 아카데미로서 비밀을 지키며, 모든 재산을 공동으로 관리하는 매우 결속된 단체였다. 그리고 이 단체의 종교적 교의는 윤회와 사후의 응보로서 동시에 인간과 동물의 유사성을 강조하고 콩과 육식을 금하고 채식만을 했다. 피타고라스 학파의 교육은 구두로 행해졌고 모든 새로운 업적은 단체의 설립자인 피타고라스의 공으로 돌렸다.

피타고라스 학파의 가장 큰 업적은 수학사에서 최초로 위대한 결과인 **피타고라스의 정리**

직각삼각형의 빗변의 제곱은 다른 두 변의 제곱의 합과 같다.

에 대한 증명의 발견이다. 이 정리는 고대 문명국가인 바빌로니아, 중국에서 이미 알려져 있었지만 일반적인 증명은 최초로 피타고라스에 의하여 이루어졌다. 이 정리를 증명하였을 때 피타고라스는

이것은 나 혼자의 힘으로 된 것이 아니고 오직 신의 도움으로 가능했다.

라는 믿음에서 감사의 뜻으로 신에게 황소 100마리를 바쳤다고 전해진다. 위의 정리에 관하여 피타고라스 자신이 어떻게 증명했는지에 대해서는 많은 추측이 있긴 하지만 일반적으로 그림 3-1과 같은 분할법에 의한 증명이었을 것으로 추측되고 있다.

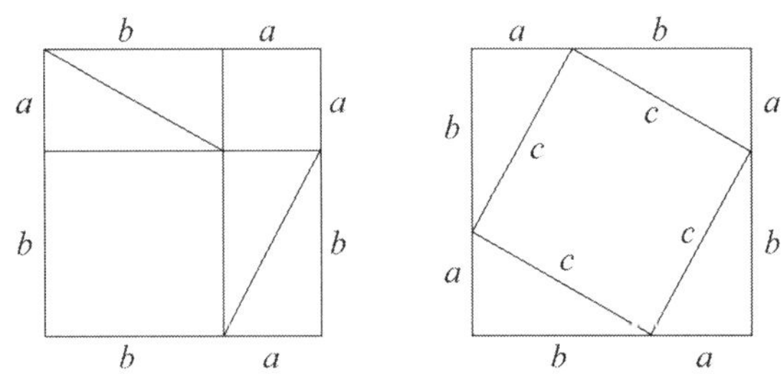

그림 3-1

주어진 직각삼각형의 두 변을 a, b 그리고 빗변을 c라 하고, 그림 3-1과 같이 변의 길이가 $(a+b)$인 두 개의 정사각형을 생각하자. 왼쪽의 정사각형은 주어진 직각삼각형의 두 변 a, b에 대응하는 두 개의 정사각형과 주어진 직각삼각형과 합동인 네 개의 직각삼각형으로 분할하여 여섯 개의 부분으로 나눈다. 그리고 오른쪽의 정사각형은 주어진 직각삼각형의 빗변 c에 대응하는 정사각형과 주어진 직각삼각형과 합동인 네 개의 직각삼각형으로 분할하여 다섯 개의 부분으로 나눈다. 두 그림에서 같은 것을 제거하면 왼쪽 그림은 주어진 직각삼각형의 두 변에 각각 대응하는 두 정사각형이 남고, 오른쪽 그림은 주어진 직각삼각형의 빗변에 대응하는 정사각형이 남는다. 따라서 주어진 직각삼각형의 빗변에 대응하는 정사각형의 면적은 주어진 직각삼각형의 두 변에 각각 대응하는 정사각형의 면적의 합과 같게 된다.

위의 두 번째 분할에서 가운데 부분이 실제로 변 c를 갖는 정사각형이라는 사실을 증명하기 위해서는 직각삼각형의 각의 합은 두 직각과 같다는 명제가 필요하다. 그런데 초

기 그리스 수학에 관한 중요한 정보가 담겨져 있는 프로클로스(Proclus)의 〈에우데모스 요약(Eudemian Summary)〉에 보면 이 명제가 일반 삼각형에 대해서도 성립한다는 사실을 증명한 것은 피타고라스 학파라고 쓰고 있다. 이 명제를 증명하기 위해서는 평행선의 성질에 관한 약간의 지식이 필요하므로 평행선 이론의 발전에도 초기 피타고라스 학파가 공헌한 것으로 믿고 있다.

수학의 모든 분야에서 피타고라스 정리만큼 다양한 증명이 주어진 정리는 없을 것이다. 루미스(Loomis, E.S.)는 〈피타고라스 명제(The Pythagorean Proposition)〉의 제2판에서 피타고라스 정리에 대한 370개의 증명을 수집하여 분류하였다.

피타고라스 학파의 또 하나의 업적은 피타고라스 정리의 결과인 무리수의 발견이다. 유리수들은 간단한 기하학적인 표현을 갖는다. 직선 위에 한 점 O를 표시하고, 또한 O의 오른쪽에 다른 한 점 I를 표시하여, 선분 OI를 길이의 단위로 선택하자. 만약 점 O와 점 I를 각각 수 0과 1로 표시하면, 양의 정수와 음의 정수는 이 직선 위의 단위 선분만큼씩 간격을 둔 점들로 나타낼 수 있다. 이 때 양의 정수는 O의 오른쪽에 표시하고 음의 정수는 O의 왼쪽에 표시한다. 그러면 두 정수의 몫인 유리수 $p/q(p<q,\ q\neq 0)$는 단위 선분을 q등분하여 점들을 표시할 때, 양의 유리수이면 O의 오른쪽에 p번째 점으로, 음의 유리수이면 O의 왼쪽에 p번째 점으로 표시할 수 있다.

피타고라스 시대에는 위의 방법으로 직선 위의 모든 점은 유리수로 완전히 덮을 수 있을 것으로 생각했다. 그런데 피타고라스 학파는, 그림 3-2와 같이, 단위 길이를 갖는 정사각형의 대각선과 길이가 같은 거리의 OP에 해당하는 수직선 위의 점 P에 대응하는 어떤 유리수도 존재하지 않음을 발견했다. 직선 위에 어떤 유리수로도 대응되지 않는 점이 존재함을 알았을 때 그 충격은 대단했을 것이다.

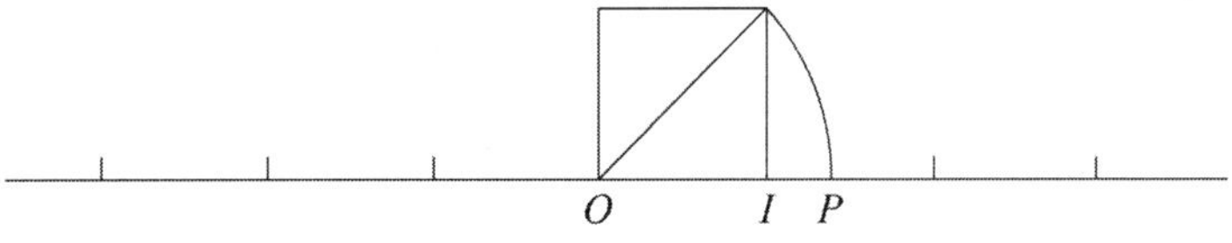

그림 3-2

따라서 이와 같은 점에 대응하는 새로운 수가 정의되어야 했고, 이 수들은 유리수(rational number), 즉 **비율수**(ratio number)가 아니므로 **무리수**(irrational number)라고 부르게 되었다. 이러한 무리수를 발견했을 때 처음에는 이 형언할 수 없는 불가사의한 사실을 감춰 두기 위해서

무리수를 세상에 퍼뜨린 사람은 신이 노여움을 받아 파멸한다.

는 거짓을 꾸며대고 이 문제를 비밀로 감추려고 애썼다. 이것을 어기고 최초로 남에게 알린 사람은 피타고라스 학파의 히파수스(Hippasus)이며 이 이유로 항해중 피타고라스 학파에 의해서 바다로 내던져졌지만, 천벌을 받아 풍파에 익사한 것으로 위장되었다는 이야기가 전해지기도 한다.

피타고라스 정리에 의해 단위 선분을 변으로 갖는 정사각형의 대각선의 길이는 $\sqrt{2}$이기 때문에 $\sqrt{2}$가 무리수임을 보이기로 하자. $\sqrt{2}$가 유리수, 즉 $\sqrt{2}=p/q$와 같이 표현된다고 가정하자. 여기서 p와 q는 서로소인 정수이다. 그러면

$$p = q\sqrt{2} \quad \text{또는} \quad p^2 = 2q^2$$

이고 p^2은 한 정수의 두 배이므로 짝수이다. 따라서 p도 짝수이므로 $p=2r$라고 두면

$$4r^2 = 2q^2 \quad \text{또는} \quad 2r^2 = q^2$$

이다. 따라서 q^2은 짝수이고, 또한 q도 짝수이므로 p와 q가 서로 소인 가정에 모순이 되어 $\sqrt{2}$는 무리수이다.

$\sqrt{2}$가 무리수라는 위의 증명은 아리스토텔레스(Aristoteles, 384-322 B.C.)가 발표했던 전통적인 증명이다. 한동안은 $\sqrt{2}$가 사람들에게 알려진 유일한 무리수였다. 플라톤에 의하면, $\sqrt{2}$가 무리수라고 밝혀진 뒤에 키레네(Cyrene)학파의 테오도로스(Theodorus, 기원전 425년경)는 $\sqrt{3}$, $\sqrt{5}$, $\sqrt{6}$, $\sqrt{7}$, $\sqrt{8}$, $\sqrt{10}$, $\sqrt{11}$, $\sqrt{12}$, $\sqrt{13}$, $\sqrt{14}$, $\sqrt{15}$, $\sqrt{17}$도 무리수라는 사실을 밝혔다고 한다.

3-3 궁형구적법의 발견 : 히포크라테스

히포크라테스(Hippocrates, 500?-428 B.C.)는 키오스에서 태어났다. 그러나 그에 대한 정확한 기록은 없다. 그는 아테네에서 수학하고는 거리가 먼 상인으로 활동하였는데 비잔티움(콘스탄티노플의 옛 이름)에서 사기를 당해 돈을 다 잃었다고 한다. 그래서인지 아리스토텔레스는

히포크라테스는 어찌 보면 멍청하고 센스가 없는 사람이다.

라고 기록하고 있다. 돈이 궁해진 그는 아테네를 여행하면서 돈을 받고 가르치기 시작하였는데 이것을 계기로 기하학을 공부하게 되었고 후에 놀라운 업적을 남겼다.

히포크라테스는 처음으로 공리와 공준을 만들어 그것을 바탕으로 논리적인 방법으로 기하학의 정리를 전개시킨 〈기하학의 원론〉을 저술하여 기하학을 한 단계 끌어올리는 공헌을 하였다. 그러나 현재 그 원본은 남아 있지 않으며, 또한 그의 업적이 유클리드의 〈원론〉에 의해 완전히 빛을 잃어버린 것은 매우 애석한 일이다.

히포크라테스의 가장 위대한 업적은 궁형구적법(Quadrature of the Lune)을 증명한 것이다. 여기서 **궁형**(lune)이란 지름이 다른 두 원의 호로 둘러싸인 초승달 모양의 평면도형을 말하며, 평면도형의 **구적**이란 컴퍼스와 눈금이 없는 곧은 자만 이용하여 주어진 평면도형과 똑같은 면적의 정사각형을 작도하는 것을 말한다. 이런 작도가 가능한 평면도형을 구적가능한(quadrable) 도형이라고 부른다.

(1) 직사각형의 구적

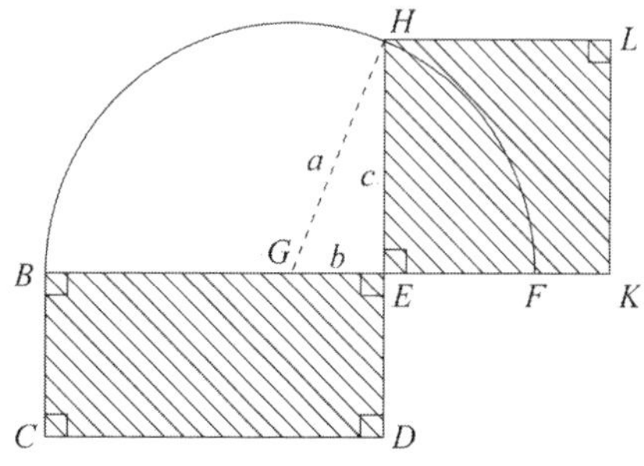

그림 3-3

그림 3-3과 같이 임의로 주어진 직사각형 $BCDE$에 대하여 BE를 오른쪽으로 연장하여 컴퍼스를 이용하여 그 연장선 위에 ED와 같은 길이로 EF를 취하고, BF를 이등분하여 점 G를 잡고 BF를 지름으로 하는 반원을 그린 다음에 DE를 연장하여 반원과 만나는 점을 H라 하자. 그 다음에 EH를 한 변으로 하는 정사각형 $EHLK$를 그리면 구하려는 정사각형이다. 왜냐하면 $GH=a$, $GE=b$, $EH=c$이면

$$DE=EF=\text{반지름}-b=a-b,\ BE=a+b$$

이다. 피타고라스 정리에 의해 $c^2=a^2-b^2$이므로

$$\begin{aligned}\text{직사각형 } BCDE\text{의 면적} &= BE\times ED=(a+b)(a-b)\\ &=a^2-b^2=c^2\\ &=\text{정사각형 } EHLK\text{의 면적}\end{aligned}$$

이기 때문이다. 따라서 모든 직사각형은 구적가능하다.

(2) 삼각형의 구적

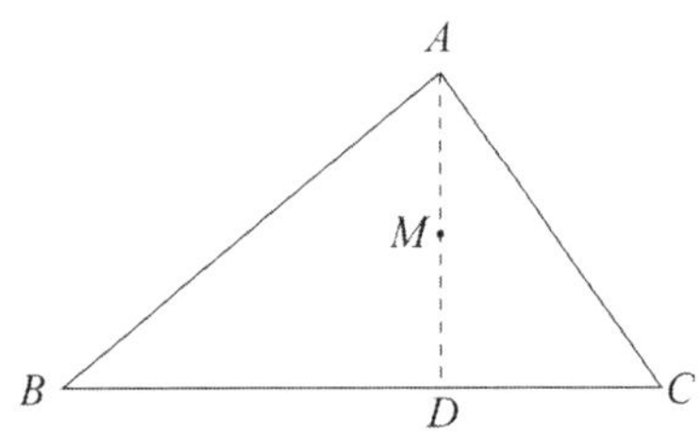

그림 3-4

그림 3-4와 같이 임의로 주어진 삼각형 ABC에 대하여 A에서 BC에 수선을 내려 그 발을 D라 하고, AD의 중점을 M이라 하면

$$\begin{aligned}\triangle ABC\text{의 면적} &= 1/2\times BC\times AD=BC\times DM\\ &= BC\text{와 } DM\text{을 두 변으로 하는 직사각형의 면적}\end{aligned}$$

따라서 모든 직사각형은 구적가능하므로 모든 삼각형은 구적가능하다.

(3) 다각형의 구적

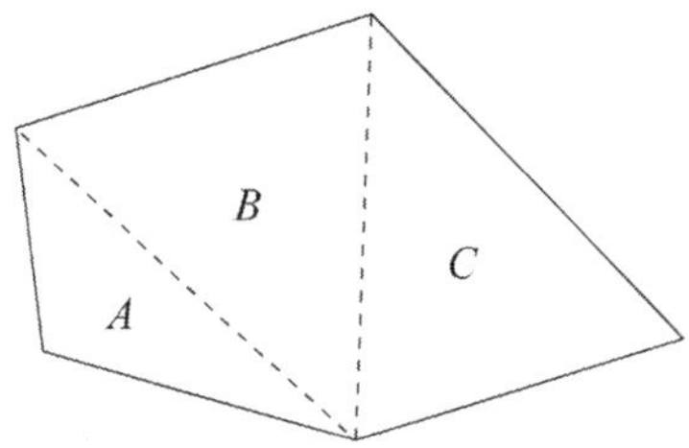

그림 3–5

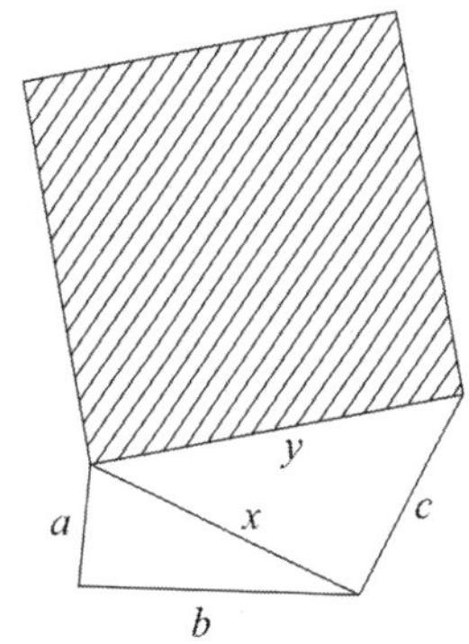

그림 3–6

다각형의 면적은 여러 개의 삼각형의 면적의 합이나 차로 나타낼 수 있다. 예를 들면 그림 3-5와 같은 일반적인 5각형은 세 개의 삼각형 A, B, C로 나눌 수 있으며, 또한 각 삼각형은 구적가능하므로 각각 변의 길이가 a, b, c인 정사각형으로 구적가능하다고 할 수 있다. 그림 3-6에서 보는 것처럼 a와 b를 직각으로 낀 직각삼각형을 작도하고 빗변을 x라고 하자. 그 다음 x와 c를 직각으로 낀 직각삼각형을 작도하고 그 빗변을 y라 하면

$$y^2 = c^2 + x^2 = c^2 + (a^2 + b^2) = A + B + C$$

이다. 따라서 빗변 y를 한 변으로 하는 정사각형이 구하려는 정사각형이다.

이와 같이 구적가능한 두 도형의 합이 구적가능함과 마찬가지로 두 구적가능한 도형의 차도 구적가능하다. 이러한 방법을 이용하여 히포크라테스 시대에는 매우 불규칙한 다각형의 구적법도 찾아내었다.

(4) 궁형구적

그림 3-7과 같이 반원 ACB에 내접하는 직각 이등변 삼각형의 한 변 AC를 지름으로 그린 반원 AEC와 반원 ACB가 만나서 만든 궁형을 **히포크라테스 궁형**이라고 부르며, 이러한 궁형은 구적가능하다.

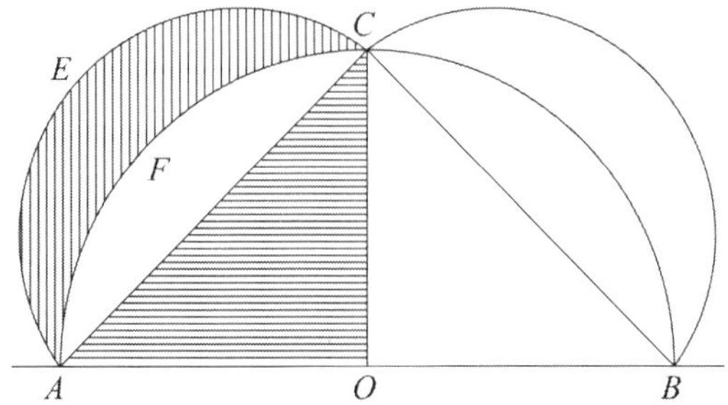

그림 3-7

$\triangle ACB$는 반원에 내접하는 삼각형이므로 직각삼각형이다. 또한 $\triangle AOC$와 $\triangle BOC$는 합동이므로 $AC=BC$이다. 따라서 피타고라스의 정리를 적용하면 다음과 같다.

$$(AB)^2=(AC)^2+(BC)^2=2(AC)^2$$

AB는 반원 ACB의 지름이고, AC는 반원 AEC의 지름이므로

$$\frac{\text{반원 } AEC\text{의 넓이}}{\text{반원 } ACB\text{의 넓이}}=\frac{(AC)^2}{(AB)^2}=\frac{(AC)^2}{2(AC)^2}=\frac{1}{2}$$

따라서

$$\text{반원 } AEC\text{의 넓이}=4\text{분원 } AFCO\text{의 넓이}$$

이다. 즉 이렇게 된다.

$$\begin{aligned}\text{궁형 } AECF\text{의 넓이} &= \text{반원 } AEC\text{의 넓이}-\text{활꼴 } AFC\text{의 넓이}\\ &= 4\text{분원 } AFCO\text{의 넓이}-\text{활꼴 } AFC\text{의 넓이}\\ &= \triangle ACO\text{의 넓이}\end{aligned}$$

모든 삼각형은 구적가능하므로 히포크라테스 궁형은 구적가능하다.

히포크라테스는 이 특수 궁형 외에도 구적가능한 두 개의 궁형을 더 찾아냈다. 그 후 구적가능한 궁형은 오직 세 개뿐인 것으로 알려져 오다가 1771년에 천재적인 수학자 오일러(Euler, 1708-1783)가 구적가능한 궁형을 두 개 더 찾아내어, 지금까지 알려진 구적가능한 궁형은 다섯 개이다.

3-4 귀류법과 역설 : 제논

고대 그리스의 철학자 제논(Zenon, 495-435? B.C.)은 엘레아(Elea : 오늘날 이탈리아의 나폴리)에서 태어났다. 제논은 엘레아 학파의 시조인 파르메니데스(Parmenides, 539-? B.C.)가 아끼는 수제자이다. 파르메니데스는 그 당시의 사상가 헤라클레이토스(Herakleitos, 540-475 B.C.)의

모든 것은 변화한다.

는 주장에 대해

변화하는 것은 아무것도 없다.

는 서로 대립되는 이론을 내세워 상대편의 이론을 공격하였다. 제논은 그의 스승의 철학을 공격하는 상대방 이론을, 역리로 상대방의 모순을 유도하였는데, 즉

A가 B이면 C가 D이다.

를 주장하기 위하여, A가 B일 때 부정명제

C는 D가 아니다.

가 참(true)이란 가정하에 어떤 모순에 귀결되는 것을 제시하여 간접적으로 원래의 명제

C는 D이다.

가 참이 되지 않으면 안 된다는 것을 주장하는 논증방법을 최초로 사용하였다. 수학자들은 이를 **귀류법** 또는 **제논의 논법**이라고 한다. 이 방법은 후에 기하학에서뿐만 아니라 수학의 모든 분야의 증명에 이용되었다. 제논의 반론을 역설이라고 하는데 그것을 반박하기가 매우 어려웠으며, 이런 역설로 인하여 왕에게 미움을 받아 무참히 처형당했다. 제논의 역설 중에서 다음 네 가지가 유명하다.

1. **이분법** 운동은 불가능하다. A에서 B까지 움직인다는 것은 B에 도착하기 전에 AB의 중점인 C를 지나야 하고, 또 C에 도착하기 전에 AC의 중점인 D를 지나

야 한다. 이와 같이 무한히 계속되므로 운동은 시작조차할 수 없다.

2. 아킬레스 아킬레스(Achilles ; 아테네의 유명한 달리기 선수)는 자신의 전방에 기어가고 있는 거북이를 따라잡을 수 없다. 왜냐하면 그가 거북이가 처음 있던 위치에 도착하면 그 사이에 거북이는 전진하여 앞에 있게 된다. 또 그가 거북이가 있던 위치에 도달하면 그 동안 거북이는 좀더 전진한다. 이 논의를 되풀이하면 아킬레스는 결코 거북이를 따라 잡을 수 없다.
3. 화살 나는 화살은 정지하고 있다. 왜냐하면 시간은 각 순간으로 구성되어 있고, 또한 순간은 분할될 수 없다. 그러므로 나는 화살은 각 순간마다 일정한 고정된 위치에 있으므로 화살은 움직일 수 없다.
4. 경기장 그림 3-8의 왼쪽 그림처럼 같은 크기의 입방체를 같은 수만큼 연결한 물체의 대열 A, B, C가 있다. 여기서 B의 앞쪽 끝이 A의 중앙과 나란히 서 있으며, 왼쪽 반은 A 밖으로 나와 있다. 그리고 C의 앞쪽 끝이 A의 중앙과 나란히 서있으며, 오른쪽 반이 A의 밖으로 나와 있다. A열은 정지해 있고 B열과 C열은 화살표 방향으로 같은 속도로 움직여 오른쪽 그림과 같이 되게 한다.

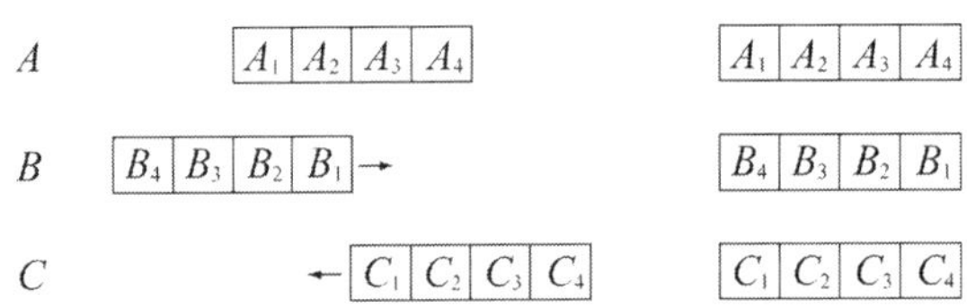

그림 3-8

이 때에 B_1은 A열의 두 개의 물체 A_3, A_4를 지나야 하고, 동시에 C열의 네 개의 물체 C_1~C_4를 지나가야 한다. 따라서 B_1이 C열을 지날 때 소요되는 시간은 A열을 지날 때의 두 배가 되어야 한다. 그러나 왼쪽 그림이 오른쪽 그림에 도달하는 시간은 같다. 그러므로 일정한 시간이 주어졌을 때에 시간은 절반의 시간과 같다.

이와 같은 제논의 역설은 시간과 공간에 관한 문제들로서 오랜 기간 동안 논의되었다. 이 역설에 관하여 많은 수학자들로부터 여러 가지 설명이 주어져 수학에서의 추론에 막대한 영향을 주었으며, 또한 경솔한 이론 전개에 경종을 울렸다. 역설 1은 피타고라스

학파의

점은 크기를 갖는다.

는 견해를 버리고

점은 크기가 없다.

는 것과

크기가 없는 점을 통과하는 데 걸리는 시간은 0이다.

라고 생각하면, 선분 AB가 무한히 많은 점을 포함한다고 생각해도 AB 사이를 운동하는 데 무한한 시간이 소요되지 않는다. 역설 2는 19세기의 무한급수의 간단한 응용에 의해서 처리될 수 있다. 그리고 역설 3과 4는

시간은 크기가 없는 점(순간)의 모임이다.

라는 견해를 버리고

시간은 연속적으로 흐르는 것이다.

즉

시간은 분할이 불가능하다.

라고 생각하면 해명에 약간의 도움이 되지만 더 높은 차원의 해석이 필요하다는 것을 알 수 있다. 하여간 이러한 역설은 심오한 기하학적인 사고를 요구하였으며, 또한 유클리드로 하여금

점은 크기가 없고 선은 폭이 없고 면은 두께가 없다.

는 수학사에 길이 빛나는 유클리드 기하학을 낳게 하였다.

3-5 고대 그리스의 난문제 : 3대 작도문제

그리스 기하학이 발전하는 과정에서 논리적인 사고를 중요시했던 그리스인들에게 실생활과 별로 관계 없는 문제인 소위 고대 3대 작도문제가 대두되었는데, 그 유래는 다음과 같다.

옛날부터 농토의 경지 정리를 위해서 곡선으로 되어 있는 농토를 사각형이나 다른 모형으로 고치려는 노력이 있었다. 이 때 중요한 원칙은 원래의 면적이 변하지 말아야 한다는 것이다. 천문학자이며 철인인 아낙사고라스(Anaxagoras, 500?-428B.C.)는

해는 신성한 것이 아니라 펠로폰네소스만큼이나 붉고 큰 뜨거운 돌덩이에 불과하며, 달은 해로부터 빛을 받아 되쏘고 있는 또 하나의 지구다.

라고 자기의 생각을 발표하였다가 옥에 갇혔다. 수학자는 아니지만 그는 감옥에 있는 동안

주어진 원과 똑같은 넓이를 가진 정사각형을 작도할 수 없을까?

하고 생각했다고 한다. 이것이 2000년 동안 수학자들을 매혹시킨 첫 번째 문제로 원적문제라고 부른다.

그리스 문화의 절정기로 소위 '페리클레스 시대'라고 불리던 그리스의 평화는 기원전 431년에 아테네와 스파르타 사이에 펠로폰네소스 전쟁의 시작으로 막을 내리게 된다. 처음에는 아테네가 승리하는 듯 하였으나 개전 2년 만에 지도자 페리클레스를 페스트로 잃었을 뿐만 아니라 아테네 인구의 1/4이 죽었다. 시민들은 그들의 신인 아폴로 신에게 이 병의 퇴치를 기원하자,

정육면체로 된 아폴로 신전의 제단의 부피를 두 배로 하면 소원을 들어주겠다.

라는 신탁을 받았다. 아테네 사람들은 석공을 시켜 원래 제단의 각 변의 길이를 두 배로 하여 새로운 제단을 만들었으나 페스트는 없어지지 않았다. 새로 만든 제단의 부피는 두 배가 아니라 여덟 배가 되었기 때문이었다. 이것을 두 번째 문제로 정육면체의 배적문제라고 부른다.

거의 같은 시기에 세 번째 문제는

임의의 각을 삼등분하는 선을 작도할 수 있느냐?

하는 문제가 제기되었다고 한다. 이 문제는 3대 작도문제 중에서 가장 간단하고 이해하기가 쉬워 가장 많은 사람에게 알려진 문제이기도 하다. 그리스인들이 각을 다등분하는 작도가 필요했거나, 혹은 정9각형을 작도하려면 각 40도를 작도할 수 있어야 하는데, 이 각은 정다각형의 작도에 기본이 되는 각 60도를 삼등분할 수 있어야 얻을 수 있으므로 이 문제가 제기된 것으로 추측할 수도 있다.

3대 작도문제를 요약하면 다음과 같다.

1. **원적문제** 주어진 원과 동일한 넓이를 갖는 정사각형을 작도하는 문제
2. **배적문제** 주어진 정6면체의 두 배의 부피를 갖는 정6면체의 한 변의 길이를 작도하는 문제
3. **각의 3등분** 임의의 각을 3등분하는 선을 작도하는 문제

세 가지 작도문제를 해결하기 위한 연구는 결국 그리스 기하학에 심대한 영향을 끼쳤으며, 또한 후에는 원추곡선 및 초월곡선 등의 발견에 영향을 주었다.

3-6 이데아론의 기하학 : 플라톤

플라톤

플라톤(Plato, 427-347B.C.)은 젊은 시절 아테네에서 세계 4성인 중의 한 사람인 소크라테스(Socrates, 470-399B.C.) 문하에서 공부하였다. 스승인 소크라테스가 죽은 후, 수 년 동안 널리 여러 나라를 여행하면서 유명한 수학자들을 사귀었다. 특히 키레네(Cyrene)의 데오도로스(Theodorus)로부터 기하학을 배웠고, 이탈리아에서는 피타고라스 학파 사람들과 사귀었다. 그 결과 스승인 소크라테스는 수학을 멸시하였지만 반대로 플라톤은 수학을 사랑하였다.

플라톤을 수학에서 높이 평가하는 이유는 그의 수학에 대한 열정과 그가 제공한 학문 분위기 때문이다. 기원전 387년에는 고향인 아테네에 돌아와 영웅 아카데모스를 모신

신역의 숲에 학교 아카데미아(Academeia)를 열어 우수한 제자를 육성하였는데, 오늘날 아카데미(전문학술기관)의 어원이 된다. 플라톤의 학교에서는 주로 기하학과 수론을 가르쳤으며, 교문 현판에

기하학을 모르는 자는 이 문 안으로 들어오지 말라.

라고 써 붙인 것으로 유명하다. 플라톤은

> 사람들은 교육과 경험을 통해 학습하지 않은 기하학적 진리를 알고 있으며, 이 지식은 사람들이 지각하고 확인할 수 있는 불변인 보편적인 진리의 한 예이다.

라고 주장하였다. 플라톤의 대화 〈메논(Meno)〉에서 소크라테스는 노예인 소년에게 질문하여 이 소년으로 하여금 정사각형 $ABCD$(그림 3-9 참조)의 대각선을 한 변으로 하는 큰 정사각형의 면적은 원래 정사각형 $ABCD$의 면적의 두 배임을 발견하게 한다. 노예 소년은 어떻게 하여 이것을 아는가? 소크라테스는 이 소년은 이 세계의 생애에서 이것을 배우지 못하였으므로 그의 지식은 탄생 이전의 생활에서의 추억임에 틀림없다고 논한다.

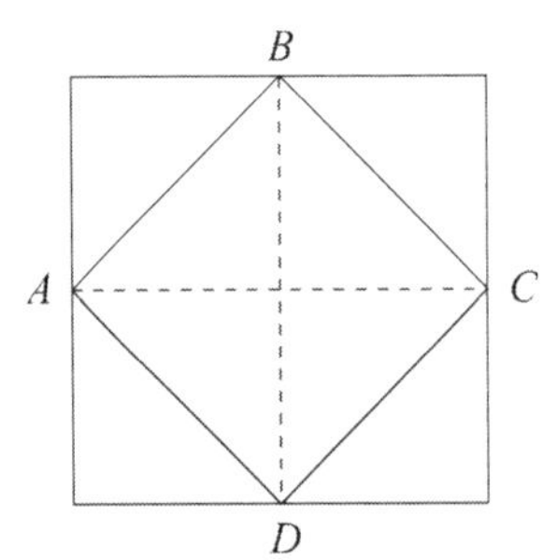

그림 3-9

플라톤은 진실로 '존재한다'는 것은 비물질적이고, 시간과 더불어 변하는 일이 없이 동일한 것으로 머무르는 영원불변한 것이어야 한다고 하였으며, 이것을 이데아(idea)라고 불렀으며, 또한

> 이데아는 육체의 감각에 의해 파악할 수 없고 영혼의 눈인 이성에 의해서만 관찰할 수 있다.

고 말하였다. 특히 플라톤은 기하학적인 사고에 있어서 관념의 세계가 감각의 물질세계보다 더욱 중요하다고 가르쳤는데 후자는 단지 전자의 그림자에 불과하다고 말했다. 플라톤은 〈공화국(Republic)〉에서 다음과 같이 쓰고 있다.

> 수학에 대한 연구는 수천 개의 눈보다 더 정신조직을 움직이게 하고 발전시킨다. 그 이유는 수학을 통해서만 진리가 이해될 수 있기 때문이다.

그리고

> 기하학자들은 비록 눈에 보이는 형태를 이용하고 그것에 관하여 추론하지만 그들은 이것뿐만 아니라 이것과 닮은 관념에 대해서도 고찰한다. … 그들은 영혼의 눈인 이성을 통해서만 볼 수 있는 사물 자체의 본질을 보기 위해서 실제로 노력함을 너는 모르느냐?

이와 같은 사상은 궤변으로 이름난 소피스트들이 이데아론에 근거를 둔 그의 수학관에 대한 비판에 대해 그가 대변한 것을 보면 잘 알 수 있다. 소피스트로 악명 높은 프로타고라스(Protagoras, 500~430 B.C.)는 기하학에서 접선의 개념을

> 원과 한 점에서 접하는 접선이 있을 수 있나? 원과 접선이 떨어져 있으면 한 점도 공유할 수 없을 것이고, 또 붙어 있으면 한 점일 수 없으니 말이다.

라고 비꼬았다. 이 반론에 대하여 세계 최초의 유물론자 데모크리토스(Demokritos, 460~370 B.C.)는

> 인간은 불완전한 도구를 사용하기 때문에 실제로 수학적인 원에 접하는 수학적인 직선을 그을 수 없다. 따라서 원과 한 점에서 접하는 직선을 눈으로 볼 수 없다. 그러나 인간은 정신의 눈으로 볼 수 있으며 논증의 힘으로 그것을 알 수 있다.

라고 반박하였으며, 플라톤은 다음과 같이 말하였다.

> 수학자는 설명이 필요 없는 존재를 인정할 수 있다. 또 이들 가설에서 논리를 전개하고 구하고자 하는 결론을 얻어낸다. 눈에 보이는 도형을 이용하고, 그것에 관하여 따지지

만 그들은 눈에 보이는 도형을 생각하는 것이 아니고 도형이 나타내는 사실만을 생각한다.

3-7 비례론과 실진법 : 에우독소스

기원전 450년부터 300년 사이에 수학의 발전에 가장 공헌한 두 사람을 꼽으면 플라톤과 에우독소스(Eudoxus, 408?~355?)이다. 에우독소스는 아카데미에서 플라톤의 가르침을 직접 받았는데, 매우 가난하였으므로 아카데미 근처에 살지 못하고 아테네의 교외 지역인 피라이우스에서 매일 걸어서 아카데미를 다녔다고 한다.

피타고라스 학파에 의한 같은 단위로 잴 수 없는 통약불가능한 수(incommensurable number)의 발견, 즉 오늘날의 용어로 쓰면 무리수의 발견은 오랫동안 그리스 수학자에게 많은 충격을 주었다. 그 당시까지만 해도 두 삼각형의 닮은꼴에 대한 증명은 원래 어떤 두 변의 길이도 통약가능하다는, 즉 같은 단위로 잴 수 있다는 전제조건하에 이루어진 것이어서

통약불가능한 수는 어떻게 크기를 비교할 수 있는가?

라는 문제는 두 삼각형의 닮은꼴이라는 것을 증명하는 데도 문제가 되었다. 그리하여 지금까지 완벽하다고 믿고 있던 정리의 증명들이 흔들리기 시작한 것이다. 이러한 기하학적인 사고의 결함을 해결한 사람이 바로 에우독소스이다. 그는 18개의 정의와 25개의 명제로 이루어진 〈비례론〉을 저술하였다. 에우독소스의 비의 이론을 이용함으로써

같은 단위로 잴 수 있다. 또는 같은 단위로 잴 수 없다.

는 개념을 피할 수 있게 되었다. 그 내용은 유클리드의 〈원론〉 제Ⅴ권 정의 5에 나와 있으며 현대 용어로 풀어쓰면 다음과 같다.

두 양 a/b와 c/d가 같은 비를 갖는다는 말은 다음 조건이 성립하는 것을 말한다. 즉 임의의 정수 m, n에 대하여 다음과 같다.

$$ma > nb \text{이면 } mc > nd$$

$$ma = nb \text{이면 } mc = nd$$
$$ma < nb \text{이면 } mc < na$$

주어진 선분의 자연배수를 작도하는 방법은 주어진 길이를 컴퍼스로 재고 그것을 주어진 자연수만큼 직선상에 주면 된다. 또한 두 선분의 길이의 대소는 그 크기를 나타내는 수를 사용하지 않아도 컴퍼스를 사용해서 쉽게 비교할 수 있으므로 이 비례의 정의는 충분한 기하학적 근거를 갖고 있는 것이다.

소크라테스와 동시대의 소피스트인 안티폰(Antiphon, 대략 430? B.C)은 원과 같은 면적을 가진 정사각형을 작도하는 문제, 즉 원적문제를 해결하려고 애썼다. 그는

> **한 원에 내접하는 정다각형의 변의 수를 계속 두 배로 해나감으로써 마침내 원과 다각형 사이의 면적의 차를 없앨 수 있다.**

는 생각을 발전시켜 주어진 다각형의 면적과 같은 정사각형을 만들어낼 수 있기 때문에 결국

원과 같은 면적을 가진 정사각형도 만들 수 있다.

고 주장했다. 그러나 이 주장은 양을 무한하게 분할할 수 있다는 원칙과 상치되어 안티폰의 과정은 원 전체의 면적을 만들어낼 수 없다는 이유로 즉각적인 비판에 직면하게 되었다. 결국 이 문제는 추론에서 무한을 회피해서는 해결될 수 없는 것이다. 이러한 기하학적인 사고의 결함을 교묘히 피한 것이 에우독소스의 실진법(method of exhaustion)이다.

실진법은 양의 무한 가분성을 가정한 후 다음 명제

> **어떤 크기가 주어졌을 때 그의 반 이상의 부분을 빼버리고 또 그 나머지로부터 그 나머지의 반 이상의 부분을 빼버리고 이 과정을 계속해 가면 마침내 어떤 정해진 크기보다 작은 크기를 얻을 수 있다.**

를 기초로 삼고 있다. 후에 이러한 실진법을 가장 잘 활용한 사람은 아르키메데스이다.

논증의 기본원리로 에우독소스의 실진법이 이용된 예는 유클리드의 〈원론〉 제7권 명제 2

두 원의 면적은 지름 위의 정사각형의 면적에 비례한다.

의 증명에서 잘 나타나 있다.

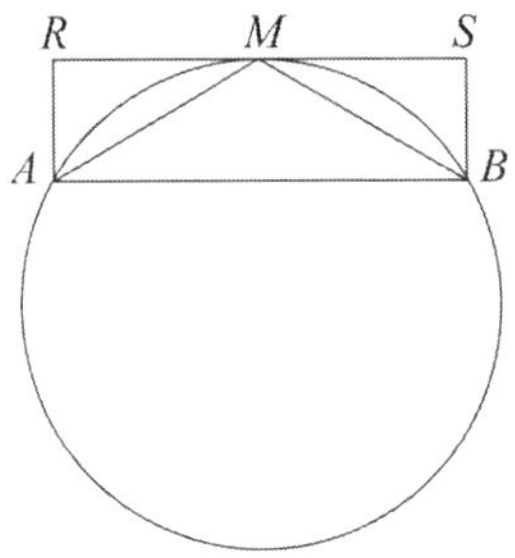

그림 3-10

원 c와 원 C의 지름이 각각 d와 D, 넓이가 e와 E라고 가정하고 다음 등식을 증명해야 한다.

$$e : E = d^2 : D^2$$

먼저 실진법을 이용하여 원과 이에 내접한 정다각형 사이의 면적의 차는 원하는 만큼 작게 만들 수 있음을 보이자.

그림 3-10에서 AB를 원에 내접한 정다각형의 한 변이라 하고, M을 호 AB의 중점이라 하면 삼각형 AMB의 면적은 사각형 $ARSB$의 면적의 절반이므로 활꼴 AMB의 면적의 절반보다 크다. 따라서 결국 내접 정다각형의 변의 개수를 두 배로 하면 정다각형의 면적은 원과 원래 다각형 사이의 면적의 차보다 절반 이상 증가한다. 따라서 이러한 과정을 계속해 가면 원과 정다각형 사이의 면적의 차를 어떤 정해진 면적보다 더 작게 만들 수 있다. 귀류법으로 다음 등식을 가정하자.

$$e : E > d^2 : D^2$$

그러면 실진법에 의해 c 속의 면적이 f로서 e와의 차가 아주 작고 다음을 만족하는 정다각형을 내접시킬 수 있다.

$$f : E > d^2 : D^2$$

위의 조건을 만족하는 원 c에 내접한 정다각형과 닮은꼴인 원 C에 내접한 정다각형의 면적을 F라 하면, 닮은꼴인 정다각형들에 관한 정리로부터 등식

$$f : E = d^2 : D^2$$

을 얻는다(그림 3-11 참조). 따라서 $f : E > f : F$이므로 $F > E$를 얻는다. 그런데 원에 내접하는 정다각형의 면적은 절대로 그 정다각형의 외접원의 면적보다 커질 수 없기 때문에 이것은 모순이다. 같은 방법으로 그 반대 부등식도 모순임을 증명할 수 있다. 따라서 원의 넓이의 비는 각 지름 위의 정사각형의 넓이의 비와 같다.

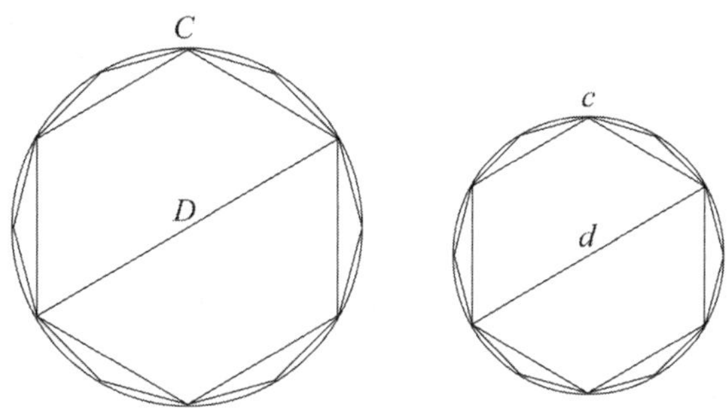

그림 3–11

3-8 공준적 방법의 기하학 : 유클리드

플라톤의 아카데미아가 낳은 준재 유클리드(Euclid, 300?-? B.C.)는 그 학파의 사상을 가장 잘 나타낸 수학자이다. 알렉산드리아 대학교의 교수로 취임한 그는 기원전 300년경에 그 때까지의 그리스 기하학에 플라톤의 철학 이데아론을 반영하여 명확한 논법으로 체계화된 결과들로 이루어진 13권의 명저 〈원론(Elements)〉을 편찬했다. 이 책은 기하학에 관한 선조들의 업적을 토대로 하여 공준적 방법이 기하학에 최초로 적용된 역사적으로 기하학적 사고에 전환점을 가져온 매우 중요한 기념비적인 작품이다. 따라서 〈원론〉을 '수학자의 성서'라고 부른다.

〈원론〉은 제1권부터 제4권까지 그리고 제7권, 제9권은 피타고라스 학파의 이론이고,

제8권은 아르키타스(Archytas), 제5, 6권, 제12권은 에우독소스(Eudoxus), 그리고 제10권, 제13권은 테아이테토스(Theatetus)의 이론이다. 2000년 이상 모든 기하학 교육을 좌우해온 이 책은 1482년에 처음으로 인쇄된 이래 1000번 이상 재판이 나와 성경을 제외한다면 이 책보다 널리 사용되고 연구된 책은 없다.

유클리드에 관해서 다음과 같은 이야기들이 전해 내려온다. 유클리드에게 기하학 개인교습을 받던 이집트의 왕자가 기하학 과목이 너무 어려워서, 어느 날

기하학을 배우는 데 좀더 쉽게 배우는 방법이 없습니까?

라고 물었다. 그것에 대해 유클리드는

현세에는 두 가지 종류, 즉 평민이 다니는 길과 왕이 다니도록 확보해둔 길이 있습니다. 그러나 기하학에는 왕도가 없습니다.

라고 대답했다고 한다. 또 하나는 유클리드에게 기하학을 배우던 한 제자가

제가 이것을 배워서 무엇을 얻을 수 있습니까?

라고 질문하자 유클리드는 즉시 하인을 불러

그에게 동전 한 닢을 주어라. 그는 자기가 배운 것으로부터 꼭 무엇을 얻어야 하니까….

라고 꾸짖어 내쫓았다. 그러나 옛날이나 오늘날이나 변함없는 기하학, 더 나아가서 수학 교육의 목적이라고 말할 수 있는

기하학적인 사고는 오류에 빠지는 일이 없으므로 기하학은 인간의 지성을 계발하고, 인간의 사고 판단을 바르게 한다. 따라서 이러한 논리적으로 체계화된 기하학을 익히는 자는 지성을 획득할 수 있다.

고 대답하는 것이 바람직할지도 모른다.

유클리드는 〈원론〉 외에도 한 도형에 어떤 직선을 그려 주어진 비의 면적을 갖는 두 도형으로 분할하는 작도 문제들을 다룬 〈분할에 관하여(On Division)〉라는 기하학에 관한 저서가 있는데, 이 책은 오늘날까지도 아라비아 번역본으로 전해 내려온다.

3-9 고대의 위대한 수학자 : 아르키메데스

아르키메데스

아르키메데스(Archimedes, 287~212 B.C.)는 시칠리아 섬에 있는 시라쿠사에서 태어나 천문학자인 아버지의 영향을 받아 평생 천체에 관한 연구에 흥미를 가졌다고 한다. 그에 대해서는 시라쿠사의 왕 히에론(Hieron)의 왕관에 대한 이야기가 유명하다. 히에론 왕이 금 세공인에게 금으로 왕관을 만들게 했다. 금 세공인이 왕관을 만들어 왔을 때 왕은 그가 약간의 금을 빼돌리고 그 대신에 은을 사용하여 왕관을 만들지 않았을까 의심하여 아르키메데스에게 진위를 알아보라고 요청하였다. 이 문제로 고심하고 있던 아르키메데스는 어느 날 목욕 도중에 자신의 몸이 가볍게 느껴짐을 깨닫고

> **어떤 물체가 액체 속에 있을 때 그 물체의 무게는 그것이 밀어낸 액체의 무게만큼 줄어든다.**

는 사실을 발견했다. 이 놀라운 발견에 흥분한 그는 옷을 입는 것도 잊어버리고 목욕탕에서 뛰어나와 시라쿠사의 길거리를 달리며 "알아냈다! 알아냈다!(Eureka! Eureka!)"라고 외쳤다고 한다.

아르키메데스는 기하학을 연구할 때 대부분 난로의 재나 목욕 후에 바르는 기름을 자기 몸에 바른 후 그 위에 그림을 그렸다고 한다. 그의 저작은 수학적 설명의 걸작품이며 놀라울 정도로 현대 논문집의 논문들과 유사하다. 그것은 깔끔한 표현, 우아한 끝맺음, 위대한 독창성, 계산기술과 논증의 엄격함 등을 보여 주고 있다. 약 열 개의 논문이 오늘날까지 전해 내려오고 있는데 평면기하학에 관해서는 다음 세 가지가 있다.

〈원의 측정(Measurement of a Circle)〉
〈포물선의 구적법(Quadrature of the Parabola)〉
〈나선에 관하여(On Sparials)〉

〈원의 측정〉은 세 개의 명제가 포함된 몇 장 안 되는 논문이지만, 명제 1

원의 넓이는 직각을 낀 두 변이, 한 변은 원의 반지름과 같고 다른 한 변은 원둘레와 같은 직각삼각형의 넓이와 같다.

에서 원의 넓이를 구하는 유명한 공식

$$(\text{원의 넓이}) = \frac{1}{2} \times (\text{반지름}) \times (\text{원둘레})$$

을 말해 주었고, 명제 3에서는 원에 내접·외접하는 정96다각형의 둘레를 이용하여 π를 계산하는 고전적인 방법을 처음으로 시도하여 놀라운 근사값

$$3\frac{10}{71} < \pi < 3\frac{1}{7}$$

을 얻었다. 이것은 약 $3.14085 < \pi < 3.142858$이니 꽤 정확한 값이다. 불행하게도 명제 2는 만족스럽지 못하고 거론될 만한 것이 못 된다. 아마 사본을 잘못 만들었거나, 편집을 잘못했거나, 후세 사람들이 번역을 잘못했는지 모른다.

〈포물선의 구적법〉에는 24개의 명제가 수록되어 있고

한 포물선과 그 포물선을 자르는 현에 의해 생기는 도형의 면적은 밑면이 현이고 다른 한 꼭지점은 포물선 위의 점으로서 그 곳에서의 접선이 현과 평행이 되는 내접삼각형의 면적의 4/3가 된다.

는 것을 보였다. 증명에서 아르키메데스가 사용한 기하학적 방법을 편의상 현대적인 표현을 써서 설명하면 다음과 같다.

그림 3-12와 같이 현 AB의 중점 L을 지나고 포물선의 주축에 평행인 직선과 포물선의 교점을 C라고 하자. 그러면 점 C는 호 ACB 위의 점 중에서 현 AB로부터 가장 먼 점이다. 즉 점 C에서 의 포물선의 접선은 현 AB에 평행이다. 마찬가지 방법으로 현 AC와 현 CB의 각각의 중점 M과 N을 지나고 각각의 포물선의 주축에 평행인 직선과 포물선의 교점을 각각 D와 E라고 하자. $\triangle ACB$의 면적을 s라고 할 때 포물선의 기하학적 성질로부터 아르키메데스는

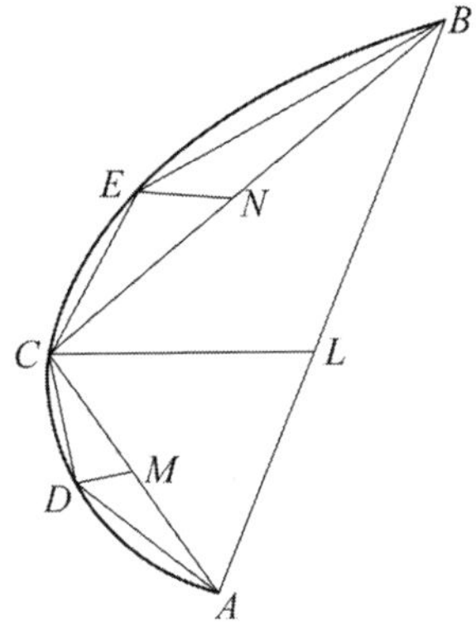

그림 3-12

$$\triangle ADC + \triangle CEB = s/4$$

라는 사실을 밝혔다. 이러한 계산을 반복 시행하면 포물선 ACB와 그 포물선을 자르는 현 AB에 의해 생기는 도형의 면적은 다음과 같다.

$$s + \frac{s}{4} + \frac{s}{4^2} + \frac{s}{4^3} + \cdots = s\left(1 + \frac{1}{4} + \frac{1}{4^2} + \frac{1}{4^3} + \cdots\right)$$
$$= \frac{4}{3}s$$

이것은 기하급수의 합을 구하는 문제로 귀착된다. 그러나 그 당시에는 급수에 대한 합을 구하는 방법이 알려져 있지 않았으므로 아르키메데스는 실진법을 반복하여 사용하여 다음과 같이 값을 구했다.

a_1, a_2, a_3, $\cdots$, a_{n-1}, a_n이 각각 앞에 있는 항의 1/4인 양이라고 하자. 즉

$$a_2 = \frac{1}{4}a_1, \ a_3 = \frac{1}{4}a_2, \ \cdots \qquad \cdots ①$$

그리고 b_2, b_3, $\cdots$, b_{n-1}, b_n을 각각 a_2, a_3, $\cdots$, a_{n-1}, a_n의 1/3인 양이라고 하면

$$a_2 = \frac{1}{4}a_1, \ b_2 = \frac{1}{3}a_2$$

이므로

$$a_2 + b_2 = \frac{1}{4}a_1 + \frac{1}{3}a_2 = \frac{1}{4}a_1 + \frac{1}{3}\left(\frac{1}{4}a_1\right) = \frac{1}{3}a_1$$

이다. 마찬가지 방법으로

$$a_3 + b_3 = \frac{1}{3}a_2,\ \cdots,\ a_n + b_n = \frac{1}{3}a_{n-1}$$

을 얻을 수 있다. 따라서

$$(a_2 + a_3 + \cdots + a_n) + (b_2 + b_3 + \cdots + b_n) = \frac{1}{3}(a_1 + a_2 + \cdots\ a_{n-1})$$

이다. 그런데

$$b_2 + b_3 + \cdots + b_n = \frac{1}{3}(a_2 + a_3 + \cdots + a_{n-1}) + \frac{1}{3}a_n$$

이므로

$$a_2 + a_3 + \cdots + a_n = \frac{1}{3}a_1 - \frac{1}{3}a_n$$

이다. 위의 식의 양변에 a_1을 더하고, 식 ①의 a_1에 s를 대입한 결과를 이용하면

$$s + \frac{1}{4}s + \frac{1}{4^2}s + \cdots + \frac{1}{4^n}s = \frac{4}{3}s - \frac{1}{3 \times 4^n}s$$

가 된다. 그런데

$$\lim_{n \to \infty} \frac{1}{3 \times 4^n} = 0$$

이므로, 구하는 면적은 $(4/3)s$, 즉 포물선 ACB에 둘러싸인 면적은 $\triangle ACB$의 면적의 4/3배임을 알 수 있다.

비록 아르키메데스가 실진법을 이용하여 수렴하는 특별한 무한급수의 합을 최초로 구했지만, 무한급수의 수렴에 대한 개념을 적절하게 고려한 최초의 사람은 가우스였다. 가

우스는 1812년에 자신이 만든 초기하급수(hypergeometric series)를 다루면서 무한급수의 수렴에 대한 개념을 생각했다.

〈나선에 관하여〉에는 28개의 명제가 실려 있는데, 나선을 다음과 같이 정의하였다.

점 P가 어떤 사선을 따라서 고른 속도로 운동하고, 또 평면의 원점을 중심으로 일정한 속도로 회전할 때 생기는 점 P의 궤적을 나선

이라 한다.

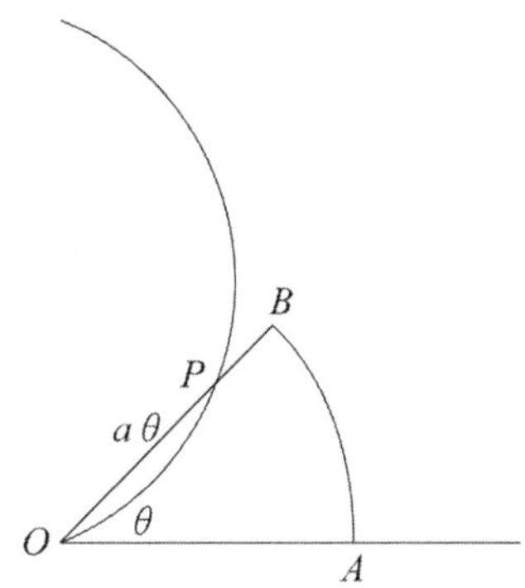

그림 3-13

즉, 나선은 그림 3-13과 같이 벡터가 원점 주위를 돌아감에 따라 회전한 각에 비례하여 벡터의 길이가 커질 때 벡터의 끝점이 그리는 자취이다. 이것을 극형식으로 표현하면 $r = a\theta$(a는 비례상수)이다. 나선을 이용하여 원적문제(제5장 5-2절 참고)를 해결할 수도 있다. 실제로 아르키메데스는 원적문제를 해결하기 위해 나선을 만들었다고 전해진다.

아르키메데스의 현존하는 작품 중 3차원 공간 기하학에 관한 것은 〈구와 원기둥에 관하여(On the Sphere and Cylinder)〉이다. 두 권의 책으로 씌어 있고 모두 60개의 정리로 이루어진 이 작품은 정의와 가정으로 시작하여 복잡한 정리로 전개되는 형식이 유클리드의 〈원론〉과 비슷하다. 유클리드가 〈원론〉에서 구의 부피에 대해서만 언급한 것을 아르키메데스는 최초로 기하학에서 대상을 구의 겉넓이에 관해 언급하여 이 논문의 가치가 더욱 돋보이는 것이다. 그의 첫째 정리는 단순한 내용인

만일 다각형이 원에 외접하면 그 다각형의 둘레의 길이는 원둘레의 길이보다 길다.

로 시작하고 있다. 그러다가 갑자기 명제 13

> **위 아래 면의 넓이를 뺀 직원기둥의 겉넓이는 직원기둥의 밑면의 지름과 그 높이 사이의 비례중항을 반지름으로 갖는 원의 넓이와 같다.**

와 같이 복잡한 명제로 발전시켜가고 있다. 아르키메데스는 단순한 공식으로는 부피와 겉넓이를 나타낼 수 없어서 수학적 기호에 의한 방법이 아니라 진술에 의존하고 있다. 이 명제에 대한 오늘날의 수학적 증명은 다음과 같다. 그림 3-14에서

$$h : x = x : 2r \text{ 또는 } x^2 = 2rh$$

이면

$$\text{직원기둥의 겉넓이} = 2\pi rh = \pi x^2 = \text{반지름이 } x\text{인 원의 넓이}$$

이다.

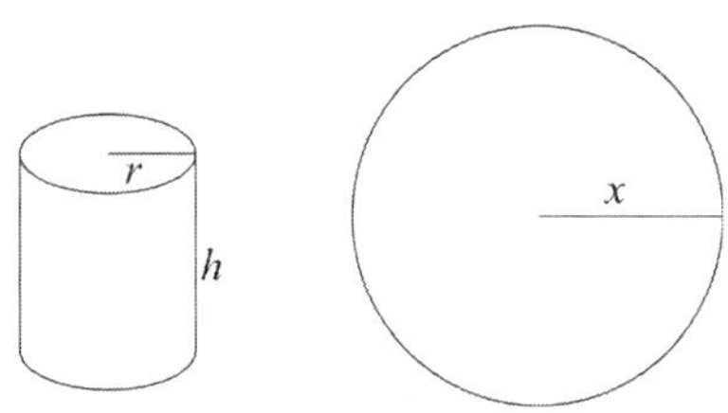

그림 3-14

아르키메데스는 이와 같은 명제를 계속하여 첫 목표인 구의 표면적에 이른다. 그 과정을 면밀히 살펴볼 수는 없지만 논증의 기본원리로 에우독소스의 실진법을 쓰고 있다. 구의 표면을 이미 알고 있는 원뿔이나 원뿔대를 구에 내접 또는 외접시키면서 구의 겉넓이에 무한히 접근시켜 오차를 실진시켜 명제 33

임의의 구의 겉넓이는 구의 대원의 넓이의 네 배이다.

를 얻는다. 아르키메데스는 이 명제를 증명하기 위한 방법으로 양면 귀류법, 즉

네 배보다 클 수 없다. 또한 네 배보다 작을 수 없다. 따라서 네 배이다.

를 사용하였다. 이 명제에 대한 오늘날의 수학적 증명은 다음과 같다. 반지름이 r인 구를 생각하면

$$\text{구의 겉넓이} = 4\pi r^2 = 4(\pi r^2) = 4(\text{대원의 넓이})$$

이다. 이 명제에서 구의 겉넓이와 대원의 넓이를 연관시킨 것과 네 배가 된다는 것은 직관적으로나 실험적으로는 도저히 상상할 수 없는 결과들이므로 아르키메데스의 천부적인 재능과 영감에 감탄할 수밖에 없다. 구의 부피에 관해서는 명제 34

> **구의 부피는 대원을 밑면으로 하고 구의 반지름을 높이로 하는 원뿔의 부피의 네 배와 같다.**

를 얻는다. 이 명제에 대한 오늘날의 수학적 증명은 다음과 같다. 그림 3-15와 같은 반지름이 r인 구를 생각하면

$$\text{구의 부피} = \frac{4}{3}\pi r^3 = 4\left(\frac{1}{3}\pi r^2 r\right) = 4(\text{원뿔의 부피})$$

이다.

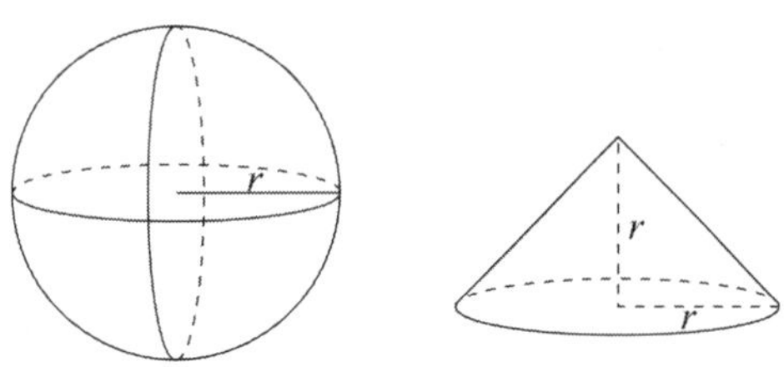

그림 3-15

아르키메데스의 구의 겉넓이와 부피에 대한 이론의 전개는 명제 33과 34의 따름정리로 극적인 내용

> **그림 3-16과 같이 구에 외접하는 원기둥을 만들면 원기둥의 겉넓이는 구의 겉넓이의 3/2과 같고, 원기둥의 부피는 구의 부피의 3/2과 같다.**

로 논문의 클라이맥스를 장식한다. 이 따름정리에 대한 오늘날의 수학적 증명은 다음과

같다. 그림 3-16과 같은 반지름이 r인 구를 생각하면

$$\text{원기둥의 겉넓이} = 2\pi r(2r) + \pi r^2 + \pi r^2 = 6\pi r^2$$
$$= \frac{3}{2}(4\pi r^2) = \frac{3}{2}(\text{구의 겉넓이})$$
$$\text{원기둥의 부피} = \pi r^2(2r) = 2\pi r^3 = \frac{3}{2}\left(\frac{4}{3}\pi r^3\right)$$

이다.

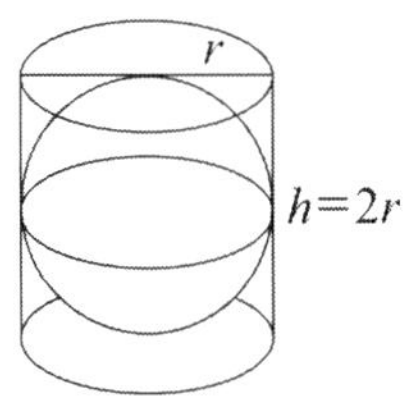

그림 3-16

아르키메데스는 평소에 자기가 발견한 위대한 기하학적 도형에 대단한 긍지를 가졌으며, 또한 자신의 책 〈구와 원기둥에 관하여〉를 대단히 자랑스럽게 생각했다. 그래서 그는 자기가 죽으면 묘비 위에 구에 외접하는 직원기둥을 그린 그림을 새겨줄 것을 희망했다고 한다.

고대에서부터 현대에 이르러 발견된 수학자료 중에서 가장 위대한 발견 중의 하나는 오랫동안 분실되어 잊혀졌던 아르키메데스의 논문 〈방법론(Method)〉의 발견이다. 이 논문은 1906년 말에 콘스탄티노플에서 유명한 역사학자인 하이베르크(Heiberge, J.L.)에 의해서 발견될 때까지는 단지 그것에 대한 언급만으로 알려져 있었다. 발견된 것은 거듭 쓴 양피지의 사본이었다. 즉 다시 사용하기 위해 원래 씌어 있던 글씨를 지우고 다른 글을 쓴 양피지였다. 그런데 오랜 세월이 지나감에 따라 처음 씌었던 글씨가 나중 씌인 글씨 밑에서 희미하게 다시 나타난 것이었다. 이 작품은 알렉산드리아 대학교에 있던 에라토스테네스(Eratosthenes)에게 편지의 형식으로 되어 있는 것으로, 〈구와 원기둥에 관하여〉에서 찾아볼 수 있는 공식을 비롯하여 아르키메데스가 발견한 많은 정리의 증명에 대한 연역과정을 설명하고 있으며, 논증의 기본원리로 실진법을 이용하여 엄밀하게 증

명하고 있음을 말해 주고 있다. 이 논문은 적분법의 착상과 대단히 밀접한 관계를 갖고 있다.

아르키메데스는 광학과 역학에서도 선구적인 연구를 수행해서 물펌프 외에도 지렛대, 도르래, 합성 도르래 등에 대한 놀라운 업적을 남겼다. 그는 응용수학을 경멸하면서도 히에론 왕이 단순한 기계들의 실용 가치를 의심할 때에는 수학이 때로는 엄청난 실용성을 발휘한다는 것을 증명해 보였다. 그는 사람과 짐을 가득 실은 왕의 배를 움직이는 데 아무 힘도 들이지 않고 합성 도르래의 끈을 조금씩 조금씩 끌어당겨 배가 바다에 있던 그대로 기울어지지도 않게 똑바로 부두(dock) 위로 끌어올려 왕을 놀라게 했다.

기원전 212년에 로마의 장군 마르켈루스(Marcellus)가 시라쿠사를 공격해 왔다. 마르켈루스는 자기의 명성과 압도적인 군사력을 믿고 쉽게 시라쿠사를 정복할 수 있다고 생각했다. 그의 명성을 익히 잘 알고 있고, 또한 많은 함정으로 공격해 오는 것을 본 시민들은 도시를 마르켈루스에게 넘겨주자고 했지만 왕 히에론은 그렇지 않았다. 아르키메데스의 능력에 감탄했던 왕은 아르키메데스에게 로마의 공격을 막아달라고 부탁했다. 부탁을 받은 아르키메데스는 연구를 중단하고 로마의 공격을 좌절시킬 준비에 뛰어들었다. 마르켈루스의 군대는 육지와 바다에서 공격을 시작했다. 아르키메데스는 준비했던 장비를 쓰기 시작했다. 육지에서는 대량의 돌이 굉음을 내며 굴러오자 로마군은 수많은 사상자를 내며 퇴각하였고, 바다에서는 1/4톤이 넘는 돌이 아르키메데스의 투석기로부터 연이어 날아가 손쓸 틈도 주지 않고 적의 장치를 파괴했으며, 학의 부리처럼 생긴 커다란 기중기와 쇠로 된 갈고리가 성벽 너머로 뻗어나와 가까이 오는 배를 잡아 걸고 휘둘러서 튀어나온 바윗돌에 처박아 침몰시키거나 가루로 만들어 버리기도 했다. 이리하여 아르키메데스의 극악무도한 전쟁무기를 당할 수 없었던 마르켈루스의 군대는 퇴각할 수밖에 없었다. 그래서 마르켈루스는 정면 공격을 포기하고 후방의 메가라를 점령하고 배후에서 시라쿠사를 쳐들어갔다. 이번에는 행운은 마르켈루스의 편이었다. 3년 동안이나 로마의 공격으로 자신을 방어해 오던 시라쿠사인들은 여신 아르테미스의 축제로 술과 춤에 정신이 빠져 성문의 경계마저 소홀했다. 기회를 얻은 로마 병사들은 쉽게 경계망을 뚫고 도성으로 침입하여 학살과 파괴를 저질렀다.

아르키메데스도 이 유혈 참사에 휘말리고 말았다. 도시가 적의 수중에 떨어졌음을 최초로 그에게 알려준 것은 그의 작도에 드리운, 먼지를 뒤집어쓴 로마병사의 그림자였다. 그 병사가 작도를 밟았기 때문에 화가 난 아르키메데스는 내 원들을 방해하지 말라.

고 외쳤다고 한다. 이에 격앙한 병사는 번쩍이는 검으로 75세 된 비무장인 기하학자를 살해했고, 이렇게 해서 아르키메데스는 생을 마쳤다.

마르켈루스는 아르키메데스의 죽음을 알고 매우 슬퍼하였다. 그는 재능이 많은 적수 아르키메데스를 존경하고 있었다. 마르켈루스는 그를 공동묘지에 매장하면서 그의 소원인 묘비에 구에 외접하는 원기둥을 새겨 주었다.

오랜 세월이 지나 기원전 75년에 키케로(Cicero)는 로마의 감찰관으로서 시칠리아에 왔을 때 아르키메데스의 무덤이 어디 있는지 알아보았다. 그러나 놀랍게도 시라쿠사인들은 아무도 그의 무덤이 어디 있는지 알지 못했다. 키케로는 상당한 노력을 기울여 공동묘지에 있는 많은 기념비를 모두 조사하던 중 사방에 찔레덤불과 관목이 우거진 곳에서 조금 삐죽 나온 작은 기둥 하나를 발견하였는데, 바로 그 묘비 위에 원기둥에 내접하는 구의 그림이 새겨져 있었다. 그리하여 오랫동안 잊혀졌던 고대의 가장 위대한 수학자 아르키메데스의 무덤을 다시 찾게 되었다. 키케로는 그의 무덤을 깨끗이 하고, 주위의 땅을 잘 보존토록 명령하였다. 이러한 관심이 얼마나 지속되었는지는 확실치 않으나 아무튼 그의 무덤은 완전히 자취를 감추고 말았다. 그러다가 1965년에 시라쿠사에서 호텔의 기초공사를 위해 땅을 파다가 굴착용 중기삽에 한 묘비가 올라왔는데 원기둥에 내접하는 구의 그림이 새겨져 있었다. 그래서 다시 한 번 오랫동안 사라졌던 무덤이 발견되었다.

3-10 원추곡선의 재발견 : 아폴로니우스

유클리드, 아르키메데스, 아폴로니우스(Appolonius, 262-190 B.C.)는 기원전 3세기의 수학에서 3대 거인이었다. 아르키메데스보다 약 25세쯤 아래인 아폴로니우스는 기원전 262년경에 남부 소아시아 지방에 있는 페르가(Perga)에서 태어났다. 아폴로니우스의 일생에 대해서는 알려진 것이 거의 없다. 젊었을 때는 알렉산드리아에 유학하여 유클리드의 후계자로부터 수학을 배웠고 오랫동안 그곳에 남아 있었다. 그는 알렉산드리아 대학 이후 가장 최근에 세워진 대학과 도서관이 있었던 서부 소아시아 지방에 있는 페르가뭄

(Pergamum)을 방문한 적도 있지만 결국 그는 알렉산드리아로 돌아왔다.

천문학자로 유명한 아폴로니우스는 다양한 주제에 관하여 저술하였지만 최고의 걸작은 천문학 분야가 아니라 수학 분야인 고대 그리스의 기하학의 기법을 광범위하게 사용한 〈원추곡선론(Conic Sections)〉이다. 이 걸작으로 인하여 동시대인들은 그를 위대한 기하학자라고 불렀다. 원추곡선에 관한 이 유명한 논문이 저술된 시기는 최초로 원추곡선이 알려진지 이미 한 세기 반이 지난 무렵이었다.

〈원추곡선론〉은 모두 여덟 권의 책으로 약 400개의 명제가 실려 있으며, 이 명제들은 원추곡선에 대한 철저한 기하학의 결과로서 이전의 원추곡선에 관한 메나에크무스(Menaechmos : 340? B.C.), 아리스타에우스(Aristaeus), 유클리드의 초기 저작을 총망라한 것이다. 여덟 번째의 책은 분실되어 현재 일곱 권만이 전해 내려오고 있는데 그 중에서 처음 네 권은 그리스 어로, 나머지 세 권은 아라비아 번역본으로 전해지고 있다.

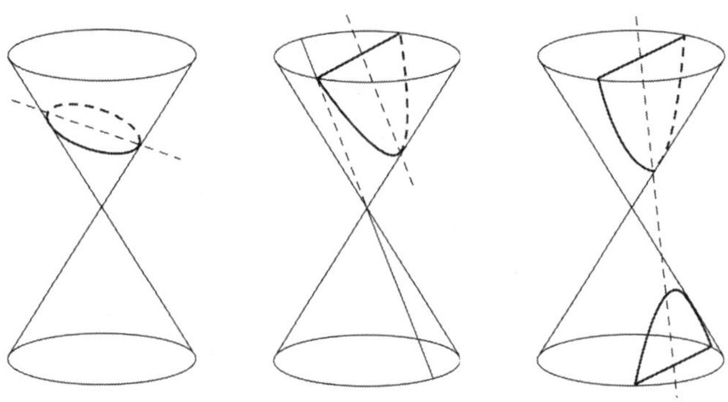

타원 포물선 쌍곡선

그림 3–17

아폴로니우스 이전의 그리스인들은 원추곡선을 각각 꼭지각이 예각, 직각, 둔각인 서로 다른 세 직원뿔을 모선에 수직인 평면으로 각각을 절단하면 단면은 타원, 포물선, 쌍곡선이 만들어진다고 정의했었다. 이때 쌍곡선은 단지 한 부분만 나오게 된다. 그러나 아폴로니우스는 〈원추곡선론〉의 제1권에서 모든 원추곡선을 그림 3-17과 같이 하나의 이중 직원뿔로 절단하여 원추곡선에 관한 일반적인 정의를 내렸다. 이것이 오늘날 우리가 사용하고 있는 원추곡선의 정의이다.

원추곡선에 대하여 타원(ellipse), 포물선(Parabola), 쌍곡선(hyperbola)이라는 이름을 최초로 사용한 사람은 아폴로니우스이며, 초기 피타고라스 학파가 면적에 사용한 용어로부터 따온 것이다. 피타고라스 학파는 한 선분 위에 직사각형을 직사각형의 한 변의 끝과 선분의 한 끝이 일치하도록 할 때, 갖다 댄 직사각형의 변의 길이가 선분의 길이보다 짧은 경우, 일치하는 경우, 긴 경우에 따라 변을 각각 그리스어로 ellipsis(부족하다), parabole(일치한다), hyperbole(초과한다)라고 하였다.

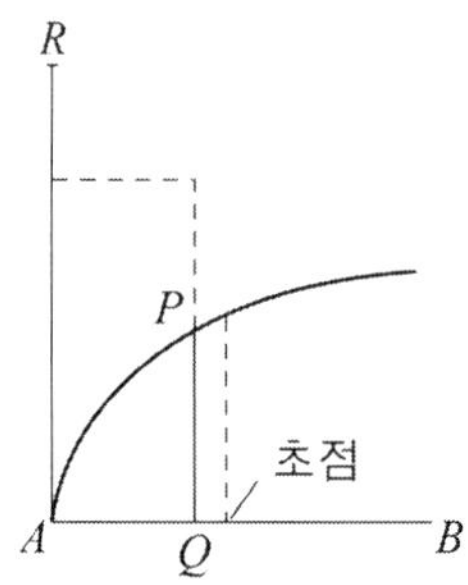

그림 3-18

그림 3-18과 같이 AB가 한 원추곡선의 주축이고, P가 원추곡선 위의 임의의 점이고, Q가 P에서 AB에 내린 수선의 발이라고 할 때, 원추곡선의 꼭지점 A에서 주축 AB와 수직이고 선분의 길이가 주어진 원추곡선의 표축(latus rectum)의 길이와 같은 선분 AR를 그리자. 이 선분 AR에, 한 변이 PQ인 정사각형의 면적과 같고, 한 변이 AQ인 직사각형을 갖다 붙이자. 이때 직사각형의 다른 변이 선분 AR보다 짧은 경우, 일치하는 경우, 긴 경우에 따라 아폴로니우스는 이 원추곡선을 각각 타원, 포물선, 쌍곡선이라고 불렀다.

위의 경우에 대한 예로서 직교좌표계에서 그림 3-19와 같은 타원 $x^2/3^2+y^2/2^2=1$을 생각하면, 일반적인 타원 $x^2/a^2+y^2/b^2=1$의 표축의 길이는 $2b^2/a$이므로 각 점의 좌표는 다음과 같다.

$$A=(-3,\ 0),\ B=(3,\ 0),\ P=(a,\ (2/3)\sqrt{9-a^2})$$
$$Q=(a,\ 0),\ R=(-3,\ 8/3)$$

따라서 직선 BR의 방정식은 $y=-(2/3)^2(x-3)$이고, 직선 BR와 PQ의 연장선의 교점은 $S=(a, -(2/3)^2(a-3))$이다. 한편 한 변이 PQ인 정사각형의 면적은 $(2/3)^2(9-a^2)$이고, 선분 AQ의 길이는 $3+a$이다. 따라서 면적이 $(2/3)^2(9-a^2)$이고, 한 변이 AQ인 직사각형의 다른 한 변의 길이는 $(2/3)^2(3-a)$이므로 다른 한 변은 QS이다. 그런데 $a>-3$이므로 QS의 길이 $(2/3)^2(3-a)$는 선분 AR의 길이 8/3보다 짧다. 마찬가지로 포물선과 쌍곡선에 대해서도 조사할 수 있다.

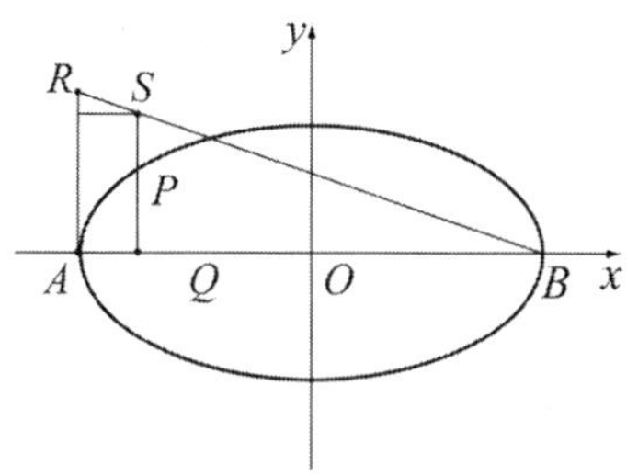

그림 3-19

제2권에서는 점근선, 공액쌍곡선, 접선의 성질을 다루고, 제3권에서는 원추곡선의 초점의 성질 등을 포함한 정리들을 다루고, 그리고 제4권에서는 제3권에서의 극과 극선의 조화 성질에 관한 것들을 다루고 있다. 제5권은 아폴로니우스의 〈원추곡선론〉의 현존하는 책 중에 가장 놀랄 만하고 또 독창적인 내용의 책이다. 그것은 한 점에서 곡선에 그린 최소, 최대 선분들로서 법선을 다루고 있으며, 또 주어진 점에서부터 법선의 작도방법을 다루고 있다. 제6권은 동일한 또는 닮은 원추곡선에 관한 정리와 작도문제를 다루고, 그리고 제7권은 공액직경과 관련된 많은 정리를 다루고 있다.

아폴로니우스는 〈원추곡선론〉 외에도 181개의 명제로 이루어진 〈비례절단에 관하여(On Proportional Sections)〉, 124개의 명제로 이루어진 〈접촉론(Tangencies)〉, 그리고 147개의 명제로 이루어진 〈평면자취론(Plane Loci)〉을 포함하여 많은 작품을 썼던 것으로 전해지는데 오늘날까지 전해지고 있는 것은 아라비아어로 된 〈비례절단에 관하여〉뿐이다.

〈비례절단에 관하여〉에서는 명제

두 직선 a와 b에 각각 고정된 점 A와 B가 주어졌을 때, 한 주어진 점 O를 지나서 a와는 A'에서 b와는 B'에서 만나고 더욱이

$$AA'/BB' = k(k\text{는 주어진 상수})$$

를 만족하는 직선 $OA'B'$를 그려라(그림 3-20 참조).

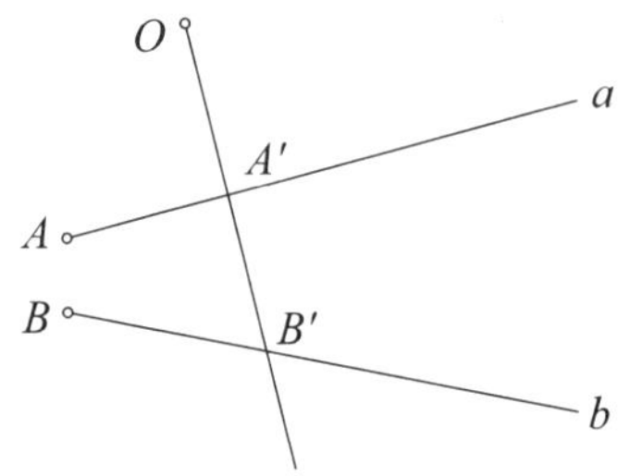

그림 3-20

를 다루고 있는데, 아폴로니우스가 무려 77가지 경우로 나누어 고찰한 것만 봐도 이 문제가 얼마나 힘든 것인지 알 수 있다.

〈접촉론〉에는 오늘날 **아폴로니우스의 문제**라고 부르는

세 개의 원이 주어졌을 때 이들 모두에 접하는 한 원을 작도하라.

가 있다. 이 문제는 많은 수학자를 유혹했으며 그 중에는 비에트, 오일러, 뉴턴 등이 있다. 해석기하학의 직교좌표를 이용하여 이 문제를 최초로 해결한 수학자는 데카르트의 제자이며 보헤미아(Bohemia)의 프레드릭 5세의 딸인 엘리자베스 공주였다. 그러나 이 문제에서 가장 우아한 해라고 여겨지는 것은 프랑스의 포병장교이며 수학 교수였던 제르곤(Gergonne, 1771-1853)이 푼 해일 것이다.

〈평면자취론〉에는 오늘날 **아폴로니우스의 원**이라고 부르는

A와 B가 고정된 점이고 $k(\neq 1)$가 주어진 상수일 때 $AP/BP = k$인 점 P의 자취는 원이다.

라는 정리가 있다. 이 정리는 유클리드에 의해 증명된 삼각형의 성질인

삼각형에서 한 각의 내부(또는 외부) 이등분선은 맞변을 그 각을 끼고 있는 두 변의 비로 내분(또는 외분)한다. 또한 역도 성립한다.

를 이용하면 쉽게 보일 수 있다. 그림 3-21과 같이 고정된 점 A와 B, 그리고 $AP/BP=k$인 점 P에 대하여 C와 D를 선분 AB를 k인 비로 각각 내분·외분하는 점이라고 하면, $\triangle APB$에서 PC는 $\angle P$의 내부 이등분선이고 PD는 $\angle P$의 외부 이등분선이므로 $\angle CPD$는 직각이다. 따라서 점 P는 지름이 CD인 원 위의 점이다.

이 정리는 직교좌표계에서 생각하면 더욱 자명해진다. 예를 들어 그림 3-22와 같이 두 정점 $A(-1, 0)$, $B(2, 0)$에서 거리의 비가 $2:1$인 점 $P(x, y)$의 자취를 생각한다면

$$\sqrt{(x+1)^2+y^2}=2\sqrt{(x-2)^2+y^2}$$

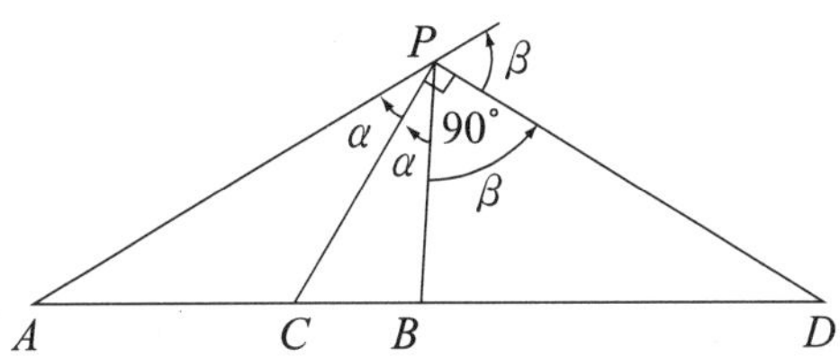

그림 3-21

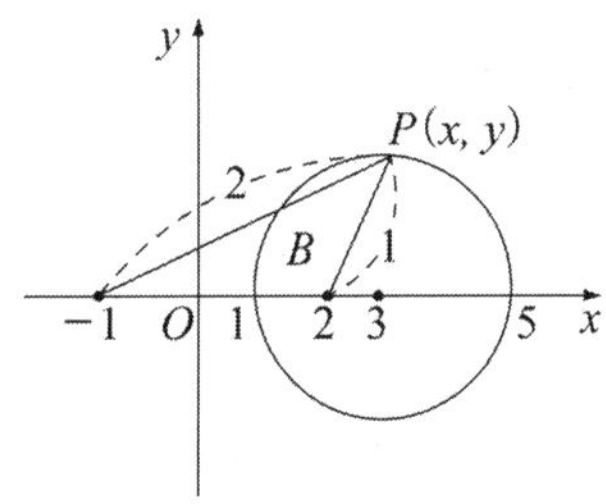

그림 3-22

이므로 점 $P(x, y)$의 자취는

$$x^2+y^2-6x+5=0 \text{ 또는 } (x-3)^2+y^2=4$$

인 원이다.

아폴로니우스의 작품들을 복원하려는 시도가 있었는데, 〈비례절단에 관하여〉는 1706년에 핼리(Edmund Halley)에 의해서, 〈접촉론〉은 1600년에 비에트(Viéte)에 의해서, 〈평면자취론〉은 1637년에 페르마(Fermat)와 1746년에 심슨(Simson)에 의해서 시도되었다.

3-11 기하학의 결과 : 삼각법

삼각법(trigonometric)의 기원은 모호하다. 이집트, 바빌로니아와 중국에서도 삼각법에 대한 약간의 지식을 갖고 있었다. 특히 유클리드의 작품 중에 엄밀한 의미의 삼각법은 없지만, 특정한 삼각법칙이나 공식에 해당하는 정리는 있다. 예를 들면 〈원론〉의 제2권의 명제 12와 13은 각각 둔각과 예각의 경우에 관한 코사인 법칙을 삼각법 대신에 기하학적 표현을 써서 나타내고 있다(제4장 4-2절 참조).

기원전 4, 5세기의 바빌로니아 천문학자들은 상당한 양의 관찰자료를 모았으며 이 중 많은 양이 그리스에 전해진 것으로 밝혀졌다. 구면 삼각법을 탄생시킨 것이 바로 이 때의 천문학이다.

각과 현 사이의 관계에 대한 관계식을 구한 사람은 사모스(Samos)의 아리스타르쿠스(Aristarchus, 310-230 B.C.)와 키레네(Cyrene)의 에라토스테네스(Eratosthenes, 273-192 B.C.)이다.

아르키메데스의 〈모래산가〉에 나오는 천문학에 관한 참고문을 보면 아리스타쿠스가 코페르니쿠스보다 1,800년이나 앞서 태양중심설을 제창하였다고 한다. 이에 관한 아리스타쿠스의 논문은 분실되어 오늘날 전해지고 있지 않지만 그가 태양중심설을 내세우기 전인 기원전 260년경에 발표한 지구중심설을 가정한 〈태양과 달의 크기와 거리에 관하여(On the Sizes and Distances of the Sun and Moon)〉라는 논문이 남아 있다. 이 논문에서 아리스타쿠스는 반달일 때 지구에서 태양과 달에 대한 시선의 각은 직각보다 4분원의 1/30만큼 작다는 관측결과를 밝히고 있다. 이것은 시선의 각이 87°를 의미하고 있는데 실제로 약 89°50′인 것과 비교하면 약간의 관측오차가 있다(그림 3-23 참조).

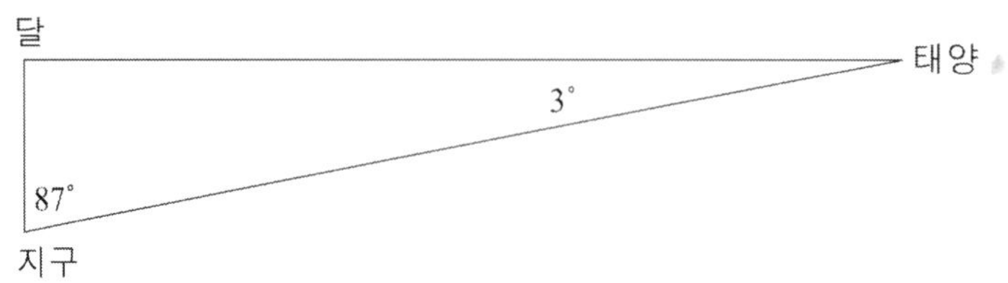

그림 3-23

그는 이 결과를 이용하여 달까지의 거리에 대한 태양까지의 거리의 비를 구하였는데, 다음 식과 동치인 식을 사용하였다.

$$\frac{\sin a}{\sin b} < \frac{a}{b} < \frac{\tan a}{\tan b} \quad (0^\circ < b < a < 90^\circ)$$

위의 식에서 $1/20 < \sin 3^\circ < 1/18$을 유도하여 지구로부터 태양까지의 거리는 달까지의 거리의 18배보다는 크고 20배보다는 작다고 주장하였다. 참고로 구간 $(0, \pi/2)$에서 $(\sin x)/x$는 감소하고 $(\tan x)/x$는 증가하므로 위의 부등식을 쉽게 유도할 수 있다.

에라토스테네스는 지중해의 남쪽 연안에 있는 키레네에서 태어났으며 아르키메데스보다 몇 살쯤 아래였다. 그는 젊은 시절의 대부분을 아테네에서 보내고 40세쯤 되었을 때 이집트의 톨레미 3세의 초청으로 알렉산드리아로 와서 그의 아들의 개인 교수로 일한 적이 있으며, 나중에 눈병으로 거의 장님이 되자 스스로 단식하여 자살하고 말았다. 그는 순수수학, 천문학, 지리학, 역사학, 철학, 시를 비롯한 모든 분야에 박식하였고, 4년마다 한 번의 윤년을 두어 1년을 365일로 하는 태양력을 제안하기도 했다. 또한 운동에서도 명성을 날려 알렉산드리아 대학 학생들이 그를 5종경기의 챔피언인 '펜타슬루스(Pentathlus)'라고까지 불렀다고 한다. 그러나 많은 분야에 박식했기 때문에 같은 시대의 사람들 사이에서는 항상 2인자의 자리에 머물러야 했다. 그의 가장 유명한 업적은 **에라토스테네스의 체**, 즉 일정한 수가 주어지면 그 수 보다 작은 소수들을 찾아내는 방법을 고안한 것이다. 에라토스테네스는 〈지구의 측정에 관하여〉라는 논문을 썼는데 오늘날 전해지지 않지만 이 논문에서 다음과 같은 기하학적인 지식을 이용했다고 한다.

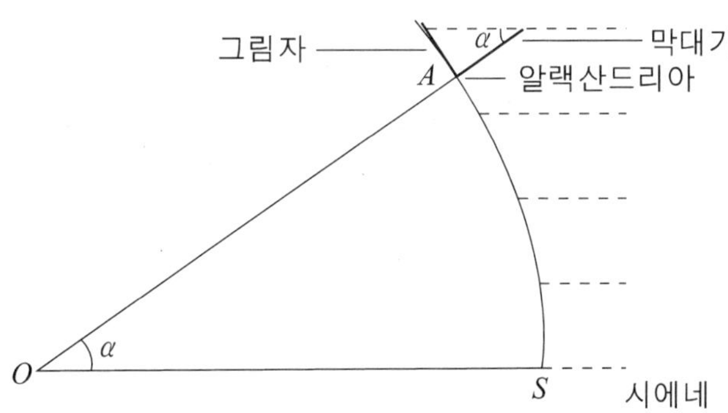

그림 3–24

에라토스테네스는 알렉산드리아의 남쪽에 있는 이집트의 마을 시에네(Syene, 오늘날의 아스완)에 하지의 정오에 태양이 수직으로 비추는 것을 발견하였다. 이 사실은 우물 속을 응시하면 우물에서 나오는 반사광선으로 관측자가 눈을 뜰 수 없다는 사실로부터 알 수 있었다. 똑같은 시각에 알렉산드리아에 수직으로 막대기를 세워 놓으면, 막대기의 정점에서 막대기의 그림자 끝점에 그은 직선이 만드는 각은 원 전체의 각의 1/50임을 알았으며, 또한 알렉산드리아와 시에네간의 거리를 측정하여 5,000스테이드(stade)임을 알았다. 알렉산드리아가 시에네의 정북 방향에 있음을 가정하고, 또 태양은 지구에서 아주 먼 거리에 있으므로 알렉산드리아의 시에네에 빛이 평행으로 비춘다고 가정하여 다음과 같은 계산을 하였다. 그림 3-24에서 O를 지구의 중심이라고 하면 엇각은 서로 같으므로 $\angle AOS = \angle \alpha$이다. 따라서 비례식

$$(\text{지구의 둘레}) : (\text{두 도시간의 거리}) = (\text{원 전체의 각}) : (\angle AOS)$$

으로부터 지구의 둘레는 $5{,}000 \times 50 = 250{,}000$스테이드가 된다. 이것은 약 24,466마일에 해당되며 우리가 알고 있는 지구의 둘레 약 24,860마일에 가까운 놀라운 수치이다. 이 논의 과정에서 에라토스테네스는 지구가 둥글다는 사실을 알고 있었다고 볼 수 있다.

그리스의 수학자들은 직선과 원에 관한 여러 가지 성질을 연구하여 천문학에 응용하였으나 체계적으로 삼각법을 확립하지는 못했다. 기원전 150년경에 아시아 지역인 미노아(Minor)의 니케아(Nicaea)에서 활동했던 히파르코스(Hipparchus, 195?-125? B.C.)에 의해 최초로 삼각표가 만들어졌다. 그를 가리켜 '삼각법의 아버지'라고 부르게 된 것은 이 때문이다. 그의 유명한 관찰은 로드스(Rhodes)에 있는 천문대에서 이루어졌다. 정확한 관찰자로 유명한 그는 음력의 한 달 기간을 현재 우리가 사용하고 있는 기간과 1초도 안 되는 오차의 범위 내에서 결정했으며, 황도와 적도와의 경각이 $23^\circ 51'$(정확한 값은 $23^\circ 46'$)임을 측정했고, 달의 시차가 $57'$라는 거의 정확한 값을 계산했다. 또한 그는 지구 표면 위의 위치를 정하기 위해서 위도와 경도를 사용할 것을 주장했으며, 원을 360°로 분할하는 것을 그리스에 소개하였다. 그러나 이러한 업적은 간접적으로 전해진 것이고 히파르코스가 쓴 저작이 오늘날까지 전해 내려오는 것은 거의 없다.

3-12 공선점에 관한 정리 : 메넬라우스

알렉산드리아의 메넬라우스(Menelaus)는 기원전 100년경에 살았던 그리스의 천문학자이다. 그가 원의 현에 대하여 쓴 여섯 권짜리 논문은 분실되어 오직 나중에 주석가들이 쓴 단평에 의해서 일부가 전해지고 있을 뿐이다. 그러나 다행히도 세 권으로 구성된 논문 〈구면론(Sphearica)〉이 아라비아어로 보존되어 있어 그리스 시대 당시의 삼각법의 발전에 대한 연구에 상당한 정보를 제공하고 있다. 제1권에서는 구면삼각형을 정의한 후 유클리드가 〈원론〉에서 평면삼각형에 대하여 세운 많은 명제, 예를 들면 합동에 관한 정리, 이등변삼각형에 관한 정리 등을 구면삼각형에 대하여 세우고 있다. 특히

1. 두 구면삼각형은 대응각이 서로 같으면 합동이다.
2. 구면삼각형의 내각의 합은 두 직각(180°)보다 크다.

등의 기본적인 명제가 증명되어 있다. 제2권에는 천문학에 관한 흥미 있는 정리가 실려 있다. 제3권은 그 당시의 구면삼각법을 싣고 있으며, 이 구면삼각법은 오늘날 **메넬라우스 정리**(Menelaus' theorem)로 알려진 평면에서의 명제로부터 주로 추론된 것이다. 사실상 평면에서의 메넬라우스 정리는 잘 알려진 대로 메넬라우스에 의해 가정된 것이고 구면인 경우를 입증하기 위하여 그에 의해 처음으로 사용되었다. 구면삼각법의 많은 내용은 구면삼각형과 구면횡단선을 이용하여 이 정리에 대한 구면에서의 변형으로부터 추론될 수 있다.

기하학에서 증명을 편리하게 하기 위하여 새로 도입된 것 중의 하나는 부호를 갖은 크기(sensed, or signed magnitudes)의 사용이다. 비록 17세기에 지라르(Girard, A. 1595-1632), 데카르트와 여러 수학자가 기하학에 음의 선분(negative segments)을 소개하기도 했지만, 부호를 갖은 크기에 대한 개념은 1803년 카르노(Carnot, L.N.M. 1753-1823)의 〈위치기하학(Géométrie de position)〉과 특히 1827년 뫼비우스의 〈중점계산(Der barycentrische calcul)〉에서 처음으로 소개되었으며 체계적으로 사용되었다.

주어진 직선에 대하여 한 방향을 양의 방향(positive direction), 다른 방향을 음의 방향(negative direction)으로 선택할 수 있다. 그 직선 위에 있는 한 선분 AB의 방향은 A부

터 B의 방향이 그 직선의 양의 방향과 같으면 양이고, 반대이면 음이라고 말한다. 따라서 선분 AB와 BA는 길이는 같지만 방향이 반대이므로 $AB=-BA$로 표시한다.

지라르는 주로 네덜란드에 살았던 것으로 알려지고 있으며, 구면기하학과 삼각법에 관심이 많았으며, 특히 1626년에 sine, tangent, secent의 약자 sin, tan, sec를 최초로 사용한 삼각법에 관한 논문을 발표한 것으로 유명하다.

카르노는 몽주 밑에서 공부한 적도 있으며, 1784년에 역학에 관한 내용인

완전하지 않은 탄성을 가진 물체가 충돌하면 운동에너지는 소멸한다.

는 것을 최초로 증명하는 첫 번째 수학논문을 썼다. 프랑스 혁명에도 참가했던 그는 1796년에는 나폴레옹의 쿠데타에 반항하여 제네바로 망명하였으며, 〈위치기하학〉 외에 1806년에는 메넬라우스 정리를 기초로 하여 〈횡단선의 이론에 관한 소고〉를 쓴 프랑스의 저명한 기하학자이다.

다음에 소개할 세바의 정리(Ceva's theorem)는 증명에서 논증의 중요한 기본원리로 메넬라우스 정리가 사용된 메넬라우스 정리와 아주 밀접한 정리인에도 불구하고 메넬라우스의 정리는 고대 그리스시대에 발견된 것에 비해 세바의 정리는 메넬라우스의 정리가 발견된 후 약 1800년이 지난 1678년에 이탈리아의 공학자이며 수학자인 세바(G. Ceva, 1647-1734)에 의해 발견되었다. 이때서야 세바의 정리와 분명히 오랫동안 잊혀졌던 메넬라우스의 정리가 한 작품에서 발표된 것이다. 이 정리들에 대해서 선분은 부호를 갖은 크기라는 특유의 용어로 바꾸어 나타내었을 때를 이 정리들에 대한 현대의 출현 시기라고 말할 수 있다.

메넬라우스의 정리

삼각형 ABC의 각 변 BC, CA, AB의 위 또는 연장선 위의 세 점 P, Q, R가 동일 직선 위에 있기 위한 필요충분조건은

$$\frac{AR}{RB}\frac{BP}{PC}\frac{CQ}{QA}=-1 \qquad \cdots ①$$

이다(점 P, Q, R를 메넬라우스의 점(menelaus points)이라 한다).

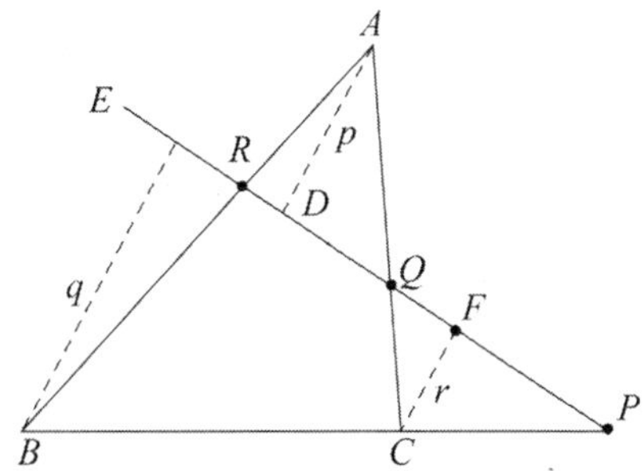

그림 3-25

필요조건 그림 3-25와 같이 P, Q, R가 동일 직선 위에 있다고 가정하고, p, q, r를 각 꼭지점 A, B, C에서 직선 PQR에 내린 수선의 길이라고 하면 닮은 삼각형의 성질에 의하여

$$\frac{AR}{RB}=\frac{p}{q},\quad \frac{CQ}{QA}=\frac{r}{p},\quad \frac{BP}{PC}=-\frac{q}{r}$$
$$\Rightarrow \frac{AR}{RB}\frac{BP}{PC}\frac{CQ}{QA}=-\frac{p}{q}\frac{q}{r}\frac{r}{p}=-1$$ ■

충분조건 ①이 만족한다고 가정하자. 두 점 Q, R를 지나는 직선이 BC와 P'에서 만난다고 하면, R, Q, P'은 동일 직선 위에 있으므로 필요조건을 증명했던 방법에 의해

$$\frac{AR}{RB}\frac{BP'}{P'C}\frac{CQ}{QA}=-1$$

이 식을 식 ①로 나누면

$$\frac{BP'}{P'C}=\frac{BP}{PC}$$
$$\Rightarrow \frac{BP'}{P'C}+1=\frac{BP}{PC}+1 \Rightarrow \frac{BC}{P'C}=\frac{BC}{PC}$$

$\Rightarrow P\equiv P' \Rightarrow R$, Q, P는 동일 직선 위에 있다. ■

세바의 정리

삼각형 ABC의 각 꼭지점 A, B, C에서 각 변 BC, CA, AB 위의 점 L, M, N을 연결하는 직선 AL, BM, CN이 한 점에서 만나기 위한 필요충분조건은

$$\frac{AM}{MC}\frac{CL}{LB}\frac{BN}{NA}=1 \qquad \cdots ②$$

이다(선분 AL, BM, CN을 세바의 선분(cevian lines)이라 한다).

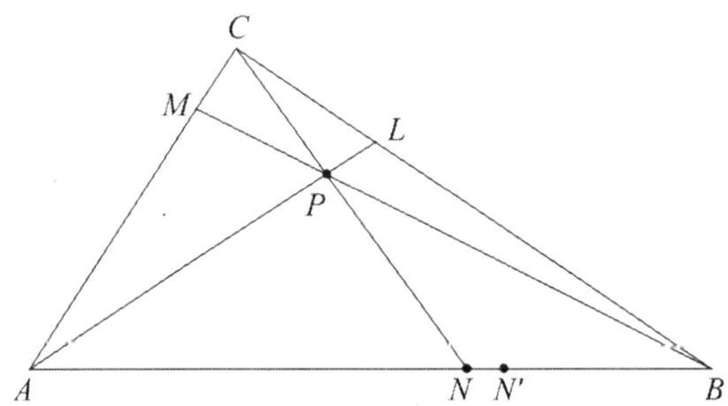

그림 3-26

필요조건 그림 3-26과 같이 세 직선 AL, BM, CN이 한 점 P에서 만난다고 하자. 그러면 $\triangle BNC$와 횡단선 AL, 그리고 $\triangle ACN$과 횡단선 BM에 각각 메넬라우스 정리를 적용하면

$$\frac{BA}{AN}\frac{NP}{PC}\frac{CL}{LB}=-1, \quad \frac{AM}{MC}\frac{CP}{PN}\frac{NB}{BA}=-1$$

위의 두 식을 곱하고 정리하면

$$\frac{AM}{MC}\frac{CL}{LB}\frac{BN}{NA}=1$$ ■

충분조건 조건 ②가 만족된다고 가정하자. 그리고 두 직선 BM과 AL이 한 점 P에서 만나고, 선분 CP가 변 AB와 N'에서 만난다고 하자. 그러면 세 개의 선분 AL, BM, CN'은 한 점 P에서 만나므로 필요조건을 증명했던 방법에 의해

$$\frac{AM}{MC}\frac{CL}{LB}\frac{BN'}{N'A}=1$$

위의 식을 조건 ②로 나누고 정리하면

$$\frac{BN'}{N'A}=\frac{BN}{NA}$$

따라서 $N'=N$이므로 충분조건이 만족된다. ■

동일 직선 위에 있는 점들을 **공선점**(collinear points), 그리고 동일 점 위에 있는 직선들을 **공점선**(concurrent lines)이라고 부른다. 따라서 메넬라우스의 점은 공선점이고, 세바의 선분은 공점선이다. 메넬라우스와 세바의 정리들은 현대적 입장에서 매우 강력한 정리이며, 이 정리들은 점의 공선적 성질(collinearity of points)과 직선의 공점적 성질(concurrency of lines)을 포함하는 문제를 세련되게 해결하는 증명에서 논증의 훌륭한 기본원리가 된다.

3-13 가장 위대한 〈알마게스트〉: 프톨레마이오스

그리스의 천문학에 관한 뛰어난 저술은 150년경에 알렉산드리아의 프톨레마이오스(Claudius Ptolemy, 85?-165?)에 의해 씌어졌다. 〈수학대계(Syntaxis mathematica)〉라고 불리는 이 책은 히파르코스의 삼각법을 기초로 하고 있으며, 완벽함, 간결함, 세련됨에 있어서 매우 탁월한 작품이다. 이 책은 고대 전체를 통해서 가장 큰 영향력을 발휘하여 이전의 책들을 필요없게 하여 천문학에 대한 고대 그리스의 대단히 많은 책을 사라지게 하였다. 후대의 주석가들은 이 책을 천문학에 관한 다른 열등한 책들과 구별하기 위해서 이 책에 **가장 위대한**(그리스 어로 'magiste')이라는 최상급 형용사를 갖다 붙였다. 그 뒤에 아라비아 번역가들은 아라비아식 관사 'al'을 책 제목 앞에 붙였다. 그래서 그 이후로 줄곧 〈알마게스트(Almagest)〉로 널리 알려지게 되었다.

프톨레마이오스에 관해서는 유클리드 이상으로 모르는 것이 많다. 그가 1세기 말쯤에 태어났을 것이라는 추측, 그리고 127년부터 151년 사이에 알렉산드리아에서 관측을 하였다는 것이 그에 관하여 알려진 것 전부이다. 그러나 다행하게도 저서가 오랜 세월 동안 생명을 지탱해 온 덕분에 삼각법의 표뿐만 아니라 그것을 작성하는 데 사용된 방법까지도 알 수 있게 되었다.

〈알마게스트〉는 13권으로 이루어져 있다. 특히 이 책의 제1권에는 예비적인 천문학의 내용이 있으며 현표(현에 대한 수표(table of chords))가 실려 있다. 프톨레마이오스의 현표는 (1/2)°에서 180°까지를 (1/2)° 간격으로 주어진 원의 중심각에 대한 현의 길이를 나타내고 있다. 원의 반지름을 60등분한 다음에 각 소구간을 단위로 사용해서 현의 길이를 60진법으로 표현했다. 예를 들면 중심각이 α인 현의 길이를 $\mathrm{crd}\alpha$로 나타내면 현표에는

$$\mathrm{crd}36^\circ = 37^{\mathrm{p}}4'55''$$

와 같은 기록이 있다. 이것은 중심각이 36°인 현의 길이는 반지름의 37/60(또는 소구간의 37배) 더하기 소구간의 4/60 더하기 소구간의 55/3600와 같다는 사실을 의미한다. 한편 그림 3-27에서

$$\sin\alpha = AM/OA = AB/(\text{원의 지름}) = (\mathrm{crd}2\alpha)/120 \qquad \cdots \text{@}$$

이 성립하므로, 프톨레마이오스의 현표는 실제로 0°에서 90°까지의 각을 (1/4)° 간격으로 나눈 각의 sin값을 알려준다.

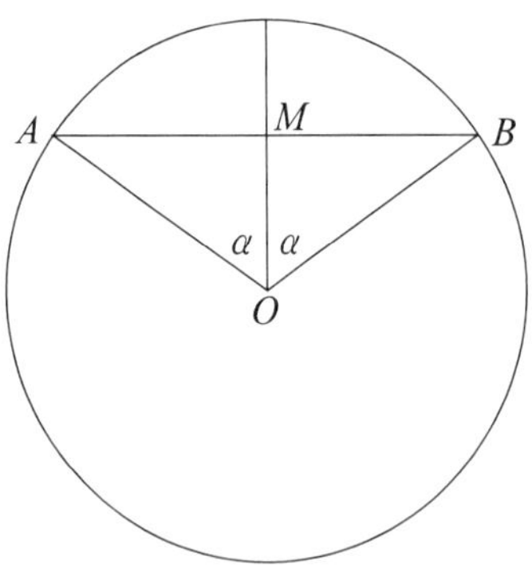

그림 3-27

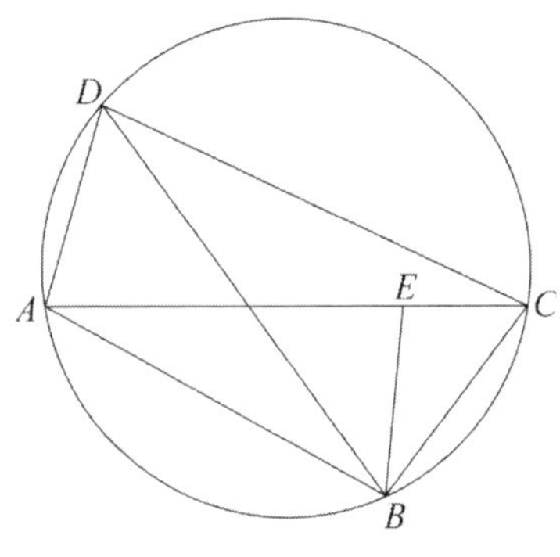

그림 3-28

그리고 제1권에는 이 현표를 만드는 데 기본원리로 중요한 역할을 한 오늘날 **프톨레마이오스의 정리**(Ptolemy's Theorem)로 알려진

원에 내접하는 사변형에서 두 대각선의 곱은 두 쌍의 대변의 곱의 합과 같다.

는 기하학 명제가 실려 있다. 그림 3-28과 같이 원에 내접하는 임의의 사변형 $ABCD$에 대하여, 대각선 AC 위에 $\angle ABE = \angle DBC$를 만족하는 점 E를 택하면, 같은 호에 대한 원주각은 서로 같다는 사실로부터

$$\begin{aligned} \triangle ABE \backsim \triangle DBC &\Rightarrow AB/AE = DB/DC \\ &\Rightarrow (AB)(DC) = (DB)(AE) \\ \triangle ABD \backsim \triangle EBC &\Rightarrow AD/DB = EC/CB \\ &\Rightarrow (AD)(CB) = (DB)(EC) \end{aligned}$$

가 성립한다. 따라서 두 식을 더하면

$$(AB)(DC) + (AD)(CB) = (DB)(AE + EC) = (DB)(AC)$$

가 성립하므로, 프톨레마이오스의 정리가 증명된다.

매우 유용한 현표를 작성한 프톨레마이오스의 기하학적인 방법을 쉽게 이해하기 위해 고대의 60진법 대신에 현대적인 소수 표현을 사용하고, 간편한 표현을 위해 현대적인 대수적 표기법을 사용하여 다음과 같이 작은 단계로 나눌 수 있다.

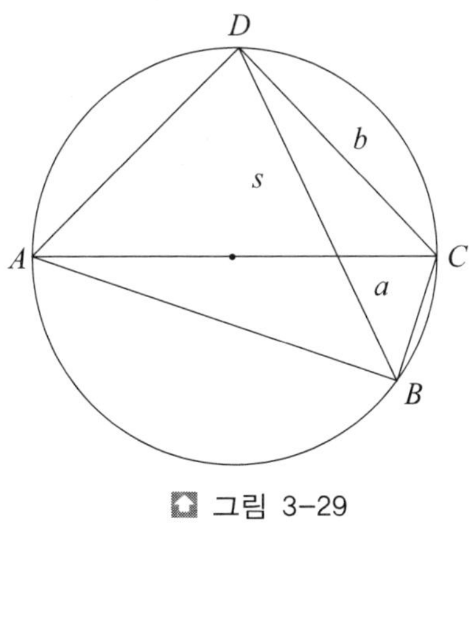

그림 3-29

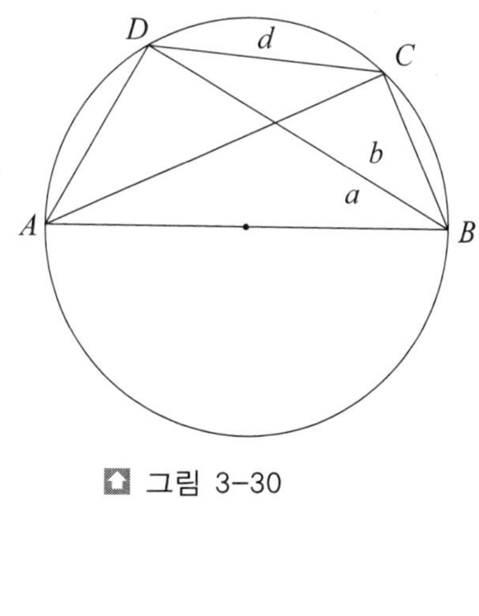

그림 3-30

1. 그림 3-29와 같이 반지름이 1인 원에 내접하는 AC가 지름이고, $BC=a$, $CD=b$인 사변형에 프톨레마이오스의 정리를 적용하면 두 호의 합에 대응하는 현 DB의 길이 s는

$$s=(a/2)(4-b^2)^{1/2}+(b/2)(4-a^2)^{1/2}.$$

2. 그림 3-30과 같이 반지름이 1인 원에 내접하는 AB가 지름이고, $BD=a$, $BC=b$인 사변형에 프톨레마이오스의 정리를 적용하면 두 호의 차에 대응하는 현 DC의 길이 d는

$$d=(a/2)(4-b^2)^{1/2}-(b/2)(4-a^2)^{1/2} \quad (a \geq b).$$

3. 그림 3-31과 같은 반지름이 1인 원에 내접하는 AC가 지름이고, 열호에 대응하는 현 $DB=t$, DB는 AC인 사변형에서 열호의 반에 대응하는 현 CB, DC의 길이 h를 구하기 위해 프톨레마이오스의 정리를 적용하면

$$\begin{aligned} 2t=2h\sqrt{4-h^2} &\Rightarrow h^4-4h^2+t^2=0 \\ &\Rightarrow h=\sqrt{2-\sqrt{4-t^2}}\,. \end{aligned}$$

4. 그림 3-32와 같이 꼭지각 AOB가 36°인 이등변삼각형 AOB에서 $\angle BAO$의 이등분선 AC를 그린 다음 $AB=x$라고 놓고 $OB=1$로 택하면

$$\begin{aligned} \triangle AOB \backsim \triangle BAC &\Rightarrow AB/CB=OB/AB \\ &\Rightarrow x/(1-x)=1/x \\ &\Rightarrow x^2+x-1=0 \\ &\Rightarrow x=(\sqrt{5}-1)/2=0.6180. \end{aligned}$$

따라서 반지름이 1인 원에서 $\mathrm{crd}\,36°=0.6180$이다.

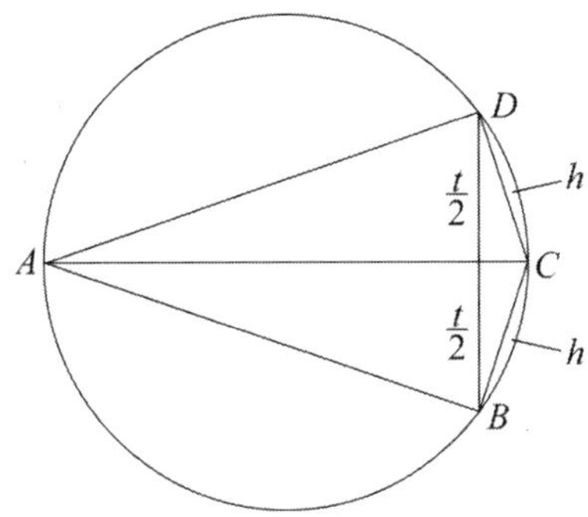

그림 3-31

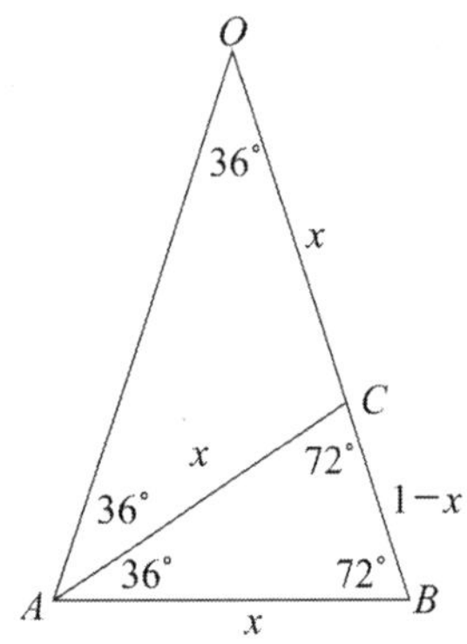

그림 3-32

5. 반지름이 1인 원에서 $\mathrm{crd}60° = 1$이므로, 2에 의해서 단위원에서는 다음 결과가 성립한다.

$$\mathrm{crd}24° = \mathrm{crd}(60° - 36°) = 0.4158$$

6. $\mathrm{crd}24° = 0.4158$이 계산되므로, 3에 의해서 단위원에서 12°, 6°, 3°, $(3/2)°(=90')$, 45′에 대응하는 현의 길이를 연속적으로 구할 수 있으며, 다음 결과가 성립한다.

$$\mathrm{crd}90' = 0.0262,\ \mathrm{crd}45' = 0.0131$$

7. $(\sin x)/x$가 $(0,\ \pi/2)$에서 감소하므로 관계식

$$\frac{\sin a}{\sin b} < \frac{a}{b} \quad (b < a < 90°)$$

가 성립하고, 또한 단위원에서는 식 @는 $\sin\alpha = (\mathrm{crd}2\alpha)/2$인 관계가 성립하므로

$$\frac{\mathrm{crd}\alpha}{\mathrm{crd}\beta} < \frac{\alpha}{\beta} \quad (\beta < \alpha)$$

를 얻을 수 있다. 따라서

$$\mathrm{crd}60'/\mathrm{crd}45' < 60/45 = 4/3$$
$$\Rightarrow \mathrm{crd}1° = \mathrm{crd}60' < (4/3)(0.0131) = 0.01747$$

또한

$$\mathrm{crd}90'/\mathrm{crd}60' < 90/60 = 3/2$$
$$\Rightarrow \mathrm{crd}1^\circ = \mathrm{crd}60' > (2/3)(0.0262) = 0.01747$$

이 성립하여, 소수점 아래 넷째 자리까지 정확한 값

$$\mathrm{crd}1^\circ = 0.0175$$

를 얻는다.

8. 우리는 3을 이용하여 $\mathrm{crd}(1/2)^\circ$를 구할 수 있고, 따라서 단위원에서 $(1/2)^\circ$ 간격으로 현표를 작성할 수 있다.

참고로 단위원에서 식 @는 $\sin\alpha = (\mathrm{crd}2\alpha)/2$인 관계가 성립하므로, 그림 3-29에서 호 BC에 대한 중심각을 2α, 호 DC에 대한 중심각을 2β라고 하면

$$u - 2\sin\alpha,\ b = 2\sin\beta,\ s = 2\sin(\alpha + \beta)$$

인 관계식이 성립하므로 1에서의 식은 삼각함수 공식

$$\sin(\alpha + \beta) = \sin\alpha\cos\beta + \cos\alpha\sin\beta$$

와 동치이다. 마찬가지로 2와 3의 식은 각각 삼각함수 공식 $\sin(\alpha - \beta)$와 $\sin(\theta/2)$에 동치인 식이다. 이러한 이유에서 삼각함수에서 합과 차에 관한 공식은 오늘날 **프톨레마이오스의 공식**이라고 부른다.

프톨레마이오스는 〈알마게스트〉 외에도 위도와 경도의 체계를 도입하여 투영도법을 해설한 여덟 권으로 된 〈지리학(Geography)〉을 저술했는데, 여기에는 독립적인 논문 형식으로 정사영도법을 다룬 〈아날렘마(Analemma)〉와 구면상의 점을 평면상으로 투영하는 입체투영법을 다룬 〈평면구형도(Planisphere)〉가 있다. 이 책은 당시의 지리학자에게 성서와 같은 위치에 있었다. 그 외에도 광학과 음악에 대해서도 저술했고, 또 유클리드의 〈원론〉에서의 제5공준(평행공준)을 최초로 유클리드의 공준에서 제거하기 위하여 〈원론〉에 있는 그 밖의 다른 공리나 공준으로부터 평행공준을 유도해 보려는 노력이 있었다. 그러나 결국 실패하고 말았다(제11장 11-2절 참조).

3-14 위대한 삼각형의 면적공식 : 헤론

헤론(Heron, 75년경?)이 살았던 연대에 대해서는 의견이 분분해서 기원전 150년부터 기원후 250년 사이에 산 것으로 보이는데, 최근에는 1세기의 약 75년경에 살았던 것으로 추정되고 있다. 그의 생애에 관하여 알려진 것은 거의 없지만 수학에 대해서는 놀라울 만큼 많은 것이 알려져 있다. 수학과 물리학 분야의 저작은 너무 많고 다양해서 흔히 그를 이 분야의 백과사전적 작가라고 부르기도 한다. 그의 저작은 이론적인 것보다는 실용적인 기계, 공학, 측지 등에 관한 것이어서 그리스 문명과 오리엔트 문명의 혼합체라고 할 수 있다. 14편쯤 되는 그의 논문이 오늘날까지 전해 내려오고 있기는 하지만 몇 가지는 도중에 약간 편집된 듯하다.

헤론의 저작은 크게 두 가지로 분류할 수 있는데, 하나는 기하학에 관한 것으로 주로 측정의 문제를 다루고, 또 하나는 역학에 관한 것으로 기계적 고안품에 관한 설명으로 되어 있다.

기하학에 관한 헤론의 작품 중에서 가장 중요한 것은 〈측정론(Metrica)〉으로서 세 권의 책으로 되어 있는데, 1896년에 콘스탄티노플에서 쇠네(R. Schöne)가 발견한 것이다. 〈측정론〉의 제1권은 정사각형, 직각사각형, 사다리꼴, 그 밖의 다양한 사각형 또 이등변삼각형으로부터 12각형까지의 다각형, 원, 원의 일부분, 타원, 포물선과 선분으로 만들어지는 부분 등의 면적을 다루고, 또한 원기둥, 원뿔, 구, 구면띠의 곡면적도 다루고 있다. 특히 삼각형의 세 변의 길이로 삼각형의 면적을 구하는 공식

각 변의 길이가 a, b, c인 삼각형의 면적은

$$K=\sqrt{s(s-a)(s-b)(s-c)}\quad\left(s=\frac{1}{2}(a+b+c)\right)$$

이다.

라는 위대한 **헤론의 공식**이 나와 있다. 여기서 우리가 헤론의 공식이 위대하다고 부르는 이유는 헤론이 제공한 증명이 매우 우회적이고 놀랍고 또 천재적이기 때문이다. 왜냐하면 논증기하학의 입장에서 사용된 기본적인 결과들은 유클리드 평면기하학에서 잘 알려진 단순한 기본지식들만 사용했음에도 불구하고 이 단순한 기본지식들의 연역적인 사슬

에 의해 수학적으로 매우 위대한 결과를 도출하는 놀라운 기하학적 사고의 고상함을 보여주고 있기 때문이다.

제2권은 원뿔, 원기둥, 평행 육면체, 각기둥, 피라미드 등의 부피와 원추, 피라미드, 구, 구면대(spherical segment), 원환체, 다섯 개의 정다면체, 각뿔대(prismatoid) 등의 절두체(frustrum)의 부피를 다루고 있다.

제3권은 면적과 부피 등을 주어진 비로 나누는 문제를 다루고 있다.

역학에 관한 유명한 저서로는 〈기체역학(Pneumatica)〉, 〈조준의(Dioptra)〉와 〈반사광학(Catoptrica)〉이 있다. 〈기체역학〉은 100개 가량의 기계와 소품에 관하여 설명하고 있는데 여기에는 흡수관 소방용 펌프, 제단 위에 있는 불에 의해서 사원의 문을 여닫는 장치 등에 대한 설명이 있으며, 〈조준의〉는 고대의 경위의(연직각 또는 수평각을 재는 데 쓰는 기구), 즉 측량기의 트랜싯(Transit)에 대한 설명과 공학적 응용에 관한 내용이 있으며, 〈반사광학〉은 거울의 기본성질과 어떤 사람이 자신의 머리 뒤를 볼 수 있게 하거나 거꾸로 나타나게 할 수 있는 문제 등을 다루고 있다.

3-15 기하학의 계승자 : 파푸스

아폴로니우스 이후의 그리스 기하학은 갑자기 쇠퇴의 길을 밟기 시작하였다. 그리스의 위대한 기하학의 전통을 이으려는 몇몇 수학자들에 의하여 아르키메데스나 아폴로니우스가 남긴 문제를 부분적으로 해결하려는 노력이 있을 뿐이었다. 결국 시간이 흐르면서 시들시들해지고 오히려 천문학, 삼각법, 대수학 등에서 새로운 발전이 이루어졌다. 그러나 아폴로니우스가 죽은 지 500년이 지난 3세기 말엽에 알렉산드리아에 한 정열적이고 유능한 학자가 다시 기하학에 대한 관심을 불러일으키려고 노력하였는데 그가 바로 파푸스(Pappus, 기원후 300년경)였다.

파푸스는 유클리드의 〈원론〉, 〈자료론〉 및 프톨레마이오스의 〈알마게스트〉 등에 대한 주석을 썼으며 이것은 그 후의 주석가들의 저작에 깊은 영향을 주었다. 파푸스가 쓴 거작 〈수학의 집성(Mathematical Collection)〉은 당시까지 알려진 기하학의 연구에 대한 주석 및 안내서로서 많은 독창적인 명제, 개정, 확장, 역사적 내용 등이 실려 있다. 모두 여덟 권으로 된 저작에서 일부가 애석하게도 분실되었다.

현존하는 〈수학의 집성〉을 미루어 볼 때 그 책의 제2권은 대수에 관한 아폴로니우스의 방법을 담고 있는 것으로 추측된다. 제3권은 4절로 이루어져 있는데 처음 두 절은 두 선분 사이에 두 비례중항을 끼어 넣는 문제와 다음과 같은 기하학적 표현으로 된 평균에 관한 흥미로운 정리를 다루고 있다.

> **선분 AC 위에 중점이 아닌 점 B를 잡고, B에서 AC에 수선을 올릴 때 그것이 AC를 직경으로 하고 중심이 O인 반원과 D에서 만나고, 또한 B에서 OD에 내린 수선의 발을 F라 하면 OD, BD, FD는 각각 두 선분 AB와 BC의 산술평균, 기하평균, 조화평균이다.**

위의 정리의 증명은 우선 직각삼각형 $\triangle ABD$, $\triangle ACD$, $\triangle BCD$에 피타고라스 정리를 이용하면 BD는 두 선분 AB와 BC의 기하평균

$$BD = \sqrt{(AB)(BC)}$$

임을 알 수 있고, 또한 직각삼각형 $\triangle OBD$에 대한 피타고라스 정리에 위의 결과와 $BO = |BC - AB|/2$를 이용하면 OD는 두 선분 AB와 BC의 산술평균

$$OD = ((AB) + (BC))/2$$

임을 알 수 있다. 마지막으로 $\triangle DFB$와 $\triangle DOB$는 닮은꼴이므로 $FD/DB = DB/OD$인 식이 성립하므로 위의 결과들로부터

$$\begin{aligned} FD &= (DB)^2/OD \\ &= 2(AB)(BC)/(AB + BC) \end{aligned}$$

가 성립하여 FD는 각각 두 선분 AB와 BC의 조화평균임을 알 수 있다. 제3절은 삼각형에서의 부등식을 다루고 있으며, 우리가 중학교 또는 고등학교에서 배운 **중선의 정리 또는 파푸스의 정리**

> **$\triangle ABC$의 변 BC의 중점을 D라 할 때**
>
> $$(AB)^2 + (AC)^2 = 2((AD)^2 + (BD)^2)$$
>
> **이다.**

가 나온다. 이 정리는 평면도형을 이용하여 증명할 수도 있지만 직교좌표계를 이용하면 쉽게 증명할 수 있다. 그림 3-33과 같이 BC를 x축, D를 지나서 BC에 수직인 직선을 y축으로 잡고, $A(b, c)$, $B(-a, 0)$, $C(a, 0)$라 하면

$$
\begin{aligned}
(AB)^2 + (AC)^2 &= ((b+a)^2 + c^2) + ((b-a)^2 + c^2) \\
&= 2(a^2 + b^2) + 2c^2 \\
&= 2((AD)^2 + (BD)^2)
\end{aligned}
$$

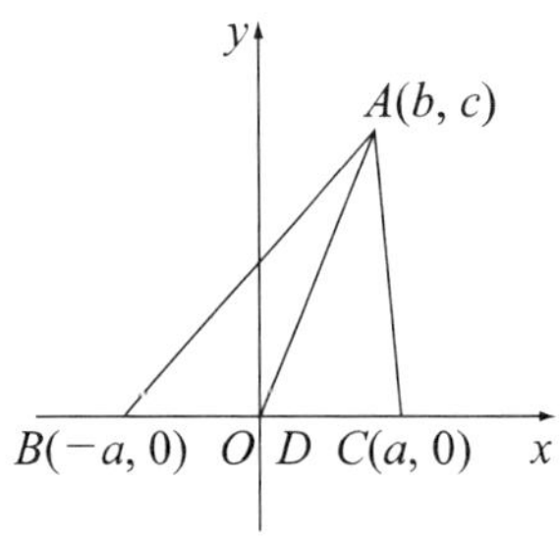

그림 3-33

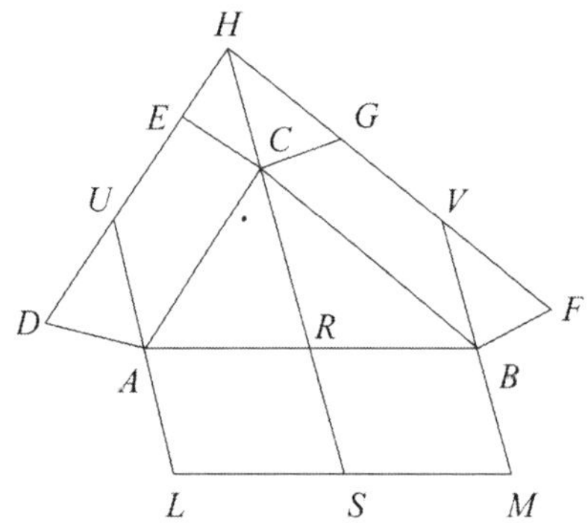

그림 3-34

이다. 제4절은 구에 정다면체를 내접시키는 문제를 다루고 있다.

제4권에는 시작부분에 피타고라스 정리에 대한 기하학적 확장을 다루고 있는데, 이것은 피타고라스 정리에 대한 가장 뛰어난 확장으로 평가되고 있다. 그는 피타고라스 정리를 다음과 같이 확장했다.

> 임의의 삼각형 ABC에 대하여 $CADE$와 $CBFG$를 각각 변 CA와 CB 위에 외접하는 임의의 평행사변형이라고 할 때, DE와 FG의 연장선의 교점 H에 대하여 AL과 BM을 HC와 길이가 같고 평행하도록 그리면 평행사변형 $ABML$의 면적은 평행사변형 $CADE$와 $CBFG$의 면적의 합과 같다(그림 3-34 참조).

이 정리의 증명은

같은 길이의 밑변과 같은 길이의 높이를 갖는 두 평행사변형의 면적은 같다.

는 사실로부터

$$CADE = CAUH = SLAR \text{과} \quad CBFG = CBVH = SMBR$$

이 성립하므로, 따라서

$$CADE + CBFG = SLAR + SMBR = ABML$$

이라는 사실을 쉽게 연역할 수 있다. 위의 정리는 기하학적으로 피타고라스 정리가 두 가지 방향으로 일반화된 것을 알 수 있다. 즉 피타고라스 정리에서 직각삼각형은 임의의 삼각형으로 대체되었고, 직각삼각형의 변에 접한 정사각형들은 임의의 평행사변형으로 대체되었다.

제5권은 주로 **등주도형론**(isoperimerty)에 관한 내용으로 동일한 길이의 둘레를 갖는 도형의 면적이나 동일한 크기의 표면적을 갖는 입체의 부피를 비교하고 있다. 등주도형론의 역사는 지금부터 2,800년 전 고대 그리스 시대에서 시작되었다. 페니키아의 폭군 피그말리온의 여동생 디도 여왕은 폭정을 피해 국외로 망명하여 카르타고에 정착하게 되었다. 그 곳의 원주민들은 디도 여왕에게 쇠가죽을 주어서 그것으로 둘러쌀 수 있는 넓이의 땅만 디도 여왕에게 팔겠다고 하였다. 디도 여왕은 그것을 잘게 썰어 긴 끈으로 이은 다음 이 끈으로 자기 땅의 경계를 만들었는데, 정작 그녀가 만든 경계는 정사각형이 아니고 원이었다. 이것으로 보아 총명한 디도 여왕은 주어진 곡선의 길이로 가장 큰 넓이를 둘러 싼 것은 원이라는 기하학적 지식을 경험을 통해서 안 것으로 여겨진다. 참고로 주어진 둘레 L에 대하여 정사각형의 면적은 $A = L^2/16$이고, 원의 면적은 $A = L^2/4\pi$이다. 이러한 사실에 의해 만들어진 부등식에 관한 문제

평면 위에 닫힌 곡선 C의 길이를 L이라 하고 그 내부의 넓이를 A라 하면 모든 곡선 C에 대하여 $A \leq L^2/4\pi$인 부등식이 성립한다. 여기서 등식이 만족되기 위한 필요충분조건은 곡선 C가 원인 경우이다.

를 디도 여왕의 문제 또는 **등주부등식**(isoperimetric inequality) 문제라고 부른다. 이 등주부

등식 문제의 엄밀한 증명은 19세기 들어와서야 슈타이너(Steiner)에 의해 우여곡절 끝에 이루어졌다. 그의 방법은 2차원 평면뿐만 아니라 모든 차원의 유클리드 공간에서도 적용되므로 주어진 넓이의 $(n-1)$차원 닫힌 곡면 중 가장 큰 부피를 둘러싸는 것은 n차원 구(sphere)라는 좀더 일반적인 사실이 성립하게 된다. 평면에서 이 등주부등식 문제가 해결된 뒤 수학자들은 이것을 곡면으로 확장하는 문제를 연구하기 시작하였다. 그러나 이에 관해서는 오늘날에도 완전히 해결되지 않았고 부분적인 해결만이 이루어졌다.

제6권은 천문학에 관한 내용으로서 프톨레마이오스의 〈알마게스트〉의 입문서 역할을 하는 논문을 싣고 있다.

제7권은 역사적으로 매우 중요하다. 그 이유는 유클리드 〈원론〉 이후에 전문 수학자를 위한 필요한 자료를 모은 〈해석학의 보고(The Treasury of Analysis)〉를 이루는 작품에 대한 설명을 주고 있기 때문이다. 열두 편의 논문이 그 곳에서 논의되고 있는데 유클리드의 〈보조론〉, 〈계론〉, 〈곡면 자취론〉, 아폴로니우스의 〈원추곡선론〉을 비롯한 여섯 개의 논문, 아리스타에우스(Aristaeus)의 〈공간자취론〉, 에라토스테네스의 〈평균에 관하여〉 등이다. 이 책에서는 유명한 아폴로니우스의 4직선 문제

네 개의 직선이 주어질 때 점 P에서 주어진 각을 만족하면서 그 직선에 그은 선분의 길이가 p_1, p_2, p_3, p_4이고 $p_1p_2 = kp_3^2$ 또는 $p_1p_2 = kp_3p_4$(여기서 k는 상수)이면 P의 자취는 원추곡선이다.

가 나온다. 한편 파푸스의 동시대인들은 이 문제를 일반화시키려고 노력했으나 성공하지 못했다. 아폴로니우스가 푼 위의 정리는 역사적으로 매우 중요하다. 왜냐하면 1637년에 데카르트가 이 정리를 n개의 직선으로 확장하려고 시도하다가 좌표계에 대한 착상을 떠올렸다고 한다. 한편 이 책에는 오늘날 스튜어트의 정리(Stewartz's theorem)

A, B, C가 동일 직선 위의 임의의 점이고, P가 임의의 점이면

$$(PA)^2(BC)+(PB)^2(CA)+(PC)^2(AB)$$
$$+(BC)(CA)(AB)=0$$

이 성립한다. 여기서 선분은 부호가 붙은 선분이다.

의 특수한 경우인 점 P가 직선 ABC 위에 있는 경우에 대해서 나온다. 위의 정리는

1746년에 스튜어트(Stewart, M. 1717-1785)가 증명없이 상술했고, 1751년에 심프슨(Simpson, T. 1710-1761), 1780년에 오일러(Euler, L.), 1803년에 카르노(Carnot, L.N.M. 1753-1823)에 의해 재발견되고 증명되었다.

또한 이 책에는 복비가 소개되어 있다. 복비는 고대 그리스인들에 의해 처음으로 연구되었으며, 이것에 관련된 많은 내용이 그들에 의하여 연구되었다. 19세기에 와서 이 이론은 다시 연구되었으며, 방향이 주어진 길이라는 표현을 사용하여 간편한 표현으로 상당히 진보되었다.

동일 직선 위에 있는 네 점 A, B, C, D에 대하여

$$(AB,\ CD) = \frac{\text{점 } C\text{가 선분 } AB\text{를 나눈 비}}{\text{점 } D\text{가 선분 } AB\text{를 나눈 비}} = \frac{AC/CB}{AD/DB}$$

를 A, B, C, D의 **복비**(cross ratio)라 한다. 현대에 와서 이 이론은 뫼비우스(Möbius)와 샤슬레(Chasles, M.)에 의해 독립적으로 연구되었다. 기호 $(AB,\ CD)$는 1827년에 뫼비우스가 처음으로 소개하였으며, 그는 'Doppschnitt-Verhältniss'라는 용어를 사용했다. 후에 슈타이너(Steiner, J. 1796-1863)는 뫼비우스의 용어를 'Doppelverhältniss'로 줄여서 사용했는데, 이것은 영어 'double ratio'와 같은 말이다. 샤슬레는 1837년에 그 용어를 'rapport anharmonique(영어로 anharmonic ratio)'로 사용했는데, 1878년에 클리포드(Clifford, W.K. 1845-1879)가 'cross ratio'라는 새로운 용어를 사용하였다. 특히 $(AB,\ CD) = -1$인 네 점 A, B, C, D를 **조화점**(harmonic points)이라 하고, 이 때 C, D는 선분 AB를 **조화로 나눈다**(divide harmonically)고 한다. 여기서 $(AB,\ CD) = -1 < 0$이므로 C, D는 선분 AB를 같은 비로 내분·외분한다. 조화점은 기원전 220년경에 아폴로니우스에 의해 최초로 발견되었으며, 후에 사영적인 견지에서 라 이르(de la Hire, 1640-1718)에 의해 연구되었다.

파푸스는 이 책에서 일직선 위에 있는 네 점에 대한 복비의 절대값은 사영(projection) 아래서 보존된다는 것을 증명하였다. 즉

한 점에서 방사된 네 개의 반직선이 두 횡단선과 만날 때 그 대응교점을 각각 A, B, C, D와 A', B', C', D'이라고 하면 두 복비의 절대값 $|(AB,\ CD)|$와 $|(A'B',\ C'D')|$은 같다.

이 정리는 다음과 같은 방법으로 증명할 수 있다. 그림 3-35와 같이 h를 사영의 중심 O에서 점 A, B, C, D를 포함하고 있는 횡단선에 대한 수선의 길이라고 하면 다음 식이 성립하므로

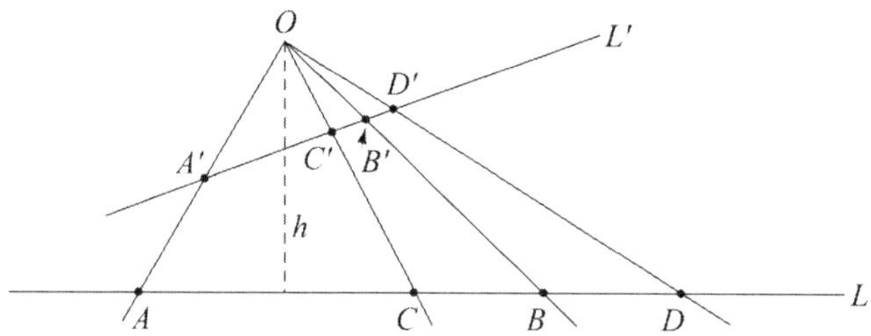

그림 3-35

$$h(AC)/2 = \triangle OAC\text{의 면적} = (OA)(OC)(\sin\angle AOC)/2$$
$$h(CB)/2 = \triangle OCB\text{의 면적} = (OB)(OC)(\sin\angle COB)/2$$
$$h(AD)/2 = \triangle OAD\text{의 면적} = (OA)(OD)(\sin\angle AOD)/2$$
$$h(DB)/2 = \triangle ODB\text{의 면적} = (OD)(OB)(\sin\angle DOB)/2$$

복비의 절대값 $|(AB, CD)|$은

$$|(AB,\ CD)| = \left|\frac{AC/CB}{AD/DB}\right| = \left|\frac{(\sin\angle AOC)(\sin\angle DOB)}{(\sin\angle COB)(\sin\angle AOD)}\right|$$

이다. 따라서 복비의 절대값 $|(AB, CD)|$은 각 선분 AC, CB, DB, AD와 사영의 중심 O에 의해 이루어진 각들에 의해 결정된다. 그런데 이 각들은 선분 $A'C'$, $C'B'$, $D'B'$, $A'D'$에 대해서도 같은 각을 이루므로 $|(AB, CD)| = |(A'B', C'D')|$이다.

참고로 위의 증명은 유클리드 평면에서 이루어진 것이다. 그러나 사영기하학에서는 동일 직선 위에 있는 네 점의 복비는 사영에 의해 보존된다(제14장 14-4절 참고). 이것은 사영기하학과 비유클리드 기하학에서 중요한 기본정리로 활용된다.

또한 제7권은 명제

> 주어진 원에 삼각형을 내접시킬 때 삼각형의 각 변이 연장되면 일직선 위에 주어진 세 점을 지나도록 내접시킬 수 있다.

의 한 해를 주고 있다. 이것은 18세기에 크레머(Cramer)에 의해서 세 점이 일직선 위에 있지 않아도 되는 경우로 일반화되었고, 1776년에는 카스틸론(Castillon)이 이 일반화에 대한 해를 발표해서 흔히 이 문제를 **카스틸론-크레머 문제**라고 부른다. 그 밖에 해가 역시 1780년에 라그랑주, 오일러, 루일리어(Lhuilier), 후스(Fuss), 럭셀(Lexell) 등에 의해 주어졌다. 몇 년 뒤에 이탈리아의 재능 있는 16세의 소년 조르다노(Giordano)는 이 문제를 다시 원에 n각형을 내접시킬 때 이들의 변이 주어진 n개의 점을 지나도록 하는 문제로 일반화시킨 다음 이것에 대한 우아한 해를 주었다. 퐁슬레는 다시 원을 임의의 원추곡선으로 바꾸어서 그 문제를 확장했다.

또한 제7권에서는 최초로 세 원추곡선의 초점과 준선의 성질에 대한 내용을 다루고 있다. 그리고 제8권에서도 제7권처럼 파푸스의 많은 독창적인 내용을 담고 있는데, 특히 다섯 개의 점이 주어질 때 이를 지나는 원추곡선을 작도하는 문제의 해가 실려 있다.

파푸스의 〈수학의 집성〉은 풍부한 기하학적 금괴가 묻힌 진정한 광산이다. 그리스의 기하학에 대한 우리의 지식이 바로 이 위대한 〈수학의 집성〉에서 나온 것이다. 대학 기하학 교과서에 흔히 나오는 **파푸스 정리**(Pappus' Theorem)

> 평면에서 A, B, C가 한 직선 위의 서로 다른 세 점이고, A', B', C'이 다른 직선 위의 서로 다른 세 점이면, 선분 BC'와 CB'의 교점 A'', 선분 CA'와 AC'의 교점 B'', 선분 AB'와 BA'의 교점 C''은 동일 직선 위에 있다.

도 이 작품에 나온다(그림 3-36 참조). 이 정리는 점의 공선적 성질을 포함하는 문제이므로 메넬라우스의 정리를 사용하여 해결할 수도 있다.

파푸스는 이 〈수학의 집성〉에서 무려 30명 이상의 고대 수학자의 논문을 인용하거나 언급하고 있다. 이러한 이유에서도 파푸스의 〈수학의 집성〉을 그리스 기하학의 보고(treasure house)라고 말할 수 있다.

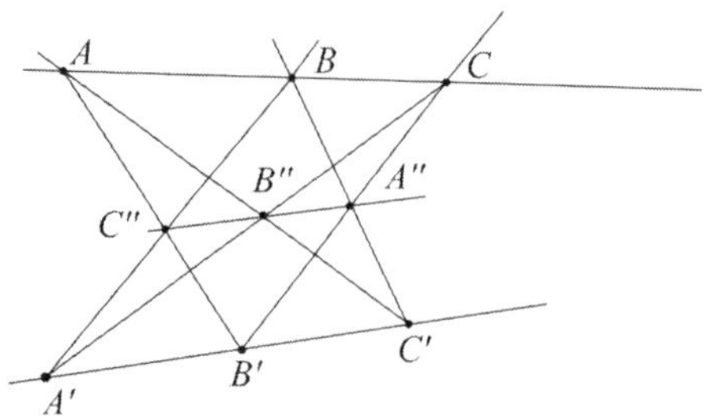

그림 3-36

4 수학자의 성서 〈원론〉

유클리드 〈원론(Elements)〉의 원본이나 사본이 오늘날 전해지지 않는 것은 매우 애석한 일이다. 〈원론〉의 현대판은 유클리드보다 거의 700년 뒤에 살았던 그리스의 주석가인 알렉산드리아의 테온(Theon)이 편집한 개정본에 근거를 두고 있다. 8세기에 그리스의 비잔틴에 있던 상당수의 그리스 문헌들이 아라비아인들에 의해 번역되었는데, 이 때에 〈원론〉은 최초로 아라비아어로 번역되었으며, 1120년에 영국의 영문학자인 아델라드(Adelard)가 〈원론〉을 라틴 어로 번역하였다. 또한 1270년경에 캄파노스(Campanus)도 같은 번역판을 만들었다. 1482년에 캄파노스의 번역본의 내용을 담은 〈원론〉에 대한 최초의 인쇄본은 베니스에서 이루어졌는데, 이 책이 수학책 중에서 최초로 인쇄된 책이다. 1572년에 코만디노(Commandino)는 그리스 어로 된 〈원론〉을 라틴어로 번역하였는데, 그 후 많은 번역본의 기초가 되었다. 한편 〈원론〉에 대한 최초의 완전한 영문 번역본은 1570년에 나온 빌링슬리(Billingsley)의 번역본이다.

4-1 〈원론〉의 특징 : 형식 체계

〈원론〉은 내용도 중요하지만 그 내용을 전개한 형식 체계는 더욱더 중요하다. 유클리드는 〈원론〉에서 명제에 쓰이는 용어를 사용하기 전에 엄밀하게 정의하였다. 또한 "자명하다"고 믿어지는 기본적인 명제들 중에서 기하학 성질에 관한 것을 **공준**(postulate)이라 하였으며, 보다 일반적인 성질의 것을 **공리**(axiom)라고 하여 구분하였다. 그러나 현대수학에서는 이 두 개념의 차이를 두지 않고 모두 공리라고 한다.

유클리드는 〈원론〉에서 대단히 복잡하고 또 직관적으로도 결코 명백하지 않은 방대한 내용의 명제 465개를 증명하였다. 물론 그 증명은 어떤 각, 넓이 등을 실험이나 관찰의 결과로 얻은 것이 아니라 몇 개의 공준과 공리로부터 연역적인 추론에 의해 항상 절대적이며 논리적이며 필연적인 결론에 이르도록 하여 그 많은 명제를 증명한 것이다. 즉 최초로 공준적 방법을 기하학에 도입하였다. 이러한 이유에서 오늘날에도 불후의 명저로 평가받고 있어 수학자의 성서라고 부른다.

4-2 〈원론〉의 구성 : 내용

(1) 제1권

유클리드는 그의 기하학에 쓰이는 용어를 사용하기 전에 엄밀하게 정의되도록 시도하였다. 이러한 방법은 고대 그리스 기하학의 기본적인 특징이었다. 〈원론〉에서 유클리드의 정의는 다음과 같다.

(1) 점이란 부분이 없는 것이다.
(2) 선이란 폭이 없는 길이다.
(3) 선의 끝은 점이다.
(4) 직선이란 선이며 점이 그 위에 한결같이 놓인 것이다.
(5) 면이란 길이와 폭만을 갖는 것이다.
(6) 면의 끝은 선이다.
(7) 평면이란 면이며 직선이 그 위에 한결같이 놓인 것이다.
(8) 평면각이란 한 평면 위에서 서로 만나고 일직선이 되지 않는 두 선 사이의 기울기이다.
(9) 각을 낀 두 선분이 직선이면 그 각을 직선각이라 한다.
(10) 한 직선이 다른 직선과 만났을 때 이루어지는 이웃한 두 각이 서로 같으면, 같은 각을 각각 직각이라 하고, 이 때 한 직선을 다른 직선에 대하여 수직이라고 한다.
(11) 둔각이란 직각보다 큰 각이다.
(12) 예각이란 직각보다 작은 각이다.
(13) 어떤 것의 끝을 경계라 한다.
(14) 도형이란 하나 또는 그 이상의 경계에 의해 둘러싸인 것이다.

(15) **원**이란 그 도형의 내부에 있는 한 정점으로부터 곡선에 이르는 거리가 똑같은 하나의 곡선에 의해 둘러싸인 평면도형이다.

(16) 그리고 이 정점을 **원의 중심**이라고 한다.

(17) **원의 지름**이란 원의 중심을 지나고 원주의 양 끝에서 끝나는 직선이며, 또한 이 직선은 원을 이등분한다.

(18) **반원**이란 지름과 그 지름에 의하여 잘린 원주로 둘러싸인 도형이다.

(19) **직선도형**이란 직선에 의해 둘러싸인 도형이며, 세 개의 직선으로 둘러싸인 도형을 **삼각형**, 네 개의 직선으로 둘러싸인 도형을 **사각형**, 네 개 이상의 직선으로 둘러싸인 도형을 **다각형**이라 한다.

(20) 삼각형 중에서, **정삼각형**은 세 변의 길이가 같은 것이고, **이등변삼각형**은 두 변만 같은 것이고, **부등변삼각형**은 세 변이 같지 않은 것이다.

(21) 그리고 삼각형 중에서 **직각삼각형**은 한 각이 직각인 것이고, **둔각삼각형**은 한 각이 둔각인 것이고, **예각삼각형**은 세 각이 예각인 것이다.

(22) 사각형 중에서 **정사각형**은 등변이고 각이 직각인 것이고, **직사각형**은 등변이 아니지만 각이 직각인 것이고, **마름모**는 등변이지만 직각이 아닌 것이고, 또한 **평행사변형**은 맞변이 같고 맞각이 같지만 등변이 아니고 직각이 아닌 것이다. 그리고 이외의 사각형을 **부등변사변형**이라 한다.

(23) **평행선**이란 동일 평면 위에 있고 어느 방향으로든지 무한히 연장해도 절대 만나지 않는 두 직선이다.

유클리드가 〈원론〉을 처음 썼을 때 공준과 공리로 택한 명제가 무엇인지, 또한 몇 개였는지는 정확하지 않다. 그 이유는 〈원론〉의 원본이나 사본이 오늘날 전해지지 않고, 또한 〈원론〉에 대한 테온의 개정본이 그에 의해 수정되었거나, 후세의 번역자들에 의해서 수정되었을 가능성이 있기 때문이다. 그렇지만 다음과 같이 다섯 개의 공준과 다섯 개의 공리를 택했다는 것이 통설로 되어 있다.

공준

1. 한 점으로부터 또 다른 한 점으로 직선을 그을 수 있다.
2. 유한직선은 무한히 연장할 수 있다.
3. 주어진 점을 중심으로 하고 그 중심으로부터 그려진 유한선분과 동일한 반경을 갖는 원을 그릴 수 있다.
4. 모든 직각은 서로 같다.
5. 한 직선과 두 직선이 만날 때 어느 한 쪽의 두 내각의 합이 두 직각보다 작으면, 이 두 직선을 무한히 연장할 때, 두 직각보다 작은 각이 이루어지는 쪽에서 두 직선은 반드시 만난다.

공리

1. 동일한 것과 같은 것은 서로 같다.
2. 같은 것에 같은 것을 각각 더하면 그 전체는 서로 같다.
3. 같은 것에 같은 것을 각각 빼면 그 나머지는 서로 같다.
4. 서로 일치하는 것은 서로 같다.
5. 전체는 부분보다 크다.

위의 공준 중에서 공준 5를 **평행공준**이라 부르며 이 공준은 후에 비유클리드 기하학을 낳게 하는 중요한 열쇠가 되었다. 유클리드는 위의 공준과 공리를 바탕으로 한 공준적 방법으로 다음과 같은 명제 48개를 다루었으며, 또한 그는 이것들 모두 증명하였다.

명제 1 주어진 유한직선 위에 정삼각형을 만들 것(제4장 4-3절 참조)

명제 2 주어진 점을 끝점으로 하고 주어진 직선과 같은 직선을 그을 것

명제 3 길이가 다른 두 직선을 주고, 작은 쪽과 같은 직선을 큰 쪽의 직선으로부터 잘라내는 일

명제 4 두 삼각형이 각각 서로 같은 두 변을 갖고 같은 두 직선이 이루는 각이 같으면, 이 두 삼각형은 밑변과 밑변이 같고 삼각형은 합동이고, 같은 변에 대하여 나머지 각은 나머지 각과 각각 같다.

명제 5 이등변삼각형에서 밑각은 서로 같으며, 또 같은 직선을 각각 더 연장하면 밑변 아래의 각은 서로 같다.

명제 6 삼각형의 두 각이 서로 같으면, 같은 각의 맞변끼리는 서로 같다.

명제 7 한 직선의 양 끝에서 두 직선을 그어 한 점에서 만나게 하였을 때, 같은 양 끝에서 앞서 그었던 직선과 같은 직선을 같은 쪽에 그어서, 앞의 교점과 다른 점에서 만나게 할 수는 없다.

명제 8 두 삼각형에서 두 변이 각각 다른 두 변과 같고, 밑변은 밑변과 같으면 서로 같은 직선에 대한 각은 같다.

명제 9 주어진 각을 이등분하기

명제 10 주어진 유한직선을 이등분하기

명제 11 주어진 직선 위에 주어진 한 점을 지나고, 이 직선과 직각을 이루는 한 직선을 긋는 일

명제 12 주어진 무한직선에 대하여 직선 위에 없는 주어진 한 점으로부터 수직인 직선을 긋는 일

명제 13 한 직선이 한 직선과 만나서 각을 이룰 때, 그 직선은 두 개의 직각을 만들거나, 두 각의 합이 두 직각과 같은 접각을 만든다.

명제 14 임의의 직선 위의 한 점에서, 그 직선에 대하여 같은 쪽에 있지 않은 두 직선이 두 직각과 같은 접각을 만들면, 두 직선은 서로 하나의 직선을 이룬다.

명제 15 두 직선이 서로 만날 때 서로 같은 맞꼭지각을 이룬다.

명제 16 임의의 삼각형에서, 하나의 변을 연장하면, 외각은 내각 및 내대각의 어느 한 쪽보다 크다(제4장 4-3절 참조).

명제 17 임의의 삼각형에서 어느 두 각을 취해도 (그 합은) 두 직각보다 작다.

명제 18 임의의 삼각형에서 큰 변은 큰 맞각을 갖는다.

명제 19 임의의 삼각형에서 큰 각은 큰 맞변을 갖는다.

명제 20 임의의 삼각형에서 어느 두 변을 취해도 (그 합은) 나머지 변보다도 크다.

명제 21 한 삼각형의 한 변 위에, 그 양 끝에서 그 삼각형의 내부에서 만나도록 두 직선을 그으면, 두 직선(의 합)은 나머지 두 변(의 합)보다도 작지만, (두 변이 이루는 각보다도) 큰 각을 이룬다.

명제 22 세 개의 주어진 직선과 각각 같은 직선을 써서 삼각형 만들기. 이 때 직선들 중에서 어느 둘을 취하여도 그 합은 나머지 직선보다 커야 한다.

명제 23 주어진 직선 위의 한 점에서 그 점을 꼭지점으로 하고 주어진 각과 같은 각을 작도하기

명제 24 두 삼각형이 각각 서로 같은 두 변을 갖고 (한 삼각형에서) 두 변이 이루는 각이 (다른 삼각형에서) 두 변이 이루는 각보다 크면, 그 밑변은 (다른 삼각형의) 밑변보다 크다.

명제 25 두 삼각형이 각각 서로 같은 두 변을 갖고 (한 삼각형의) 밑변이 (다른 삼각형의) 밑변보다 크면, 삼각형의 같은 변이 이루는 각은 다른 삼각형의 같은 변이 이루는 각보다 크다.

명제 26 두 삼각형이 각각 서로 같은 두 각을 갖고, 서로 두 각에 접하는 변이 서로 같거나, 또는 서로 같은 각의 하나에 대한 변이 서로 같으면, 나머지 변들은 나머지 변들과 같고, 나머지 각은 나머지 각과 같다.

■ 평행선에 관한 명제

명제 27 한 직선이 두 직선과 만나서 이루는 엇각이 서로 같으면, 이 두 직선은 서로 평행하다.

명제 28 한 직선이 두 직선과 만나서 동위각이 같거나, 또는 동방내각의 합이 두 직각과 같으면, 이 두 직선은 서로 평행하다.

유클리드는 명제 1에서부터 명제 28까지는 평행공준을 사용하지 않고 증명하였다. 그러나 명제 27과 28의 역인 다음 명제를 증명하면서부터 드디어 평행공준을 사용하기 시작하였는데, 이를 위해서는 반드시 평행공준이 필요하다.

명제 29 한 직선이 두 평행선과 만나서 이루는 엇각은 서로 같고, 동위각은 서로 같으며, 또 동방내각의 합은 두 직각과 같다.

명제 30 같은 직선에 평행한 직선들은 또한 서로 평행이다.

명제 31 주어진 한 점을 지나고, 주어진 직선에 평행한 직선을 그리기.

명제 32 임의의 삼각형에서 한 변을 연장할 때, 외각은 내각과 내대각(의 합)과 같고, 또 삼각형의 내각(의 합)은 두 직각과 같다.

명제 33 두 직선의 끝에서 각각 같은 방향으로 (길이가) 같고, 평행인 직선을 연결한 두 직선 역시 자기 자신들이 같고, 또한 평행이다.

명제 34 평행사변형은 마주 보는 변과 마주 보는 각은 각각 같고, 대각선은 면적을 이등분한다.

명제 35 같은 밑변 위에 있고, 또한 같은 평행선 안에 있는 평행사변형은 서로 같다.

명제 36 (길이가) 같은 밑변 위에 있고, 또한 같은 평행선 안에 있는 평행사변형은 서로 같다.

명제 37 같은 밑변 위에 있고, 같은 평행선 안에 있는 삼각형은 서로 같다.

명제 38 (길이가) 같은 밑변 위에 있고, 같은 평행선 안에 있는 삼각형은 서로 같다.

명제 39 같은 밑변 위에 있고, (밑변에 대하여) 같은 편에 있는 같은 삼각형은 또한 같은 평행선 안에 있다.

명제 40 (길이가) 같은 밑변 위에 있고, (밑변에 대하여) 같은 편에 있는 같은 삼각형은 같은 평행선 안에 있다.

명제 41 평행사변형과 삼각형이 같은 밑변을 갖고, 또한 같은 평행선 안에 있으면 평행사변형(의 면적)은 삼각형(의 면적)의 두 배이다.

명제 42 주어진 직선각의 내부에서 주어진 삼각형과 같은 평행사변형을 작도하기.

명제 43 임의의 평행사변형에서, 대각선에 관한 평행사변형의 보형(complements)은 서로 같다.

명제 44 주어진 직선을 한 변으로 하고, 주어진 직선각을 갖고 주어진 삼각형과 같은 평행사변형을 만드는 것

명제 45 주어진 직선각의 내부에서, 주어진 직선도형과 같은 평행사변형을 작도하기.

명제 46 주어진 선분 위에 정사각형을 그리는 것

제1권에서 마지막으로 나오는 명제 47과 48은 피타고라스 정리와 이 정리의 역으로 이루어져 있는데, 유클리드 시대 훨씬 이전에 알려진 이 정리를 유클리드는 그의 공준과 공리, 그리고 이것에 의해 증명된 46개의 명제만을 이용하여 우아하고 재치 있게, 그리고 논리적으로 완벽하게 이 정리를 증명하여 〈원론〉을 더욱 빛나게 하고 있다.

명제 47(피타고라스 정리)

직각삼각형에서 직각의 맞변 위의 정사각형은 직각을 낀 두 변 위의 정사각형의 합과 같다.

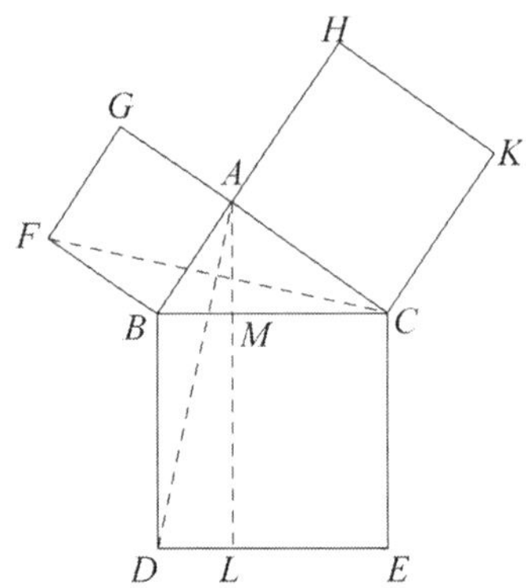

그림 4-1

증명 $\angle BAC$가 직각인 임의의 직각삼각형 ABC에 대하여 그림 4-1과 같이 세 변 위에 정사각형들을 작도할 수 있고(명제 46), 또한 변 BD에 평행한 직선 AL을 그릴 수 있다(명제 31). 그 다음 보조선 AD와 CF를 그리면(공준 1), $\triangle ABD$와 $\triangle CBF$에서

$$AB = BF,\ BD = BC,\ \angle ABD = \text{직각} + \angle ABC = \angle CBF$$

이므로 두 삼각형은 합동이다(명제 26). 따라서

$$\triangle ABD\text{의 면적} = \triangle CBF\text{의 면적}$$

이다. 그 다음 BD와 LM이 평행하므로

$$\triangle ABD\text{의 면적} = 1/2(BD \cdot DL) = 1/2(\square BDLM\text{의 면적})$$

이다. 마찬가지로 CG는 직선으로서(명제 14) FB와 평행하므로

$$\triangle CBF\text{의 면적} = 1/2(FB \cdot GF) = 1/2(\square ABFG\text{의 면적})$$

이다. 따라서

$$\square BDLM\text{의 면적} = 2(\triangle ABD\text{의 면적}) = 2(\triangle CBF\text{의 면적})$$
$$= \square ABFG\text{의 면적}$$

이다. 똑같은 방법으로 보조선 AE와 BK를 그으면

$$\square CELM\text{의 면적} = 2(\triangle ACE\text{의 면적}) = 2(\triangle BCK\text{의 면적})$$
$$= \square ACKH\text{의 면적}$$

이다. 결론적으로 피타고라스 정리는 다음과 같이 증명된다.

$$\square BCED\text{의 면적} = \square BDLM\text{의 면적} + \square CELM\text{의 면적}$$
$$= \square ABFG\text{의 면적} + \square ACKH\text{의 면적}$$ ■

명제 48 (피타고라스 정리의 역)

삼각형에서 한 변 위의 정사각형이 나머지 두 변 위의 정사각형의 합과 같으면, 삼각형의 나머지 두 변이 이루는 각은 직각이다.

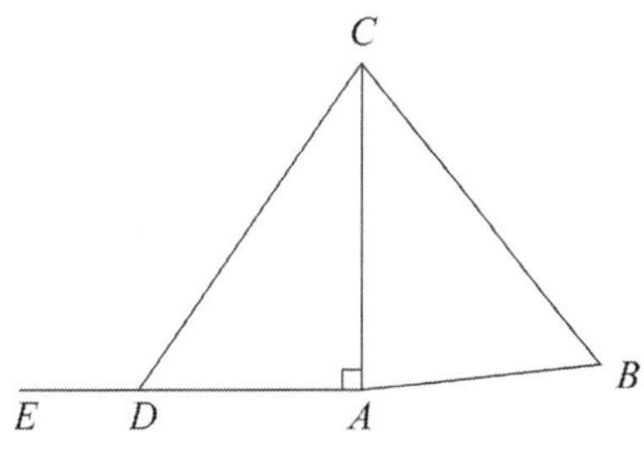

그림 4-2

증명 그림 4-2에서 삼각형 ABC가 조건

$$(BC)^2 = (AB)^2 + (AC)^2$$

을 만족한다고 가정하자. 그림과 같이 점 A에서 직선 AC에 수직이 되는 직선 AE를 긋고(명제 11), 또한 AE 위에 $AD = AB$가 되는 점 D를 잡자(명제 3). 그 다음 C와 D를 이어 주면(공준 1), $\triangle ADC$는 직각삼각형이 되어 피타

고라스 정리에 의하여

$$(CD)^2 = (AD)^2 + (AC)^2$$

이 성립하므로

$$(CD)^2 = (AD)^2 + (AC)^2 = (AB)^2 + (AC)^2 = (BC)^2$$

이다. 따라서 $CD = BC$이므로 $\triangle ADC$와 $\triangle ABC$는 합동이다. 그러므로

$$\angle BAC = \angle CAD = \text{직각}$$

이다. ■

(2) 제2권

두 개의 정의와 14개의 명제를 다루고 있는데, 명제 1에서부터 명제 10까지는 간단한 대수법칙을 기하학적으로 나타내고 있으며, 명제 11은 이차방정식의 해를 구하는 문제이며, 명제 12와 명제 13은 오늘날 코사인의 법칙이라고 부르는 일반화된 피타고라스 정리이다. 명제 12와 명제 13을 현대적으로 묶어서 표현하면

둔각(예각)삼각형에서 둔각(예각)의 대변을 한 변으로 하는 정사각형의 면적은 다른 두 변에서 각각을 한 변으로 하는 정삼각형의 면적의 합에다 그 다른 두 변 중 어느 하나와 다른 하나를 그 변에 사영시킨 선분을 곱한 것에 두 배를 더한(뺀) 것과 같다.

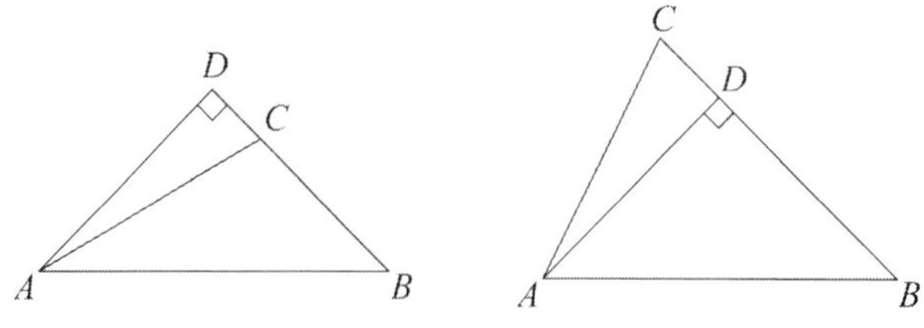

그림 4-3

이다. 이것을 그림 4-3의 기호를 사용하면

$$(AB)^2 = (BC)^2 + (AC)^2 \pm 2(BC)(DC)$$

와 같이 표현되는데, 여기서 덧셈과 뺄셈의 기호는 삼각형 ABC의 각 C가 둔각인지 예각인지에 따라서 결정된다.

(3) 제3권

원, 현, 호의 측정에 관한 내용으로

같은 호 위에서는 원주각이 같다.

는 명제를 포함하여 우리에게 매우 친숙한 39개의 명제로 이루어졌다.

(4) 제4권

3, 4, 5, 6, 15변을 갖는 정다각형을 자와 컴퍼스를 이용하여 주어진 원에 내접 또는 외접시키는 작도문제에 관한 명제 16개로 이루어져 있다. 자와 컴퍼스를 이용하여 주어진 원에 정3각형, 정4각형, 그리고 정6각형을 내접 또는 외접시키는 데는 별로 어려움이 없다. 그러나 정5각형과 정15각형의 작도는 매우 다른 문제이다.

1. 정5각형의 작도

원에 내접하는 정5각형의 한 변에 대응하는 중심각은 $72°$이므로 이 각의 절반인 $36°$를 작도할 수 있으면 정5각형을 작도할 수 있다. 밑각이 각각 꼭지각이 두 배인 이등변삼각형의 밑각은 $72°$이고 꼭지각은 $36°$이기 때문에 정5각형의 작도는 이와 같은 이등변삼각형을 작도하는 문제와 동치이다.

그림 4-4와 같이 $OA = OB = 1$인 이등변삼각형 OAB에 대하여 AC가 밑각 OAB의 이등분선이면 $OC = AC = AB$이므로 $\triangle BAC$와 $\triangle AOB$는 닮은꼴이다. $AB = x$라 두면

$$\begin{aligned} AB/BC = OA/AB &\Rightarrow x/(1-x) = 1/x \\ &\Rightarrow x^2 + x - 1 = 0 \end{aligned}$$

이므로 $x = (\sqrt{5} - 1)/2$이다. 이 결과를 이용하면 정5각형을 작도할 수 있다. $OA = OB = 1$이고 밑변 $AB = (\sqrt{5} - 1)/2$인 이등변삼각형을 작도하기 위하여 중심이 O이고 반

경이 $OA=1$인 단위원에 대하여 그림 4-5와 같이 $OM=1/2$이라고 하면 $AM=\sqrt{5}/2$이다. 중심이 M이고 반경이 $MO=1/2$인 원과 선분 AM의 교점을 N이라고 하면

$$AN=AM-MN=(\sqrt{5}-1)/2$$

이다. 중심이 A이고 반경이 $AN=(\sqrt{5}-1)/2$인 원과 처음에 주어진 단위원과의 교점을 B라 하면

$$AB=AN=(\sqrt{5}-1)/2$$

이므로 $\triangle OAB$는 구하는 꼭지각이 $36°$인 이등변삼각형이다. 따라서 그림 4-5와 같이 정5각형을 작도할 수 있다.

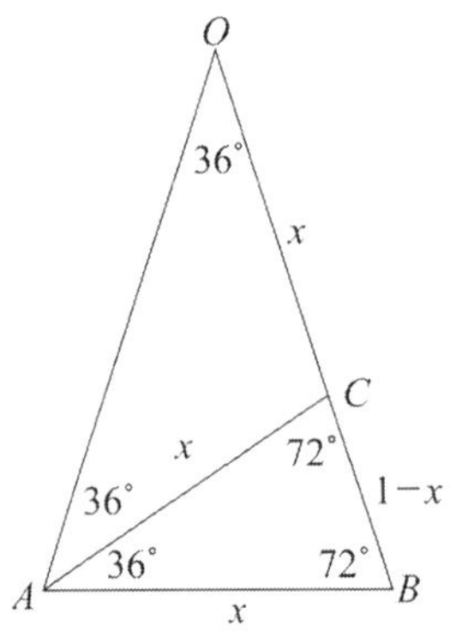

그림 4-4

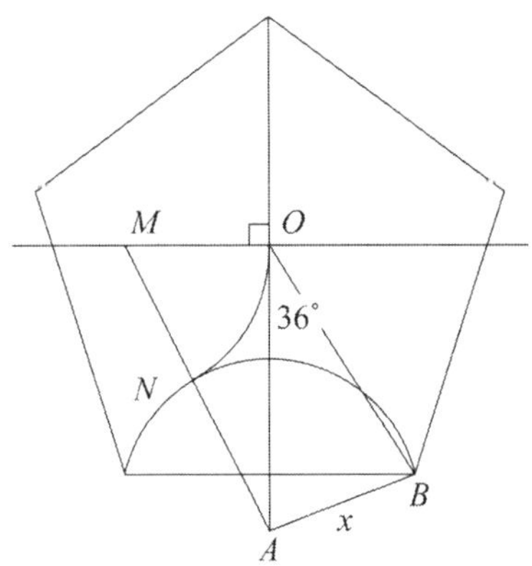

그림 4-5

참고로 그림 4-4에서 선분 OB는 점 C에서 나누어져서, 긴 선분 OC는 짧은 선분 CB와 전체 선분 OB 사이의 비례중항이 된다. 즉

$$CB/OC=OC/OB$$

가 성립한다. 이 때 그리스 사람들은 선분 OB는 **황금분할**(golden section)로 나누어진다고 말했다. 만약 x가 CB/OC 또는 OC/OB를 나타내면 $x=(\sqrt{5}-1)/2$임을 알 수 있다. 이 수와는 때로는 이 수의 역수

$$y = 1/x = 2/(\sqrt{5} - 1) \fallingdotseq 1.618$$

을 **황금비**(golden ratio)라고 부른다.

참고로 대부분의 사람들 눈에 가장 좋게 보이는 직사각형은 길이에 대한 폭의 비가 황금비일 때라는 심리학적인 실험 결과가 있다. 이 사각형을 **황금 직사각형**(golden rectangle)이라고 부르며, 예술상의 기법인 **역학적 대칭**(dynamic symmetry)에서 매우 중요하다. 역학적 대칭은 햄비지(Jay Hambidge)를 비롯한 많은 사람들에 의해서 철저히 연구되었는데, 황금비와 황금 직사각형은 그리스의 건축과 도기에서 관찰할 수 있으며 조각, 그림, 건축 설계, 가구 도안, 조판 등에 응용되어 왔다. 미국의 유명한 미술가 벨로스(George Bellows)를 비롯해 많은 예술가들은 역학적 대칭의 원리를 자신의 작품에 광범위하게 사용했다.

2. 정15각형의 작도

이미 작도된 정3각형과 정5각형을 이용하여 다음과 같이 정15각형을 작도할 수 있다.

그림 4-6에서처럼 주어진 원 안에 정3각형과 정5각형을 내접시키고 꼭지점 A는 겹치도록 하자. 그러면 호 AB는 원주의 1/5이고, 호 AC는 원주의 1/3이므로 호 BC의 길이는 원주의 1/3 − 1/5 = 2/15이다. 따라서 E를 호 BC의 중점이라고 하면 현 BE를 한 변으로 하는 정15각형을 원 안에 내접시킬 수 있다.

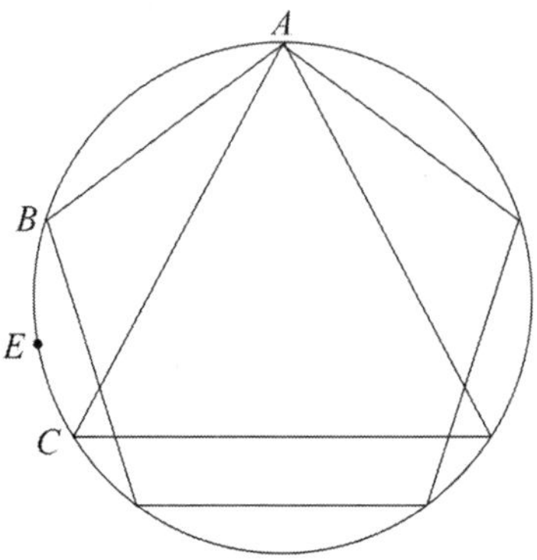

그림 4-6

참고로 〈원론〉에는 정15각형이 마지막 작도이지만 작도된 결과들을 이용하여 호를 계속 이등분하면 정3, 6, 12, 24, …각형, 정4, 8, 16, 32, …각형, 정5, 10, 20, 40, …각형, 정15, 30, 60, …각형을 작도할 수 있다. 거의 19세기까지만 해도 이 제한된 도구를 가지고 작도할 수 있는 또 다른 정다각형이 있는지조차 몰랐다. 그러다가 1796년에 천재적인 독일 수학자 가우스가

> 소수개의 변을 갖는 정다각형을 자와 컴퍼스만 갖고 작도할 수 있기 위한 필요충분조건은 그 소수가 $2^{2^n}+1$의 형태이다.

라는 사실을 증명하였다. n이 0, 1, 2, 3, 4일 때 3, 5, 17, 257, 65537인데 이들은 모두 소수이다. 가우스는 19세에 정17각형의 작도법을 발견했는데 이것이 바로 일생을 수학에 바치게 된 동기가 되었다고 한다. 가우스는 이 발견에 대한 긍지가 대단하여 자기가 죽으면 묘비를 정17각형으로 조각해 달라고 유언을 했을 정도이다. 비록 그의 요구대로 되지는 않았지만 그의 고향 브룬스빅에 세워진 가우스의 공적기념비의 밑면은 정17각형으로 만들어졌다. 그 후 1832년에 리첼롯(Richelot, 1808-1875)이 성257각형에 대한 연구를 발표했고, 링겐(Lingen)의 헤르메스(Hermes) 교수는 정65537각형의 작도문제를 가지고 10년을 바치기도 했다.

(5) 제5권

그리스의 탁월한 수학자 에우독소스의 비례론에 관해 18개의 정의와 25개의 명제로 이루어져 있으며, 이 내용은 직선, 면적, 체적, 수 등의 모든 양에 응용할 수 있어, 현대 수학의 입장에서도 완벽한 이론이기 때문에 〈원론〉의 존재 가치를 높이는 데 핵심적인 역할을 했다.

(6) 제6권

제6권은 제5권에서 다루었던 비례론을 닮은 삼각형이나 사각형, 그 밖의 다각형 사이의 비나 비례에 관한 정리의 증명에 사용하고 있으며 네 개의 정의와 33개의 명제로 되어 있다.

(7) 제7권

제7권은 22개의 정수에 관한 새로운 정의와 오늘날 유클리드의 호제법(Euclid's algorithm)으로 알려진 두 수의 최대공약수를 찾는 방법을 시작으로 해서 그 방법을 두 정수가 서로 소인지 아닌지를 알아내는 데 이용하는 내용의 명제를 포함하여 39개의 명제로 되어 있다.

(8) 제8권

제8권은 등비급수에 관한 이론이며 27개의 명제로 되어 있다. 그러나 현재의 방법과는 달리 연비례가 사용되어 있다. 예컨대 만일 a, b, c, d가 연속비례 $a:b=b:c=c:d$이면 a, b, c, d는 등비수열을 이룬다. 이것이 기하학적으로 네 개 이상의 수의 곱에 해당하는 것을 다룬 당시의 방법이었다.

(9) 제9권

제9권은 소인수 분해의 일의성을 말하는 명제 14

1보다 큰 정수는 꼭 한 가지 방법으로 소수들의 곱으로 표현될 수 있다.

와 소수정리라고 불리는 명제 20

소수의 개수는 무한하다.

를 포함하여 36개의 명제로 되어 있다.

(10) 제10권

제10권은 무리수에 관한 것을 다루고 있으며 16개의 정의와 115개의 명제가 포함되어 있다. 〈원론〉의 내용 중에서 분량이 가장 많은 부분으로 많은 학자들이 이 부분을 근대수학의 출현 이전에는 〈원론〉에서 가장 경탄스러운 부분으로 꼽기도 했지만 두려움의 대상이기도 했다. 내용을 현대식으로 요약하면

$$\sqrt{\sqrt{a}+\sqrt{b}}=\sqrt{\frac{1}{2}(\sqrt{a}+\sqrt{a-b})}+\sqrt{\frac{1}{2}(\sqrt{a}-\sqrt{a-b})}$$

와 같이 나타낼 수 있는 무리량 사이의 관계를 기하학적으로 자세히 다룬 것이다. 물론 그리스 수학에는 근호($\sqrt{\ }$)도 없었으며, 또 무리량을 다루는 대수방정식도 없었다.

(11) 제11권

제11권은 29개의 정의와 29개의 명제로 되어 있으며, 첫번째 정의는 입체에 관한 정의로 정의 1

입체란 길이, 폭, 깊이를 갖는 것이다.

로부터 시작하여 직선과 평면의 수직관계, 평면과 평면의 수직관계, 평행인 평면, 원뿔과 원기둥, 입방체, 정8면체, 정12면체, 정20면체의 정의 등이 있다. 이 책에서 중요한 명제 중의 하나는 입체각(solid angle)에 대한 논의로 명제 20

> 입체각이란 3차원 공간의 각으로서 마치 피라미드의 정점에서처럼 세 개 이상의 평면들이 한 점에서 만났을 때 각 평면들이 그 꼭지점에서 만드는 각을 말하며 그 입체각의 합계는 360°보다 작다.

이다. 상식으로 보아도 만일 360°가 되면 꼭지점은 꼭지점의 구실을 못하고 납작한 평면이 되어버릴 것이다.

(12) 제12권

제12권은 18개의 명제로 구성되어 있으며, 특징은 에우독소스의 실진법이라는 고대 특유의 방법을 다루고 있다.

(13) 제13권

〈원론〉의 마지막 책으로 18개의 명제로 되어 있으며, 정다면체(polyhedron)를 구에 내접시키는 문제가 주를 이루고 있다.

정다면체란 입체를 둘러싸고 있는 평면이 모두 합동인 것을 말한다.

정다면체는 각각 그것이 갖고 있는 면의 수에 따라 이름이 붙여지는데 그림 4-7과 같이 네 면이 정삼각형인 정4면체, 여덟 면이 정삼각형인 정8면체, 여섯 면이 정사각형인 정6면체, 20면이 정삼각형인 정20면체, 12면이 정5각형인 정12면체가 있다.

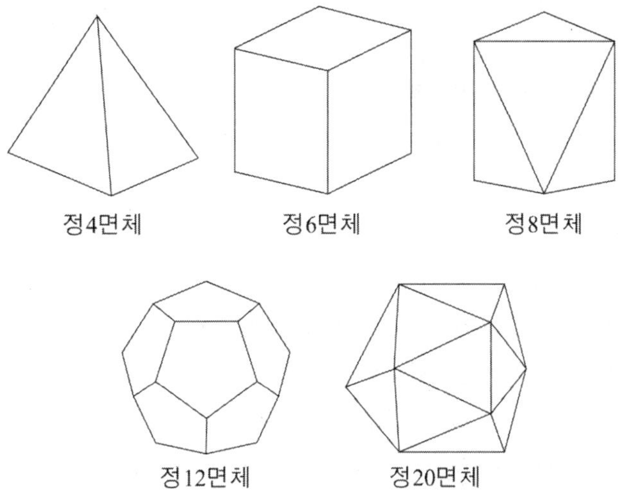

그림 4-7

이 중에서 정4면체, 정6면체, 정12면체는 피타고라스 학파에 의해, 정8면체, 정20면체는 테아이테토스(Theaetetus)에 의해 발견된 것이다. 플라톤은 정다면체의 미학에 매료되어 네 개의 정다면체 정4면체, 정6면체, 정8면체, 정20면체를 엠페도클레스(Empeddcles)가 만물의 근원으로 주장한 사원소 불, 흙, 공기, 물에 신비스럽게 각각 결합시켰다. 불은 가장 작고 가벼우며 기동성이 강하고 예리하기 때문에 정4면체, 흙은 가장 안정되어 있으므로 정6면체, 공기는 크기와 무게와 유동성에 있어 중간에 속해야 하므로 정8면체, 물은 유동성이 강하기 때문에 원에 가깝고 구르기 쉬운 정20면체, 마지막으로 정12면체는 하나님이 하늘의 별자리를 정하기 위해 쓰신 것이므로 우주와 결합시켰으므로 정다면체를 **플라톤의 입체**라고 부르게 되었다고 한다.

유클리드는 〈원론〉의 465번째인 맨 마지막 명제

정다면체는 다섯 개뿐이다.

를 제11권의 명제 20과 제13권의 정다면체의 정의가 결합된 결과인

> 정다면체의 꼭지점은 적어도 세 개 이상의 정다각형이 모여서 이루어지고 입체각의 합은 360°보다 작다.

는 것을 이용하여 증명하였다. 그의 증명의 요지는 다음과 같다.

1. 정다면체의 면이 정3각형일 때 정3각형은 한 각이 60°이다.
   꼭지점이 3면 ⇒ 꼭지각 = 60° × 3 = 180° ⇒ 정4면체
   꼭지점이 4면 ⇒ 꼭지각 = 60° × 4 = 240° ⇒ 정8면체
   꼭지점이 5면 ⇒ 꼭지각 = 60° × 5 = 300° ⇒ 정20면체
   꼭지점이 6면 ⇒ 꼭지각 = 60° × 6 = 360° ⇒ 불가능
2. 정다면체의 면이 정4각형일 때 정4각형은 한 각이 90°이다.
   꼭지점이 3면 ⇒ 꼭지각 = 90° × 3 = 270° ⇒ 정6면체
   꼭지점이 4면 ⇒ 꼭지각 = 90° × 4 = 360° ⇒ 불가능
3. 정다면체의 면이 정5각형일 때 정5각형은 한 각이 108°이다.
   꼭지점이 3면 ⇒ 꼭지각 = 108° × 3 = 324° ⇒ 정12면체
   꼭지점이 4면 ⇒ 꼭지각 = 108° × 4 = 432° > 360° ⇒ 불가능
4. 정다면체의 면이 정6각형일 때 정6각형은 한 각이 120°이다.
   꼭지점이 3면 ⇒ 꼭지각 = 120° × 3 = 360° ⇒ 불가능

참고로 위의 사실을 종합하여 꼭지점의 수를 E_0, 모서리의 수를 E_1, 면의 수를 E_2, 그리고 꼭지점의 면의 수를 E_3라고 하면 다음과 같은 도표를 만들 수 있고, 또한 이 다면체들은

(꼭지점의 수) + (면의 수) − (모서리의 수) = 2

인 성질을 갖는다.

정다면체	면의 모양	E_0	E_1	E_2	E_3
정4면체	정3각형	4	6	4	3
정8면체	정3각형	6	12	8	4
정20면체	정3각형	12	30	20	5
정6면체	정4각형	8	12	6	3
정12면체	정5각형	20	30	12	3

4-3 〈원론〉의 논리적 결함

〈원론〉의 훌륭한 점은 손으로 꼽을 수 있을 정도로 적은 수의 초기 가정인 공준과 공리로부터 출발해서 정리를 만들고, 원숙한 솜씨로 그 정리들을 논리적인 순서로 배열하고, 마지막으로 논증에 의한 추론으로 그것들을 증명하였다는 데 있다. 이러한 〈원론〉의 형식체계는 서양의 학문에 지대한 영향을 주었다. 예를 들면 뉴턴의 〈자연철학의 수학적 원리〉는 〈원론〉의 형식체계를 따라 저술되었고, 또한 철학의 명제들은 기하학에서와 같이 증명되는 것이 아님에도 불구하고 스피노자(Spinoza)도 〈윤리학〉에서 〈원론〉의 형식체계를 따랐다.

〈원론〉은 2000년 이상 인류 최고의 위업이라는 자리를 누려 왔으며, 또한 그 논리성에서 최대의 찬사를 받았으며 어느 누구도 이에 대한 비평의 여지가 없는 완벽한 체계적 이론이라고 믿어 왔다.

19세기에 들어오면서 논리학의 발달로 수학자가 요구하는 엄밀성의 수준이 점차 높아지면서 그 때까지 절대적인 것으로 생각되어 수학자의 성서라고 불리던 〈원론〉에도 논리적 결함이 있다는 것이 차츰 밝혀졌다.

〈원론〉의 논리적 결함을 찾기 위하여 하나의 기하학체계의 구성에 필수적인 것에 대하여 잠시 생각해 보기로 하자. 하나의 기하학체계에서

기하학적 성질 중에서 증명되는 범위는 어디까지인가?

하는 문제에 도달하게 된다. 증명은 참이라는 것을 이미 알고 있는 명제로부터 논리적으

로 **도출**할 수 있음을 보여 주는 과정을 통하여 결론을 유도해 내는 일련의 추론과정인 것이다. 이 때 증명에서 근거가 되는 부분을 **전제**라고 한다. 따라서 아무런 전제 없이는 어떠한 증명도 불가능하다. 유클리드 자신도 하나의 기하학적 결론을 도출해 내는 데 전제는 필수적이라고 확신하였다. 이 점이 기하학의 형식체계에서 공리의 개념과 그 필요성을 창안하게 된 요석이 되었다.

만일 한 기하학적 명제에서 출발하여 다른 새로운 기하학적 명제를 연역하고, 또다시 그것으로부터 다른 명제를 연역하는 과정을 계속할 때 맨 처음 출발한 기하학적 명제를 다시 얻는다면 어떻게 되는 것일까? 이와 같은 일은 있을 수 있다. 이런 경우 추론을 순환논법이라 하며, 이런 **순환논법**의 추론은 사실상 진정한 의미가 없다.

여기서 주의할 점은 연역과 증명은 다르다는 것이다. 즉 전제로부터 결론을 도출하는 것이 **연역**이며, 이것을 증명이라고 말하려면 모든 전제가 참인 경우에 한한다. 그래서 하나의 기하학 명제는 어떤 전제를 근거로 하여 도출된 것이며, 또다시 그 전제는 또 다른 전제로부터 얻었을 것이다. 따라서 그 전제의 증명을 다시 거슬러 올라가면 결국 순환논법에 빠지지 않는 한은 반드시 몇 개의 멍세는 증명되지 않는 명제로 남는다. 따라서 기하학의 명제들은 크게 두 부류로 나눌 수 있다. 하나는 증명이 필요없는 극히 작은 수의 명제들의 부류이고 이는 기하학의 기본적인 전제, 즉 공리의 역할을 하는 부류이다. 다른 하나는 그 범위가 일정하지 않지만 큰 부류로서 앞의 기본적인 전제로부터 연역하여 얻어지는 대상 전체이다.

유클리드는 〈원론〉에서 위의 첫 부류에 속하는 것을 **공준**과 **공리**라고 불렀다. 이들은 직선, 각, 그리고 도형에 관한 명제이며, 그는 이러한 전제 열 개를 참이라고 보고 이것을 증명하지 않고 다른 기하학적 명제를 증명하는 데 전제로 삼았다. 이와 같이 기본이 되는 전제로부터 증명되는 기하학적인 명제를 그리스 시대에는 proposition(명제)이라고 불렀으며, 오늘날에는 theorem(정리)이라고 부른다. 따라서 논증기하학에서 논증의 기본원리로 몇 개의 공리와 공준은 필수적이다. 결국 공준적 방법은 논증기하학에 필수적이다. 그리스 시대에는 공리를 부정하거나 의심하는 사람은 기하학에 관한 지식을 얻을 자격이 없는 사람으로 보거나 어떠한 지적인 능력이 없는 사람으로 생각하였다.

유클리드는 〈원론〉에서 사용될 용어를 사용하기 전에 엄밀하게 정의하였고, 또한 정의되지 않은 용어가 하나도 없도록 하였다. 그러나 엄밀히 체계화할 경우에 그것은 불가능하다. 이는 마치 모든 기하학적 명제가 빠짐없이 다 증명될 수 없는 것처럼 모든 용어를 빠짐없이 정의할 수는 없기 때문이다. 그것은 바로 순환논법에 빠지기 때문이다. 결국 연역체계에서 공리가 필요한 것과 마찬가지로 **무정의 용어**(undefined terms)가 반드시 필요한 것이다.

현대적인 입장에서 볼 때 유클리드 기하학의 체계를 구성하는 데 두 가지의 기본적인 결정을 요구하고 있다. 그 첫 번째는 용어의 선택에 관한 결정이다. 즉 그 기하학 체계에서 쓰일 모든 용어를 빠짐없이 정리한 다음 그 중에서 어떤 용어를 무정의 용어로 선정하느냐 하는 것이다. 여기서 무정의 용어를 정하고 나면 나머지 모든 용어는 빠짐없이 차례로 정의되어야 한다. 이와 같은 결정이 오직 한 가지로만 가능한 것이 아니라는 사실이 현대에 와서 비로소 밝혀졌다. 두 번째로 결정해야 할 것은 공리의 선택이다. 즉 그 기하학체계에 전제로 삼을 수 있는 가정을 몇 개 정하여 이를 토대로 하여 나머지 모든 정리를 증명할 수 있도록 공리를 어느 것으로 선정해야 하느냐 하는 결정을 해야 한다. 이 경우에서도 그와 같은 결정이 오직 한 가지 방법으로만 가능한 것이 아니라 여러 가지 방법으로 가능하다는 사실이 또한 현대에 와서 밝혀졌다.

예를 들면 독일 수학자 힐베르트(Hilbert)가 고안한 방법에 따르면, 무정의 용어로

점, 선, 평면, … 위에 있다, … 사이에 있다, …와 …는 합동이다.

의 여섯 개가 선택되었으나, 그로부터 수년 후에 미국 수학자 베블렌(Osward Veblen, 1880-1960)은 공리체계를 더 간단하게 구성할 수 있음을 보이면서 이 경우에는

점, … 사이에 있다, …와 …는 합동이다

인 세 개만으로도 무정의 용어가 충분함을 보여 주고 있다. 물론 무정의 용어가 달라지면 그에 대한 공리계는 달라진다. 그러나 무정의 용어와 공리계가 다르더라도 모두가 본질적으로는 하나의 유클리드 기하학의 체계를 구성하고 있다. 이는 무정의 용어와 공리 선택이 유일무이하게 꼭 한 가지 방법으로만 정해지는 것이 아니라는 사실을 입증하고 있다고 말할 수 있다.

위의 기하학 체계의 구성에 비춰볼 때 〈원론〉에서 논리적인 구조에 많은 결함을 찾아볼 수 있다. 이 결함 중 가장 심각한 것은 유클리드가 사용한 묵인된 가정, 즉 그의 공리와 공준들에 의해서 보장받지 못하는 가정들이다. 예를 들면 다음과 같은 경우이다.

1. 공준 2

유한직선은 무한히 연장할 수 있다.

는 직선이 한없이 연장될 수도 있다는 것을 보장하지만 직선의 길이가 무한하다는 것을 뜻하지 않고 단지 끝이 없음을 뜻한다. 한 구면 위의 두 점을 잇는 대원의 호는 그 대원을 따라서 한없이 연장될 수도 있다. 이 때 연장된 호는 끝이 없을 수 있으나 분명히 크기에 있어서 무한은 아니다. 따라서 직선도 이와 비슷하게 한없이 연장하면 되돌아올 수 있다고 생각할 수 있다. 유명한 독일 수학자 리만은 1854년 시험강의 〈기하학의 기초를 이루는 가정에 관하여〉에서 직선이 끝이 없음과 무한함을 구분하였다(제12장 12-6절 참조). 유클리드는 제1권의 명제 16

임의의 삼각형에서 하나의 변을 연장하면 외각은 내대각의 어느 쪽보다 크다.

의 증명을 비롯하여 빈번히 묵시적으로 직선의 무한성을 가정하였다. 이 명제에 대하여 유클리드는 다음과 같이 증명하였다.

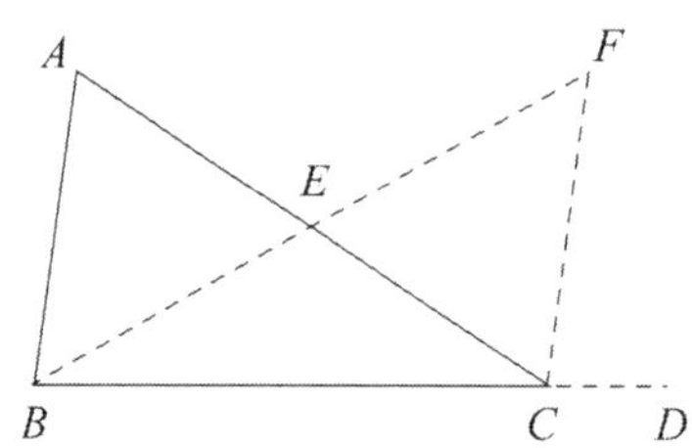

그림 4-8

그림 4-8에서처럼 $\triangle ABC$에서 변 BC의 연장선 위에 점 D를 택하고, 변 AC의 중점을 E라 하고, B와 E를 지나는 직선 위에 $BE = EF$를 만족하는 점 F를 택하자. 그러면

$$AE = EC,\ BE = EF,\ \angle AEB = \angle CEF$$

이므로 $\triangle AEB$와 $\triangle CEF$는 합동이다. 따라서 $\angle BAE = \angle FCE$이다. 그런데 $\angle DCA > \angle FCE$이므로 $\angle DCA > \angle BAC$이다.

이 증명에서 대원의 호와 같이 직선이 다시 되돌아올 수 있다면 BF는 대단히 길어서 F가 B와 일치하거나 선분 BE 위에 놓일 수도 있을 것이다. 이런 경우가 발생하면 위의 증명은 확실히 틀린 것이다. 유클리드는 논증의 기본바탕이 되었던 공준 1에서 공준 1이 나타내는 사실만을 생각하지 않고 도형에 대한 시각적인 판단에 현혹되었다. 따라서 위의 증명을 정당하게 만들기 위해서는 직선의 무한성을 증명하거나 공준으로 선택해야 한다.

2. 명제 21의 증명에서

> 직선이 삼각형의 꼭지점에서 삼각형의 안을 지나면 반드시 그 대변과 만난다.

는 것을 도형에 대한 시각적인 판단에 현혹되어 묵시적으로 증명없이 사용한 것인데, 파쉬(Moritz Pasch, 1843-1930)에 의해 발견되었으며, 파쉬는 이 경우를 보장해 주는 공리의 필요성을 깨달았다(제16장 16-3절 파쉬의 공리 참조).

3. 유클리드는 명제 1

> 주어진 유한직선 위에 정삼각형을 만들 것

을 다음과 같이 증명하였다(그림 4-9 참조).

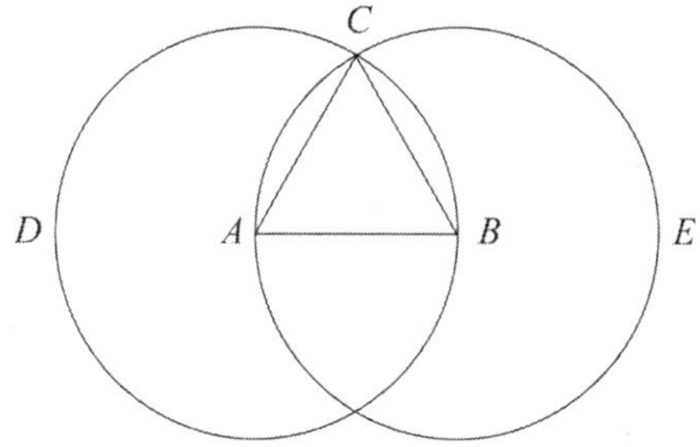

그림 4-9

① AB가 주어진 선분일 때 중심이 A이고 반경이 AB인 원 BCD를 그리자(공준 3).
② 다시 중심이 B이고 반경이 BA인 원 ACE를 그리자(공준 3).

③ 두 원이 교차하는 점 C에서 선분 CA와 CB를 그리자(공준 1).
④ A가 원 CDB의 중심이므로 AC와 AB는 같다(원의 정의).
⑤ 다시 B가 원 CAE의 중심이므로 BC와 BA는 같다(원의 정의).
⑥ CA와 CB가 각각 AB와 같으므로 그들은 서로 같다(공리 1).
⑦ 따라서 $\triangle ABC$는 AB를 한 변으로 하는 정삼각형이다(정삼각형의 정의).

라이프니츠는 유클리드가 증명 ③에서

두 원이 각각 나머지 원의 중심을 지날 때는 두 점을 공유한다.

고 주장한 것은 도형에 대한 시각적인 판단에 입각한 것이지 공준들로부터 논리적으로 이 사실을 입증할 수 없다고 지적하였다(제16장 16-3절 원의 연속의 원리 참조).

4. 공리 5

전체는 부분보다 크다.

는 유한집합에서는 성립하지만 무한집합에서는 성립하지 않는다. 예를 들면 자연수의 집합과 그것의 진부분집합인 짝수의 집합과는 일대일 대응 관계가 성립하는데 두 집합은 크기가 같은 것이 아니라 대등하다.

그리고 유클리드는 〈원론〉에서 모든 전문용어를 정의하려고 하였다. 그로 인하여 다음과 같은 결함이 나타났다.

1. 유클리드의 정의 1

점이란 부분이 없는 것이다.

는 무의미한 것이다. 이것이 정의로서 의미가 있으려면 '부분'이란 무엇인가에 대하여 정의되어 있어야 하기 때문이다. 따라서 유클리드의 정의는 순환논리에 빠지게 됨을 쉽게 알 수 있다.

2. 가우스는 1832년 볼리아이에게 보낸 편지에서 〈원론〉의 미비점에 대하여

> 이론의 완전 무결한 전개를 위해서는 '사이(between)'라는 용어 같은 것은 명확한 개념에 기초를 두고 있어야 하며, 또한 이것은 가능한 일인 데도 아무 데서도 찾아볼 수 없다.

고 말하고 있다. 이는 모든 전문용어가 정의된 것이 아니라는 것이다.

1902년에 러셀은 위의 결과들을 종합하여 〈원론〉에 대하여 다음과 같은 매우 비판적인 말을 하였다.

> 유클리드는 그의 정의에서 필요한 것을 다 정의하고 있지 않으며, 그의 공리는 꼭 증명할 수 없는 것이라고 할 수 없으며, 그의 증명은 그가 의식하지 못한 많은 공리를 필요로 하고 있다. 엄밀한 증명은 아무 그림도 그리지 않고 하였을 때 증명의 위력을 갖는 것인데 그의 많은 초기의 증명들은 이런 시험을 통과하지 못하고 있다. …논리에 대한 걸작이라는 〈원론〉에 대한 평가는 과장된 것이다.

그러나 유클리드의 〈원론〉이 비록 많은 묵시적인 가정에 의해서 얼룩졌으며, 또한 그가 만든 몇 개의 기본정의도 비평의 여지가 있다고 할지라도 약 2300년 전인 고대 그리스 시대에 저술된 것이고, 비유클리드 기하학이 출현하기 전까지 2100여 년 동안 거의 절대적인 진리로 인정되어 온 것은 알아야 한다. 〈원론〉의 내용과 형식체계는 인류에게 수학의 본질, 증명이라는 개념, 수학이론의 전개방식 등을 가르쳐 주었으며, 또한 다른 어떤 저술보다도 수학의 영역을 넘어서 거의 모든 학문의 발전과 인간의 사고방식에 막대한 영향을 미쳐 왔다. 따라서 〈원론〉은 우리 인류에게 탁월한 지적 위업이라고 말할 수 있을 것이다.

4-4 그림에 의한 기하학적 역설

그림(diagrams)은 기하학을 이해하고 문제를 해결하는 데 많은 도움을 준다. 그러나 부정확하거나 특별한 경우만 표현한 그림은 잘못된 논의를 유발시켜 이미 입증된 어떤 명

제와 실제적으로 모순이 될 수도 있다. 따라서 다음 세 개의 명제의 증명에서처럼 그럴듯하게 보이는 그림에 의해서 주어진 연역체계의 공준으로부터 나올 수 없는 명제를 이끌어 내는 오류를 범하지 말아야 한다.

역설 1

모든 삼각형은 이등변 삼각형이다.

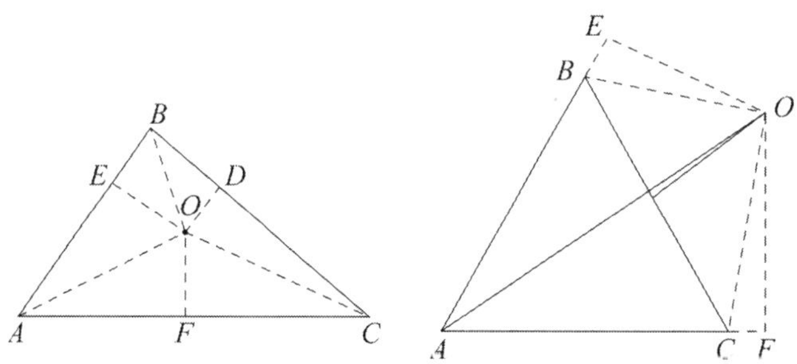

그림 4-10

만약 $\triangle ABC$가 이등변삼각형이면 $\angle A$의 이등분선과 맞변 BC의 수직이등분선은 일치한다. 만약 $\triangle ABC$가 이등변삼각형이 아니면 $\angle A$의 이등분선과 변 BC의 수직이등분선은 삼각형의 내부(그림 4-10 (a)) 또는 삼각형의 외부(그림 4-10 (b))의 한 점 O에서 만난다. 교점 O로부터 변 AC와 AB에 각각 수선 OF와 OE를 그리고, 또한 보조선 OB와 OC를 그리자. 그러면 직각삼각형 AOE와 AOF에서 빗변 AO는 공통이고 $\angle EAO = \angle FAO$이므로 삼각형 AOE와 AOF는 합동이다. 따라서 $OE = OF$이고

$$AE = AF \qquad \cdots ①$$

이다. 또 직각삼각형 EOB와 FOC에서 (직각삼각형 BOD와 COD는 합동이므로) $OB = OC$이고 $OE = OF$이므로 삼각형 EOB와 FOC는 합동이다. 따라서

$$EB = FC \qquad \cdots ②$$

이다. 이상에서 식 ①과 ②를 더하면

$$AE+EB=AF+FC$$

이고, 또한 식 ①과 ②를 빼면

$$AE-EB=AF-FC$$

가 된다. 그러나 그림 4-10(a)에서는

$$AE+EB=AB,\ AF+FC=AC$$

이며, 그림 4-10(b)에서는

$$AE-EB=AB,\ AF-FC=AC$$

이다. 따라서 어느 경우에나 $AB=AC$이므로 주어진 $\triangle ABC$는 이등변삼각형이다.

역설 2

직각은 둔각과 같다.

그림 4-11과 같이 직각사각형 $ABCD$의 외부에 AB와 길이가 같은 선분 AE를 그리자. CB와 CE의 수직이등분선을 각각 그리면 평행이 아닌 직선에 수직이므로 반드시 한 점 O에서 만난다. 그리고 보조선 OA, OE, OC, OD를 그리면 $\triangle OCD$와 $\triangle OAE$에서 $OD=OA$, $CD=AE$, $OC=OE$이므로 두 삼각형은 합동이다. 따라서

$$\angle CDO=\angle EAO \qquad \cdots ③$$

이다. 그런데 $\angle ODA$와 $\angle DAO$는 이등변삼각형 ODA의 밑각이므로

$$\angle ODA=\angle DAO \qquad \cdots ④$$

이다. 식 ③에서 ④를 빼면 $\angle CDA$(= 직각) = $\angle EAD$(= 둔각)을 얻는다.

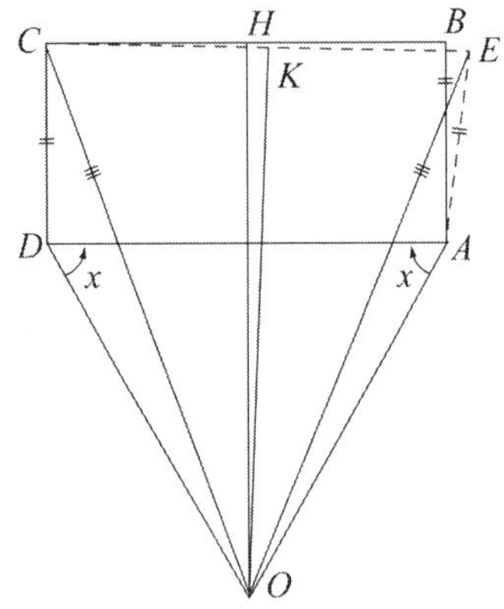

그림 4-11

역설 3

한 점에서 한 직선에 두 개의 수선을 그을 수 있다.

그림 4-12와 같이 두 원이 A, B에서 만난다고 하자. 지름 AD와 AC를 긋고 C와 D를 잇는 선분이 두 원과 각각 M과 N에서 만난다고 하면 삼각형 AMC와 AND는 각각 반원에 내접하므로 직각삼각형이다. 따라서 AM과 AN은 직선 CD에 두 개의 수선이다.

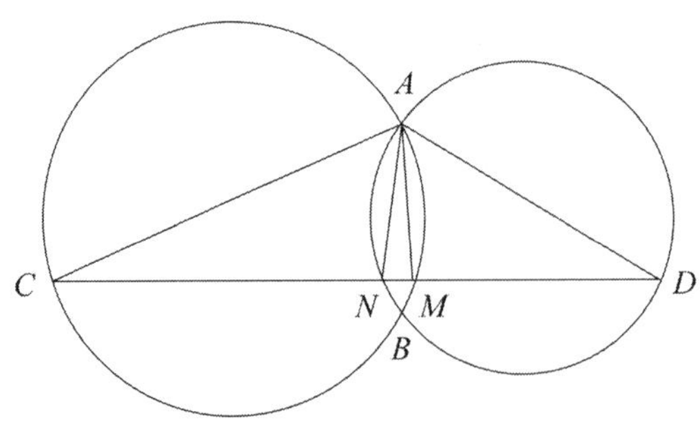

그림 4-12

5 불가능한 기하학적 작도 : 3대 작도문제

우리는 제3장 3-5절에서 그리스 기하학의 난문제인 3대 작도문제

1. **원적** 주어진 원과 동일한 넓이를 갖는 정사각형을 작도하는 문제
2. **정6면체의 배적** 주어진 정6면체의 두 배의 부피를 갖는 정6면체의 한 변의 길이를 작도하는 문제
3. **각의 3등분** 임의의 각을 3등분하는 선분을 작도하는 문제

의 유래에 관하여 이야기했다. 이것에 대한 작도는 오랜 세월동안 많은 수학자들을 괴롭혔다.

5-1 기하학적 작도의 제한 : 유클리드의 도구

3대 작도문제의 기하학적 작도에서 직선자와 컴퍼스만으로 제한하는 이유를 명확히 해 둘 필요가 있다. 유클리드의 〈원론〉은 다섯 개의 공준 중에서 작도에 관해서는 오직 세 개의 공준

공준 1 한 점에서 또 다른 한 점으로 직선을 그릴 수 있다.
공준 2 유한직선은 무한히 연장시킬 수 있다.
공준 3 임의의 점을 중심으로 하고 그 중심으로부터 그려진 유한직선과 동일 반경을 갖는 원을 그릴 수 있다.

만을 포함하고 있다. 이것들은 유클리드 작도에 대한 게임의 원칙을 말하는 것이다. 따라서 모든 작도는 오직 이 세 개의 공준들의 합성에 의해 이루어져야 한다. 이러한 작도를 기하학적 작도라고 부른다. 이 공준들은 직선자와 컴퍼스만을 사용하도록 기하학적 작도를 제한하고 있기 때문에 직선자와 컴퍼스를 **유클리드 도구**(Euclidean tools)라고 부르며, 또한 여기에 사용되는 직선자를 **유클리드 직선자**, 그리고 컴퍼스를 **유클리드 컴퍼스**라고 부른다.

공준 1과 2는 유클리드 직선자를 가지고 작도할 수 있는 것, 즉 임의의 두 점을 지나는 직선을 그릴 수 있다는 것을 말하며, 공준 3은 유클리드 컴퍼스를 가지고 작도할 수 있는 것, 즉 임의의 한 점을 중심으로 하고 또 다른 한 점을 지나는 원을 그릴 수 있다는 것을 말한다. 따라서 선분이나 각의 이등분, 수직선과 평행선, 주어진 세 점을 지나는 원, 또 굉장히 아름다운 몇 개의 정다각형 등의 다양한 작도는 유클리드 도구만으로 제한해도 단순한 기하학적 작도에 의해 쉽게 해결할 수 있다. 그러나 아주 단순해 보이는 3대 작도문제들이 해결될 수 없다는 것은 믿기 어려운 일이었다.

유클리드 직선자에는 눈금이 없음을 주목해야 한다. 왜냐하면 공준 1과 2는 오직 직선만을 그릴 수 있다는 것을 말하기 때문이다. 만약에 눈금이 있는 자라면 임의의 각을 삼등분하는 것은 가능하다(5-3절의 아르키메데스의 각의 3등분 참조). 또한 유클리드 컴퍼스와 오늘날의 컴퍼스는 다르다. 오늘날의 컴퍼스는 임의의 점 O를 중심으로 하고 임의의 선분 AB를 반경으로 하는 원을 그릴 수 있다. 왜냐하면 컴퍼스를 양각기로 사용하여 선분 AB를 중심 O로 옮길 수 있기 때문이다. 그러나 공준 3에서 원의 반경을 중심으로부터 그려진 유한직선으로 제한하고 있기 때문에 유클리드 컴퍼스는 일단 컴퍼스의 한 다리가 종이로부터 떨어지면 접힌다는 것을 말한다. 이러한 이유에서 유클리드의 컴퍼스를 종종 접히는 컴퍼스라 부른다.

따라서 오늘날의 컴퍼스가 유클리드의 접히는 컴퍼스보다 강력해 보일지 모르나 신기하게도 이 둘은 똑같은 성질의 도구이다. 왜냐하면 유클리드 컴퍼스를 가지고 다음과 같은 방법으로 주어진 점 O를 중심으로 하고 주어진 선분 AB를 반경으로 하는 원을 작도할 수 있기 때문이다. 간단히 중심이 O이고 점 A를 지나는 원을 기호 $O(A)$로, 중심이 O이고 반경이 선분 AB와 같은 원을 기호 $O(AB)$로 표현하자.

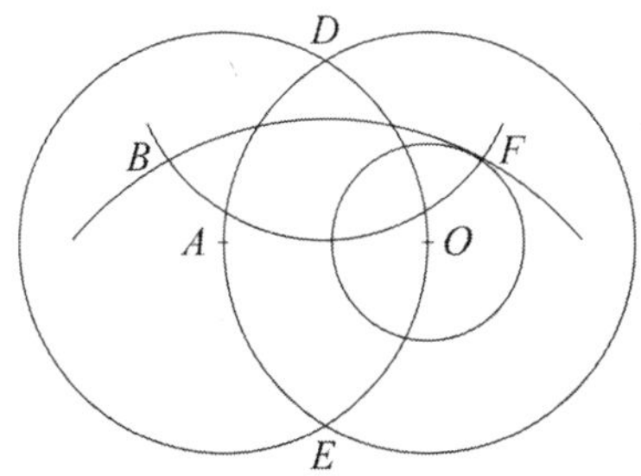

그림 5-1

작도 그림 5-1에서 원 $A(O)$와 원 $O(A)$의 교점을 D, E라 하고, 원 $D(B)$와 원 $E(B)$의 교점을 F라 하면 $AB = OF$이다. 따라서 $O(F) = O(AB)$이다.

5-2 원적문제 : 구적 불가능한 궁형

반지름이 1인 원이 있다면 면적은 π이다. 이 원과 면적이 같은 정사각형의 한 변의 길이를 x라 하면 $x^2 = \pi$가 된다. 따라서

> **원적문제는 자와 컴퍼스로 제한된 기하학적 작도로 제곱해서 π가 되는 실수를 도출할 수 있느냐?**

하는 문제로 바꿀 수 있다.

지금부터 4000년 전인 이집트의 고문서 린드 파피루스에 이 문제에 관한 기록이 있다. 실용적인 지식만을 다룬 이집트인들은

$$\pi = \left(\frac{16}{9}\right)^2$$

라고 생각해서 근사값 $\pi = 3.1604938\cdots$을 얻는 것으로 만족했다. 또한 아르키메데스는 외접 정96각형과 내접 정96각형의 둘레를 계산하여 지름이 1인 원둘레, 즉 π에 관해서

$$3\frac{1}{7} < \pi < 3\frac{10}{31}$$

인 관계를 얻었으나, 이것은 근삿값일 뿐이다. 오늘날에도 원주율 π를 10진법을 이용하여 많은 자리까지 계산하려는 시도가 여전히 계속되고 있다. 1995년에 일본 컴퓨터 과학자인 가나다 야스마사 교수가 책임을 맡고 있는 도쿄 대학 컴퓨터센터의 과학자들은 슈퍼 컴퓨터를 이용해서 소수점 이하 42억 9천4백96만 자리까지 원주율 π를 계산해 냈다고 발표했다.

히포크라테스가 그의 궁형에 대한 구적에 성공을 거두자 그리스 수학자들은 가장 완전한 곡선으로 둘러싸인 원의 구적에도 낙관적인 견해를 갖게 되었다. 히포크라테스 자신 역시 원의 구적이 다음과 같은 방법으로 가능할 것으로 생각했다.

지름이 AB인 주어진 원을 구적하기 위하여 반경 AB인 원을 그리고, 그 원에 내접하는 정6각형 $CDEFGH$를 작도하면 CF는 원의 지름이고

$$CD = DE = EF = FG = GH = HC = AB$$

이다. 다음 각 현의 중점에서 그림 5-2와 같이 반원을 그려 여섯 개의 궁형을 얻을 수 있다. 그러면 이 반원들은 주어진 원의 면적에 반이고, 큰 원의 면적은 주어진 원의 면적의 네 배이므로

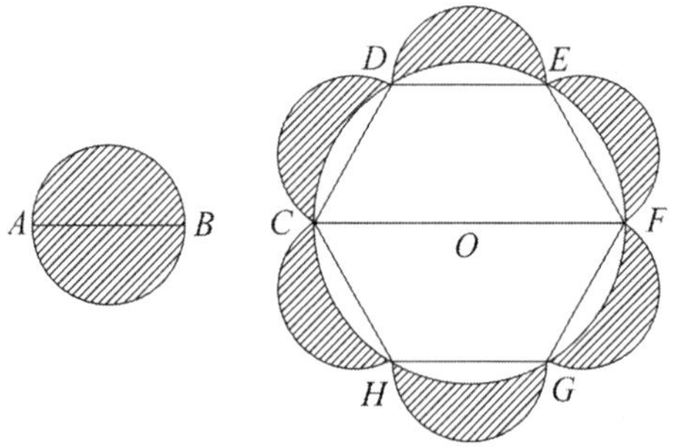

그림 5-2

$$\begin{aligned}\text{정6각형 } CDEFGH\text{의 면적} + 3 \times (\text{주어진 원의 면적}) &= \text{큰 원}(CF)\text{의 면적} + 6 \times (\text{궁형의 면적}) \\ &= 4 \times (\text{주어진 원의 면적}) + 6 \times (\text{궁형의 면적})\end{aligned}$$

이다. 따라서

$$\text{주어진 원의 면적} = \text{정6각형 } CDEFGH\text{의 면적} - 6 \times (\text{궁형의 면적})$$

이다. 다각형은 구적가능하므로 원 위의 궁형이 구적가능하면 그 차도 구적가능하다. 그러나 여기에서 큰 원 위에 있는 궁형은 히포크라테스 궁형과 다르다. 히포크라테스는 이런 궁형도 어떻게든 구적가능이라고 생각했지만 결국 증명하지 못했다.

아르키메데스의 나선을 이용하면 원적문제, 즉 반지름이 a인 원과 같은 넓이를 갖는 정4각형을 다음과 같이 작도할 수 있다.

중심이 O이고 반경이 a인 원을 그리자. 그러면 두 직선 OA와 OB 사이의 원호와 OP가 모두 $a\theta$이므로 길이는 같다(그림 5-3 참조). 만일 OP가 OA와 수직이면 OP의 길이는 이 원의 원주의 1/4이다. 원의 면적 K는 그의 반경과 원주의 곱의 반이므로

$$K = \{a \times 4 \times (OP)\}/2 = 2a \times (OP)$$

이다. 따라서 구하고자 하는 정사각형의 한 변은 $2a$와 OP의 비례중항이다. 즉 원의 지름과 OA와 수직인 나선의 반경벡터 길이의 비례중항이다.

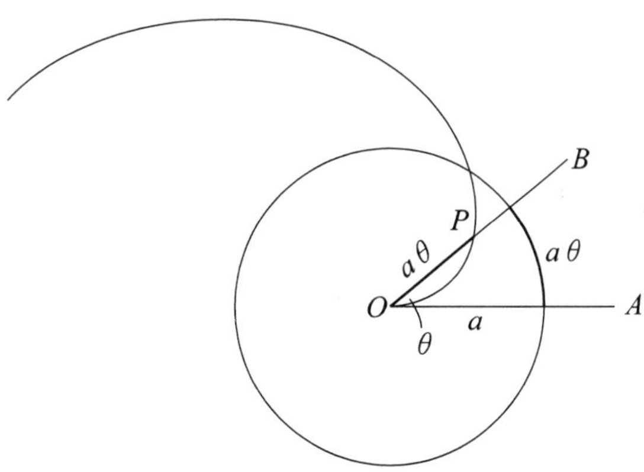

그림 5-3

5-3 배적문제 : 플라톤의 수학관

배적문제의 실질적인 기하학적 작도에 대한 진보는 히포크라테스가 이 문제를 각각 길이가 a와 $2a$인 두 선분 사이에 두 비례중항을 작도하는 것으로 변형함으로써 이루어졌다. 만약 두 비례중항을 x, y로 표시하면

$$a : x = x : y = y : 2a$$

이므로 $x^2 = ay$, $y^2 = 2ax$이다. 여기서 y를 소거하면 $x^3 = 2a^3$이므로 한 변의 길이가 x인 정육면체의 부피는 한 변의 길이가 a인 정육면체의 부피의 두 배가 된다. 이것을 이용하여 플라톤은 다음과 같은 방법으로 배적문제를 해결하였다.

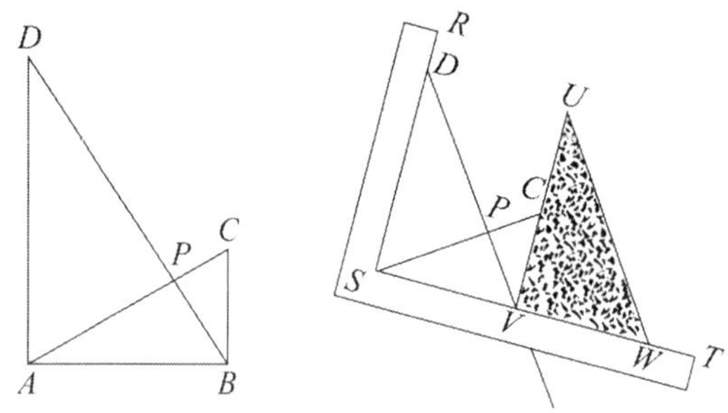

그림 5-4

그림 5-4의 첫 번째 그림에서 두 직각삼각형 ABC와 ABD는 각 A와 B는 직각이고 한 변 AB를 공통으로 갖고 있다. 또 두 삼각형의 빗변 AC와 BD는 한 점 P에서 직교한다. 그러면 삼각형 BPC, APB, APD는 닮은꼴이므로

$$PC : PB = PB : PA = PA : PD$$

인 식이 성립하여 PB와 PA는 PC와 PD 사이의 두 비례중항이다. 따라서$PD = 2(PC)$가 되는 두 직각삼각형 ABC와 ABD를 작도할 수 있다면 문제는 해결된다. 그림 5-4의 두 번째 그림에서처럼 점 P에서 수직으로 만나는 두 직선을 그리고, 그 다음 그 직선 위에 $PD = 2(PC)$가 되는 점 C와 D를 표시한다. 그런 다음 목수의 곱자를 이용하

여 곱자의 안쪽 모서리 RST의 SR가 D를 지나고 곱자의 직각점 S가 직선 CP 위에 놓이도록 한다. 그런 다음 ST 위에 변 VW가 놓이는 직각삼각형 UVW를 변 UV가 C를 지날 때까지 ST 위에서 미끄러뜨린다. 그리고 V가 DP의 연장선 위에 놓일 때까지 이 장치를 조정하면 된다. 그러나 이 방법은 기하학적 작도에 의한 것이 아니라 기계를 사용한 것이어서 플라톤은

> 수학이란 기계의 힘을 사용하지 않고 자기 자신의 머리로 생각하는데 아름다움이 있다. 그런데 나는 기계를 사용하여 그 아름다운 학문을 더럽히고 말았다.

라고 말하며 부끄러워하였다고 전해진다.

5-4 각의 3등분 : 흥미로운 도구 토마호크

3대 작도문제 중에서 각의 3등분은 이해하기가 간단하여 가장 많은 사람에게 알려진 문제이다.

(1) 각 90°의 삼등분

직각인 $\angle AOB$에서 O에 중심을 둔 임의의 원이 OA, OB와 만나는 점을 각각 C, D라 하고 그 다음 C와 D에 중심을 둔 처음 원과 같은 반경을 갖은 원을 그렸을 때 처음 원과의 교점을 E, F라 하고 OE와 OF를 긋자. 그러면 같은 반지름으로 원을 그렸기 때문에

$$OD = OE = CE = OC = OF = DF$$

이므로 $\triangle OCE$와 $\triangle ODF$는 정삼각형이다. 따라서

$$\angle COF + \angle EOF = 60^\circ,\ \ \angle DOE + \angle EOF = 60^\circ$$
$$\angle COF + \angle EOF + \angle DOE = 90^\circ$$

이므로 $\angle COF = \angle EOF = \angle DOE = 30^\circ$가 되어 삼등분된다.

(2) 아르키메데스의 각의 삼등분

① 임의의 각에 대하여 그 각의 꼭지점 O를 중심으로 하고 반경이 d인 원을 그려서 이 원과 주어진 각의 각 변과 만나는 점을 A와 B라 하자.

② 점 B에서 직선을 그어 $OB = CD$가 되는 점 D를 원 위에, C를 선분 OA의 연장선 위에 잡는다.

③ 그러면 $\triangle OCD$는 이등변삼각형이므로

$$\angle COD = \angle DCO \quad (= \angle BCO)$$

④ 따라서 $\angle AOB$가 예각일 때는

$$\angle DBO = \angle ODB = \angle COD + \angle DOC = 2(\angle COD)$$
$$\angle AOB = \angle BCO + \angle CBO = \angle COD + \angle DBO = 3(\angle COD)$$

이므로 $\angle AOB$가 삼등분된다.

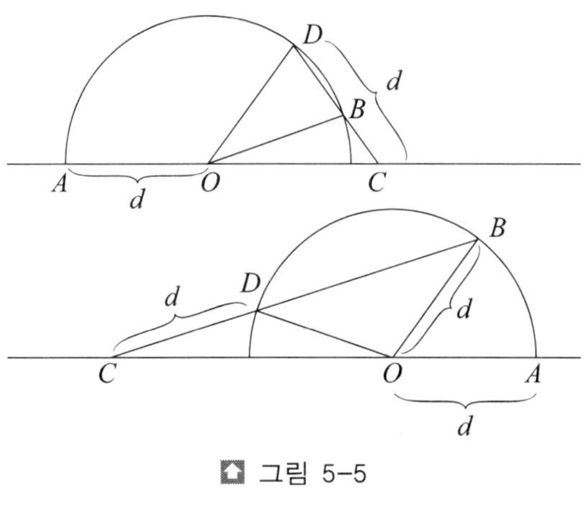

그림 5-5

그러나 위의 증명에서 ②를 만족하는 점 C와 D를 잡을 때 눈금이 없는 직선자로는 불가능하다. $\angle AOB$가 둔각일 때도 마찬가지이다.

(3) 토마호크에 의한 각의 삼등분

세월이 흐르면서 각의 3등분 문제를 해결하기 위한 많은 기계장치, 결합장치, 합성 컴퍼스 등이 고안되었다. 이러한 것들 중에서 가장 흥미롭고 초보적인 도구는 소위 **토마호크**(tomahawk)라고 불리는 것이다.

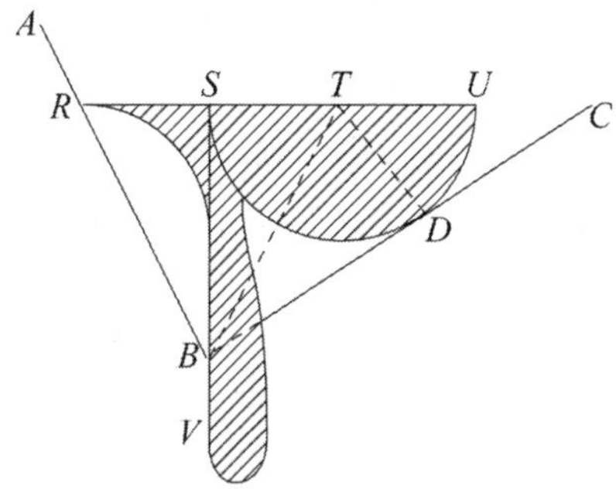

그림 5-6

토마호크의 발명자는 알려져 있지 않지만 1835년에 어떤 책에 설명되어 있다. 토마호크는 그림 5-6과 같이 한 선분 RU를 S와 T에서 삼등분하고, SU를 직경으로 하는 반원을 그리고, RU와 수직인 직선 SV를 그린 후에 그림과 같이 나머지 부수적인 그림을 그려 주면 만들어진다. 토마호크를 이용하여 각 ABC를 3등분하기 위해서 R가 BA 위에 오고, SV가 B를 지나고 BC가 D에서 반원과 접하도록 토마호크를 갖다 놓는다. 그러면 삼각형 RSB, TSB, TDB가 모두 합동이므로 BS와 BT는 주어진 각 ABC를 삼등분한다. 토마호크는 직선자와 컴퍼스를 가지고 투사지 위에 그릴 수 있고, 그런 다음에 토마호크를 주어진 각 위에서 잘 조정하면 된다.

5-5 문제의 해결 : 반트젤과 린데만

그리스 시대 이후 많은 수학자들의 부단한 노력에도 불구하고 작도문제에 대한 해결의 실마리를 얻지 못하다가 결국 이 문제를 기하학적인 영역에서 대수의 영역과 수론의 영역으로 끌어와 해결하였다.

대수의 영역에서 유클리드의 도구로 더하기, 빼기, 곱하기, 나누기와 제곱근을 구하는 연산이 가능하다는 사실을 알아냈다.

1. 더하기 주어진 두 선분 AB와 CD에 대하여, 점 B가 중심이고 반경이 선분 CD의 길이인 원을 그려서 선분 AB의 연장선과 원이 점 B의 오른쪽에 만나는 점을 E라 하면 선분 AE의 길이는 두 선분 AB와 CD의 길이의 합이다(그림 5-7 참조).
2. 빼기 $AB > CD$인 주어진 두 선분 AB와 CD에 대하여, 점 B가 중심이고 반경이 선분 CD의 길이인 원을 그려서 선분 AB와 만나는 점을 E라 하면 선분 AE의 길이는 두 선분 AB와 CD의 길이의 차이다(그림 5-7 참조).

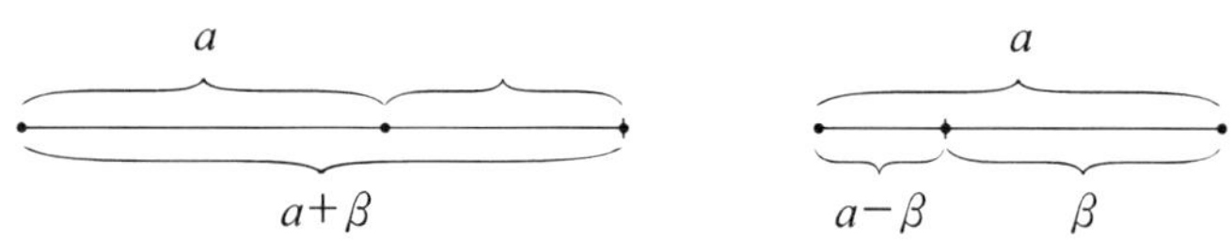

그림 5-7

3. 곱하기 그림 5-8에서 $OA = a$, $OB = 1$, $BD = b$일 때 선분 DC를 선분 BA에 평행하게 그리면 $\triangle AOB$와 $\triangle COD$는 닮은꼴이므로, $AC = x$라고 하면

$$(a + x) : (1 + b) = a : 1$$

인 식이 성립하므로 $x = ab$이다.

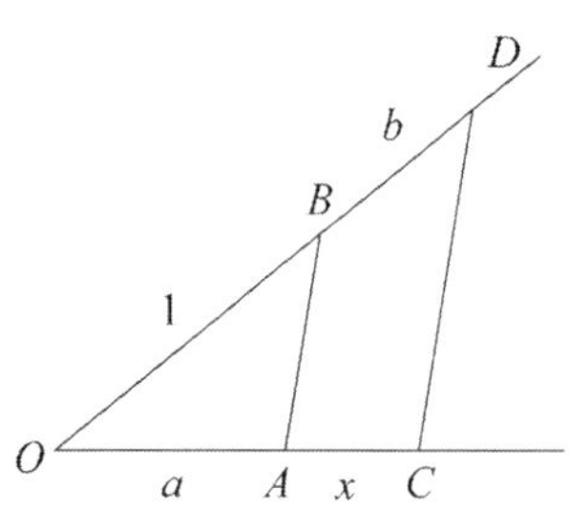

그림 5-8

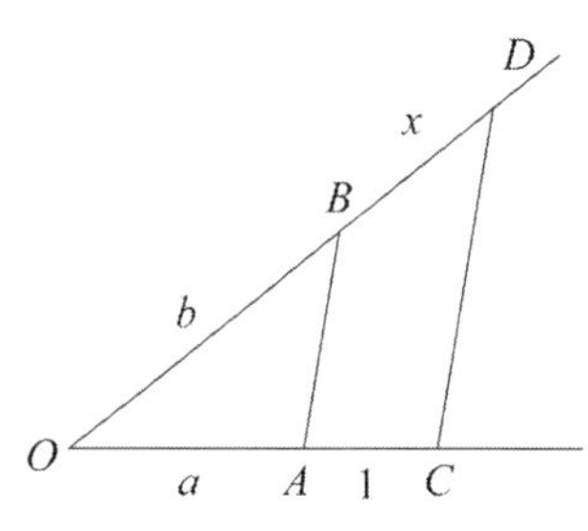

그림 5-9

4. **나누기** 그림 5-9에서 $OA = a$, $OB = b$, $AC = 1$일 때 선분 CD를 AB에 평행하게 그리면 $\triangle AOB$와 $\triangle COD$는 닮은꼴이므로, $BD = x$라고 하면

$$(a+1) : (b+x) = a : b$$

인 식이 성립하므로 $x = b/a$이다.

5. **제곱근** 그림 5-10에서 $OA = a$, $OP = 1$, $OQ = x$라고 하면, 각 AQP는 직각이므로 $\triangle OPQ$와 $\triangle OAQ$는 닮은꼴이 되어

$$a : x = x : 1$$

인 식이 성립하므로 $x = \sqrt{a}$이다.

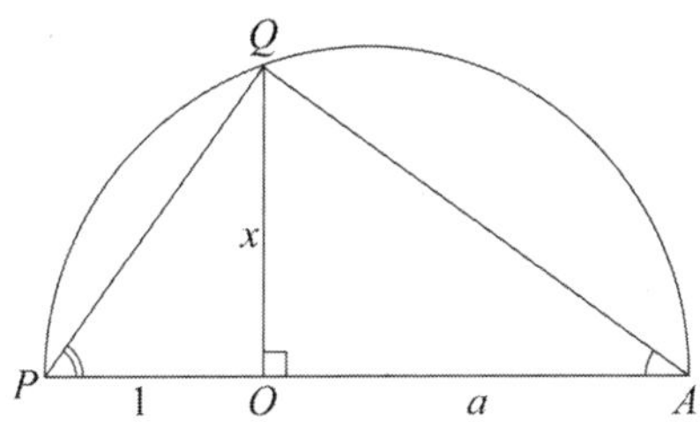

그림 5-10

수론의 영역에서 실수는 서로 배타적인 두 집합 대수적 수(algebraic number)와 초월수(transcendental number)로 나눌 수 있는데, 대수적 수란 정수 계수를 갖는 다항식

$$a_n x^n + a_{n-1} x^{n-1} + \cdots + a_2 x^2 + a_1 x + a_0 = 0$$

의 해가 되는 수를 말하고, 초월수란 대수적 수가 아닌 실수를 말한다. 따라서 모든 유리수는 대수적 수이다. 예를 들어 3/4은 $4x - 3 = 0$의 해이다. 또한 $\sqrt{2}$, $\sqrt[3]{2}$ 같은 무리수는 각각 $x^2 - 2 = 0$와 $x^3 - 2 = 0$의 해이므로 대수적 수이다.

위의 결과를 이용하여 프랑스의 수학자 반트젤(Wantzel, P.L. 1814-1848)은 1837년에 작도문제 해결에 필요한 다음 정리를 증명하였다.

정리 1 주어진 단위 길이로부터 유클리드 도구를 써서 작도가능한 임의의 길이의 크기는 대수적 수이다.

정리 2 주어진 단위 길이로부터 유클리드의 도구를 써서 유리계수를 가지지만 유리근을 갖지 않는 3차방정식의 근을 크기로 하는 선분은 작도할 수 없다.

1. **원적문제의 해결** 정리 1은 원적문제의 해결에 밑바탕이 되었다. 왜냐하면 주어진 원의 반지름을 단위 길이로 잡으면 원의 면적과 같은 정사각형의 한 변의 길이는 $\sqrt{\pi}$ 이다. π가 무리수라는 증명은 1770년에 람베르트(Lambert)에 의해 이루어졌지만 이것만으로 원의 구적문제가 해결된 것은 아니었다. 1873년에 에르미트(Charles Hermite, 1822-1901)에 의해 e가 초월수라는 증명이 이루어진 9년 후인 1882년 뮌헨 대학교수인 독일 수학자 린데만(Lindemann, 1852-1939)이 π가 초월수, 따라서 $\sqrt{\pi}$ 도 초월수라는 증명을 함으로써 작도 불가능하다는 것이 증명되었다. 이로써 2000년 동안 내려온 원의 구적문제에 관한 의심에 종지부를 찍었다.
2. **배적문제의 해결** 정리 2는 배적문제의 해결에 밑바탕이 되었다. 단위 길이로 주어진 정육면체의 한 변을 잡고, 구하려는 정육면체의 한 변을 x라 하면 $x^3=2$가 되어야 한다. 이 배적문제의 해결을 위해서는 유클리드의 도구를 이용하여 단위 선분으로부터 $x^3=2$를 만족하는 길이가 x인 선분을 작도할 수 있어야 한다. 그러나 $x^3-2=0$은 유리계수를 가지지만 유리근을 가지지 않는 3차방정식이므로 정리 2에 의해 이러한 선분은 작도가 불가능하다.
3. **각의 3등분의 해결** 정리 2는 또한 각의 3등분문제의 해결에 밑바탕이 되었다. 임의의 각을 유클리드 도구를 써서 3등분할 수 없다는 것을 보이기 위해, 특수각 60°를 3등분할 수 없음을 보이기로 하자.

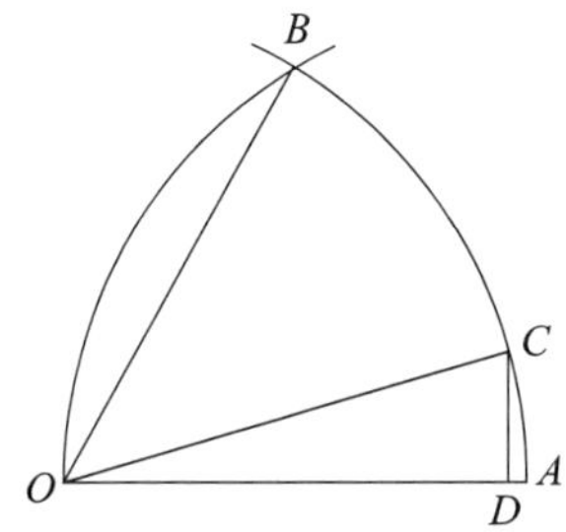

그림 5–11

그림 5-11에서 주어진 단위 길이 OA에 대하여 원 $O(OA)$와 원 $A(AO)$의 교점을 B라 하면 $\angle BOA = 60°$이다. 이 각 $60°$를 유클리드 도구를 써서 3등분할 수 있다고 가정하면, 유클리드 도구로 $\angle COA = 20°$인 삼등분선 CO를 그릴 수 있다. C에서 OA에 수선을 내려 그 발을 D라고 하면 $OD = \cos 20°$이다. 따라서 단위 길이 OA로부터 길이가 $x = \cos 20°$인 선분 OD를 작도할 수 있다. 그러나 삼각법에 의한 다항식

$$\begin{aligned}\cos 3\theta &= \cos(2\theta + \theta) = \cos 2\theta \cos\theta - \sin 2\theta \sin\theta \\ &= \cos 2\theta \cos\theta - 2\sin\theta\cos\theta\sin\theta \\ &= (2\cos^2\theta - 1)\cos\theta - 2\cos\theta(1 - \cos^2\theta) \\ &= 4\cos^3\theta - 3\cos\theta\end{aligned}$$

으로부터

$$\begin{aligned}1/2 = \cos 60° = \cos 3(20°) &= 4\cos^3 20° - 3\cos 20° \\ &= 4x^3 - 3x\end{aligned}$$

이므로

$$8x^3 - 6x - 1 = 0$$

이다. 그런데 방정식 $8x^3 - 6x - 1 = 0$은 유리계수를 가지지만 유리근을 갖지 않기 때문에 정리 2에 의해 $x = \cos 20°$인 선분 OD를 작도하는 것은 불가능하다. 따라서 각 $60°$를 유클리드 도구를 써서 3등분할 수 없다.

6 기하학적 작도의 사고 전환

제5장에서 그리스 3대 작도문제는 유클리드의 도구로 기하학적 작도가 불가능하다는 것을 알았다. 즉 유클리드 도구보다 더 강력한 도구가 필요하다는 결론을 내릴 수 있다. 그러면 유클리드 도구로 기하학적 작도가 가능한 작도에서는 유클리드 도구인 자와 컴퍼스 둘 다 꼭 필요한 것인가, 또는 유클리드 도구보다 덜 강력한 도구로 작도가 가능한가 하는 당연한 생각을 할 수 있다.

6-1 컴퍼스만으로 작도 : 마스케로니

마스케로니

마스케로니(Lorenzo Mascheroni, 1750-1800)는 이탈리아 카스타그네타에서 태어났으며, 원래 고전문학에 흥미가 있어 수학공부는 늦게 시작하였다. 그는 고향의 학교에서, 후에는 파비아에서 그리스어와 시를 가르쳤다. 그 후에 기하학에 대단한 흥미를 느껴 파비아의 수학교수가 되었으며, 특히 컴퍼스 작도법에 흥미를 가지고 있었다. 그는 아마추어 기하학자인 나폴레옹의 친구이기도 하다.

마스케로니는

> 모든 유클리드 작도에 있어서 주어진 원소와 구하는 원소가 점이라면 컴퍼스 하나만으로도 실행할 수 있다. 따라서 직선자는 여분의 도구에 불과하다.

는 놀라운 발견을 했다. 물론 컴퍼스로 직선을 그릴 수는 없지만

> **유클리드 작도에서의 임의의 직선은 두 점에 의해 결정되므로 컴퍼스로 그 직선을 결정할 수 있는 두 점을 작도하면 그 직선을 작도한 것과 마찬가지다.**

라는 기발한 착상을 한 것이다. 이 발견은 1797년에 발표된 〈컴퍼스 기하학(Geometria del compasso)〉에 수록되어 있으며, 1890년에 빈의 기하학자 아들러(August Adler, 1863-1923)가 역변환(inversion transformation)을 이용하여 마스케로니의 결과를 새롭게 증명하였다.

유클리드 작도에서는 주어진 점들로부터 새로운 점들은

① 두 원의 교점
② 직선과 원의 교점
③ 두 직선의 교점

에 의해서만 나타난다. 따라서 마스케로니가 해야 했던 것은 직선을 두 점으로 정의했을 때 ①은 직선과 관계없이 컴퍼스만으로 수행될 수 있으므로, 컴퍼스만으로 ②와 ③을 어떻게 작도할 수 있는가를 보이는 것이었다.

1928년경에 덴마크 수학자 옐름슬레우(Hjelmslev, J. 1873-1950)의 한 제자가 코펜하겐의 한 서점에서 우연히 게오르그 모어(Georg Mohr)가 1672년에 발간한 〈Euclides Danicus〉라는 오래된 책의 복사본을 발견하였다. 이 책에는 마스케로니의 발견에 대한 다른 해법이 포함되어 있고, 또 이것은 마스케로니가 발표한 것보다 무려 125년 전에 이루어진 것이었다. 이런 사실은 많은 수학자를 매우 놀라게 했다.

마스케로니의 작도 정리

> **주어진 원소와 구하는 원소가 모두 점인 임의의 유클리드의 작도는 유클리드 컴퍼스만으로 수행될 수 있다.**

의 증명, 즉 컴퍼스만으로 ②와 ③에 대한 증명을 다음과 같이 요약할 수 있다. 이 증명에서 중심이 O이고 점 A를 지나는 원을 기호 $O(A)$로, 중심이 O이고 반경이 선분 AB와 같은 원을 기호 $O(AB)$로 표현하고, 또한 표의 윗줄은 그려야 할 것을, 아랫줄은 그 결과 작도되는 새로운 점을 나타낸다.

② 컴퍼스로 원 $C(D)$와 두 점 A, B를 지나는 직선의 교점을 작도하기

경우 1. C가 AB 위에 있지 않을 때(그림 6-1 참조)

$A(C)$, $B(C)$	$C(D)$, $C_1(CD)$
C_1	X, Y

경우 2. C가 AB 위에 있을 때(그림 6-2 참조)

$A(D)$	$C(DD_1)$	$C(DD_1)$	$F(D_1)$	$F(CM)$
$C(D)$	$D(C)$	$D_1(C)$	$F_1(D)$	$C(D)$
D_1	F	F_1	M	X, Y

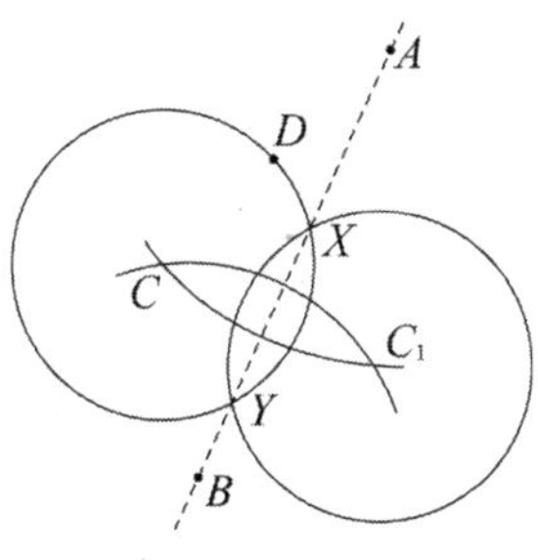

그림 6-1

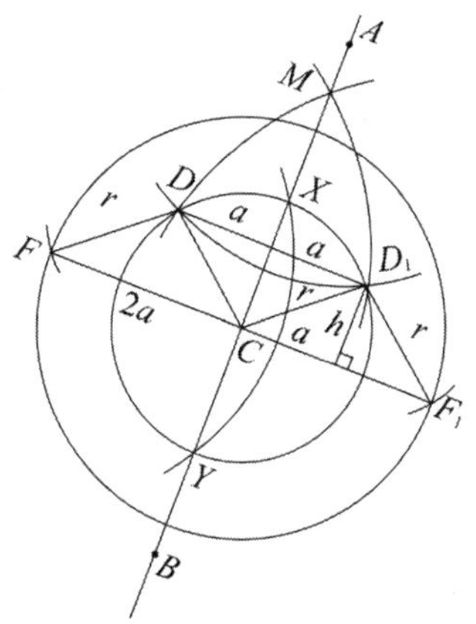

그림 6-2

여기서 F는 평행사변형 CD_1DF의 네 번째 꼭지점이고, F_1은 평행사변형 CDD_1F_1의 네 번째 꼭지점이다.

$$(CM)^2 = (FM)^2 - 4a^2 = (FD_1)^2 - 4a^2 = (9a^2 + h^2) - 4a^2$$
$$= 9a^2 + r^2 - a^2 - 4a^2 = 4a^2 + r^2 = (FX)^2$$

③ 컴퍼스로 두 점 A, B를 지나는 직선과 두 점 C, D를 지나는 직선의 교점을 작도하기(그림 6-3 참조)

$A(C)$	$A(D)$	$C(DD_1)$	$C_1(G)$	$C_1(C)$	$C(F)$
$B(C)$	$B(D)$	$D_1(CD)$	$G(D_1)$	$G(CE)$	$C_1(CF)$
C_1	D_1	G	E	F	X

여기서 G는 C, C_1과 동일 직선 위에 있고, E는 두 교점 중에 하나이고, F는 C_1, E와 동일 직선 위에 있다. $\square C_1D_1GE$와 $\square C_1XCF$은 닮은꼴이고 $GD_1 = GE$이므로 $CX = CF$이다.

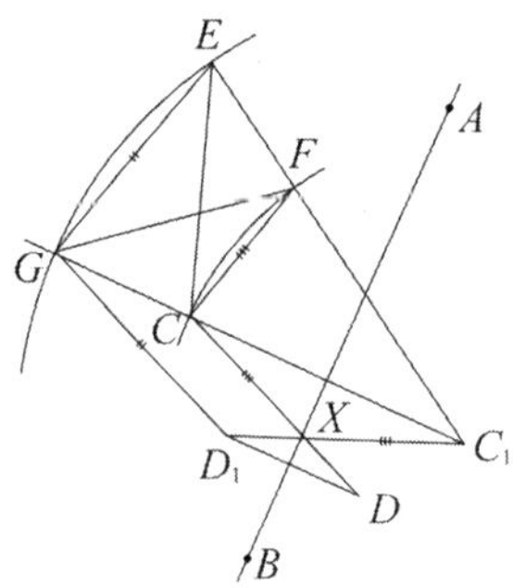

그림 6-3

6-2 직선자의 작도 : 퐁슬레와 슈타이너

주어진 원소와 구하는 원소가 모두 점인 유클리드 작도는 유클리드 컴퍼스만으로 수행될 수 있다는 사실을 마스케로니의 작도 정리에서 살펴보았다. 따라서 이번에는 반대로

유클리드의 작도는 유클리드의 직선자만으로 가능한가?

라는 생각을 갖는 것은 당연하다. 이를 위해 주어진 임의의 선분 AB의 중점 M을 찾는 문제를 생각해 볼 수 있다. 이 문제를 직선자만으로 작도할 수 있다고 가정하자. 그러면 중점 M은 유클리드의 직선에 관한 공준 1, 2에 의해 유도된 유한개의 직선들로부터 유도되었을 것이다. 위의 작도가 한 평면 α에서 수행되었다고 하면, 평면 α 위에 있지 않은 한 점 O에서 O를 지나지 않고 α와 다른 평면 β로 평면 α에서 수행된 모든 작도를 사영시키자. 그러면 평면 α 위의 A, M, B는 평면 β 위에 A', M', B'으로 사영될 것이고, 또한 평면 α 위에서 M을 유도한 유한개의 직선들은 평면 β 위의 유한개의 직선들로 사영될 것이다. 그러면 평면 α 위에서 직선자의 작도에 의해 유한개의 직선들로부터 선분 AB의 중점 M이 유도되었던 것과 마찬가지로 평면 β 위에 사영된 유한개의 직선들도 직선자의 작도에 의해 M'을 유도했다고 말할 수 있다. 따라서 평면 β 위에서 M'은 선분 $A'B'$의 중점이다. 그러나 일반적으로 한 평면에서 한 선분의 중점은 사영된 평면 위에서 사영된 선분의 중점으로 보존되지 않는다. 따라서 유클리드의 작도 중에는 직선자만으로 가능하지 않은 것이 있다.

위의 결과에 의해 모든 유클리드의 작도가 직선자로 수행되기 위해서는 어떤 보조도구가 반드시 필요하다. 또한

> **유클리드 컴퍼스, 즉 현대적 컴퍼스보다 덜 강력한 어떤 종류의 컴퍼스를 보조도구로 택할 수 있지 않을까?**

하는 당연한 생각을 가질 수 있다.

약 980년경에 아라비아 수학자 아부르-웨파(Abû'l-Wefâ, 940-998)는 **벌림이 고정된 컴퍼스**(rusty compass)와 직선자로 수행하는 작도를 생각해 냈다. 이런 종류의 작도는 15세기 후부터 16세기 초에 유럽에서도 나타났으며, 특히 위대한 예술가 레오나르도 다빈치(Leonardo da Vinci, 1452-1519)의 관심을 끌었다. 그러나 이 때에는 실질적인 문제의 해결을 위해 컴퍼스의 벌림은 문제의 해결에 도움이 되도록 미리 선택되었다.

16세기 중엽에 이 문제에 대한 새로운 견해가 이탈리아 수학자들에 의해 채택되었다. 이것은 순전히 교육적인 차원에서 이루어진 것으로 컴퍼스의 벌림은 이미 시작 전부터 길이가 임의로 지정되어 있다. 많은 학자들이 상당한 재간을 필요로 하는 이런 흥미로운 작도에 관심을 가졌다.

특히 1673년에는 익명으로 〈유클리드 책의 개요(Compendium Euclidis Curiosi)〉라는 소책자가 발간되었는데, 이 책은 유클리드 〈원론〉에 있는 모든 작도는 직선자와 주어진 벌림이 고정된 컴퍼스만으로 가능하다는 것을 실제적으로 보이고 있다. 그런데 이 익명

의 소책자에 대하여 많은 수학자들은 6-1절에서 이야기된 게오르그 모어의 작품으로 간주하고 있다.

이런 직선자와 보조도구를 이용한 작도는 1822년에 마스케로니의 컴퍼스에 의한 작도법에 영향을 받은 프랑스의 수학자 퐁슬레(Victor Poncelet, 1788-1867)는

> **작도 평면에 한 원과 그 중심이 주어지면 모든 유클리드 작도는 직선자 하나만으로 수행될 수 있다.**

는 작도정리를 발표했고, 1833년에 스위스계 독일인 기하학의 천재 슈타이너(Jacob Steiner)는 퐁슬레의 작도정리를 체계적으로 다루어 완전히 발전시켰다. 특히 원은 중심과 반경에 의해 결정되므로 단지

원을 중심과 원주상의 한 점

으로 간주하고, 직선자만 가지고 주어진 점들로부터

① 두 원의 교점
② 직선과 원의 교점

을 작도할 수 있음을 보였다. 사실상 퐁슬레-슈타이너 작도정리는 벌림이 고정된 컴퍼스를 단 한 번만 사용한 것이라고 말할 수 있다. 1904년 이탈리아인 세베리(Francesco Severi)는 퐁슬레-슈타이너 작도정리를 훨씬 더 발전시켜

> **모든 유클리드 작도는 직선자만으로 완성하기 위해서는 원의 중심과 그 원의 아주 작은 호의 일부만 있으면 가능하다.**

는 사실을 보였다.

7 인도와 아라비아의 기하학

7-1 인도의 기하학

인도인들의 기하학은 주로 경험에 의존했으며 일반적인 측량과 연관되어 있었다. 따라서 〈원론〉처럼 엄밀한 논리적 전개에 의한 증명은 찾아볼 수 없다.

고대의 〈술바수트라스〉는 초기 인도인들이 제단을 건축하는 데 기하학을 이용했다는 것과 그 때 피타고라스의 관계식을 이용했음을 보여 준다. 〈술바수트라스〉에는 주어진 두 정사각형의 합이나 차와 면적이 같은 정사각형을 찾는 방법, 주어진 직사각형의 면적이 같은 정사각형을 찾는 방법이 나타나 있다.

브라마굽타(Brahmagupta, 598-660?)는 인도의 펀자브에서 태어난 수학자이며 천문학자이다. 그는 7세기의 가장 뛰어난 인도의 수학자로서 중앙 인도에 있는 우자인(Ujjain)의 천문대에서 일하였다. 특히 산술에 있어서 여덟 가지 운산법과 20가지 계산법 등을 발표하였다. 또 대수에 있어서는 1차방정식과 2차방정식의 해법을 제시하고, 영(0)의 가감과 십진법에 관하여 저술하였으며 무한대에 관해서도 언급하였다. 850년경에 활약했던 마하비라는 남부 인도의 마이소르(Mysore) 출신으로 기초 수학에 관한 저술을 하였다. 브라마굽타와 마하비라는 삼각형의 면적을 그의 세 변으로 구하는 헤론의 공식을 주었을 뿐만 아니라 순환 사변형의 면적을 구하는 놀라운 공식

$$K=\sqrt{(s-a)(s-b)(s-c)(s-d)}$$

을 주었다. 여기서 a, b, c, d는 사각형의 네 변이고

$$s=(a+b+c+d)/2$$

이다. 그러나 초기의 주석가들은 이 공식의 사변형에 대한 제한을 깨닫지 못했던 것처럼 보인다. 실제로 일반적인 경우에 대한 공식은

$$K^2=(s-a)(s-b)(s-c)(s-d)-abcd\cos^2\left(\frac{A+C}{2}\right)$$

이다. 여기서 A와 C는 사변형의 한 쌍의 대각이다.

인도의 기하학에서 가장 주목할 만하고 그 우수성에 있어서 독보적인 것으로 알려진 것은 **브라마굽타의 정리**

> **네 연속 변이 a, b, c, d인 순환 사변형의 두 대각선 m, n은**
>
> $$m^2=\frac{(ab+cd)(ac+bd)}{ad+bc},\ n^2=\frac{(ac+bd)(ad+bc)}{ab+cd}$$
>
> **이며, 만일 a, b, c, A, B, C가 양의 정수로서 $a^2+b^2=c^2$, $A^2+B^2=C^2$을 만족하는 aC, cB, bC, cA를 연속 변으로 갖는 순환 사변형(= 브라마굽타 사다리꼴)의 면적과 그의 대각선의 길이는 모두 유리수이고, 두 대각선은 서로 수직으로 만난다.**

이다. 브라마굽타는 순환 사변형에 대한 프톨레마이오스의 정리를 알고 있었다.

인도의 대표적인 수학자이며 천문학자인 바스카라(Bhaskara, 1114-?)는 1150년에 〈시단타 슈로마니〉를 저술하였는데, 전편인 〈리랄바티〉와 〈비자가니타〉는 수학에 관한 그 이전의 학설을 상세하게 예증하고 해설하고 있으며, 후편은 천문학에 관한 내용이다. 1178년에는 〈카라나 쿠투하라〉를 저술하였는데, 행성의 운동 계산에 근대의 미분과 근사한 방법을 쓰고 있으며, 부정 2차방정식의 해법 등도 다루고 있다.

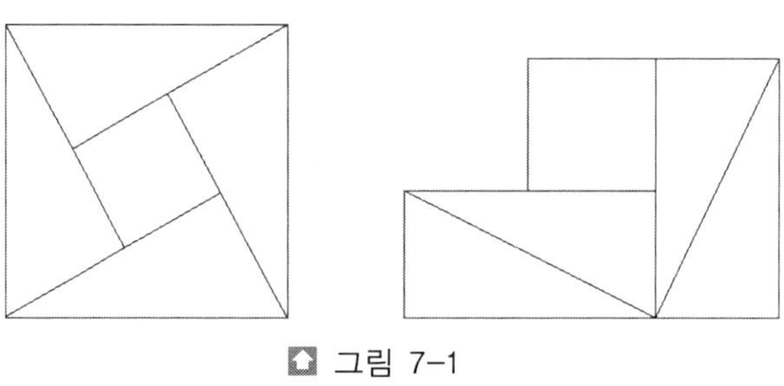

그림 7-1

특히 바스카라는 그림 7-1을 이용하여 피타고라스의 정리를 분해 증명법으로 증명하였다. 바스카라는 이 그림을 그려 놓고 "보라"라는 말 이외에 더 이상 설명을 하지 않았다. 이것을 말로 설명하면, 주어진 직각삼각형에 대하여 그림 7-1의 첫 번째 그림과 같이 그 직각삼각형의 빗변을 한 변으로 하는 정사각형을 주어진 직각삼각형과 합동인 네 개의 직각삼각형과 주어진 직각삼각형의 빗변이 아닌 다른 두 변의 차를 한 변으로 하는 정사각형으로 분해한다. 그러면 그 조각들은 그림 7-1의 두 번째 그림과 같이 직각삼각형의 빗변이 아닌 두 변으로 이루어진 직사각형이 두 개가 생기도록 쉽게 재배열할 수 있다. 이것을 수식으로 바꾸기 위해 직각삼각형의 빗변을 c라고 하고 다른 두 변을 a, b라 하면

$$c^2 = 2ab + (b-a)^2 = a^2 + b^2$$

이 성립한다. 또한 바스카라는 피타고라스 정리를 임의의 직각삼각형에 대하여 빗변에 대한 높이를 그려서 증명하는 방법으로 피타고라스 정리에 대한 다른 증명을 주었다.

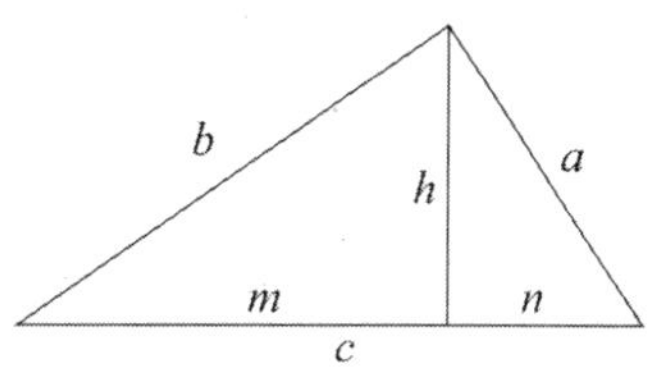

그림 7-2

그림 7-2에서 닮은 직각삼각형들로부터 식

$$\frac{c}{b} = \frac{b}{m}, \ \frac{c}{a} = \frac{a}{n} \ \text{또는} \ cm = b^2, \ cn = a^2$$

을 얻을 수 있다. 따라서

$$a^2 + b^2 = c(m+n) = c^2$$

이 증명은 17세기에 월리스(Wallis, J.)에 의해 재발견되었다.

인도인들은 그리스인들처럼 삼각법을 천문학에 대한 도구로 간주하였다. 인도인들도

천문학에서 평면과 구면삼각형에 대한 문제를 풀었다. 그러나 천문학의 내용은 그 자체로서는 보잘것 없는 것이었고, 또 사실을 관찰하고 수집하고 대조하고 법칙을 세우는 데 서툰 점을 보여 주고 있다. 그들의 삼각법은 기하학적이라기보다는 산술적이었다.

7-2 아라비아의 기하학

인류가 세계문화의 많은 부분을 보존해 오는 데 매우 중요한 역할을 한 것은 아라비아인들이다. 특히 그들은 그리스와 인도의 문학 및 과학 지식을 보존하는 데 훌륭한 공헌을 하였다. 바그다드의 회교 왕 알-만수르(al-Mansur, 754-785), 하룬 알-라시드(Haroun al- Rashid, 786-808), 알-마문(al-Maumn, 809-833) 등은 나라를 잘 다스렸을 뿐만 아니라 학문의 후원자가 되어 유대인을 비롯하여 시리아, 이란, 그리고 메소포타미아의 뛰어난 학자들을 궁전으로 초대했다. 그리하여 천문학, 의학, 수학 등에 관한 그리스와 인도의 많은 저작들이 아라비아어로 번역되었으며, 그 덕분에 후에 유럽 학자들이 그것을 라틴 어 및 그 밖의 다른 언어로 번역할 수 있었다. 아라비아에서 이러한 학자들이 번역한 작품이 없었다면 암흑의 중세시대를 거치는 오랫동안 많은 그리스와 인도의 지식이 돌이킬 수 없이 잊혀지고 말았을 것이다.

알-만수르 왕의 통치기간 중인 776년경에 인도의 브라마굽타의 저작들이 바그다드에 전해졌고 그것들은 아라비아어로 번역되었다. 바로 이것이 인도의 숫자가 아라비아 수학에 전해진 계기라고 흔히 말한다. '아라비안 나이트'의 이야기로 잘 알려진 하룬 알-라시드 시대에는 과학에 관한 그리스의 고전이 아라비아어로 번역되었으며, 그 때에 유클리드의 〈원론〉이 일부 번역되었다. 알-마문 시대에는 바그다드에 관측소가 생겼으며 지구의 자오선을 측정해 냈다. 이 때에 〈알마게스트〉가 아라비아어로 번역되고 〈원론〉이 완역되었다.

그리스의 과학문헌을 아라비아어로 번역하는 데 가장 정력적이었으며 가장 위대한 업적을 세운 사람은 흐나인 이브-이스하크(Hunain ibn-Ishaq, 809-877)였다. 그는 알렉산드리아 도서관 건립 이래, 최대의 연구기관으로 알려진 지혜학관(Bait al-Hikma)의 책임자로서 많은 협력자를 얻어 히포크라테스, 프톨레마이오스, 유클리드, 아리스토텔레스 등의 100권 이상의 저작을 번역하였다.

이븐-이스하크에 못지 않게 그리스의 과학서적의 번역으로 뛰어난 업적을 남긴 사람은 사비트 이븐-쿠라(Thabit ibn-Qurra)이다. 그는 의사, 철학자, 언어학자, 수학자로서 이름을 떨쳤으며, 최초로 〈원론〉의 만족할 만한 아라비아 번역본을 만들었다. 그 밖에도 아폴로니우스, 아르키메데스, 프톨레마이오스 등의 저작에 관한 그의 번역본들은 대단히 훌륭한 것이었다. 그는 또한 천문학, 원추곡선, 마방진, 친화수 등에 관해서도 저술하였다.

아라비아인들이 기하학에 기여한 중요한 역할은 어떤 발견에 있기보다는 기록의 보존에 있다고 말할 수 있다. 그들은 위대한 그리스 고전을 만족스럽게 번역하려고 애썼다. 〈원론〉을 만족스럽게 번역하는 것은 매우 어려운 작업이었다. 그러나 그들은 그리스의 기하학적 사상을 받아들이려는 열렬한 갈망이 있어 이러한 어려운 작업을 훌륭히 수행할 수 있었다.

10세기에 가장 칭송받았던 회교 수학자는 아불-웨파(Abû'l-Wefâ, 940-998)이다. 그는 탄젠트 함수를 삼각법에 소개한 디오판투스의 작품을 번역하였고, 15' 간격으로 사인과 탄젠트 표를 만들었다. 특히 벌림이 고정된 컴퍼스(rusty compass)와 직선자로 수행하는 작도를 생각해 냈으며, 또한 정다면체를 구에 내접시키는 방법을 보였다.

오마르 카얌(Omar Khayyam, 1050?-1123?)은 그의 〈대수학(algebra)〉에서 3차방정식의 해를 기하학적인 방법으로 원추곡선을 이용하여 구하였다. 또한 〈유클리드에서의 난점에 관한 논의(Discussion of the Difficulties in Euclid)〉에서 유클리드의 평행공준을 증명하려고 하였으나 그가 사용한 가정은 평행공준과 동치인 가정이었다.

천문학과 무관하게 평면 및 구면삼각법에 관한 최초로 체계적인 논문을 쓴 나시르 알-딘(Nasir al-din, 1201-1274)은 오마르 카얌의 〈유클리드에서의 난점에 관한 논의〉의 일부에 대하여 주해와 오마르 카얌의 평행공준에 대한 증명을 수정하여 출판하였다. 그러나 그가 사용한 가정도 오마르 카얌과 마찬가지로 평행공준과 동치인 가정이었다. 그런데 사케리(Saccheri, 1667-1773)는 유클리드의 평행공준에 관한 나시르 알-딘의 저작을 읽고 나서 비유클리드 기하학에 관한 연구를 시작했다고 한다. 나시르 알-딘의 저작에서 나중에 사케리가 이름을 붙인 예각, 직각, 둔각의 가정을 처음으로 고찰할 수 있다(제11장 11-2절 참조).

알하젠(Alhazen)으로 더 잘 알려진 알-하이삼(Ibn al-Haitham, 965-1093)은 소위 알하젠의 문제

> 한 평면 위에서 주어진 두 점으로부터의 거리의 합이 최소가 되는 점을 주어진 원주상에서 구하여라.

와 연관되어 수학에서 그의 이름이 전해진다. 이 문제는 원 내의 주어진 두 점으로부터 원주상에서 만나는 두 직선을 그어, 그 교점에서 두 직선이 원과 이루는 각을 같게 하는 것이다. 알하젠의 문제는 유럽에 지대한 영향을 끼친 그의 〈광학(Optics)〉과 관련해서 제기된 것이다. 알하젠에 대한 동정적인 이야기가 전해 내려오고 있다. 그는 언젠가 나일 강의 홍수를 조절하고 통제할 수 있는 기계를 만들 수 있다고 큰소리 친 적이 있었다. 그래서 하킴(Hakim) 왕의 부름을 받고 카이로로 가서 그의 착상을 설명하고 증명해 보이도록 한 것 같다. 그러나 알하젠은 자신의 계획이 비실용적인 것임을 크게 걱정하고 왕의 격노를 두려워한 나머지 미친 척하기로 결심하였다. 그 당시에 정신병자는 특별히 보호를 받았기 때문에 그런 생각을 했던 것 같다. 그래서 알하젠은 자신의 속임수가 탄로나지 않기 위해 1021년 하킴 왕이 죽을 때까지 미치광이 흉내를 내면서 살았다고 한다.

우리가 사용하고 있는 많은 이름과 단어들의 기원은 아라비아 시대를 거슬러 올라가는 경우가 많다. 그 이유는 그리스와 인도의 많은 고전들이 아라비아어로 번역되었기 때문이다. 프톨레마이오스의 위대한 저작 〈수학대계〉도 아라비아식 이름인 〈알마게스트〉로 알려져 있다. 오늘날 '대수(algebra)'라는 단어도 아라비아어에서 유래되었다. 820년에 이슬람의 수학자 알-콰리즈미(al-Khwarizmi)는 대수에 관한 고전적인 저작인 〈이항과 소거의 과학(Hisâb al-jab w'al-muqâ-balah)〉을 출판하였다. 이 책명에서 al-jab의 뜻은 어떤 양을 방정식의 한쪽 변으로부터 다른 변으로 이항하는 것을 말하고, muqâ-balah는 이항의 결과식을 단순화하는 것을 말한다. 유럽에서는 이 책의 표제에서 al-jab라는 이름으로 알려지게 되었다. 그 결과 '방정식의 과학'과 동의어로의 단어 'algebra'가 만들어졌다.

인도 숫자의 이용에 관한 알-콰리즈미의 책이 또한 수학용어의 어원이 되었다. 이 책의 원본은 현존하지 않지만 1857년에 라틴 어 번역본이 발견되었는데 그 책의 서두에는 '알-콰리즈미'의 이름이 '알고리트미(algoritmi)'로 변하여

알고리트미(algoritmi)가 말하기를, …

로 시작되고 있다. 다시 알고리트미(algoritmi)는 오늘날 어떤 특별한 방법으로 계산하는

기술을 의미하는 '알고리즘(algorithm)'이 되었다.

사인(sine)을 제외한 삼각함수의 오늘날의 이름의 의미는 각이 단위원 중심에 놓일 때 기하학적 해석으로 나온다. 단어 'sine'의 기원은 흥미롭다. 약 530년경 인도 수학자인 아리아바타(Āryabhata)가 처음에 그것을 '반-현(ardhā-jyā)'으로 또는 '현-반(jyā-ardhā)'으로 불렀고, 다시 그 말을 '현(jyā)'으로 줄여 사용하였다. 그 후 아라비아인들은 'jyā'를 발음나는 대로 'jiba'로 썼고 다시 모음을 생략하는 관습에 따라 'jb'로 썼다. 사실 오늘날 'jiba'는 기술적인 중요성을 제외하고는 아라비아어에서 아무 의미 없는 단어이다. 그 이후의 저자들이 이 의미 없는 단어 'jiba'의 약자인 'jb'를 우연히 발견하게 되었고 그것을 'jaib'로 바꾸었는데 이 단어는 본래의 'jiba'와 동일한 문자를 갖고 있고, 특히 아라비아어에서 '작은 만(灣)'이라는 좋은 뜻을 갖게 되었다. 그 훨씬 뒤에 크레모나(Cremona)의 게라르도(Gherardo, 1150년경)가 아라비아어로부터 번역본을 만들 때 아라비아어의 'jaib'를 같은 의미의 라틴 어인 'sinus'로 바꾸었고 그것이 오늘날의 'sine'이 되었다.

8 투시화법과 연속성의 원리 : 사영기하학의 기초

르네상스 시대는 비록 획기적인 수학이론을 낳지는 않았으나, 예술과 접점에서 새로운 연구분야가 개척되었다는 점에서 중요한 의의가 있다. 그것은 있는 그대로의 인간과 자연의 미를 캔버스에 옮기는 것이었다. 레오나르도 다빈치, 라파엘로, 미켈란젤로 등의 명작은 모두 이러한 풍조가 반영되었다.

인간이 어떤 대상을 볼 때, 눈과 그 대상을 잇는 직선, 즉 시선이 장애물을 만나서는 안 된다. 이것은 그림을 그릴 때도 마찬가지이다. 레오나르도 다빈치의 경우를 예를 들면, 60구 이상의 인체를 해부하여 모두 공책에 그려 놓았다. 바로 기하학적인 투시화법을 그림을 그리는 데 실제로 활용한 예이다. 이 투시화법이 수백 년 후에 사영기하학이라는 새로운 기하학의 분야를 여는 계기가 되었다.

특히 메르카토르(Mercator, G. 1512-1594)의 투영법은 오늘날 지도 제작법의 기본이 된다. 이 투영법의 기본 원리는 지구를 한없이 길게 뻗은 직원기둥에 적도 부분에서 내접하는 구로 간주하여 지구의 중심을 투영의 중심으로 삼고 지구 위의 점을 원기둥 위로 투영한 다음 이 원기둥을 모선을 따라 절단하여 펼치는 것이다. 그 다음 사영기하학의 싹을 트게 한 것은 케플러의 연속성의 원리이다.

8-1 연속성의 원리 : 케플러

근대 역학의 선구자인 케플러(Kepler, J. 1571-1630)는 독일 슈투트가르트(Stuttgart) 근교에서 군인의 아들로 태어나 4세 때에는 천연두를 앓았으며, 병약과 빈곤 속에서 살았다. 17세 때에 아버지가 전상으로 죽자, 이듬해 루터교의 목사가 되려고 튀빙겐 대학교에 장학생으로 입학하여 신학을 공부하고 1591년 석사학위를 받았다. 그러나 신학에 싫증을 느껴 메스틀린 교수로부터 소개받은 코페르니쿠스의 지동설에 감동되어 천문학으로 자신의 계획을 변경하였다. 20세 초반인 1594년 오스트리아의 그래츠(Grätz) 대학교의 강사로 임용되어 수학과 천문학을 강의하는 한편, 점성력의 편수를 위촉받아 일하면서, 그 해 겨울은 특히 추위가 심할 것이며 곧 전쟁이 있을 것이라고 예고하였는데, 그것이 적중하여 좋은 평판을 받았다.

케플러

그로부터 5년 뒤인 1599년에 케플러는 유명한 덴마크계 스웨덴 천문학자 브라헤(Brahe, T. 1546-1601)의 조수가 되었는데, 브라헤가 황제 루돌프 2세의 왕실 천문학자로 임명되어 프라하로 이주한 얼마 후인 1601년에 갑자기 사망하자 케플러는 스승의 자리와 행성의 운동에 관한 방대하고 매우 자세한 천문학 자료를 동시에 물려받게 되었다.

끈질긴 인내심으로 브라헤의 방대한 관찰자료를 이용하여 케플러는 행성들이 공간에서 어떻게 운동하는지를 밝히는 작업에 착수했다. 아마도 케플러가 태양의 둘레를 도는 행성들의 운동에 관한 문제를 푸는 데 보여 준 믿기 어려운 끈질긴 인내심은 과학사의 어디에서도 찾아볼 수 없을 것이다. 코페르니쿠스의 이론

행성들은 태양을 중심으로 그들의 궤도를 따라서 회전한다.

를 완전히 확신한 케플러는 이 궤도들의 성질과 위치 그리고 행성들이 이 궤도를 도는 방법을 정하기 위하여 무척 노력하였다. 그는 지칠 줄 모르는 열성과 끈기를 가지고 성과 없는 시도를 수없이 반복하였고, 산더미 같은 지루한 계산을 반복해서 수행했다. 마침내 1609년에 행성운동의 처음 두 법칙을 만들어 낼 수 있었고, 10년 후인 1619년에 세 번째 법칙을 만들어 냈다.

1. 행성은 태양을 하나의 초점으로 하는 타원궤도를 따라 태양의 둘레를 돈다.
2. 행성과 태양을 잇는 동경은 같은 시간 동안 동일한 면적을 그린다.
3. 행성이 자신이 궤도를 한 바퀴 도는 시간의 제곱은 궤도의 장축 반의 세제곱에 비례한다.

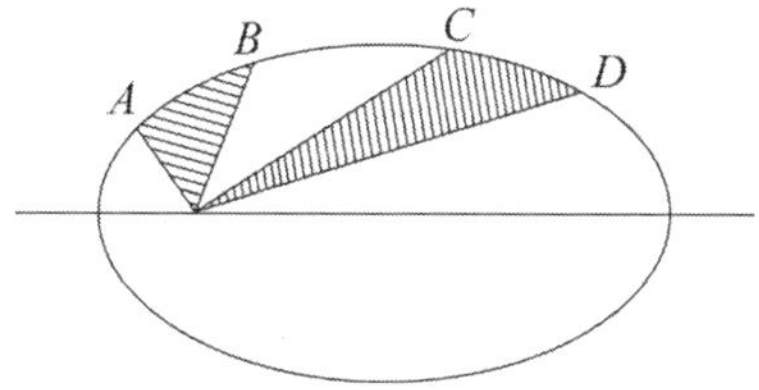

그림 8–1

그림 8-1은 케플러의 행성운동의 제1법칙과 제2법칙을 나타낸다. 케플러가 찾아 낸 행성의 운동법칙은 천문학과 수학의 역사에서 획기적인 사건으로 기록되고 있다. 왜냐하면 뉴턴이 그것을 증명하려고 노력하던 중에 현대적인 천체역학을 창조하였기 때문이다. 그리고 그리스 인들이 단지 순수수학으로서 연구한 원추곡선이 1800년이 지난 뒤에 실제적인 응용으로 나타났다는 것이다. 케플러는 두 번째 법칙에 나타나는 면적을 계산하기 위하여 초기 형태의 적분법에 의존할 수밖에 없었다. 이것이 그를 미적분학의 선구자 중 한 사람으로 만들었다.

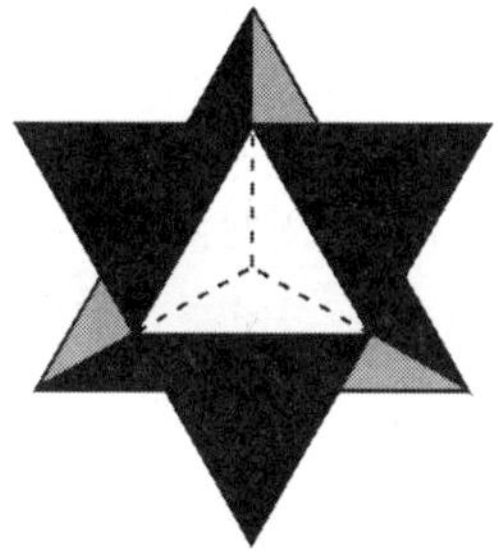

그림 8–2

또한 케플러는 다면체 분야에 대한 뛰어난 공헌을 했다. 그는 직각 팔면체(cuboctahedron), 마름모 12면체(rhombic dodecahedron) 등을 발견하였다. 여기서 마름모 12면체는 자연에서 석류석의 결정으로 나타난다. 네 개의 가능한 별 다면체(star polyhedra) 중에서 24개의 정삼각형으로 구성된 별8면체(그림 8-2 참조)를 포함한 두 가지는 케플러가 발견하였고, 나머지 두 가지는 1809년 기하학적 역학의 선구자인 푸앙소(Poinsot, L. 1777-1859)가 발견하였다. 또한 케플러는 평면을 정다각형들로 덮는 문제에 대한 선구적인 연구를 하였다. 케플러는 원추곡선의 기하학에서 초점(focus)이라는 용어를 최초로 사용하였으며, 또한 두 반축의 길이가 a, b인 타원의 둘레를 공식 $\pi(a+b)$를 사용하여 근사적으로 구했다.

케플러는 네 살 때 천연두로 왼쪽 시력이 손상된 것을 비롯하여 병약한 일생을 보냈다. 그는 재미없는 청년기를 보냈고, 결혼생활은 끊임없는 불행의 씨앗이었으며, 사랑하는 아들은 천연두로 죽었고, 아내는 미쳐서 죽었다. 도시가 가톨릭 교도들의 수중으로 들어가자 그래츠 대학교에서 교수직을 박탈당하였으며, 어머니는 마법을 쓴다고 고발당해 투옥되었고, 어머니를 감옥에서 구해 내려고 거의 1년 동안 필사적인 노력을 했고, 자신은 이교도라는 비난으로부터 간신히 피할 수 있었으며, 수당은 항상 체불되었다. 어떤 이야기에 따르면 두 번째 결혼에서는 아내를 잘못 선택하지 않으려고 11명의 처녀들의 장점과 단점을 조심스럽게 분석하는 주의를 기울였음에도 불구하고 첫 번째 결혼보다 더 불행했다고 한다. 그는 별점을 쳐주면서 생계를 유지하였고, 1630년에 오랫동안 밀린 봉급을 받으러 가는 도중에 열병으로 59세의 나이로 죽었다.

케플러는 1619년에 대부분이 신플라톤주의의 신비사상으로 채워진 기이한 내용의 대저작 〈우주의 조화(Harmony of the Worlds)〉를 저술했으며 이 책의 서문에 다음과 같이 적고 있다.

> 나는 동시대인을 — 혹은 후세인이라도 상관없다 — 위하여 책을 쓰고 있다. 나의 책을 읽어 줄 사람을 100년 동안 기다려야 할지도 모른다. 신은 6000년 동안이나 한 명의 관찰자를 기다리지 않았는가?

연속성의 원리

케플러는 1604년에 저서 〈뷔텔로의 광학 입문(Ad Vitellionem paralipomena)〉에서 평면에서 일반적인 점과 직선의 성질을 대부분 가지는 어떤 이상점(ideal points)과 이상직선(ideal line)이 무한대에 존재한다는 것을 공리로 받아들여 이른바 **연속성의 원리**(principle of continuity)를 전개하였다. 이 원리에서

> 직선은 무한대에서 끝나고, 두 평행선은 무한대에서 만난다. 그리고 포물선은 타원 또는 쌍곡선에서 한 초점이 무한대로 접근할 때 그 극한이다.

라고 설명하였다. 아폴로니우스는 원추곡선을 서로 다른 세 가지 유형인 타원, 포물선, 쌍곡선으로 나누었지만, 케플러는 동일한 원추곡선의 특수한 경우로 파악하였다. 즉

> **원추곡선은 하나의 직선으로부터 원까지의 다섯 가지 곡선 형태를 연속적으로 취해 나아간다.**

고 생각했다.

그림 8-3과 같이 처음에는 두 초점 F와 F'이 일치한 F를 중심으로 하는 원으로부터 출발하여, 초점 F'이 F로부터 차츰 멀어지면 원추곡선은 F와 F'을 초점으로 하는 타원이 되고, 마침내 F'이 무한대로 가면 그 극한은 포물선이 되고, 계속 F'이 무한대를 지나서 반대방향에 나타나면 쌍곡선이 되고, 마침내는 하나의 직선에 일치한다는 것이다.

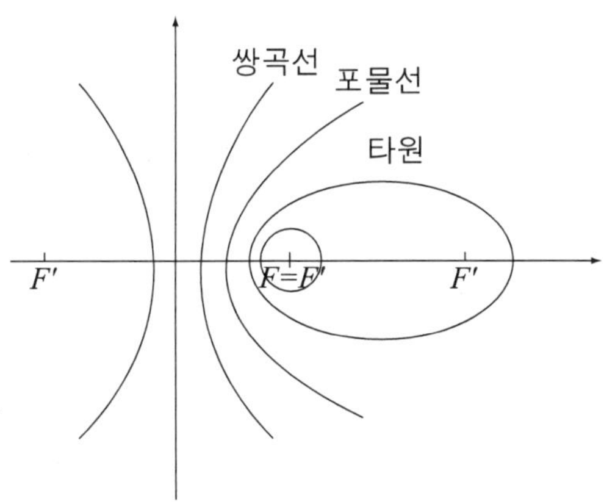

그림 8-3

이러한 케플러의 발상은 오늘날의 원추곡선의 정의와 원추곡선의 극방정식을 이용하면 다음과 같이 기하학적으로 입증할 수도 있다. 주어진 양수 e에 대하여 평면상의 주어진 점 $F(p,\ 0)$까지의 거리가 직선 $L: x=-p$까지의 e배수되도록 하는 점 $P(x,\ y)$의 자취의 방정식을 구하기 위하여 선분 PQ가 직선 L에 수직이 되도록 $Q(-p,\ y)$를 택하면 $PF=e(PQ)$이다. 즉

$$\sqrt{(x-p)^2+y^2}=e|x-(-p)|$$

이다. 위의 식의 양변을 제곱하고 정리하면

$$x^2(1-e^2)-2p(1+e^2)x+y^2=-p^2(1-e^2) \qquad \cdots ①$$

이다. $e=1$이면 식 ①로부터

$$y^2=4px$$

인 포물선을 얻는다. $e<1$이면 식 ①을 $1-e^2$으로 나누어

$$x^2-2p\frac{1+e^2}{1-e^2}x+\frac{y^2}{1-e^2}=-p^2$$

을 얻고, x에 관한 제곱식으로 고치면

$$\left(x-p\frac{1+e^2}{1-e^2}\right)^2+\frac{y^2}{1-e^2}=p^2\left\{\left(\frac{1+e^2}{1-e^2}\right)^2-1\right\}$$

이고, 이 식에서

$$a^2=p^2\left\{\left(\frac{1+e^2}{1-e^2}\right)^2-1\right\},\ h=p\frac{1+e^2}{1-e^2},\ b^2=a^2(1-e^2)$$

이라 두면

$$\frac{(x-h)^2}{a^2}+\frac{y^2}{b^2}=1$$

인 타원의 방정식을 얻는다. $e>1$일 때 위와 같은 방법으로 하면 쌍곡선의 방정식

$$\frac{(x-h)^2}{a^2}-\frac{y^2}{b^2}=1$$

을 얻을 수 있다. 양수 e를 **이심률**, $x=-p$를 **준선**, 포물선인 경우에 $F(p,\ 0)$을 **초점**이

라 한다. 그리고 초점을 지나고 장축에 수직인 원추곡선의 현을 **표축**이라 한다.

	타원	쌍곡선
이심률	$e=c/a<1$	$e=c/a>1$
a, b, c관계	$a^2=b^2+c^2$	$c^2=a^2+b^2$
방정식	$x^2/a^2+y^2/b^2=1$	$x^2/a^2-y^2/b^2=1$
꼭지점	$(\pm a,\ 0)$	$(\pm a,\ 0)$
y절편	$(0,\ \pm b)$	없음
준선	$x=\pm a/e$	$x=\pm a/e$
점근선	없음	$y=\pm \dfrac{b}{a}x$
초점	$(\pm c,\ 0)$	$(\pm c,\ 0)$
주축의 길이	$2a$	$2a$
표축의 길이	$2b^2/a$	$2b^2/a$

초점 $(p,\ 0)$, 준선 $x=-p$인 포물선은 이심률이 $e=1$이고 방정식은 $y^2=4px$임을 쉽게 알 수 있다. 따라서 포물선의 표축의 길이는 $4p$이다. 마찬가지로 타원과 쌍곡선의 성질을 요약하면 앞의 표와 같다.

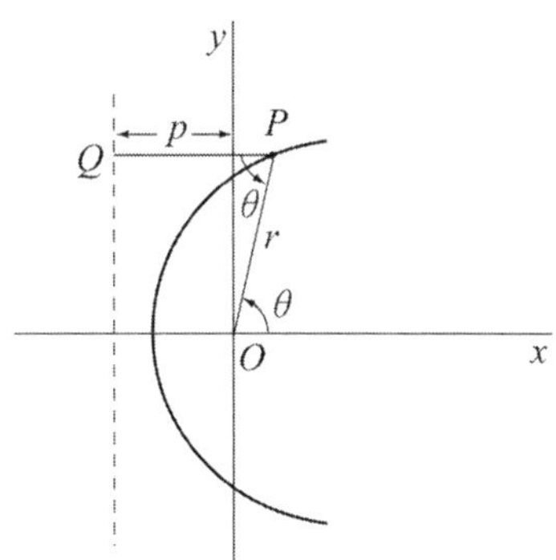

그림 8-4

위의 원추곡선 포물선, 타원, 쌍곡선을 극방정식으로 표시하면 동일한 일반적인 방정

식으로 표현됨을 알 수 있다. 먼저 초점을 극점에 놓고 준선을 $x=-p$ $(p>0)$라 하자. 그림 8-4에서 $|OP|=e|PQ|$로부터

$$r=e(p+r\cos\theta)$$

이므로

$$r=\frac{pe}{1-e\cos\theta}$$

을 얻고, 준선이 $x=p$이면

$$r=\frac{pe}{1+e\cos\theta}$$

을 얻는다. 따라서 이심률 e, 초점 O, 그리고 준선 $x=-p$인 원추곡선의 극방정식은

$$r=\frac{pe}{1\pm e\cos\theta} \qquad \cdots ②$$

이다. 극방정식 ②로 주어진 타원을 생각하면 꼭지점은 $\theta=0$과 $\theta=\pi$에 대응되므로 주축의 길이 $2a$는

$$2a=\frac{pe}{1-e}+\frac{pe}{1+e}=\frac{2pe}{1-e^2}$$

이므로

$$pe=a(1-e^2) \qquad \cdots ③$$

이다. 예를 들어 극방정식

$$r=\frac{16}{5-3\cos\theta}$$

은 다음과 같은 식으로 변형시킬 수 있다.

$$r = \frac{16/5}{1-(3/5)\cos\theta}$$

이 식과 식 ②를 비교하면 $e=3/5$ (<1) 그리고 $pe=16/5$을 얻고 식 ③에서 $a=5$이다. 그리고 $c=ea=3$이고 $b=(a^2-c^2)^{1/2}=4$이다. 따라서 이 극방정식의 그래프는 직교좌표계에서 장축의 길이가 10이고 단축의 길이가 8, 그리고 중심이 (3, 0)에 있는 타원이다(그림 8-5).

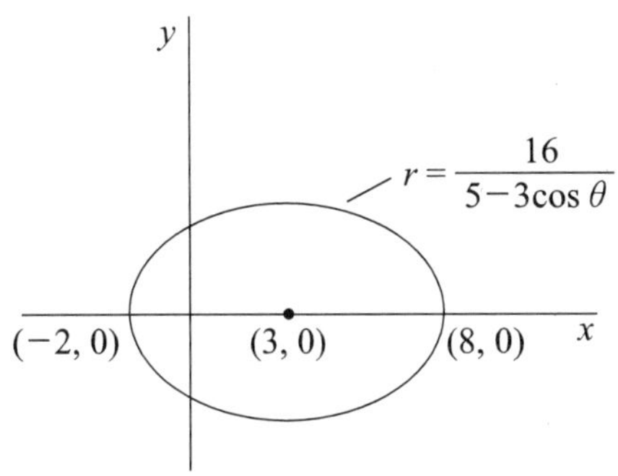

그림 8–5

케플러의 연속성의 원리를 설명하기 위하여 식 ③을 ②에 대입하면

$$r = \frac{a(1-e^2)}{1\pm e\cos\theta} \qquad \cdots ④$$

을 얻는다. $e\to 0$이면 방정식 ④는 원 $r=a$에 접근한다. 방정식 ③에서 $e\to 0$이면 $p\to\infty$이므로 모든 원은 이심률이 0, 준선이 $x=\pm\infty$인 타원으로 간주할 수 있다. 방정식 ②에서 $e\to 1$이면 ②는 포물선

$$r = \frac{p}{1\pm\cos\theta}$$

로 접근한다. $p=1$이라 하고 포물선

$$r = \frac{1}{1-\cos\theta}$$

과 타원

$$r = \frac{0.999}{1-(0.999)\cos\theta}$$

의 값을 비교하면, 이심률 $e = 0.999$를 갖는 타원은 어떤 의미에서 거의 포물선과 같음을 알 수 있다.

θ(각도)	포물선	타원
180	0.500	0.500
135	0.586	0.585
90	1.000	0.999
60	2.000	1.998
45	3.414	3.403
30	7.464	7.409
0	∞	999.000

위의 표에 의하면 포물선과 타원은 $\theta > 30°$에 대하여 거의 일치함을 알 수 있다. 타원을 포물선으로 접근시키는 이런 방법은 큰 이심률($e \approx 1$)을 갖는 타원 궤도의 혜성을 연구하는 데 도움을 준다. 그림 8-6에서 보면 타원과 포물선이 그리는 궤도는 공통초점 근처에서는 거의 일치하고 있음을 알 수 있다.

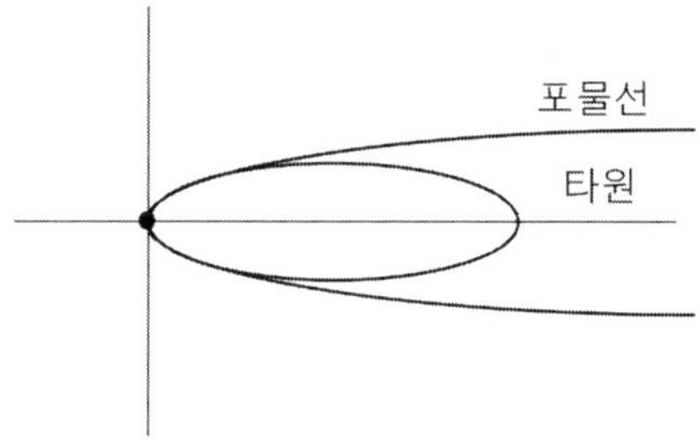

그림 8-6

케플러의 이러한 발상은 연속운동의 개념이 확립되지 않았던 당시로서는 혁신적인 사상이었으며, 기하학의 방향을 크게 바꾸었을 뿐만 아니라 미적분학의 발전에 중요한 계기를 마련하였다. 특히 이 연속성의 원리는 데자르그의 사영기하학의 창시에 지대한 영향을 끼쳤다.

8-2 배경에 관한 정리 : 데자르그

데자르그(Desargues, G. 1591-1661)는 1591년에 프랑스 남동부의 도시 리옹(Lyons)에서 태어나서 성장한 것은 확실하지만 어린 시절에 대한 정보는 거의 없다. 1626년까지는 파리에서 공학자로 일했으며, 1645년경에는 건축가로 활약하였으며, 한때는 육군 장교였다. 1630년경에는 과학적인 화제에 관하여 논의하기 위해 파리에서 정기적으로 모이는 단체에도 가입하였다. 1636년에 그는 배경(perspective)에 관한 12쪽짜리 소책자를 발행하였는데, 이것이 사영기하학에 관한 착상에 대한 첫 암시였다.

데자르그는 케플러가 죽은 지 9년이 되는 해인 1639년에 매우 특이한 사상을 담은 비정통적인 기하학 논문 〈원추와 평면이 만남으로써 생기는 결과를 다루는 시도에 관한 초고〉라는 긴 이름의 논문을 발표하였고, 단지 50부만이 발행되었다. 그러나 이 논문은 다른 수학자들의 관심을 끌지 못한 채 잊혀졌고 모두 사라졌다. 그러나 그 시대의 수학자로서 그의 논문을 높이 평가한 사람은 수학의 천재 파스칼이 있었으며, 또한 1648년에 〈데자르그의 일반적인 방법(Maniere universelle de Mr. Desargues)〉에서 배경에 관한 데자르그의 방법을 설명한 조각가 보스(Bosse, A.)가 있었다. 데자르그는 그의 작품에 대한 무관심에 매우 실망했고, 그의 착상을 수학자가 아닌 조각가에 의해 세상에 보급되도록 맡겨야만 했다.

데자르그의 논문이 무시된 이유들은 다음과 같다. 첫 번째는 2년 전에 데카르트가 소개한 새로운 해석기하학 때문이었다. 그 당시의 대부분의 기하학자들은 일반적으로 이 새로운 해석기하학을 발전시키고, 또한 무한소를 기하학에 응용하려는 시도에 정력을 쏟고 있었다. 두 번째는 데자르그는 보통과 다른 저술 방식을 택했다. 그는 약 70개의 용어를 소개했는데, 대부분 알기 어려운 식물학에서 따온 것이었다. 그 용어 중에서 오직 하나 '대합(involution)'만이 오늘날에도 사용되고 있다. 그 이유는 비평가들이 데자르그를 비평하고 조소할 때 데자르그의 특수 용어 중에서 대합이 자주 인용되었기 때문이다.

두 세기 후 프랑스의 기하학자 샤슬레(M. Chasles, 1793-1880)가 기하학의 역사를 쓰면서 데자르그의 논문이 없어서 데자르그의 논문의 가치를 평가할 방법이 없어 고심하고 있었다. 그러던 중 6년 후인 1845년에 샤슬레는 데자르그의 제자인 로렌(Laurent)의 아들 라 이르(Philippe de la Hire, 1640-1718)가 만든 데자르그의 논문 사본을 우연히 발견하였다. 그래서 그 때부터 그 논문은 사영기하학의 초기 발전단계에서의 고전적인 논문의 하나로 간주되었다.

데자르그는 원추곡선에 관한 책 외에도 어린이들이 노래를 잘하도록 가르치는 법을 비롯한 여러 가지 책을 썼다. 그러나 그를 17세기 종합기하학의 가장 독창적인 기여자로 손꼽히게 한 것은 원추곡선에 관한 소책자이다.

데자르그는 파리에 살던 30대에 일련의 무료 강의를 통하여 동시대인에게 상당한 감명을 주었다. 그의 논문은 데카르트에 의해 인정받았고, 파스칼은 자신의 영감의 많은 부분의 근원을 데자르그에게 돌린 적이 있다.

라 이르는 상당한 노력으로 아폴로니우스의 〈원추곡선론〉의 모든 정리들이 데자르그의 중앙투시법에 의한 원으로부터 유도될 수 있다는 것을 증명하려고 노력했다. 그러나 이 모든 것에도 불구하고 17세기에는 새로운 기하학이 거의 세워지지 않았고 그 분야는 제르곤, 퐁슬레, 브리앙송, 듀팽, 샤슬레, 슈타이너 같은 사람들에 의해 크게 발전된 19세기 초반까지 동면에 들어갔다.

〈배경에 관한 정리〉

투시화법은 3차원 공간의 물체를 평면 위에 사실적으로 나타내는 것이라고 간단히 말할 수 있다. 정확한 투시화법의 발견은 일반적으로 1420년경 이탈리아의 플로렌스 지방의 화가이며 건축가인 브루넬레스키(Brunelleschi, F. 1377-1446)가 기하학과 광학을 연구하여 그 지식을 원근법의 이론으로 자신의 예술활동 속에 도입하여 이루어진 것으로 여겨진다. 이러한 투시화법이 맨 처음 발행된 것은 1436년 알베르티(Alberti, 1404-1472)의 논문 〈배경화(On Painting)〉이다. 알베르티의 베일(Alberti's veil)로 알려진 이 방법은 그릴 물체 정면에 투명한 천 조각을 틀에 평평히 펴서 짜 맞추고 고정된 위치에서 한 눈으로 물체를 봄으로써 물체를 베일 위에 직접 베끼는 것이다. 1525년에 뒤러(Dürer, A. 1471-1528)가 그린 그림 8-7은 고정된 눈의 위치를 유지하기 위하여 들여다보는 구멍이 있도록 하여 알베르티의 방법을 보여 주고 있다.

그림 8-7

이러한 투시화법은 르네상스 시대에 완성된 것이지만, 넓은 뜻으로는 이미 그리스 시대에도 그 발상은 있었다. 그리스의 투시화법은 스케노그래피아(skenographia)라고 불렸으며, 문자 그대로 "무대(skene)의 그림(graphia)", 즉 무대의 배경화(scene-painting)를 뜻한다. 이 평면에 그려진 그림은 무대의 배경으로서 원근감을 강하게 나타내는 구실을 하였는데, 그리스의 비극 작가 소포클레스가 처음으로 사용한 것이라고 한다.

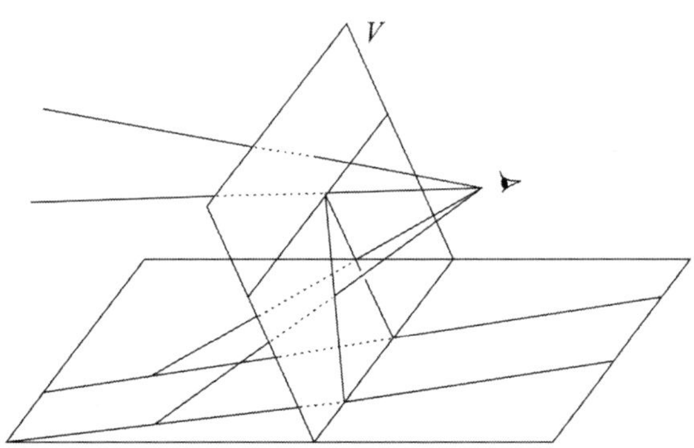

그림 8-8

알베르티의 베일을 이해할 수 있는 수학적 장치는 그림 8-8과 같이 (베일에 해당하는) 평면 V와 (눈에 해당하는) 한 점을 지나는 (광선들에 해당하는) 직선들의 모임이다.

1639년 데자르그는 논문 〈원추와 평면이 만남으로써 생기는 결과를 다루는 시도에 관한 초고〉에서 케플러의 연속성의 원리를 바탕으로 하여

① 직선의 양 끝점은 일치한다.
② 평행선은 이상점인 무한원점에서 만난다.
③ 평행평면은 이상직선인 무한원직선에서 만난다.
④ 직선은 중심이 무한원점에 있는 원이다.
⑤ 포물선의 초점은 무한원점에 있다.

고 정의하였다. 데자르그가 얻은 정리 중에 가장 유명한 것은 **배경에 관한 정리**(그림 8-9 참조)

> **두 삼각형에 대하여 대응하는 꼭지점끼리 잇는 세 개의 직선이 한 점에서 만나면, 대응변의 세 개의 교점 X, Y, Z는 동일 직선 위에 있다.**

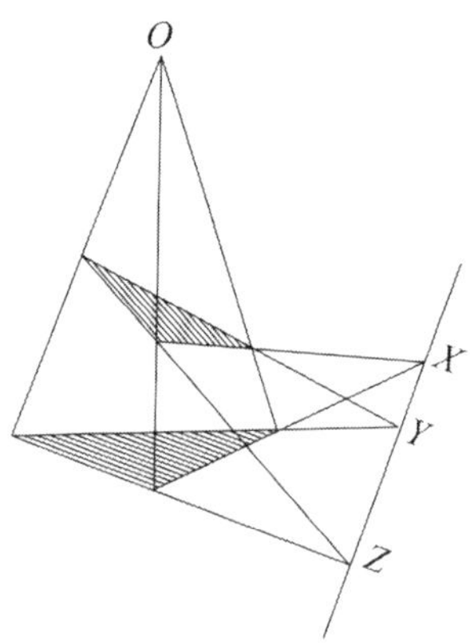

그림 8-9

이다. 데자르그의 배경에 관한 정리는 사영기하학의 기초에서 중요한 역할을 한다는 것이 힐베르트의 저서 〈기하학의 기초(Grundlagen der Geometrie, 1899)〉에서 입증되었다.

8-3 신비의 육각형 : 파스칼

파스칼

파스칼(Pascal, B. 1623-1662)은 위대한 동시대인 데카르트보다 27년 늦게 1623년 6월 19일 프랑스의 오베르뉴(Auvergne)의 클레르몽(Clermont)에서 태어나서, 데카르트가 죽은 뒤에 12년밖에 더 살지 못했다. 그의 어머니는 파스칼이 3살 때 죽었으므로 그는 아버지 밑에서 성장하였다. 파스칼의 아버지 에틴엔 파스칼(Etienne Pascal)은 수학에 관심이 많았고, 클레르몽 재판소 소장이었으며, 데자르그의 친구이기도 하다. 파스칼에게는 아름답고 재능 있는 두 자매, 페리에 부인이 된 질베르트와 자클린이 있었는데 두 사람 모두, 특히 자클린은 파스칼의 생애에 종교적인 면에서 중요한 영향을 미쳤다. 그리고 파스칼의 젊은 시절의 여러 이야기는 질베르트에 의해 전해지고 있다.

일곱 살 때 파스칼은 아버지와 누이들과 함께 클레르몽에서 파리로 옮겨갔다. 이 때부터 아버지는 파스칼에게 교육을 시켰다. 파스칼은 몸이 허약했기 때문에 가정교사를 두고 집에서 공부하며 과로하지 않게 조심스럽게 양육 받았다. 아버지는 파스칼에게 언어 공부에 한하였으며, 수학은 머리를 너무 쓴다는 이유로 결코 시키지 않으려고 마음먹고 있었다. 그러나 수학에 대한 금지령이 소년의 호기심을 부채질하여 가정교사에게 기하학에 관하여 질문하게 하였다. 가정교사의 기하학에 대한 설명과 아버지의 반대에 자극을 받아서 노는 시간을 이용하여 남몰래 기하학 공부에 몰두하여 몇 주 만에 스스로 기하학적 도형의 많은 성질을 알아냈고, 특히 삼각형의 종이를 접음으로써 삼각형의 내각의 합은 두 직각이 되는 것을 스스로 알아냈다(그림 8-10 참조). 이러한 사실을 안 아버지는 소년의 능력에 매우 놀라서 아들에게 유클리드 〈원론〉의 복사본을 주었는데 그것을 공부라기보다는 취미생활을 하는 것처럼 즐겁고 재빨리 소화하였다. 이리하여 소년 파스칼은 모든 놀이를 팽개치고 기하학에 빠져들었다.

14세 때 파스칼은 프랑스 과학원의 전신인 메르센(Mersenne) 신부가 주최하는 일 주일에 한 번 열리는 학술토론회의 입회를 허락받았다. 파스칼은 결코 학교나 대학을 다닌 적이 없었고, 16세까지 가정교사로부터 라틴 어, 그리스 어, 수학, 과학을 배웠다. 파스칼은 16세 때인 1639년에 〈원추곡선 시론(Essai pour les coniques)〉을 발표했는데, 27세

연상이었던 데카르트는 그 논문이 소년의 작품으론 도저히 믿을 수 없어 아버지의 것으로 생각했다.

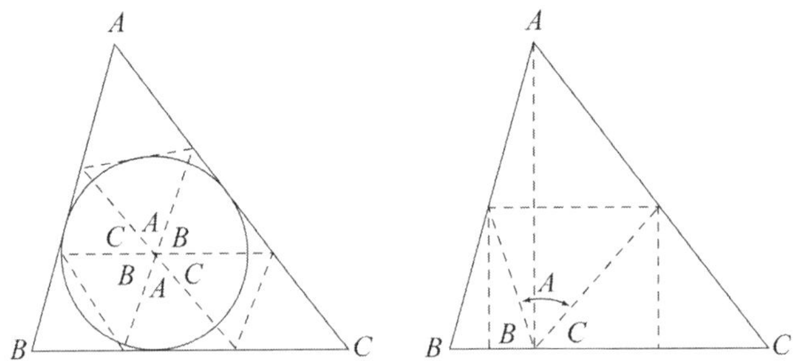

그림 8-10

19세 때 파스칼은 르왕(Rouen)에서 정부 회계를 감사하는 아버지를 돕기 위해 최초로 계산기를 고안했다. 파스칼은 대략 50개의 계산기를 만들었는데, 그 중에 몇 개는 파리에 있는 박물관에 오늘날까지 보존되어 있으며, 이 계산기의 최종적인 모델은 1652년에 완성되었으며 '파스칼 계산기'라고 불렸다.

21세 때 기압에 관한 토리첼리(Torricelli, E. 1608-1647)의 책에 관심을 갖게 되었고, 그의 비범한 재능을 물리학에 적용하여 오늘날 고등학생이면 누구나 알 수 있는 유체역학의 '파스칼의 원리'를 발견하였으며, 기압이 내려감에 따라 수은주가 내려간다는 실험을 했다. 몇 년 후인 1648년에 원추곡선에 관한 포괄적인 미발표 원고를 썼다.

1647년 파스칼은 질병의 진단을 받기 위해 파리로 돌아왔는데, 그 무렵 귀국중이던 데카르트가 파스칼의 집을 방문한 적이 있었다. 두 사람은 기압계와 그 밖에 많은 것에 대하여 이야기를 나누었지만 사이는 좋지 않았다. 첫째는 앞에서 이야기된 것처럼 데카르트가 그 유명한 〈원추곡선 시론〉을 16세 소년이 썼다는 데 공연히 불신을 표명했기 때문이고, 둘째는 데카르트가 기압실험의 가능성에 대하여 메르센 신부와 편지로 서로 논의하고 있었던 것을 메르센 신부를 통하여 파스칼이 그 생각을 자기로부터 빼앗은 것이 아닌가 하고 의심했기 때문이었다. 파스칼은 앞서 말한 바와 같이 14세 때부터 메르센 신부가 주최하는 학술토론회에 매주 참석하고 있었다. 두 사람이 서로 싫어하는 세 번째 이유는 종교적인 반목이었다. 데카르트는 전 생애를 통해서 예수회로부터 보살핌을 받았고 사랑한 것에 반해 파스칼은 강렬하게 예수회를 싫어했다. 이리하여 데카르트의 방문은 오히려 냉랭하게 끝났다.

파스칼의 이러한 놀랍고 조숙한 활동은 건강이 나빠져 1650년에 갑자기 중단되었다. 파스칼은 수학과 과학에 관한 일체의 연구를 중단하고 오직 종교적인 명상에 몰두하기로 결심했다. 그러나 3년 후 짧은 기간 동안 수학연구를 했다. 이 때 그는 몇 가지 유체의 압력에 관한 실험을 했으며 〈수삼각형론(Traité du triangle arithmétique)〉을 저술했다. 1653년에 쓴 〈수삼각형론〉은 1665년에 이르러서야 인쇄되었다.

파스칼은 친구인 드 메레(Chevaliet de Méré)로부터 도박에 관한 다음과 같은 문제의 해결을 부탁받았다.

> **가령, 능력이 똑같은 두 도박꾼이 3점 승부(선 3승자가 우승)로 내기를 하는데, 각각 32피스톨씩의 돈을 걸었을 때 승부 도중에 그만두는 경우 각자가 차지해야 할 몫은 어떻게 되는가?**

이 문제에 흥미를 가진 파스칼은 페르마에게 편지했다. 두 사람 사이에는 주목할 만한 서신 왕래가 이루어졌고, 거기에서 서로 다른 방법으로 문제를 해결하였다. 파스칼은 수삼각형을 생각하게 되었고, 이를 이용하여 문제를 해결하였다. 따라서 파스칼과 페르마는 서신 왕래를 통해서 확률론의 기초를 확립하였다. 그리고 파스칼은 다음과 같이 수삼각형을 만들었다.

첫째 행과 첫째 열의 원소를 모두 1로 하고, 그 다음 임의의 원소는 한 열 왼쪽의 수와 한 행 위쪽의 수를 더해서 얻은 수이다. 예를 들어 5행 4열의 원소 35는 한 열 왼쪽의 수 15와 한 행 위쪽의 수 20을 더해서 얻는다. 우리는 이 수삼각형에서 대각선을 따라서 나타낸 수들은 이항전개에서의 연속된 계수를 나타내고 있다는 것을 잘 알고 있다. 예를 들어, 다섯 번째 대각선의 수 1, 4, 6, 4, 1은 $(a+b)^4$을 전개했을 때의 연속된 계수들이다. 또한 이것은 확률론 연구에서 n개 중에서 한 번에 r개를 뽑는 조합의 수를 나타낸다. 즉

$$ {}_nC_r = \frac{n!}{r!(n-r)!} \quad (n! = n(n-1)(n-2)\cdots(3)(2)(1)) $$

1	1	1	1	1	1	…
1	2	3	4	5	6	…
1	3	6	10	15	21	…
1	4	10	20	35	56	…
1	5	15	35	70	126	…
1	6	21	56	126	252	…
.	.	.	.	.	.	…

파스칼이 수삼각형의 창시자는 아니다. 그러한 배열은 수세기 전에 중국 학자들에 의해서 예견되어 왔기 때문이다(그림 8-11 참조). 그 배열이 파스칼의 삼각형으로 알려진 것은 파스칼이 그 삼각형의 많은 성질을 개발했고 응용하였기 때문이다. 그 삼각형에 관한 파스칼의 논문에서 수학적 귀납법의 최초라고 여겨질 만한 표현 중의 하나가 나온다.

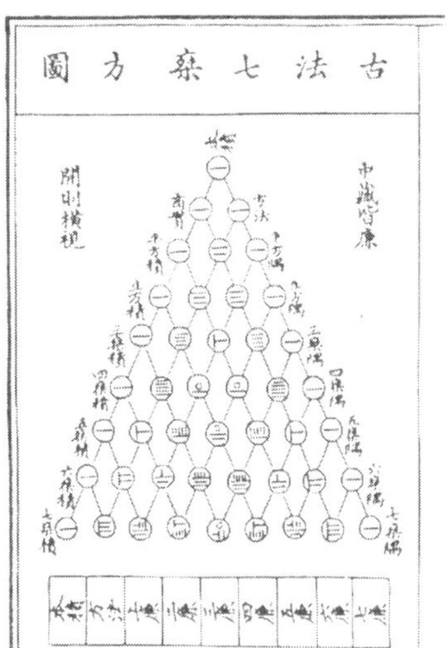

그림 8-11

1654년 11월 23일에 파스칼은 4두마차를 타고 달리고 있었는데, 고삐 풀린 말이 뉘일르의 다리 난간으로 돌진했으나 다행히 봇줄이 기적적으로 끊어져 목숨을 건졌다. 그는 재개된 활동이 신을 기쁘게 하지 않는다는 강한 암시로 받아들이고 종교적 명상으로 충실히 되돌아갔다.

파스칼은 1658년에 수학으로 다시 돌아왔다. 가련한 파스칼을 괴롭혔던 것 중에는 만성 불면증과 치통이 있었는데, 치통으로 잠을 이루지 못하던 1658년 어느 날 밤에 사이클로이드(Cycloid, 그림 8-12)를 생각하면서 고통을 잊으려고 했다. 그러자 놀랍게도 고통이 사라졌다. 그는 이것이 명상의 일을 제쳐놓고 사이클로이드의 일을 생각해도 죄가 안 된다는 하늘의 계시라고 해석하고 8일 동안 사이클로이드 문제에 몰두하여 그것에 관한 많은 중요한 문제를 푸는 데 성공하였다.

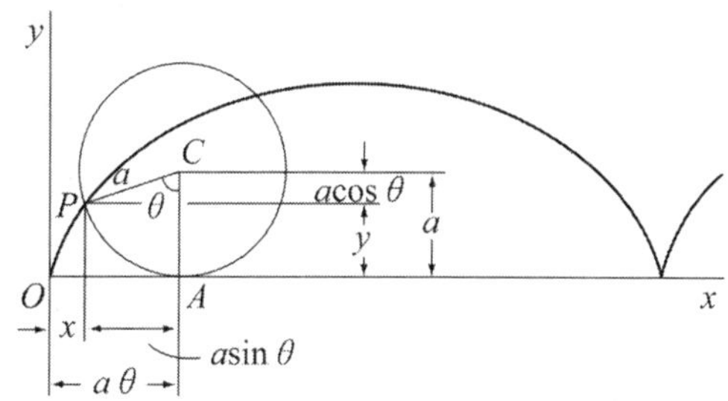

그림 8-12

사이클로이드는 한 원이 한 직선에 접하여 회전할 때 그 원주 위의 고정된 한 점이 그리는 곡선을 말한다. 그림 8-12와 같이 원의 반경을 a라 하고 원주 위의 고정된 점을 P라 할 때 점 P가 원점에서 출발하여 원이 x축 위를 회전한다고 하자. 반경 CP가 θ 라디안만큼 회전하였을 때 이 원은 점 A까지 회전하며, 따라서

$$OA = \text{호 } AP = a\theta$$

이고, 그림 8-12에서와 같이 P의 좌표 $(x,\ y)$는

$$x = a(\theta - \sin\theta),\ \ y = a(1 - \cos\theta)$$

가 된다. 이것이 사이클로이드의 매개방정식이다.

아름답게 균형이 잡힌 이 사이클로이드 곡선은 1501년 샤를 보베르가 원의 면적에 관련해서 말하여 비로소 수학적 문헌에 나타났다. 갈릴레오(Galileo, G. 1564-1642)와 그의 제자인 비비니아는 이것을 연구하여 임의의 점에서 곡선에 접선을 긋는 문제를 풀었고, 또한 갈릴레오는 다리의 아치에 그것을 사용하는 법을 시사했다. 이 곡선이 알려지자 수학자들은 여러 가지 직선을 축으로 하여 사이클로이드의 한 아치를 회전시켜서 얻은 회전체의 표면적과 체적에 관한 문제를 고찰하였다. 그러한 문제들은 도형의 중심에 관해 다룬 문제들과 마찬가지로 파스칼에 의하여 풀렸고, 약간의 결과가 다른 수학자들에게 난제로서 제시되었다. 사이클로이드는 많은 매력적인 성질을 가지고 있어 그것에 관한 많은 문제가 제출되어 서로 경쟁하는 수학자의 한없는 논쟁을 불러일으켜서 '기하학의 헬레네', 또는 '불화의 사과(the apple of discord)'라고 불린다. 여기서 헬레네라 함은 말할 것도 없이 미모로 천 척의 배를 진수시켰다고 하는 저 트로이의 미녀를 일컫는 것이고, 그리스 신화에 불화의 여신 에리스는 신과 인간을 불화하게 하였다고 하며, 헤라, 아프로티테, 아테나 등의 여신에게 금으로 된 사과를 던져서 싸움을 일으키게 하였다고 하여 그 사과를 불화의 사과라고 부른다.

오늘날 초기 프랑스 문학의 모델로 읽혀지는 유명한 〈시골사람에 대한 편지(Provincial Letters)〉와 〈명상록(Pensées)〉은 짧은 생애의 끝 무렵에 씌어졌다. 그는 1662년 파리에서 죽었다. 데자르그와 파스칼은 같은 해에 죽었는데, 데자르그는 70세였으나 파스칼은 불과 39세였다.

신비의 육각형

파스칼은 16세 때인 1639년에 〈원추곡선 시론〉을 쓰고, 1640년에 출판했다. 그것은 겨우 한쪽의 인쇄물이었으나, 역사상 가장 풍부한 내용을 담은 한쪽이었다. 거기에는 파스칼 자신에 의해 **신비의 육각형**(mysterium hexagrammicum)이라고 이름 붙여진 명제

원추곡선에 내접하는 육각형의 세 쌍의 맞변의 세 교점은 동일 직선 위에 있다.

가 실려 있는데, 오늘날에는 **파스칼의 정리**로 알려져 있다. 파스칼은 이 정리를 처음에는 원(그림 8-13 참조)에서 성립함을 증명하고, 투영에 의하여 임의의 원추곡선(그림 8-14 참조)으로 바꾸는 데자르그의 방식으로 정리를 증명하였을 것으로 추측되고 있다. 그러나 해석기하학의 단축표기법을 이용하면 쉽게 증명할 수 있다(제9장 9-7절 참고).

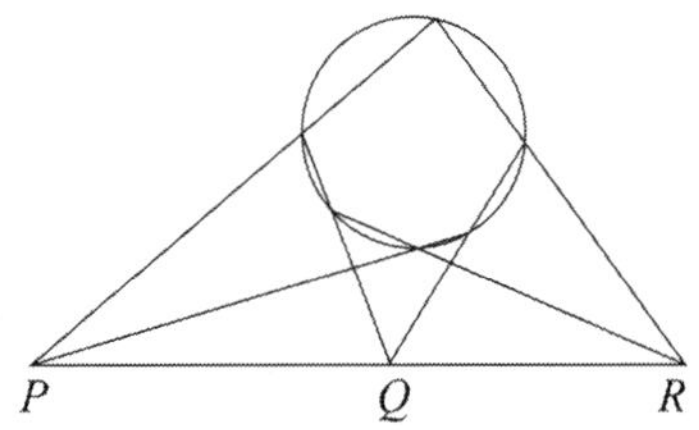

그림 8–13

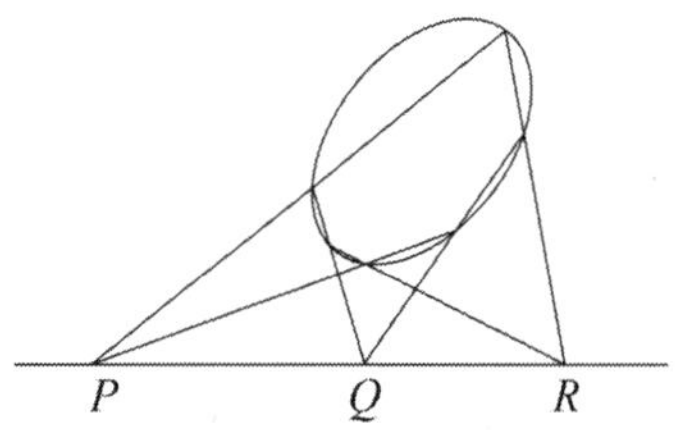

그림 8–14

파스칼의 정리는 사영기하학 전체에서 가장 응용이 풍부한 정리 중의 하나로 파스칼은 이 정리로부터 400개 이상의 따름정리를 유도하였기 때문에 후세 사람들은 이 도형을 **파스칼의 신비의 육각형**, 그리고 맞변들의 교점이 놓여 있는 직선을 내접 육각형의 **파스칼 선**이라고 부른다. 이 유명한 파스칼의 낱장의 인쇄물 〈원추곡선 시론〉의 단 두 복사본만이 현재 남아 있는데, 하나는 라이프니츠의 논문 사이에 끼어 하노버에 있고, 다른 하나는 파리의 국립도서관에 있다. 파스칼의 신비의 육각형의 정리는 그 낱장 인쇄물의 세 번째 보조정리에 나온다.

9 수학의 대수적인 고찰 : 해석기하학

수학에서 술어논리에 의한 수학적 대상을 다루는 물리적, 직관적 고찰과 대조를 이루는

대수적인 고찰이란 기호법과 연산기호를 사용하여 관계논리에 바탕을 둔 수학적 관계를 다루는 추상적 고찰방식에 의해 수학을 구성하는 근대적인 수학적 고찰방법을 말한다.

여기서 추상적인 고찰방식은 대수체계가 공리계 내의 무모순적 정의에 의해 이루어졌으며 공간, 차원, 수 등의 개념을 물리적 의미와는 관계없이 순전히 수학적 의미로 이해하는 것을 말한다.

이러한 대수적인 고찰은 그리스 수학의 특징과는 정면으로 대립되는 것이다. 그리스 수학은 거의 아무런 기호법을 사용하지 않았으며, 연산기호도 거의 없었다. 단지 그리스 대수학자로 유명한 디오판토스(Diophantus, 약 250년경)가 낱말의 생략기호를 사용한 것이 고작이었다. 디오판토스는 〈산학(Arithmetica)〉에서 미지수, 미지수의 6승까지의 멱(power), 뺄셈, 등식, 역수 등에 대하여 낱말의 생략기호를 사용했다. 예를 들면, 미지수의 제곱은 '멱'이라는 뜻의 그리스 단어 'dunamis($\Delta\gamma NAMI\Sigma$)'를 처음 두 문자로 생략하여 '$\Delta\gamma$'로 표시했으며, 또한 미지수의 세제곱은 '세제곱'이라는 뜻의 그리스 단어 'kubos($K\gamma BO\Sigma$)'를 처음 두 문자로 생략하여 '$K\gamma$'로 표시했다.

이러한 사정은 르네상스 시대의 독일, 이탈리아 등의 대수학자들의 경우에도 마찬가지였다. 또한 그리스 수학의 주제는 기하학적 도형이나 단위의 집합으로서의 수의 고유한 성질을 발견하는 데 있었다. 즉 그리스 수학은 직관적이며, 물리적 존재에 대한 강한 집착을 나타낸다. 이를테면 그들은

두 선분의 곱은 면적, 세 선분의 곱은 입체

에 대응시켰다. 따라서 3차원 공간 외에는 존재하지 않기 때문에 네 개 이상의 선분의

곱은 불가능하다는 것, 직선자와 컴퍼스만을 사용해서 작도 가능한 도형만을 기하학의 대상으로 하는 것 등은 그리스 수학이 물리적, 직관적인 고찰을 바탕으로 삼고 있음을 말해 준다.

9-1 해석기하학이란 무엇인가?

해석기하학의 기본 개념은 좌표를 이용하여 곡선을 방정식으로 표현하는 것이다. 그러나 이것이 해석기하학의 전부는 아니다. 오늘날에도 해석기하학을 구성하고 있는 것이 무엇인지에 대한 일치된 견해는 없다. 따라서 어떤 사람이 해석기하학을 발견했으며 그 발견이 언제 이루어졌는지에 대한 수학사학자들 사이에 의견이 분분하다.

발견의 시기를 고대로 택하기를 선호하는 사람들은 고대 이집트인과 로마인들도 측량에 좌표를 이용했으며, 고대 그리스인들도 지도를 만드는 데 좌표를 사용했다는 잘 알려진 사실을 지적한다. 그리고 만약 해석기하학이 좌표의 사용뿐만 아니라 좌표 사이의 관계에 대한 기하학적 해석을 포함한다면, 아폴로니우스가 원추곡선에 대한 그의 기하학의 대부분을 이들 곡선과 기하학적 동치 관계인 어떤 좌표 방정식으로부터 유도했다는 사실 때문에 해석기하학의 발견 시기를 고대 그리스로 강하게 선호한다. 사실상 아폴로니우스의 방법은 에우독소스의 제자인 메나에크무스(Menaechmus, 기원전 350년경)에게까지 거슬러 올라갈 수도 있다.

메나에크무스는 배적문제를 풀기 위해 다음과 같이 원추곡선을 사용했다. 그가 사용한 원추곡선은 해석학적으로 오늘날 포물선 $y=x^2/2$과 쌍곡선 $xy=1$에 해당한다. 두 곡선의 교점을 구하기 위하여 두 식으로부터

$$x(x^2/2)=1 \text{ 또는 } x^3=2$$

이므로 $\sqrt[3]{2}$은 두 곡선의 교점의 x축 좌표이다.

다른 사람들은 해석기하학의 발견은 오렘(Oresme, N. 1323?-1382)에 의한 것이 틀림없다고 주장한다. 오렘은 1323년경에 노르망디(Normandy)에서 태어났고 대학교수를 지내다가 후일에 주교가 되었다. 그는 다섯 권의 수학 책을 저술했고, 아리스토텔레스의 몇 작품을 번역했다. 또 분수 지수를 처음 사용했으며

조화급수는 발산한다.

를 최초로 증명하였다. 오렘이 활동했던 14세기는 수학에서 비교적 황폐한 시기였다. 이 기간에 유럽 인구의 1/3을 휩쓸어간 페스트가 돌았고 정치적·경제적 격변과 더불어 백년전쟁이 시작되었다. 오렘은 14세기에 가장 위대한 수학자로 평가되고 있다. 오렘을 해석기하학의 발견자로 생각하는 이유는 한 논문에서 직선에 대한 방정식을 명확하게 도입했으며, 또한 다른 논문에서 점을 좌표로 표현하는 데 그가 사용한 위도(latitude)와 경도(longitude)는 오늘날의 가로좌표와 세로좌표에 해당하는 용어이기 때문이다. 이 마지막 논문은 수차례 거듭 인쇄되는 영광을 누렸고, 나중에 르네상스 시대의 수학자들과 데카르트에게까지도 영향을 주었다.

해석기하학에 대한 앞의 견해들은 해석기하학의 하나 또는 그 이상의 단면과 해석기하학 그 자체를 혼돈시킬 우려가 있다.

해석기하학의 진정한 본질은 기하학적인 고찰을 대수적인 고찰로 바꾸어 놓는 데 있다.

해석기하학이 이와 같은 고도의 실용적인 형태를 갖추기 위해서는 대수적인 처리과정과 기호의 발달을 기다려야만 했다. 이에 따라서 프랑스의 두 수학자 데카르트와 페르마에 의한 17세기 수학에 대한 결정적인 공헌이 이 분야의 본질적인 창시라고 생각하는 대다수 수학사학자들의 견해에 동의하는 것이 진실에 더 접근된 것일 것이다. 분명히 이 두 사람에 의해서 그 분야에 주어진 대단한 자극이 있기 전에는 우리에게 친숙한 형태의 해석기하학은 찾아볼 수 없었으므로 이 두 사람에 의해서 해석기하학이 탄생되었다고 말할 수 있다.

9-2 기호 대수학 : 비에트

비에트

16세기의 가장 위대한 프랑스 수학자 비에트(Viète, F. 1540-1603)는 퐁테네(Fontenay)에서 태어났으며, 고등법원 판사로 일하면서 대부분의 여가시간을 수학에 몰두했다. 비에트에 관해서는 몇 가지 재미있는 일화가 있다. 한번은 베네룩스제국(오늘날의 네덜란드, 벨기에, 룩셈부르크 지방) 대사가 앙리 4세(Henry IV)에게 다음과 같이 큰소리쳤다고 한다.

> 프랑스에는 우리 나라의 로마누스(Romanus, A. 1561-1605)가 제시한 45차 방정식의 근을 구할 수 있는 사람이 아무도 없지 않습니까?

그리하여 비에트가 그 자리에 출두하였고 그의 앞에 로마누스의 방정식이 놓였다. 기초적인 삼각법을 이해하고 있었던 비에트는 단 몇 분 만에 두 개의 근을 찾아냈고 그 뒤에 21개의 근을 더 찾아냈다. 그러나 그도 음근은 생각해 내지는 못했다. 이번에는 비에트가 로마누스에게 아폴로니우스의 문제를 풀어 보라는 도전장을 냈으나 로마누스는 유클리드 도구만을 가지고는 해를 구할 수 없었다. 그는 비에트의 우아한 해를 본 후에 비에트를 만나기 위하여 퐁테네를 방문했고, 그리하여 그들 사이에는 따뜻한 우정이 맺어졌다. 또 비에트는 스페인과의 전쟁 중에 수백 개의 문자로 된 암호문을 해독하는 데 성공하여 프랑스가 2년 동안의 전쟁에서 유리한 전략을 세울 수 있었다. 그러자 스페인의 필립 2세(Philip II)는 그 암호문은 절대로 해독될 수 없는 것으로 믿은 나머지 교황에게 프랑스는 '기독교 신앙의 실천을 위배하여' 악마를 고용했다고 불평했다고 한다.

비에트는 일단 수학에 몰입하면 서재에서 며칠 동안이고 밖으로 나오지 않았다고 한다. 비에트는 삼각법, 대수 기하학에 관하여 많은 저술을 하였는데, 그 중에 중요한 것은 다음과 같다.

〈수학요람(Canon mathematicus seu ad triangula, 1579)〉
〈해석학 서설(In artem analyticam isagoge, 1591)〉
〈보 기하학(Supplementum geometriae, 1593)〉
〈방정식의 수학적 해법(De numerosa potestaum resolutuone, 1600)〉
〈방정식의 재검토와 수정(De aeguationum recongnitione etemendatione, 1615)〉

이 저작들은 마지막 것을 제외하고는 비에트 자신의 경비로 인쇄하여 사람들에게 나누어 주었다. 〈수학요람〉은 삼각법에 관하여, 〈해석학 서설〉은 기호 대수학에 관하여, 〈방정식의 수학적 해법〉은 방정식의 근을 연속적으로 근사시키는 체계적인 과정에 관하여 다루고 있다.

비에트는 처음에는 삼각법의 개선에 노력하였으나, 나중에 대수학의 계통화에 착수하여, 1591년부터 투르에서 간행하기 시작한 〈해석학 서설〉에서 그 새로운 대수학을 전개하였다. 여기서 처음으로 대수가 기호적으로 다루어지고 간약의 원리가 사용되었으며, 3차방정식을 중심으로 한 방정식의 일반적인 취급이 제시되었다.

비에트는 대수학을 기하학과 관련해서 파악했기 때문에 방정식의 근과 계수와의 관계를 통찰하면서도 양의 근 이외에는 버리는 등, 문제의 전면 해결에 이르지 못하였으나, 17세기 해석기하학의 기초를 확립하는 데 크게 공헌하였다. 또한 분실된 아폴로니우스의 〈접촉론〉을 재현하려는 시도를 했다.

9-3 해석기하학의 창시자 Ⅰ: 데카르트

데카르트

근세철학의 시조로 일컫는 데카르트(Descartes, R. 1596-1650)는 1596년 3월 31일 프랑스 투르(Tours) 근처에 라 에이(La Haye)의 귀족집안에서 태어났다. 1597에 어머니가 세상을 떠나자 데카르트는 외조모와 유모가 양육하였다. 데카르트의 아버지는 사려 깊은 사람이었기에 어머니를 잃은 아들을 위하여 할 수 있는 일은 다하려고 노력하였다. 훌륭한 보모가 어머니를 대신하도록 하였고, 재혼하고서도 끊임없이 데카르트를 주의 깊게 보살폈다. 아버지는 데카르트의 몸이 허약했기 때문에 몸에 지닌 생명력을 지적인 호기심 쪽으로 기울이게 하였다. 8세 때 라 플레쉬(La Fleche)의 예수회 학교에 보냈다. 교장인 신부 샤를레의 특별한 고려로 아침 늦게까지 침대에 누워 있어도 좋으며 교실에서 급우들과 함께 있기 싫으면 그 때까지 자기 방에 있어도 좋다는 허락을 받았다. 이 때에 데카르트는 아침 늦게까지 침대에 누워 명상하는 버릇이 길러졌고, 이것이 그의 평생 습관이 되었으며 이런 아침에 명상적인 시간은 후에 데카르트에게 가장 생산적인 시간이 되기도 했다.

데카르트의 공부는 순조롭게 진척되었고 고전에 정통했다. 또 1612년에는 파리로 가서 메르센(Mersenne, M. 1588-1648)과 미도르주(Mydorg, C. 1585-1647)와 함께 얼마간 수학연구에 전념했다.

메르센은 프랑스의 유명한 정수론자로서 많은 그리스 수학자들의 책을 출판했고, 또한 다양한 주제에 관하여 저술하였다. 특히 1644년에 발간한 〈물리수학의 고찰(Cogitata physicomathematica)〉에서 오늘날 **메르센 소수**(Mersenne primes)라 불리는 (2^p-1)형태의 소수에 관하여 논의한 것으로 유명하다. 메르센 소수에서 십진법으로 1000자리 이상의 소수 중 최초로 알려진 소수는 $p=4253$일 때이며, 현재까지 알려져 있는 가장 큰 소수는 1994년에 발견된 $p=859433$일 때이다.

미도르주는 프랑스의 기하학자이며 물리학자로서 광학과 아폴로니우스의 장황하고 많은 증명을 단순화시킨 원추곡선의 종합적인 취급법에 관하여 논문을 발표했다. 그는 천 년 이상 된 기하학적 문제의 설명과 해답이 담긴 흥미 있는 원고를 남겼다.

데카르트는 1616년까지 포아티의 대학에서 법학을 공부하였다. 그러나 그 때까지 전력하던 학교에서 배운 스콜라적 학문에 매우 싫증났다. 그는 같은 또래의 부유한 집안의 보통 젊은이들이 맛보는 쾌락도 아무 생각 없이 탐닉하였고, 당시 신사라면 갖춰야 하는 교양인 도박에도 열중하였다. 그러나 이러한 생활은 오래 가지 않았다. 음탕하고 외설적인 친구들에게 싫증난 데카르트는 친구를 멀리하고 잠시 동안 수학에 열중하였지만 옛 친구들이 자주 찾아오자 1617년에 군대에 입대하였다. 그는 30년 전쟁의 베를린 산맥 전투인 보헤미아 원정과 헝가리 정벌에 참가했다. 1620년 봄에는 프라하의 전투에서 승리를 했고 데카르트는 승리한 군대와 함께 하느님을 찬미하는 노래를 부르며 입성했다. 이때에 피난민 중에는 보헤미아의 왕 프레드릭의 네 살 난 엘리자베스 공주가 있었는데 그녀는 훗날 데카르트의 애제자가 되었다.

데카르트는 32세가 되던 해인 1628년에 군 생활을 마치자마자 독일, 덴마크, 네덜란드, 스위스, 이탈리아를 여행하면서 4, 5년을 보냈다. 몇 년 동안 파리에 다시 정착해 수학연구와 철학적 명상을 계속했으며 한동안 광학기구를 제조하기도 하다가 당시 국력이 최고조에 달한 네덜란드로 이주하기로 결심했다. 거기에서 20년을 살면서 철학, 수학, 과학에 몰두했다.

데카르트가 저술을 완성한 것은 네덜란드에서 20년간 체류하는 동안이었다. 처음 4년간은 우주에 대한 물리학적 설명서인 〈천체론(Le Monde)〉을 집필하였다. 이 논문에서 데카르트는 하느님의 우주창조에 관한 것을 갈릴레오와 코페르니쿠스의 우주이론을 바탕으로 하여, 빛의 현상에서부터 행성의 생성을 거쳐 인간에 이르는 우주의 생동적인 모습에 관한 자기의 설을 쓰려고 했다. 이 논문은 1633년에 인쇄에 들어갈 뻔했으나 갈릴레오의 〈대화(Dialog)〉가 교황청으로부터 유죄판결을 받아 갈릴레오가 자신의 학설을 어쩔 수 없이 철회했던 때였으므로 출판하지 않았다. 이 저술은 그가 죽은 후 14년이 지나서야 출판되었다.

출판하지 않겠다는 데카르트의 결심은 자신의 모든 저작으로 확대되었다. 그러나 1637년, 41세 때 친구들은 망설이는 그를 설득하여 어떤 걸작을 인쇄하는 허락을 받아냈다. 그 걸작의 제목은 〈이성을 올바르게 이끌고 과학에서 진리를 탐구하는 방법에 관한 서설, 그리고 본 방법에 의한 시론으로서의 광학, 기상학, 기하학〉인데 간단하게 〈방법서설(Method)〉이라는 이름으로 널리 알려져 있고, 1637년 6월 8일에 출판되었다. 해석기하학에 대한 데카르트의 공헌은 〈방법서설〉의 세 번째 부록인 〈기하학(La géométrie)〉에 나타나 있다. 또 1641년에 〈방법서설〉에서 개괄적으로 그려진 철학적 관찰에 대한 자세한 설명을 수록한 〈성찰(Méditations)〉이라 불리는 책을 출판하였으며, 1644년에는 약간의 부정확한 자연법칙과 모순되는 우주적 와동이론을 담고 있는 〈철학의 원리(Principia philosophiae)〉를 출판했다.

1649년에 스웨덴 여왕의 초청으로 마지못해 스톡홀름을 방문했는데 수개월 후에 폐렴에 감염되어 1650년 2월 11일에 세상을 떠났다. 위대한 수학자이며 철학자인 데카르트는 스웨덴에서 장례를 치르고 프랑스로 이장하려 했으나 실패했다. 17년 후에 오른손 뼈를 제외한 데카르트의 유해는 프랑스로 돌아와 파리에 있는 팡테옹(Panthéon) 신전에 안치되었다. 오른손 뼈는 당시 유골 수송을 맡았던 프랑스 재무장관이 기념으로 보관하고 있다고 한다.

9-4 해석기하학의 창시자 Ⅱ : 페르마

페르마

페르마(Pierre de Fermat)는 프랑스의 툴루즈(Toulouse)에서 가까운 보몬 드 로마냐에서 피혁상인 도미니크 페르마와 의회법학자 가문의 딸 클레르 드 롱 사이에서 태어났고, 1665년 1월 12일 카스트레 또는 툴루즈에서 죽은 것으로 알려져 있다. 그의 비석은 원래 툴루즈에 있는 아우구스티누스 교회에 있었으나, 후에 지방 박물관으로 옮겨졌다. 그의 비석에 의하면 사망일은 위와 같고 나이는 57세이다. 이 모순된 정보로 인해 페르마의 연대는 대개 1601?-1665라고 기록된다. 실제 여러 가지 이유로 해서 페르마의 출생연도는 서로 다른 작가에 의해 1590년에서 1608년까지 다르게 제시되고 있다.

페르마는 초등교육을 태어난 마을에서 받았으나 법률가가 되기 위한 공부는 툴루즈에서 했다. 페르마는 전 생애를 조용히 살았고, 쓸데없는 논쟁을 피하며, 더구나 파스칼처럼 소년시대의 천재다움을 후세를 위해 기록해 주는 질베르트 같은 사랑스런 누이도 없었기에, 학창시절 이야기는 기이할 정도로 남아 있지 않다. 화려한 학창시절이 있었을 것이라는 추측은 그의 공적으로 보아 분명히 튼튼한 학문적 기초가 없었더라면 페르마와 같은 학자는 태어날 수 없었을 것이기 때문이다. 그러나 그가 수학에서 이룬 놀라운 업적은 학교교육으로부터 얻은 것이라고 말하기는 어렵다. 왜냐하면 그가 이룬 업적의 영역은 그가 학생시절에는 아직 개발되지 않은 영역이기 때문이다.

페르마는 법과대학을 졸업하고 생애를 마칠 때까지 법률 관련의 업무에 종사하면서 틈을 보아 수학을 연구하였다. 그는 당시의 수학뿐만 아니라 고전적인 저작에 관해서도 능통하였고, 특히 수론, 기하학, 무한소 계산, 광학 등의 영역에서 뛰어난 성과를 올렸다. 페르마는 자신의 논문을 공개하는 일에는 극히 소극적인 태도를 취하였으나, 반면에 뛰어난 수학자들과의 서신 왕래나 개인적 교류 등을 통해 연구 성과를 전하였다. 이 때문에 대부분의 연구 업적은 그가 죽은 후인 1679년에야 겨우 출판되었다.

페르마가 남긴 수학적 업적은 여러 분야에 걸쳐 있으나, 그 중에서 기하학에서는 새로운 기하학관의 기틀을 잡았다는 것이다. 그는 기하학에 그 당시의 해석학인 급수의 이론과 오늘날 우리가 미분의 첫걸음이라고 말할 수 있는 생각을 도입하여, 기하학으로 다룰 수 있는 수학의 영역을 넓혔으며, 해석기하학의 한 분야인 미분기하학을 개척한 선구자이기도 하였다. 그의 논문 가운데서 기하학에 관한 것은 주로 미분의 개념을 바탕으로 전개된 내용들이며, 곡선의 접선, 곡선에 둘러싸인 면적, 극대 및 극소의 문제 등이 있다.

페르마가 특별히 큰 흔적을 남긴 분야는 정수론 분야이다. 이 분야에서 페르마는 비상한 직관과 능력을 지녔다. 정수론 분야에서 고전적인 저술은 디오판투스의 〈산학〉이다. 이 저술이 재발견되고 르네상스 시대에 번역되었을 때 수론에서 매우 영향력 있는 논문으로 간주되었다. 페르마도 메지리악(Bachet de Meziriac)이 1621년에 라틴어로 번역한 디오판투스의 〈산학〉을 구해서 탐독했는데 여기서 정수의 놀라운 성질에 관해 심오한 발견을 하였다. 이 발견에 대한 많은 업적은 그가 지니고 있었던 번역판 〈산학〉의 여백에 씌어 있다. 그가 죽은 지 5년 후인 1670년에 아들 클레망-사무엘(Clement-Samuel)이 아버지가 논문의 여백에 쓴 내용을 삽입하여 〈산학〉의 새로운 판을 발간하였는데 유감

스럽게도 매우 조잡하게 인쇄되었다. 페르마가 주장한 많은 미증명 문제들 중에서

$2^{2^n}+1$꼴로 되어 있는 모든 수는 소수이다.

를 제외하고는 옳은 것으로 밝혀지고 있다. 페르마의 위의 예측은 오일러가 반증했다(제 15장 15-1절 참조). 페르마의 대표적인 연구 내용은 다음과 같다.

① p가 소수이고 a와 p가 서로 소이면 $a^{p-1}-1$은 p로 나누어진다. 즉 $p=5$이고 $a=2$이면, $a^{p-1}-1=15=3\times5$이다.
② 모든 홀수의 소수는 두 제곱수의 차로 일의적으로 나타낼 수 있다. 즉 소수 $257=129^2-128^2$이다.
③ $(4n+1)$형태의 소수는 두 제곱수의 합으로 나타낼 수 있다. 즉 소수 $257=4\times64+1=16^2+1^2$이다.
④ 음이 아닌 정수는 네 개 이하의 제곱수의 합으로 나타낼 수 있다.
⑤ 정수인 변을 가지는 직각삼각형의 넓이는 제곱수가 될 수 없다.
⑥ 방정식 $x^2+2=y^3$의 정수해는 단 하나이고, $x^2+4=y^3$의 정수해는 단 두 개이다.
⑦ $n>2$일 때 $x^n+y^n=z^n$을 만족하는 양의 정수 x, y, z, n은 존재하지 않는다.

위에서 ①을 페르마의 소정리(Fermat's little theorem)라고 부르며, 페르마가 1640년에 드 베지(Frenicle de Bessy)에게 보낸 편지에 증명 없이 언급되었고, 1736년에 오일러에 의해 최초로 증명되었다. ②는 페르마가 간단히 증명하였다. p가 홀수인 소수이면

$$p=\left(\frac{p+1}{2}\right)^2-\left(\frac{p-1}{2}\right)^2$$

이고, 또한 $p=x^2-y^2$이면 $p=(x+y)(x-y)$이고 p가 소수이므로 p의 약수는 p와 1뿐이다. 따라서 $x+y=p$이고, $x-y=1$이므로

$$x=(p+1)/2,\ y=(p-1)/2$$

이다. ③은 1640년에 메르센에게 보낸 편지에 처음으로 언급되었고, 1754년에 오일러에 의해 최초로 증명되었다. 오일러는 더 나아가서 이 표현이 유일하다는 것까지 증명하였

다. ④는 1770년에, ⑤는 그 이후에 라그랑주에 의해 증명되었다. ⑥에서 첫번째 방정식의 해는 $x=5$, $y=3$이고 두 번째 방정식의 해는 $x=2$, $y=2$와 $x=11$, $y=5$인데, 페르마는 이 이외의 해가 존재하지 않는다는 것을 증명하였지만 늘 하던 식으로 증명을 발표하지는 않았기 때문에, 증명이 발표된 것은 그가 죽은 지 오랜 세월이 지나서였다. 이 중에서 가장 유명한 추측 ⑦은 **페르마의 마지막 정리**(Fermat's last theorem)로 알려져 있다. 페르마는 이것을 자기가 가지고 있는 〈산학〉 제2권의 8번 문제 옆 여백에 다음과 같이 적어 놓았다.

> 주어진 제곱수를 두 제곱수의 합으로 나타내는 것과 세제곱수를 두 세제곱수의 합으로 나타내는 것, 일반적으로 4 이상의 어떤 차수의 수를 동일한 차수의 두 수의 합으로 나타내는 것 중 후자는 불가능하다. 나는 이미 이것의 감탄할 만한 증명을 틀림없이 하였지만 여백이 너무 좁아서 여기에 쓸 수 없다.

페르마가 실제로 이 문제의 확실한 증명을 했는지는 영원한 수수께끼로 남아 있다. 그 시대 이래 뛰어난 많은 수학자들이 일반적인 경우에 대하여 이 문제를 풀려고 노력했다. $n=4$인 경우는 페르마가 다른 곳에서 증명했고, $n=3$인 경우는 오일러가 증명을 제시하고, 그 후 다른 사람들에 의해 완벽하게 증명되었다. 1825년경에 르장드르와 디리클레가 $n=5$인 경우의 증명을 독립적으로 했고, 1839년에는 라메(Lamé, G. 1785-1870)가 $n=7$인 경우를 증명하였다. 그리고 독일 수학자 쿠머(Kummer, E. 1810-1893)가 37, 59, 67을 제외한 100 이하의 소수에 대하여 페르마의 마지막 정리가 성립함을 보였다. 최근에는 컴퓨터를 이용하여 $n<100{,}000$인 n에 대하여 성립함이 알려져 있다. 1908년 독일 수학자 볼프스겔(Wolfskehl, P.)은 유언으로 이 정리를 완벽하게 증명한 사람에게 줄 최초의 상금으로 10만 마르크를 괴팅겐의 과학원에 기탁했다.

1993년에 영국 출신인 프린스턴 대학 교수인 와일스(Andrew Wiles)가 케임브리지에 있는 뉴턴 연구소에서 열린 연구발표회에서 〈모듈형식, 타원곡선 및 갈루아 표현(Modular Forms, Elliptic Curves, and Galois Representation)〉이라는 제목으로 강연을 했는데 '시무라-타니야마-웨일 예측(Shimura-Taniyama-Weil conjecture)'을 증명했다고 선언했다. 고전적 정수론으로는 페르마의 정리를 증명할 수 없다는 데 많은 수학자들이 공감하고 있을 때인 1980년대 말에 아벨의 타원곡선에 관한 이론을 확장하면 페르마의 정리를 증명할 수 있으리라는 예상이 나왔다. 곧 이어서 타원곡선에 관한 일본인 타니야마의 예상 중에서도 그 예상의 일부만 증명되면 페르마의 정리는 증명된다는 것을 캘리포니아 대학의 리벳 교수가 증명했다. 그러나 타니야마의 예상은 페르마의 정리를 증명하는 것보다 훨씬 더 어려울 것이라고 많은 수학자들은 생각하고 있었다. 만약에 이 '시무라-타니야마-웨일 예측'이 증명되면 페르마의 마지막 정리는 이 예측의 따름정리로 증명된다. 이 강연에 대하여 그랜빌(Andrew Granville)은 다음과 같이 논평했다.

> 지금까지 아마추어에 의해 증명된 페르마의 정리는 짧은 조각을 철사로 얽은 외나무다리 같은 것이었다. 그래서 한 번 물이 넘치면 다리가 유실되었다. 와일스의 증명은 여러 사람들에 의해 든든하게 만들어진 기초 위에 세워 놓은 철근과 콘크리트로 만들어진 다리와 같다. 이 다리는 아직도 많은 금이 가 있을지도 모른다. 그러나 다리 자신은 든든히 서 있을 것이며, 후일에 이 다리를 건너는 기술자들이 금간 데는 다 때워 놓을 것이다. 물론 아무리 강한 다리도 때론 무너질 수 있다. 그러나 높이 평가받을 그리고 심오한 새 아이디어가 개입된 와일스의 작업 성적으로 보아 이는 쉽게 무너질 다리 같지는 않다.

와일스는 그의 증명을 여섯 사람의 심사위원에게만 검토해 달라고 주었는데 그 해 10월 심사위원 중의 한 사람이 논리의 비약을 찾아 내고 그것을 증명하라고 요구했다. 이 논리의 비약을 증명할 수 없었던 그는 12월에 이 사실을 인정하는 글을 인터넷에 올려놓고 외부와의 접촉을 삼가고 은둔에 들어갔다. 혼자서 이 비약을 증명하지 못한 와일스는 케임브리지 대학의 테일러 교수에게 도움을 청하였고, 드디어 1994년 10월에 두 사람은 공동 논문을 통해서 논리의 비약이 있었던 부분을 엄밀하게 증명하였다. 그랜빌의 논평한 대로 이루어진 것이다. 따라서 와일스에 의해 완벽하게 페르마의 마지막 정리가 증명되었다.

9-5 데카르트의 해석기하학

근대적인 대수적 사고방식 중에서 비에트의 〈해석학 서설〉은 기호 대수학의 발전에 획기적으로 기여하였다. 비에트는 이 책에서 미지량을 나타낼 때에는 모음을, 기지량을 나타낼 때에는 자음을 사용하는 예를 소개하였다. 오늘날 우리가 미지량에 대해서는 알파

벳의 뒤의 문자 x, y, z 등을, 기지량에 대해서는 알파벳의 앞의 문자 a, b, c 등을 이용하는 관습은 1637년에 데카르트의 〈방법서설〉의 부록 형식을 갖춘 〈기하학〉에서 비에트의 생각을 한층 더 발전시켜 소개하였다. 데카르트는 비에트가

A, A quadratum, A cubum

라고 쓴 것을

$$x,\ x^2,\ x^3$$

과 같이 각각 고쳐 사용했다. 이 기호법에는 비에트가 갖지 못하였던 새로운 사고 양식이 깃들여 있다. 데카르트에게 있어서 x와 x^2, 그리고 x와 x^3의 관계는 x^2은 변 x에 의해 작도되는 사각형의 면적, x^3은 변 x에 의해 작도되는 입체의 부피를 의미하지 않으며, 오히려 그것들은 비

$$1 : x = x : x^2 = x^2 : x^3$$

의 넷째 항과 여섯째 항으로 생각하고, x를 알면 쉽게 계산될 수 있는 적당한 선분의 길이를 표시하는 것으로 제안했다. 이 방법으로 우리는 단위선분을 이용하여 한 변수의 몇 제곱이나 몇 개의 변수의 곱을 선분의 길이로 나타낼 수 있고, 변수값이 주어지면 유클리드 도구를 이용하여 실제로 선분의 길이를 작도할 수 있다. 가령 단위선분과 길이가 x인 선분이 주어질 때 유클리드 도구를 이용하여 길이가 x^2, x^3, x^4, $\cdots$인 선분을 그림 9-1과 같이 닮은 삼각형의 성질을 이용하여 연속적으로 작도할 수 있다.

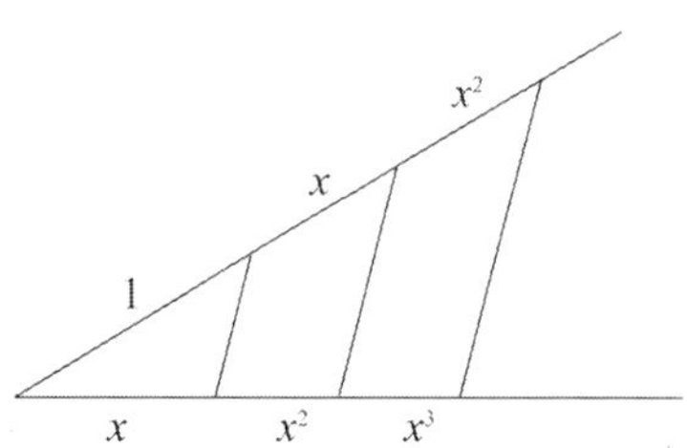

그림 9-1

데카르트의 〈기하학〉에서 취해진 기본적인 원리는 기하학의 문제를 우선 그에 대응하는 대수학의 문제로 변환시키고, 그 대수적인 문제를 푼 다음에 기하학적 문제를 풀기 위해서 그 대수적 문제를 반전시키는 것이다. 즉 〈기하학〉의 주제의 첫째는

대수적 수법을 통해서 기하학을 도형의 사용으로부터 해방시킨다.

이고, 둘째는

역으로 기하학적 해석을 통해서 대수연산의 의미를 부여한다.

이다. 이것은 데카르트가 해석기하학에 미친 큰 업적이었다. 〈기하학〉의 첫머리에

산술의 계산은 기하학의 조작에 어떤 관계를 갖는가?

라는 표제하에 다음과 같은 문제가 실렸다.

> **예를 들어 AB를 단위로 하여 DB에 BC를 곱해야 한다면, 점 A와 C를 맺고 CA에 평행하도록 DE를 그으면 된다. BE는 이 곱셈의 결과이다.**

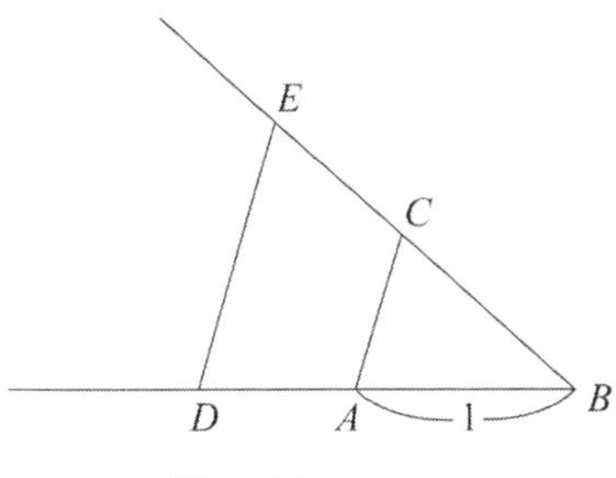

그림 9–2

그림 9-2에서 $\triangle BAC$와 $\triangle BDE$는 닮은꼴이므로 $BA=1$, $BD=b$, $BC=a$, $BE=x$라 하면

$$1 : a = b : x$$

따라서 $x=ab$이다. 여기서도

$$\text{선분} \times \text{선분} = \text{면적}$$

이 아니라 그냥 '선분'이다.

데카르트는 기하학의 위에서와 같은 산술화와 더불어 기하학의 제1권에서, 그림 9-3과 같이 주어진 축을 x로, 이 축과 고정된 각의 길이를 y로 나타내고, 주어진 관계를 만족시키는 x와 y에 대응하는 점을 작도하려고 노력했다. 예를 들면 관계식 $y=x^2$에서 x의 주어진 각 값에 대해서 그것들에 대응하는 y에 해당하는 x^2을 작도할 수 있다.

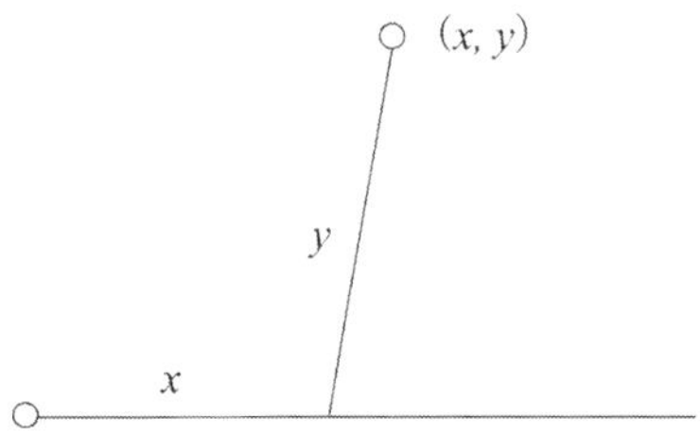

그림 9-3

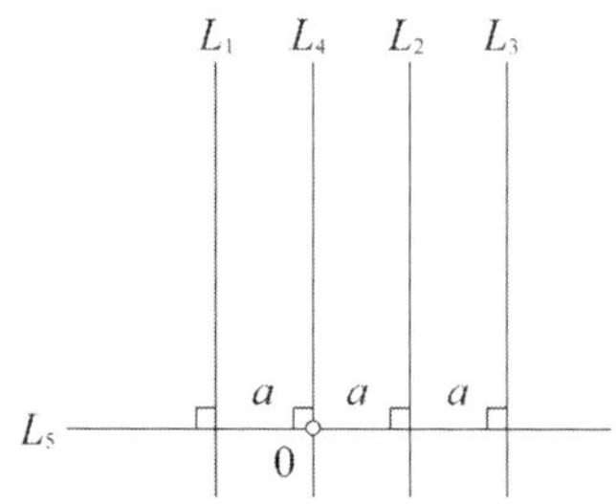

그림 9-4

데카르트는 역학적 운동에 의해 정의된 곡선에 대한 관계를 구하는 것에 특별한 관심을 보였다. 또 유명한 **아폴로니우스의 4-직선문제**

> **네 개의 직선이 주어질 때 점 P에서 주어진 각을 만족하면서 그 직선에 그은 선분의 길이가 p_1, p_2, p_3, p_4이고 $p_1p_2=\ kp_3^2$ 또는 $p_1p_2=\ kp_3p_4$(여기서 k는 상수)이면 P의 자취는 원추곡선이다.**

를 n개의 직선으로 확장해 보려고 시도했다. 데카르트는 어떤 경우에는 유클리드 도구를 사용하여 이 자취를 실제로 작도할 수 있음을 쉽게 보였다. 데카르트가 작도한 것 중에는 그림 9-4와 같이 배열된 다섯 개의 직선 L_1, $\cdots$, L_5 중에서 L_5와 L_4를 각각 x축과 y축으로 택하고 p_i가 한 점 P에서 직선 L_i까지 거리이면 $p_1p_2p_3=ap_4p_5$을 만족하는 동점 P의 자취방정식을 구할 수 있고, 또한 자취 위에 원하는 만큼 많은 점을 유클리드 도구만으로 작도할 수 있다는 것이 있다.

자취방정식은 동점 P와 주어진 직선 사이의 거리를 주어진 방정식에 대입하면 쉽게 자취방정식은

$$x^3 - 2ax^2 - a^2x + 2a^3 = axy$$

임을 알 수 있다. 뉴턴은 이 자취를 데카르트의 포물선(Cartesian parabola)이라고 불렀고 〈기하학〉에 자주 등장한다. 데카르트의 해석기하학을 이용해서 일반적인 문제를 풀 수 있다는 사실은 해석기하학의 효력을 보여 주는 좋은 증거가 된다. 그가 해석기하학을 고안하도록 고무시킨 것은 바로 이 문제를 풀려는 시도에서 비롯되었다고 전해진다.

곡선의 성질을 주제로 하는 〈기하학〉의 제2권의 첫 번째 소제목은

기하학에 받아들일 수 있는 곡선은 어떤 것인가?

이며 다음과 같이 시작하고 있다.

> 기하학의 문제 중 어떤 것은 평면적, 어떤 것은 입체적 또 어떤 것은 곡선적이라는 사실을 고대인은 충분히 알고 있었다. 즉 어떤 것은 직선과 원을 그리는 것만으로 작도할 수 있으나, 어떤 것은 적어도 어떤 원추곡선을 사용하지 않으면 작도할 수 없고, 최후로 다른 곡선보다 복잡한 곡선을 사용하지 않으면 작도할 수 없다는 것을 뜻한다. 뿐만 아니라, 그들이 한걸음 더 나가서 보다 복잡한 이러한 선 사이에 가로놓인 여러 가지 단계를 구별하지 않았다는 데에 놀라지 않을 수 없으며, 그들이 이러한 선을 어째서 기하학적이라 하지 않고 기계적이라고 불렀는지 이해하기 힘들다. 왜냐하면 이것을 그리는 데 어떤 기계를 사용할 필요가 있다고 한다면, 똑같은 이유로 원과 직선도 (기하학으로부터) 배척했어야 하기 때문이다. 이것들을 종이 위에 그리기 위해서는 컴퍼스와 자를 이용하지 않으면 안 되고, 이것들 역시 기계임에는 틀림없는 것이다. …

이어서 곡선을 분류하였는데 이것은 오늘날 쓰이지 않는다. 또한 그는 곡선의 접선을 작도하는 방법을 설명하였는데 접선을 작도하는 흥미로운 방법은 다음과 같다.

그림 9-5에서 주어진 곡선의 방정식은 $f(x, y) = 0$이고, (x_1, y_1)을 접선을 그으려는 곡선 위의 점 P의 좌표라고 하자. 좌표가 $(x_2, 0)$인 x축 위의 점 Q를 중심으로 하고, P를 지나는 원을 그리면 원의 방정식은

$$(x - x_2)^2 + y^2 = (x_1 - x_2)^2 + y_1^2$$

이다. 이 방정식과 $f(x, y) = 0$에서 y를 소거하면 원과 주어진 곡선의 교점에 대한 x좌표를 나타내는 x만의 이차방정식을 얻는다. 그런데 원과 주어진 곡선의 교점에 대한 x좌표는 x_1 하나뿐이다. 따라서 얻어진 이차방정식은 중근으로 x_1을 갖도록 x_2를 결정해야 한다. 한편 원이 P에서 주어진 곡선과 접하기 때문에 Q는 P에서의 곡선의 법선과 x축과의 교점이 된다. 따라서 이 원이 그려지면 구하려는 접선을 쉽게 그릴 수 있다.

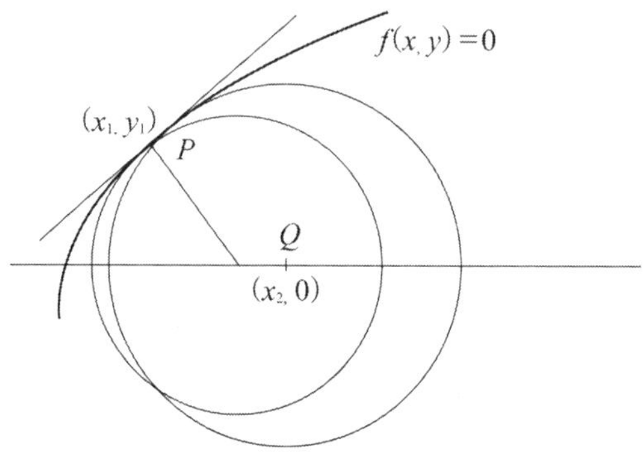

그림 9-5

예를 들면 포물선 $y^2 = 4x$ 위의 점 (1, 2)에서의 접선을 그려보자. 주어진 점을 지나는 원의 방정식은

$$(x - x_2)^2 + y^2 = (1 - x_2)^2 + 4$$

이고, 이 식과 주어진 곡선에서 y를 소거하면

$$x^2 + 2x(2 - x_2) + (2x_2 - 5) = 0$$

이 이차방정식이 중근을 가지려면 판별식이 0이 되어야 하므로

$$(2 - x_2)^2 - (2x_2 - 5) = 0.$$

따라서 $x_2 = 3$이다. 이제 중심이 (3, 0)이고 곡선 위의 점 (1, 2)를 지나는 원을 그릴 수 있고, 따라서 구하는 접선도 그릴 수 있다. 오늘날에는 데카르트의 접선을 그리는 방법보다 더 간편한 방법이 많이 있다.

제3권에서는 고차방정식의 양의 근에 관한 이론이 중심을 이루고 있다. 이미 x^2, x^3, x^4 등은 한결같이 선분으로 나타낼 수 있게 되었기 때문에 일반적으로 x^n(n은 자연수)을 생각할 수 있고, 따라서 고차방정식을 다룰 수 있었던 것이다. 실제로 여기서는 6차 방정식까지 다루고 있다.

〈기하학〉에는 32가지의 그림이 있지만 명백히 밝혀진 좌표축은 찾기 힘들다. 좌표(coordinate), 가로좌표(abscissa), 세로좌표(ordinate)란 말은 1692년 라이프니츠의 업적으로 오늘날 해석기하학에 사용되는 용어가 되었다. 이 책은 모호하게 저술되어 있어 결과적으로 널리 읽히기에는 너무 어려웠는데, 1649년 드 본느(F. de Beaune)가 라틴어로 쉽게 번역했고, 젊은 슈텐(Schooten, F.V.)이 각주를 달아 발행했다. 이것과 개정된 1659-1661년 판이 널리 유포되었다.

데카르트가 해석기하학을 만들게 된 동기를 설명하는 몇몇 전설 같은 이야기가 있다. 그 중에 하나는 꿈 이야기이다. 데카르트가 군대생활을 하고 있던 부대가 겨울의 휴식 기간 동안에 다뉴브(Danube) 강 기슭에 주둔하고 있었다. 데카르트의 전기 작가 베이에에 의하면 성 마틴(Martin)의 이브인 1619년 11월 10일 데카르트는 성자의 축제를 축하해서 많은 술을 마시고 잠자리에 들었다고 기록하고 있다. 그날 밤에 데카르트는 세 가지의 생생한 꿈을 꾸었는데, 이것이 데카르트의 진로를 변화시켰다고 한다. 첫 번째 꿈에서 악마의 바람 때문에 교회(또는 학교)의 무풍지대에서 그 바람에도 흔들리지 않는 제삼자가 있는 쪽으로 날아가는 꿈이었다. 두 번째 꿈에서 그는 미신으로 흐트러지지 않는 과학의 눈으로 무서운 폭풍을 지켜보고 있었다. 이 폭풍은 일단 그 정체가 폭로된 후에는 그에게 아무런 해를 끼치지 못한다는 것을 깨닫게 하는 꿈이었다. 그리고 세 번째 꿈에서는

어떤 길을 찾아가야 할 것인가?

로 시작되는 아우소니우스(Ausonius, 310-395?)의 시를 낭독하는 꿈이었다. 데카르트의 말에 의하면, 그 꿈들이 인생의 목표를 명확히 해주고 '경이로운 과학'과 '놀라운 발견'을 밝히는 데 미래의 모든 노력을 다하기로 결심하게 해주었다고 한다. 데카르트는 무엇이 경이로운 과학이고 놀라운 발견인지 결코 명백히 밝히지 않았으나, 일부 사람들은 그것이 해석기하학 또는 대수학의 기하학에 대한 응용, 그리고 수학에 의한 자연현상의 탐구라고 믿고 있다. 그렇기 때문에 1619년 11월 10일을 해석기하학의, 따라서 근대 수학

의 정식 탄생일이라고도 한다. 18년 후에야 비로소 그의 착상의 일부를 〈방법서설〉에 상술했다.

다른 이야기는 출처가 의심스럽지만, 뉴턴의 떨어지는 사과 이야기와 같이, 데카르트도 천장을 기어 다니는 파리를 보고 파리의 경로는 인접한 두 벽으로부터 파리까지의 거리를 연결시키는 관계만 알면 나타낼 수 있다는 생각이 스쳐서 해석기하학에 대한 착상을 떠올렸다는 것이다. 그러나 이 이야기는 상당한 교육적 가치가 있다.

9-6 페르마의 해석기하학

수학사에서 중요한 발견은 거의 같은 시기에 두 사람에 의해 독립적으로 이루어진 경우가 종종 있다. 예를 들면 비유클리드 기하학에서 볼리아이와 로바체프스키, 타원함수론에서 아벨과 야코비, 미적분학에서 뉴턴과 라이프니츠가 그러하다.

데카르트가 근대 해석기하학의 기초를 구축하고 있는 그 시기에, 프랑스의 또 다른 수학 천재인 페르마 역시 그 문제에 관심을 쏟고 있었다. 페르마가 앞섰다는 증거는 1636년 9월에 로베르발에게 쓴 편지에 나타나 있는데, 착상한 지 7년이 되었다고 적혀 있다. 그의 연구의 자세한 내용은 그가 죽은 뒤 발표된 논문 〈입문(Isagoge)〉이라고 흔히 불리는 〈평면 및 입체궤적 입문(Isogoge ad locus planos et solidos)〉에서 다루고 있다. 이 논문은 13쪽의 짧은 것이지만

기하학에 어떻게 대수학을 응용할 것인가?

에 관하여 명백히 기술하고 있다. 페르마도 데카르트와 마찬가지로 같은 고전 기하학 문제인 아폴로니우스의 4-직선문제에 대한 연구가 해석기하학에 대한 시발점이 되었다는 것을 〈입문〉의 첫머리에 실린 다음 글을 보면 알 수 있다.

> 고대의 수학자가 궤적에 관해서 저술하였다는 것은 틀림없는 사실이다. 이것은 파푸스의 〈수학의 집성〉 제7권의 첫 부분에서 아폴로니우스가 평면궤적에 관해서, 그리고 아리스타에우스가 입체궤적에 관해서 논문을 쓴 사실을 전하고 있는 것으로도 알 수 있다. 그러나 궤적을 따진다는 것은 이 사람들에게는 결코 용이한 일이 아니었음에 틀림

없다. 궤적은 그 수가 많음에도 불구하고 충분히 일반적으로 표현되어 있지 않았고, 더 일반화할 수 없었다는 사실에서도 알 수 있다. 그래서 저자는 이 이론을 하나의 해석론의 입장에서 따지려고 한다. 이 해석론은 특히 궤적의 연구에 관해서 일반적인 전망을 갖도록 하는 데 적합한 것이다. …

〈입문〉에서 페르마도 좌표에 관해서는 데카르트와 마찬가지로 하나의 좌표축으로 가로좌표축이 주어지면 변수값으로는 이에 대응하는 선분을 택하고 있고, 또한 음의 가로좌표축은 사용하지 않았다. 이러한 이유에서 페르마는 일차방정식 $ax = by$를 좌표의 원점을 지나는 제1상한의 직선, 즉 끝점이 원점인 반직선으로 그렸다. 더 나가서 그는 일차방정식

$$ax + by = c^2$$

을 제1상한의 선분으로 그렸고

$$xy = c^2$$

은 쌍곡선이며, 다음과 같은 형태의 방정식

$$xy + a^2 = bx + cy$$

은 좌표축 평행이동에 의하여 위의 쌍곡선꼴로 변형할 수 있음을 밝혔다. 또 일반적인 이차방정식에 대하여 고찰하였고, 이것을 평행이동, 좌표축 회전 등의 좌표변환을 이용하여 표준형

$$a^2 \pm x^2 = by \ \text{(포물선)}$$
$$x^2 + y^2 + 2ax + 2by = c^2 \ \text{(원)}$$
$$a^2 - x^2 = cy^2 \ \text{(타원)}$$
$$a^2 + x^2 = cy^2 \ \text{(쌍곡선)}$$

으로 유도하여, 이것에 대한 기하학적 해석을 덧붙였다.

1637년 이전에 완성된 접선과 구적법에 관한 논문에서 페르마는 많은 새로운 곡선을 해석적으로 정의했다. 데카르트는 역학적 운동에 의해 몇몇 새로운 곡선을 제시한 반면,

페르마는 대수방정식에 의해 정의된 많은 새로운 곡선을 제안했다. 곡선

$$x^m y^n = a,\ y^n = ax^m,\ r^n = a\theta$$

는 지금까지도 **페르마의 쌍곡선, 포물선, 나선**으로 알려져 있다.

페르마의 〈입문〉과 데카르트의 〈기하학〉을 간단히 비교해 보면, 데카르트는 대부분 자취로 시작하여 그것의 방정식을 발견한 반면, 페르마는 방정식으로 시작하여 그것의 자취를 연구하였다. 이것이 해석기하학의 근본원리에 상반된 면이다. 또한 앞에서 본 바와 같이 좌표에 관해서는 좌표변환방법의 도입 등의 면에서 페르마가 데카르트보다 앞섰다. 게다가 페르마의 설명은 데카르트와 비교할 때 훨씬 체계적이고 계몽적이었다. 또한 페르마의 〈입문〉에는 다음과 같은 내용이 있다.

> 방정식을 세우기 위해서 두 개의 미지량을 잡을 때, 이것들이 정해진 각을 이루도록 하는 것이 편리하다. 이 때 보통 직각을 취하고, 또 그 위치가 정해진 것으로 하여 두 미지량 중의 하나는 그 끝점의 하나가 정점인 것으로 한다. …

이것은 해석기하학의 방법에서도 일반적으로 세로축을 가로축에 직각으로 취하는 현대의 해석기하학에 더 가까웠다. 그러나 페르마의 〈입문〉이 데카르트의 〈기하학〉 만큼 수학에 영향을 끼치지 못한 것은 이 논문의 발간이 매우 늦었고, 또한 이 논문은 난해한 비에트의 기호로 쓰였기 때문이다.

9-7 해석기하학의 발달 : 플뤼커

해석기하학의 데카르트 시대 이후 비유클리드 기하학의 발견, 사영기하학의 탄생 등으로 좌표를 사용하지 않는 기하학인 **종합기하학**은 눈부신 발전이 있었지만, 해석기하학의 발전은 거의 정지 상태에 있었다. 이러한 시기에 해석기하학의 방법을 발전시킨 최고의 공로자는 플뤼커(Plücker, J. 1801-1868)이다. 플뤼커는 엘베르펠드에서 태어나 본, 베를린, 하이델베르크에서 공부하고, 또한 파리에서 몽주와 그의 문하생의 강의를 짧은 기간 동안 수강하였고, 1826년부터 10년 동안 본, 베를린, 할레의 교수를 역임하였으며, 1836년에 본 대학의 수학 교수로 돌아와서 1847년에 물리학 교수로 자리를 바꾸었다. 이후

약 20년 동안 스펙트럼 분석, 자기학, 프레즈넬 파동곡면의 연구에 대부분 몰두하였다. 말년에는 그가 좋아했던 수학으로 되돌아와서 공간직선의 복체(complexes)와 합동(congruences)이론과 함께 공간 직선의 4차원 기하학을 발전시켰다.

플뤼커는 두 권으로 이루어진 〈해석기하학의 발달(Analytisch-geometrische Entwicklungen)〉을 1828년과 1831년에 발간하였다. 이 책의 제1권에서는 라메(Lame', G.)와 보빌리에(Bobillier, E. 1797-1932)가 일찍이 사용하였던 **단축표기법**(method of abridged notation)이 처음으로 광범위하게 다뤄졌다. 이 단축표기의 착상은 긴 식을 한 문자로 나타내고, 또한 다음과 같은 기본원리에 있다.

만약 $\alpha(x,\ y)=0$과 $\beta(x,\ y)=0$이 두 곡선이라면, u와 v가 임의의 상수이거나 $x,\ y$에 관한 함수일 때 $u\alpha+v\beta=0$은 두 곡선 $\alpha(x,\ y)=0$과 $\beta(x,\ y)=0$의 교점을 지나는 곡선이다.

단축표기법은 데자르그의 배경에 관한 정리와 파스칼의 신비의 육선형의 정리 같은 외견상 대수적으로 복잡한 정리를 대단히 깔끔하고 간결하게 증명할 수 있다. 예를 들어 파스칼의 정리를 플뤼커의 단축표기법을 이용하여 증명하기로 하자. 증명을 위해 정리를 다음과 같이 바꾸어 쓸 수 있다.

만일 6점 1, 2, 3, 4, 5, 6이 한 원추곡선 위에 있다면 세 쌍의 직선 56과 23, 16과 34, 12와 45의 교점 $P,\ Q,\ R$는 동일 직선 위에 있다.

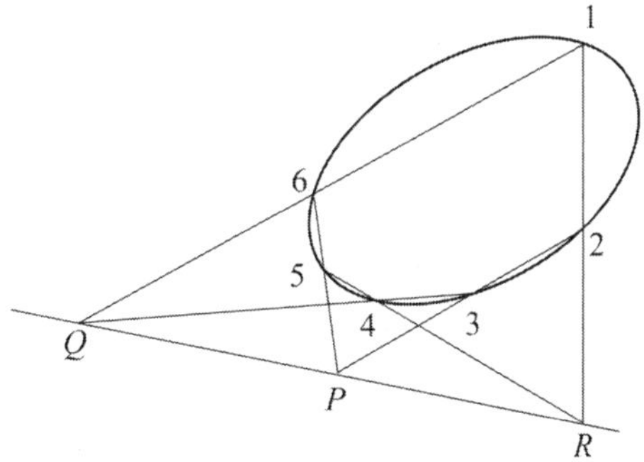

그림 9-6

그림 9-6의 원추곡선 $\phi(x, y)=0$에 대하여 $\alpha=0$, $\beta=0$, $\gamma=0$, $\alpha'=0$, $\beta'=0$, $\gamma'=0$을 직선 12, 34, 56, 45, 61, 23의 방정식이라고 하면, 3차곡선

$$\alpha\beta\gamma+k\alpha'\beta'\gamma'=0$$

은 k의 값에 관계 없이 9점 1, 2, 3, 4, 5, 6, P, Q, R를 지난다. 원추곡선 위에 앞에서의 여섯 개의 점과 다른 한 점을 잡고 3차곡선이 이 점을 지나도록 k의 값을 정하면, 원추곡선은 3차곡선의 한 부분이 아닌 한 3차곡선과 원추곡선은 기껏해야 $3\times2=6$점에서 만날 수 있다. 따라서 다항식 θ에 대하여

$$\alpha\beta\gamma+k\alpha'\beta'\gamma'=\phi\theta$$

이다. 그런데 이 식의 좌변은 3차식이고, 또한 ϕ는 이차식이므로 θ는 일차식이다. 그런데 $\alpha\beta\gamma+k\alpha'\beta'\gamma'=0$은 9점 1, 2, 3, 4, 5, 6, P, Q, R을 지나고, 반면에 $\phi=0$은 여섯 개의 점 1, 2, 3, 4, 5, 6을 지난다. 따라서 나머지 세 점 P, Q, R는 직선 $\theta=0$ 위에 있다.

〈해석기하학의 발달〉 제2권에서는 평면에서 점에 관한 제차좌표가 소개된다. 직교좌표 (x, y)에 대하여

$$x=x_1/x_3,\ y=x_2/x_3\ \ (x_3\neq0)$$

를 만족하는 임의의 순서 세 쌍 $[x_1, x_2, x_3]$을 (x, y)의 **제차좌표**(homogeneous coordinates)라고 한다. 따라서 $k\neq0$이면 $[x_1, x_2, x_3]$와 $[kx_1, kx_2, kx_3]$는 같은 점에 대한 재차좌표이다. 제차좌표를 이용하면 케플러, 데자르그, 퐁슬레의 이상점을 좌표계에 표현할 수 있다. 직교좌표계에서 대응점이 없는 $[x, y, 0]$이 이상점에 해당하는 무한원점이 된다. 그러면 방정식 $x_3=0$은 이상직선에 해당하는 무한원직선의 의 방정식이다(제10장 10-3절 참조). 따라서 플뤼커의 제차좌표는 평면의 유한점과 무한점 모두를 필요로 하는 사영기하학의 해석학적 탐구를 위한 완벽한 도구를 제공하였다.

1835년에 발간된 플뤼커의 〈해석기하학의 체계(System der analytischen geometrie)〉는 무한원점의 특징에 따른 3차곡선의 완전한 분류를 싣고 있다.

9-8 n차원 기하학

기하학의 기본 원소가 점인 기하학을 **점 기하학**(point geometry)이라고 한다. 예를 들어 유클리드 평면기하학, 평면 아핀기하학, 평면 사영기하학, 평면 비유클리드 기하학 등이 이에 속한다. 고차원 점 기하학을 명백하게 다룬 첫 번째 논문은 1843년 케일리(Arthur Cayley, 1821-1895)의 논문이다. 그 후 영국 수학자 실베스터(Sylvester, J.J. 1814-1897), 클리포드(Crifford, W.K. 1845-1879)가 그 분야에 관심을 가졌다. 한동안 아무 관심을 끌지 못했던 고차원 기하학에 관하여 선구자적인 논문을 쓴 사람은 그라스만(Grassmann, H.G. 1809-1877)과 쉴래플리(Schlafli, L. 1814-1895)이다. 그런데 대부분의 쉴래플리의 논문은 그가 죽은 후 여러 해 지나서야 발간되었다.

1878년에 클리포드가 고차원 사형기하학의 연구를 처음 시작했지만, 이탈리아 기하학파가 거의 전적으로 발전시켰다. 위에 언급된 고차원 점 기하학의 연구와는 완전히 독립적으로, 해석학의 발달로 2 또는 3변수에서 임의의 많은 변수로 쉽게 확장될 수 있는 해석학 응용으로부터 점차 나타나는 고차원 점 기하학의 산술적 측면을 발견할 수도 있다. 1883년에 그린(Green, G. 1793-1841)은 두 타원체의 상호 인력에 관한 문제를 해석학으로 변형하여

> 더 이상 3차원 공간으로 제한되지 않는다.

라고 언급하고 임의의 개수의 변수들에 대하여 그 문제를 풀었다. 다른 사람들도 기하학의 문제를 임의의 많은 변수에 대하여 유사한 일반화를 하였다. 이것은 기하학의 용어를 대수학과 해석학의 용어로 바꾸고, 대수학과 해석학에서의 정의를 한 단계 더 깊이 적용한 것이었다. 이러한 것은 1847년 코시의 해석적 자취에 관한 논문에서 언급된

> 우리는 n변수 집합을 해석적 점방정식 또는 연립방정식, 해석적 자취라 부를 것이다.

등에 명백하게 나타나 있다.

고차원 기하학의 최초의 해석학적 표현 방법은 1866년에야 발간된 1854년의 리만의 괴팅겐 대학 수습강의에서 시작되었다는 데 아무도 의심하지 않는다. 1870년 이후 고차원 기하학에 대한 논문과 책의 수는 매우 증가했다. 1911년 서머빌(Sommerville, D.M.Y.)

이 평행이론, 기하학의 기초, 그리고 기하학의 도서 목록을 발간했는데, 이 목록에는 n차원 기하학의 참고문헌이 1832개나 나온다. 여기서는 n차원 산술 공간에 적절한 개념을 집어넣어 n차원 기하학을 해석학적으로 연구한다.

n차원 산술 공간이란 실수들의 모든 n 중 순서수 $(x_1, x_2, \cdots, x_n)$의 집합이고, 이러한 n 중 순서수를 공간에서의 점(point)이라고 부른다. 2, 3차원의 직교좌표에서 공식이 n차원에서 유사한 공식으로 정의된다. 즉 2차원 직교좌표계의 두 점 (x_1, x_2)와 (y_1, y_2) 사이의 거리는

$$\sqrt{(x_1 - y_1)^2 + (x_2 - y_2)^2}$$

로 주어지고, 3차원 직교좌표계의 두 점 (x_1, x_2, x_3)와 (y_1, y_2, y_3) 사이의 거리는

$$\sqrt{(x_1 - y_1)^2 + (x_2 - y_2)^2 + (x_3 - y_3)^2}$$

로 주어지므로 n차원 산술 공간에서의 두 점 $(x_1, x_2, \cdots, x_n)$와 $(y_1, y_2, \cdots, y_n)$ 사이의 거리는

$$\sqrt{(x_1 - y_1)^2 + (x_2 - y_2)^2 + \cdots + (x_n - y_n)^2}$$

로 정의한다. 마찬가지로 중심이 $(a_1, a_2, \cdots, a_n)$이고 반지름이 r인 n차원 구(n-dimensional sphere)를 다음 식을 만족하는 모든 점 $(x_1, x_2, \cdots, x_n)$의 집합으로 정의한다.

$$(x_1 - a_1)^2 + (x_2 - a_2)^2 + \cdots + (x_n - a_n)^2 = r^2$$

마찬가지로 선분, 선분의 방향수, 두 선분 사이의 각, 점의 평행이동 등도 정의할 수 있다.

10 사영기하학의 재발견

17~18세기에 전성기를 맞이하였던 해석기하학으로는 많은 사람들이 예언한 정리를 증명하는 데에 어려움을 겪었다. 특히 기하학자들은 기하학적 결과를 증명하는 데 대수학적 방법이 이용되어, 순수기하학의 특징인 통찰의 가치를 제공하는 도형적인 흥미를 느끼게 하지 않는다는 불만을 갖게 되었다. 이로 인하여 기하학자들 사이에서 도형적인 흥미를 주는 고전기하학에 새로운 사영, 절단 등의 개념을 덧붙인 새로운 기하학인 사영기하학을 탄생시켰는데, 이 기하학의 선구자는 몽주였다.

10-1 화법기하학 : 몽주

몽주

가스파르 몽주(Gaspard Monge, 1746-1818)는 1746년 5월 10일 프랑스 본(Beaunne)에서 태어났다. 그의 아버지 자크 몽주는 칼 가는 행상인이었지만 교육열은 대단하여 세 아들 모두를 지방 대학에 진학시켰다. 몽주는 그가 다닌 학교에서 무엇이든 일등상을 받아 그의 이름 뒤에는 '황금소년'이라는 명예칭호가 붙어다녔다. 14세 때는 그의 비상한 재주를 발휘하여 열기관을 제작했다. 깜짝 놀란 사람들은 몽주에게

가르쳐 준 사람이나 모형도 없이 어떻게 그런 작업을 성공적으로 해낼 수 있는가?

라고 묻자

> 나에게는 성공에 이르는 확실한 두 가지 수단이 있습니다. 불굴의 고집과 기하학적인 정확성으로 나의 생각을 옮겨 주는 손가락이 바로 그것입니다.

라고 대답하였다. 실제로 몽주는 어려서부터 복잡한 공간적 관계를 형상화하는 기하학적 능력을 갖고 있었다.

몽주는 16세 때 측량기계를 만들어서 고향인 본의 대규모 지도를 정교하게 만들었는데, 이 지도가 16세인 그에게 리옹에 있는 대학의 물리학 강사로 추천되는 큰 기회를 가져다 주었다. 그리고 이 지도의 정교함에 감탄한 공병장교의 권유에 의해 메지에르 병기학교에 입학하였다. 그러나 몽주는 출신이 미천하기 때문에 장교가 될 수 없어 관측이나 제도 같은 일상업무만을 보았는데도 조금도 불평하지 않고, 수학공부를 할 여유가 충분하다고 좋아했다. 어느 날 주어진 자료로부터 요새에 설치된 포의 위치를 찾아 내라는 요청을 받은 몽주는 그 당시의 계산법으로는 길고 지루한 산술과정이 필요한 것을 기하학적 방법으로 해결하였다. 즉 3차원 물체를 2차원 평면에 적절히 사영하여 현명하게 해결하였다. 그러나 몽주의 방법은 군에 채택되어 일급비밀로 분류되었고 오랫동안 군사기밀로 지켜져 발표할 수 없었다. 이것이 그의 **화법기하학**(descriptive geometry)의 시작이었으며, 후에 그는 이것을 널리 가르쳤다.

1768년 23세 때 몽주는 메지에르의 수학교수로 승진했고, 3년 후인 1771년에 물리학교수가 되었으며, 1780년에는 파리의 수리학연구소 소장의 임무를 겸임하였다. 1783년에 메지에르의 직책에서 해임되고 해군 장교후보 시험관에 임명되었으며, 1789년 프랑스 대혁명이 발발할 때까지 6년간 해군에 있었다. 1792년에는 몽주가 사양했음에도 불구하고 혁명가들은 해군성 장관으로 임명하였다. 몽주는 해군성 장관으로 재직하면서 육군에서 사용하는 무기와 화약을 제조했다. 또 1795년 에콜 폴리테크니크를 설립할 때 중심적인 역할을 했고, 그 곳에서 수학교수를 지냈다. 그는 나폴레옹과 친하게 지냈고 존경했으며 후에 실패로 끝난 1798년의 이집트 원정에 수학자 푸리에(Fourier, J. 1768-1831)와 함께 수행했다. 프랑스로 돌아와서는 에콜 폴리테크니크의 자리에 복귀하여 뛰어난 재능을 지닌 교수임을 입증하였다.

몽주는 1794~1795년에 행하였던 강의 원고를 기초로 엮은 〈화법기하학(Géometrié descriptive)〉 이외에도 오늘날 미분기하학의 입문에 해당하는 〈해석학의 기하학에의 응용(Application de l'analyse à la géometrié)〉을 저술하였다. 이 책은 곡면에 대한 미분기하학의 초기 연구에 가장 중요한 것들 중의 하나였으며 이것으로 인해 '미분기하학의 아버지'로 간주된다. 미분기하학에 대한 몽주의 업적은 주로 곡면의 외재적인 기하학에 관한 것이다. 라그랑주는 몽주의 업적을 다음과 같이 평가했다.

해석학을 기하학에 응용하였다는 점에서 그는 불멸의 인물이 될 것이다.

〈화법기하학〉

오랫동안 군사기밀로 지켜졌던 몽주의 화법기하학은 1794년이 되어서야 파리 고등사범학교에서 공개강의를 간신히 허락받을 수 있었다. 이 공개강의 청강생 중에는 라그랑주도 있었다. 강의를 듣고 난 후 라그랑주는

몽주의 강의를 듣기 전에는 내가 화법기하학을 알고 있었다는 것조차 몰랐다.

라고 말하였다. 이 새로운 기하학인 화법기하학의 기본적인 발상은 라그랑주가 말한 것처럼 지극히 간단하고 이해하기 쉬운 것이다. 화법기하학이란 3차원 공간의 입체를 엄밀하고도 정확하게 2차원 공간인 평면에 표현하는 것이다. 이것은 책을 90도 각도로 펼치는 것처럼 수직면과 수평면이라는 직교하는 두 평면을 취하여 표현해야 할 도형에 평면에 수직인 광선을 비춰서 각 평면상에 도형을 직각으로 투영하면 그 도형의 변이나 꼭지점의 사영을 명확하게 각 평면에 나타낼 수 있다(그림 10-1 참조). 수평면 위에 나타난 도형의 투영 결과를 **평면도**라 하고, 수직면 위에 나타난 도형의 투영 결과를 **입면도**라 한다. 이제 책을 책상 위에 평평하게 펼치는 것처럼 수직면과 수평면이 한 평면이 되도록 수직면을 뒤쪽으로 눕힌다. 이렇게 해서 공간의 도형은 한 평면 위에 두 개의 정사영으로 표현된다.

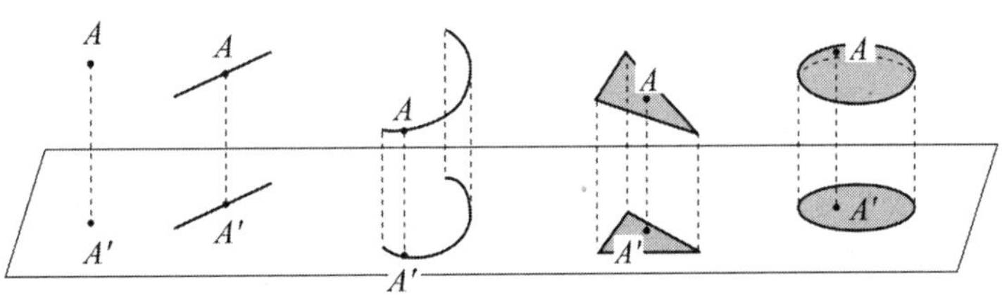

그림 10–1

이 간단한 방법은 오늘날의 제도에서는 너무도 상식적이지만 몽주의 시대에는 군사공학 설계의 분야에서 거의 혁명에 가까운 일대 변혁을 일으켰다.

10-2 평면과 공간의 새로운 확장 : 사영평면과 공간

한 마디로 말해서 (평면)사영기하학은 사영과 절단이라는 두 가지 기본 작도에 의하여 그려지는 도형에 관해서, 길이나 각의 크기 등의 계량적인 요소를 제외한 성질을 연구하는 수학 분야이다. 여기서 **사영**이란 그림 10-2의 왼쪽 그림과 같이 한 점 P에서 P를 지나지 않는 직선 l위의 몇 개의 점과 P를 연결하여 몇 개의 직선을 긋는 것을 말하며, **절단**이란 그림 10-2의 오른쪽 그림과 같이 한 직선 l과 l 위에 있지 않은 한 점 P에 대하여 P 위의 몇 개의 직선과 만나게 하여 l 위에 몇 개의 점을 얻는 것을 말한다.

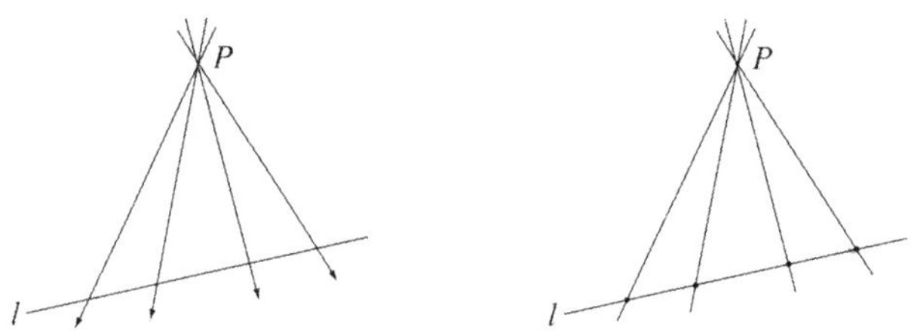

그림 10-2

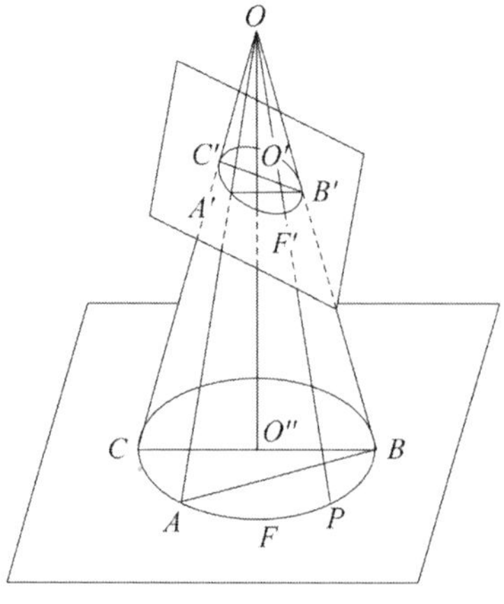

그림 10-3

평면 위에 있는 도형을 그 평면 위에 있지 않은 한 점으로부터 다른 평면으로 영사하는 경우처럼 주어진 평면 위에 있는 도형에 대하여 그 평면 위에 있지 않은 한 점 O와 도형 위의 점 P를 지나는 직선이 다른 평면과 만나는 점을 Q라고 할 때, P를 Q에 대응시키는 것을 P를 Q에 **사영**(projection)한다고 하며, 점 O를 **사영의 중심**이라 한다. 이러한 사영에 의해 도형은 변하지만, 직선은 직선으로, 도형의 교점은 교점으로 옮긴다(그림 10-3 참조).

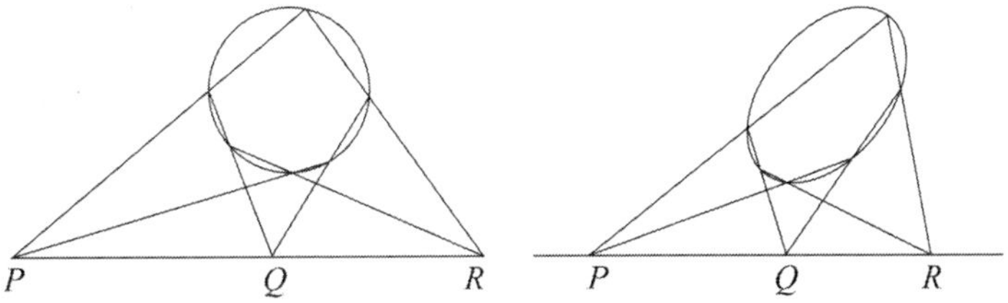

그림 10–4

특히 사영에 의하여 원은 원추곡선으로 변한다. 이러한 사영적 성질의 이용은 기하학적 사실을 증명할 때 매우 편리하다. 예를 들면 원에 내접하는 6각형의 맞변의 교점이 한 직선 위에 있다는 것이 증명되면, 사영에 의해 원을 타원으로 옮겼을 때 타원에서도 같은 성질이 성립하게 되는 것이다. 즉 타원에 대한 파스칼의 신비한 육각형의 정리가 만족된다(그림 10-4 참조).

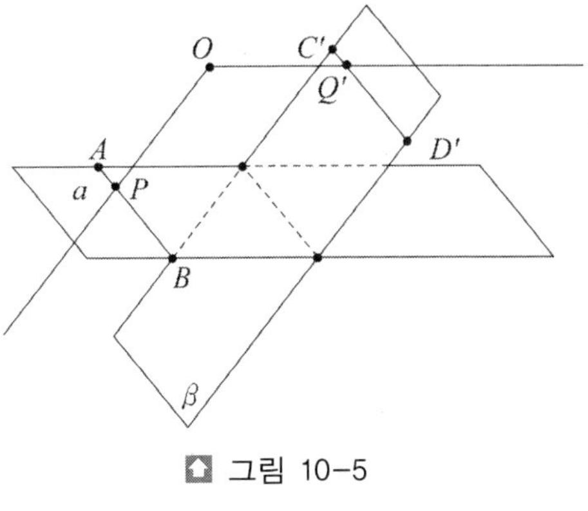

그림 10–5

그런데 사영의 중심에서 한 평면으로부터 다른 평면으로의 사영할 때에 예외가 되는 점이 존재할 수 있다. 예를 들어 한 평면 α 위의 점을 사영의 중심 O에서 사영하여 다른 평면 β로 옮길 때, 가령 평면 α 위의 점 P에 대하여 직선 OP가 평면 β에 평행한 경우는 직선 OP가 평면 β와 만나지 않으므로 사영의 중심 O에 대한 점 P의 대응점은 평면 β 위에 존재하지 않는다. 이와 같은 대응점을 갖지 않는 평면 α 위의 점들은 그림 10-5와 같이 하나의 직선 AB로 나타난다.

마찬가지로 그림 10-5와 같이 평면 β 위의 직선 중에서 직선 위의 임의의 점 Q'이 평면 α 위에 대응점을 갖지 않는 한 직선 $C'D'$가 존재할 수 있다.

이러한 예외가 되는 점이 존재하는 경우는 한 평면 위의 어떤 도형은 다른 평면으로 사영에 의해 도형 전체를 옮길 수 없는 경우가 종종 발생하게 된다. 따라서 주어진 평면에서의 기하학적 문제의 해결을 사영에 의해 다른 평면에서 좀더 쉽게 해결하려는 방법은 의미가 없게 된다.

따라서 이와 같은 예외가 없도록 하기 위하여 기하학자들은 다음과 같은 새로운 개념을 도입했다. 사영에서 사영중심 O에 대하여 평면 β 위에 평면 α 위의 점 P의 대응점이 없는 경우 평면 α 위의 점 P는 평면 β에서 무한히 멀리 있는 점으로 사영되는 것으로 간주하여 이 무한히 멀리 있는 **이상점**(ideal point)을 평면 β의 **무한원점**(a point at infinity)이라고 부른다. 당연히 무한원점은 원래의 평면 β 위에 있는 점은 아니다. 따라서 직선 AB 위의 각 점은 평면 β 위에서 무한히 멀리 있는 무한원점으로 하나씩 대응한다고 간주할 수 있고, AB가 직선이므로 평면 β 위의 무한원점은 전체가 모여서 하나의 **이상직선**(ideal line)을 이룬다고 말할 수 있다. 이 이상직선을 평면 β의 **무한원직선**(the line at infinity)이라고 부르는데, 당연히 무한원직선은 원래의 평면 β 위에 있는 직선은 아니다. 그리고 보통의 평면(= 유클리드 평면) β에 무한원직선을 덧붙인 평면을 **사영평면**(projective plane)이라고 한다. 따라서 사영평면에서는 두 직선은 반드시 한 점(원래 평면 위의 점 또는 새로이 도입된 무한원점)에서 만난다. 또한 이러한 내용을 더욱더 확장하여 보통의 공간(= 유클리드 공간)에 **무한원평면**(the plane at infinity), 즉 무한원직선으로 이루어진 평면을 덧붙인 공간을 **사영공간**(projective space)이라고 한다. 사영공간에서는 두 평면은 반드시 한 직선(원래 평면 위의 직선이나, 새로이 도입된 무한원직선)에서 만나게 되어 평행성이 성립하지 않는다.

유클리드 평면기하학에서 임의의 두 직선은 만나거나 평행하고, 유클리드 입체기하학에서도 임의의 두 평면은 만나거나 평행하다. 그런데 이런 이상원소인 무한원점, 무한원직선, 무한원평면을 창조한 목적은 유클리드 평면에 무한원점으로 이루어진 무한원직선이라는 새로운 용어를 도입하여 평면을 확장시켜 확장된 평면에서는

임의의 두 직선은 유클리드 평면 위의 점 또는 새롭게 도입된 무한원점에서 만난다.

즉, 줄여서

임의의 두 직선은 반드시 만난다.

라고 이야기하려는 데 목적이 있다. 예를 들면 실수계에서 임의의 실계수 이차방정식 $ax^2+bx+c=0$은 실근을 갖거나 또는 근을 갖지 않는다. 그러나 이 실수계에 새로운 용어인 복소수 $i=\sqrt{-1}$을 도입하여 실수계를 확장한 복소수계에서는 주어진 실계수 이차방정식 $ax^2+bx+c=0$은 실근을 갖거나 또는 새로 도입된 복소수에 의해 복소근을 갖는다. 이것을 줄여서 확장된 실수계인 복소수계에서는

모든 실계수 이차방정식은 반드시 근을 갖는다.

라고 말할 수 있는 것과 마찬가지이다. 마찬가지로 유클리드 3차원 공간에 무한원직선으로 이루어진 무한원평면을 도입하여 공간을 확장시켜 확장된 공간에서는

임의의 두 평면은 유클리드 공간의 직선 또는 새로 도입된 무한원직선에서 만난다.

를 줄여서

임의의 두 평면은 반드시 만난다.

라고 이야기하려는 데 목적이 있다.

보통의 평면 또는 공간 위에서 점, 직선, 평면 등의 성질을 추상하여 기하학의 공리계를 만드는 것처럼 사영평면 또는 사영공간 위에서 점, 직선, 평면 등의 성질을 추상하여 구성한 것이 사영기하학의 공리계이다. 요컨대 사영기하학은 사영에 의하여 변하지 않는 성질을 연구하는 기하학의 한 분야이다. 예를 들면 원은 사영에 의하여 다른 원추곡선인 타원, 포물선, 쌍곡선 등으로 변하기 때문에 사영기하학에서는 이들 곡선을 구별할 필요가 없다(제14장 14-4절 참조).

기하학의 공리계는 단지 무정의 용어로 **점**과 **직선**, 그리고 점과 직선 사이의 무정의 관계를 나타내는 **결합관계**로

점이 직선 위에 있다.

만이 가정된 **결합기하학**(incidence geometry)에서 출발한다. 그리고 두 직선 위에 한 점이 존재하면

두 직선은 만난다.

라고 하고, 두 직선이 만나지 않으면

두 직선은 평행하다.

라고 한다. 이 기하학에서는 순서와 합동은 논하지 않는다.

결합기하학에서 다음 다섯 개의 공리를 만족하는 점, 직선의 집합을 **아핀평면**(affine plane) 또는 **의사평면**이라고 한다.

A_1. 임의의 서로 다른 두 점 위에는 유일한 직선이 있다.

A_2. 임의의 직선 l과 그 위에 있지 않은 한 점 P가 주어져 있을 때, 점 P를 지나서 직선 l에 평행한 직선은 하나 있고, 그 직선은 유일하다.

A_3. 임의의 직선 위에는 적어도 두 점이 존재한다.

A_4. 임의의 직선에 대하여, 그 직선 위에 있지 않은 점이 적어도 하나 존재한다.

A_5. 적어도 하나의 직선이 존재한다.

예를 들어 결합기하학에서 점의 집합이 $\{A,\ B,\ C,\ D\}$이고, 직선의 집합이 $\{l_1,\ l_2,\ l_3,\ l_4,\ l_5,\ l_6\}$이며, 또한 결합관계가

$$l_1 = \{A,\ B\},\ l_2 = \{B,\ C\},\ l_3 = \{A,\ C\}$$
$$l_4 = \{A,\ D\},\ l_5 = \{B,\ D\},\ l_6 = \{C,\ D\}$$

로 주어지면 아핀평면이고, 또한 네 개의 점과 여섯 개의 직선으로 이루어진 최소 아핀

평면이다. 이 모형을 완비 네-점형(complete four-point configuration)이라고 부른다(그림 10-6 참조).

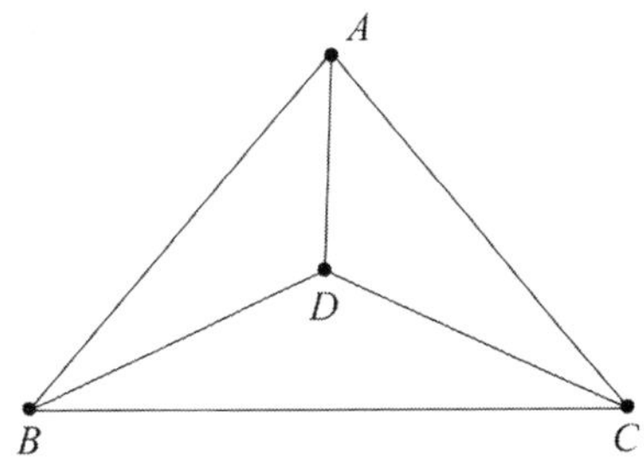

그림 10-6

결합기하학에서 다음 다섯 개의 공리를 만족하는 점, 직선의 집합을 **사영평면**(projective plane)이라고 한다.

P_1. 임의의 서로 다른 두 점 위에는 유일한 직선이 있다.

P_2. 임의의 서로 다른 두 직선 위에는 유일한 점이 있다.

P_3. 임의의 한 직선 위에는 적어도 서로 다른 세 점이 존재한다.

P_4. 임의의 한 직선에 대하여 그 직선 위에 있지 않은 점이 적어도 하나는 존재한다.

P_5. 적어도 하나의 직선이 존재한다.

그리고 결합기하학에서 다음 여덟 개의 공리를 만족하는 점, 직선, 평면의 집합을 **사영공간**(projective space)이라고 한다.

S_1. 임의의 서로 다른 두 점 위에는 유일한 직선이 있다.

S_2. 임의의 서로 다른 두 평면 위에는 유일한 직선이 있다.

S_3. 임의의 한 점과 그 점 위에 있지 않는 직선 위에는 유일한 평면이 존재한다.

S_4. 임의의 한 평면과 그 평면 위에 있지 않은 직선 위에는 유일한 점이 존재한다.

S_5. 임의의 한 직선 위에는 적어도 서로 다른 세 평면이 존재한다.

S_6. 임의의 한 직선 위에는 적어도 서로 다른 세 점이 존재한다.

S_7. 임의의 한 점이 한 직선 위에 있고, 그 직선이 한 평면 위에 있으면, 그 점도 그 평면 위에 있다.

S_8. 점은 어떤 직선 위에 있지 않고, 그 직선은 어떤 평면 위에 있지 않은 관계를 만족하는 점, 직선, 평면이 존재한다.

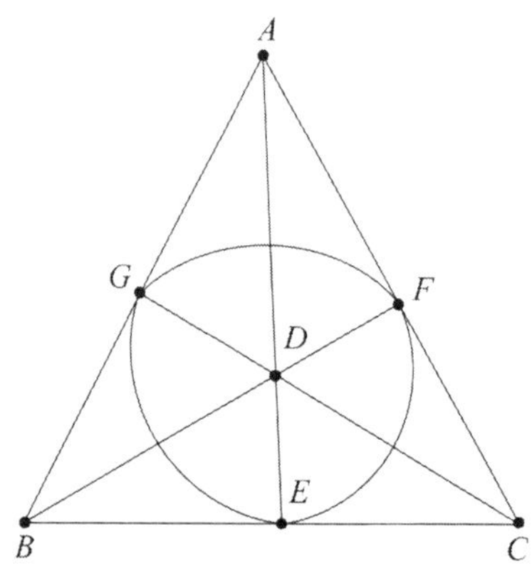

그림10-7

예를 들어 결합기하학에서 점의 집합은 $\{A, B, C, D, E, F, G\}$이고, 직선의 집합은 $\{\overline{l_1}, \overline{l_2}, \overline{l_3}, \overline{l_4}, \overline{l_5}, \overline{l_6}, \overline{l_7}\}$이고, 또한 결합관계가

$$\overline{l_1} = \{A, G, B\},\ \overline{l_2} = \{B, E, C\},\ \overline{l_3} = \{A, F, C\},$$
$$\overline{l_4} = \{A, D, E\},\ \overline{l_5} = \{B, D, F\},\ \overline{l_6} = \{C, D, G\},$$
$$\overline{l_7} = \{E, F, G\}$$

로 주어지면 사영평면이고, 일곱 개의 점과 일곱 개의 직선으로 이루어진 최소 사영평면이다. 이 모형을 **파노 모형**(Fano configuration)이라고 한다(그림 10-7 참조).

10-3 해석기하학과 사영기하학의 만남 : 제차좌표

아핀평면과 사영평면에서의 직선의 차이점을 비교해 보면, 공리 P_1은 아핀평면에서도 성립하는 직선에 관한 공리이다. 그러나 P_2는 아핀평면에서는 성립하지 않는 성질이다. 아핀평면에서는 임의의 두 직선은 한 점에서 만나거나 평행하다. 그러나 사영평면에서는 임의의 두 직선은 반드시 한 점에서 만난다고 가정하고 있다. 따라서 아핀평면의 직선의 성질과 사영평면의 직선의 성질은 큰 차이점이 있다.

그러나 아핀평면을 사영평면으로 확장할 수 있다. 우선 아핀평면의 각 직선에 아핀평면의 점이 아닌 이상적인 점을 하나씩 첨가하여 임의의 두 직선은 반드시 한 점에서 만나도록 확장할 수 있다. 예를 들면 아핀

평면인 완비 네-점형의 직선 l_1, l_2, l_3, l_4, l_5, l_6에 완비 네-점형에서의 점이 아닌 서로 다른 세 점 E, F, G를 다음과 같이 첨가하면

$$\overline{l_1}=l_1\cup\{G\},\ \overline{l_2}=l_2\cup\{E\},\ \overline{l_3}=l_3\cup\{F\},$$
$$\overline{l_4}=l_4\cup\{E\},\ \overline{l_5}=l_5\cup\{F\},\ \overline{l_6}=l_6\cup\{G\}$$

완비 네-점형에서 평행했던 직선군들 $\{l_1,\ l_6\}$, $\{l_2,\ l_4\}$, $\{l_3,\ l_5\}$은 $\{\overline{l_1},\ \overline{l_6}\}$, $\{\overline{l_2},\ \overline{l_4}\}$, $\{\overline{l_3},\ \overline{l_5}\}$로 각각 확장되고, 이 확장된 직선군은 각각 점 G, E와 F에서 만난다. 그런데 이와 같이 확장된 점의 집합, 그리고 확장된 직선들과 직선 $\overline{l_7}=\{E,\ F,\ G\}$로 이루어진 직선의 집합의 모형은 파노 모형이다. 따라서 아핀평면인 완비 네-점형은 사영평면인 파노 모형으로 확장되었다. 여기서 점 G, E와 F는 무한원점이 되고, 직선 $\overline{l_7}=\{E,\ F,\ G\}$는 무한원직선이 되는 것이다.

아핀평면에서 평행한 직선은 사영평면에서 같은 무한원점을 가진다. 따라서 아핀평면에서의 직선은 좌우로 열린 직선이고 사영평면에서의 직선은 무한원점이 첨가되어 좌우의 끝을 맺는 것으로 생각하고 닫힌 직선으로 해석할 수 있다. 사영평면에는 아핀평면에서 존재하지 않는 무수히 많은 무한원점이 존재할 수 있고, 이들은 사영평면에서 하나의 직선, 즉 무한원직선을 형성한다고 말할 수 있다. 따라서 아핀평면에 무한원직선을 첨가

하면 사영평면이 되고, 또한 사영평면에서 무한원직선을 제거하면 아핀평면이 된다.

아핀평면은 다섯 개의 공리 A_1~A_5를 만족해야 하지만 다음과 같은 세 개의 공리만 만족해도 아핀평면이 될 수 있다. 물론 당연히 아핀평면은 다음 세 개의 공리를 만족한다.

① 임의의 서로 다른 두 점을 지나는 직선은 하나 있고, 그 직선은 유일하다.
② 임의의 직선 l과 그 위에 있지 않은 한 점 P가 주어져 있을 때, 점 P를 지나서 직선 l에 평행한 직선은 하나 있고, 그 직선은 유일하다.
③ 동일직선 위에 있지 않은 서로 다른 세 점이 존재한다.

왜냐하면 ①은 A_1과 동일하고, ②는 A_2와 동일하다. ③에서 A, B, C를 동일직선 위에 있지 않은 서로 다른 세 점이라고 하면 ①로부터 두 점 A, B를 지나는 하나의 직선이 존재하므로 A_5를 만족하고, 임의의 직선에 대하여 세 점 A, B, C는 동일직선 위에 있지 않으므로 이 세 점 중에서 적어도 하나는 주어진 직선 위에 있지 않다. 따라서 A_4를 만족한다. 마지막으로 임의의 직선 l에 대하여 세 점 A, B, C 중에서 적어도 하나는 주어진 직선 l 위에 있지 않다. 편의상 A가 l 위에 있지 않다고 가정하면 ①에 의하여 점 A와 B를 지나는 직선과 점 A와 C를 지나는 두 직선이 존재하는데, 이 두 직선은 주어진 직선 l과 만나는 경우와 한 직선은 만나고 다른 한 직선은 평행한 경우인 두 경우만이 있을 수 있다. 만일 이 두 직선이 직선 l과 만나면 l 위에는 두 점이 존재한다. 만일 한 직선은 만나고 다른 한 직선은 평행한 경우, 편의상 점 A와 B를 지나는 직선은 l에 평행하고 점 A와 C를 지나는 직선은 l과 만난다고 하자. ②에 의하여 점 B를 지나고 또한 점 A와 C를 지나는 직선에 평행한 직선 m이 존재하여 l은 m과 만나고, 또한 점 A와 C를 지나는 직선과 만나므로 직선 l 위에는 두 점이 존재한다. 따라서 공리 A_3을 만족한다.

해석기하학을 이용하면 유클리드 평면에서의 점과 직선, 그리고 결합관계는 다음과 같이 주어진다. R를 실수의 집합이라고 할 때

$$\text{점의 집합} = R \times R = \{(x, y) \mid x, y \in R\}$$
$$\text{직선의 집합} = \{ax + by + c = 0 \mid a, b, c \in R, a \neq 0 \text{ 또는 } b \neq 0\}$$

결합관계 : 점 (x_0, y_0)이 직선 $ax+by+c=0$ 위에 있기 위한 필요충분조건은 $ax_0+by+0+c=0$이다.

따라서 유클리드 평면은 아핀평면이다. 왜냐하면

① 임의의 두 점 (x_1, y_1), (x_2, y_2)에 대하여, 두 점 위에 있는 직선

$$m: (y_2-y_1)x+(x_1-x_2)y+(x_2y_1-y_2x_1)=0$$

이 존재한다. $l: ax+by+c=0$이 두 점 (x_1, y_1), (x_2, y_2) 위의 임의의 직선이면

$$\begin{cases} ax_1+by_1+c=0 \\ ax_2+by_2+c=0 \end{cases}$$

$$\Rightarrow\ a=\frac{c(y_1-y_2)}{x_1y_2-x_2y_1},\ b=\frac{c(x_2-x_1)}{x_1y_2-x_2y_1}$$

$$\Rightarrow\ l: \frac{y_1-y_2}{x_1y_2-x_2y_1}cx+\frac{x_2-x_1}{x_1y_2-x_2y_1}cy+c=0$$

$$\Rightarrow\ l: (y_2-y_1)x+(x_1-x_2)y+(x_2y_1-y_2x_1)=0$$

$$\Rightarrow\ l=m$$

② 주어진 점 (x_0, y_0)이 주어진 직선 $l: ax+by+c=0$ 위에 있지 않다면

$$ax_0+by_0+c\neq 0\ \text{또는}\ c\neq-(ax_0+by_0)$$

$\Rightarrow$ 직선 $m: ax+by-(ax_0+by_0)=0$은점 (x_0, y_0)을 지나고 주어진 직선 $l: ax+by+c=0$에 평행하다.

직선 $n: Ax+By+C=0$이 점 (x_0, y_0) 위에 있고 직선 l에 평행하면

$$C=-(Ax_0+By_0),\ \frac{a}{A}=\frac{b}{B}$$

$$\Rightarrow\ a\neq 0\text{이라고 가정하면, } B=(b/a)A\text{이고}$$

$$n: Ax+(b/a)Ay-Ax_0-(b/a)Ay_0=0$$

$$\Rightarrow n: ax+by-(ax_0+by_0)=0$$

$$\Rightarrow n=m$$

③ 점 (0, 0), (0, 1), (1, 0)은 동일직선 위에 있지 않은 세 점이다. 세 점 모두 동일직선 $ax+by+c=0$에 있다면

$$a=b=c=0\text{이다.}$$

아핀평면에서 다른 공리계를 택했던 것과 마찬가지로 사영평면도 다섯 개의 공리 P_1~P_5를 만족해야 하지만 다음과 같은 세 개의 공리만 만족해도 사영평면이 될 수 있다. 물론 당연히 사영평면은 다음 세 개의 공리를 만족한다.

(a) 임의의 서로 다른 두 점을 지나는 직선은 하나 있고, 그 직선은 유일하다.
(b) 임의의 서로 다른 두 직선은 한 점에서 만나고, 그 점은 유일하다.
(c) 임의로 택한 세 점이 동일직선 위에 있지 않은 네 점이 존재한다.

왜냐하면 (a)은 P_1과 동일하고, (b)는 P_2와 동일하다. (c)에 의하여 임의로 택한 세 점이 동일직선 위에 있지 않은 네 점 A, B, C, D가 존재한다. (a)에 의하여 점 A와 B를 지나는 직선이 존재하므로 P_5를 만족한다. 임의로 택한 세 점이 동일직선 위에 있지 않으므로 P_4를 만족한다. 마지막으로 임의의 직선 l에 대하여 네 점 A, B, C, D 중에서 적어도 두 점은 l 위에 있지 않다. 편의상 점 A가 l 위에 있지 않다고 가정하면 (b)에 의하여 점 A와 B를 지나는 직선, 점 A와 C를 지나는 직선, 점A와 D를 지나는 직선은 주어진 직선 l과 만나므로 직선 l 위에는 세 점이 존재하게 되어 P_3을 만족한다.

제9장 9-7절의 플뤼커의 제차좌표를 이용하면 유클리드 평면을 사영평면으로 확장할 수 있다.

유클리드 평면 위의 점 (x, y)에 대하여

$$x=x_1/x_3,\ y=x_2/x_3\quad (x_3\neq 0)$$

을 만족하는 순서가 정해진 세 실수의 모든 조 $[x_1, x_2, x_3]$을 유클리드 평면에서의 점

$(x,\ y)$에 관한 제차좌표(homogeneous coordinates)라 한다. 그리고

$$\frac{kx_1}{kx_3}=\frac{x_1}{x_3},\quad \frac{kx_2}{kx_3}=\frac{x_2}{x_3}\quad (k\neq 0)$$

이므로 $[x_1,\ x_2,\ x_3]$와 $[kx_1,\ kx_2,\ kx_3]$는 같은 점에 대한 제차좌표이다. 따라서 $[2,\ 4,\ -2]$, $[-1,\ -2,\ 1]$, $[1/2,\ 1,\ -1/2]$ 등은 같은 점에 대한 제차좌표이다.

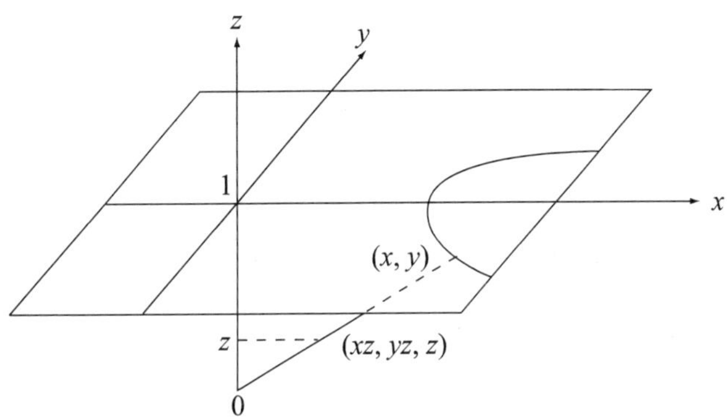

그림 10-8

제차좌표는 1827년에 뫼비우스가 〈중점계산(Der barycentrische Calcul)〉에서 소개하였고, 또한 플뤼커는 1830년에 〈새로운 좌표계 위에서(Über ein neues Coordinatensystem)〉, 1831년에는 〈해석기하학의 발달〉에서 소개하였다.

1925년에 클라인은 〈기하학(Geometry)〉에서 만일 유클리드 평면의 점 $(x,\ y)$에 대하여 유클리드 공간 R^3에서 $(x,\ y)$를 x_1x_2평면 위의 점으로 택한다면 $(x,\ y)$의 제차좌표는 그림 10-8과 같이 원점과 평면 $x_3=1$ 위의 점 $(x,\ y,\ 1)$을 연결하는 선분 위에서 원점을 제외한 점들의 좌표임을 보였다.

또한 유클리드 평면 위의 직선 $ax+by+c=0$에 대하여 순서가 정해진 세 실수의 조 $\langle a,\ b,\ c\rangle$를 **직선에 관한 제차좌표**라고 한다. 그리고

$$ax+by+c=0 \Leftrightarrow kax+kby+kc=0\quad (k\neq 0)$$

이므로 $\langle a,\ b,\ c\rangle$와 $\langle ka,\ kb,\ kc\rangle$는 같은 직선에 대한 제차좌표이다. 따라서 $\langle 2,\ 4,\ -2\rangle$,

$\langle -1, -2, 1\rangle$, $\langle 1/2, 1, -1/2\rangle$ 등은 같은 직선의 제차좌표이다.

유클리드 평면에서 제차좌표에 의한 점과 직선의 결합관계는 다음과 같이 주어진다.

점 $[x_1, x_2, x_3]$가 직선 $\langle a, b, c\rangle$ 위에 있다.
$\Leftrightarrow$ $(x_1/x_3, x_2/x_3)$가 $ax+by+c=0$ 위에 있다.
$\Leftrightarrow$ $a(x_1/x_3)+b(x_2/x_3)+c=0$
$\Leftrightarrow$ $ax_1+bx_2+cx_3=0$

유클리드 평면 위에 제차좌표계가 주어졌다고 하면, 평행하지 않은 두 직선 $\langle a, b, c\rangle$와 $\langle a', b', c'\rangle$의 교점은

$$[bc'-b'c,\ ca'-c'a,\ ab'-a'b] \qquad \cdots ①$$

이다. 만약에 위의 두 직선이 평행했다면

$$a/a'=b/b' \text{ 또는 } ab'=a'b$$

이므로, 이것을 교점 ①에 대입하면 $[bc'-b'c, ca'-c'a, 0]$인데 이것은 $x_3=0$이므로 유클리드 평면의 점이 아니다. 그리고 결합관계식은 유클리드 평면의 점과 직선에 대해서만 성립하는 것임에도 불구하고 확장하여 사용하면, 평행한 두 직선 $\langle a, b, c\rangle$와 $\langle a', b', c'\rangle$와 유클리드 평면의 점이 아닌 $[bc'-b'c, ca'-c'a, 0]$ 사이에는 결합관계

$$a(bc'-b'c)+b(ca'-c'a)+c\cdot 0=c(a'b-ab')=0$$
$$a'(bc'-b'c)+b'(ca'-c'a)+c'\cdot 0=c'(a'b-ab')=0$$

이 성립한다. 따라서 평행한 두 직선 $\langle a, b, c\rangle$와 $\langle a', b', c'\rangle$은 이상적인 점 $[bc'-b'c, ca'-c'a, 0]$에서 만난다고 말할 수 있다. 이런 이유에서 $[bc'-b'c, ca'-c'a, 0]$를 평행한 두 직선 $\langle a, b, c\rangle$와 $\langle a', b', c'\rangle$의 이상점으로 선택할 수 있다. 따라서 임의의 유클리드 직선들의 이상점들의 좌표는 $[x_1, x_2, 0]$이다. 그리고 이러한 이상점들은 결합관계식

$$0\cdot x_1+0\cdot x_2+1\cdot 0=0$$

을 만족하므로 모든 이상점들은 직선 $\langle 0, 0, 1\rangle$ 위에 있다고 말할 수 있다. 물론 $\langle 0, 0, 1\rangle$

은 유클리드 평면에서의 직선은 아니다. 이러한 이유에서 ⟨0, 0, 1⟩을 이상직선으로 선택할 수 있다. 따라서 우리는 제차좌표로 주어진 유클리드 평면에 이상직선 ⟨0, 0, 1⟩을 첨가하면 점의 집합은

$$\{[x_1,\ x_2,\ x_3]x_1,\ x_2,\ x_3 \in\ R,\ x_3 \neq 0\} \cup \{\text{모든 이상점}\}$$
$$= \{[x_1,\ x_2,\ x_3]x_1,\ x_2,\ x_3 \in\ R,\ [x_1,\ x_2,\ x_3] \neq [0,\ 0,\ 0]\}$$

로, 직선의 집합은

$$\{\langle a,\ b,\ c\rangle | a,\ b,\ c \in R,\ a \neq 0\ \text{ 또는 }\ b \neq 0\} \cup \{\langle 0,\ 0,\ 1\rangle\}$$
$$= \{\langle a,\ b,\ c\rangle | a,\ b,\ c \in R,\ \langle a,\ b,\ c\rangle \neq \langle 0,\ 0,\ 0\rangle\}$$

로, 또한 점과 직선의 결합관계는

점 $[x_1,\ x_2,\ x_3]$가 직선 $<a,\ b,\ c>$ 위에 있다.
$$\Leftrightarrow\ ax_1 + bx_2 + cx_3 = 0$$

로 이루어진 하나의 확장된 평면을 만들 수 있다. 당연히 확장된 평면에서 [0, 0, 0]은 점이 아니고, 또한 ⟨0, 0, 0⟩은 직선이 아니다. 이와 같은 점과 직선, 그리고 결합관계를 갖은 평면을 유클리드 평면의 **확장평면**(extended plane)이라 한다. 이 확장평면은 사영평면이다. 왜냐하면 이 확장평면은 사영평면이 될 수 있는 대체 공리계 (a), (b), (c)를 다음과 같이 만족한다.

(a) $[x_1,\ x_2,\ x_3]$와 $[y_1,\ y_2,\ y_3]$가 서로 다른 두 점이면

$$x_1 : x_2 : x_3 \neq y_1 : y_2 : y_3$$

이다. 따라서 다음 세 개 중에 적어도 하나는 0이 아니다.

$$x_1y_2 - x_2y_1,\ \ x_1y_3 - x_3y_1,\ \ x_2y_3 - x_3y_2$$

편의상 $x_1y_2 - x_2y_1 \neq 0$이라고 가정하면 직선

$$<x_2y_3 - x_3y_2,\ x_3y_1 - x_1y_3,\ x_1y_2 - x_2y_1>$$

은 점 $[x_1,\ x_2,\ x_3]$와 $[y_1,\ y_2,\ y_3]$ 위에 있다. 왜냐하면

$$(x_2y_3 - x_3y_2)x_1 + (x_3y_1 - x_1y_3)x_2 + (x_1y_2 - x_2y_1)x_3 = 0$$
$$(x_2y_3 - x_3y_2)y_1 + (x_3y_1 - x_1y_3)y_2 + (x_1y_2 - x_2y_1)y_3 = 0$$

이기 때문이다. 만약 $\langle a,\ b,\ c\rangle$가 두 점 $[x_1,\ x_2,\ x_3]$과 $[y_1,\ y_2,\ y_3]$ 위의 임의의 직선이면 $x_1y_2 - x_2y_1 \neq 0$이므로

$$\begin{cases} ax_1 + bx_2 + cx_3 = 0 \\ ay_1 + by_2 + cy_3 = 0 \end{cases}$$

$$\Rightarrow\ a = \frac{x_2y_3 - x_3y_2}{x_1y_2 - x_2y_1}c,\ \ b = \frac{x_3y_1 - x_1y_3}{x_1y_2 - x_2y_1}c$$

$$\Rightarrow\ \langle a,\ b,\ c\rangle = \left\langle \frac{x_2y_3 - x_3y_2}{x_1y_2 - x_2y_1}c,\ \frac{x_3y_1 - x_1y_3}{x_1y_2 - x_2y_1}c,\ c \right\rangle$$
$$= \langle x_2y_3 - x_3y_2,\ x_3y_1 - x_1y_3,\ x_1y_2 - x_2y_1 \rangle$$

따라서 임의의 서로 다른 두 점을 지나는 유일한 직선이 존재한다.

(b) (a)에서 증명한 동일한 방법을 사용하면 서로 다른 두 직선 $\langle a_1,\ a_2,\ a_3\rangle$와 $\langle b_1,\ b_2,\ b_3\rangle$은 유일한 점

$$[a_2b_3 - a_3b_2,\ a_3b_1 - a_1b_3,\ a_1b_2 - a_2b_1]$$

에서 만난다.

(c) 임의의 세 점이 동일 직선 위에 있지 않은 네 개의 점 [1, 0, 0], [0, 1, 0], [0, 0, 1], [1, 1, 1]이 존재한다. 만약 이 중에 세 점이 동일 직선 $\langle a,\ b,\ c\rangle$ 위에 있다면

$$a = b = c = 0$$

이다. 그러나 $\langle 0,\ 0,\ 0\rangle$은 확장평면에서의 직선이 아니다.

우리는 유클리드 평면을 확장하기 위해 이상점을 $[x_1,\ x_2,\ 0]$로 택하고, 또한 이상직

선을 ⟨0, 0, 1⟩로 택하여 유클리드 평면을 사영평면으로 확장시켰다. 따라서 $[x_1, x_2, 0]$은 무한원점이고, 또한 ⟨0, 0, 1⟩는 무한원직선이다. 그런데 무한원직선 위의 점들, 즉 무한원점들의 좌표는 $x_3=0$이므로 무한원직선을 직선 $x_3=0$이라고도 한다.

유클리드 평면기하학에서 한 직선 위에 있는 네 점 P_1, P_2, P_3, P_4에 대한 복비를

$$\lambda=(P_1P_2,\ P_3P_4)=\frac{P_1P_3/P_3P_2}{P_1P_4/P_4P_2}$$

로 정의한다는 것은 제3장 3-15절에서 이야기하였다. 그러나 사영공간에서는 거리의 개념이 없기 때문에 위의 정리는 무의미하다. 그러나 유클리드 직선 위에서 점 P_i의 좌표 y_i가 그 직선 위의 고정된 한 점으로부터의 거리라면 $P_iP_j=y_j-y_i$이므로

$$\lambda=(P_1P_2,\ P_3P_4)=\frac{(y_3-y_1)(y_2-y_4)}{(y_2-y_3)(y_4-y_1)} \qquad \cdots ①$$

이다. 위의 식에 $y_i=x_i/t_i$를 대입하면

$$\lambda=(P_1P_2,\ P_3P_4)=\frac{(x_3t_1-x_1t_3)(x_2t_4-x_4t_2)}{(x_2t_3-x_3t_2)(x_4t_1-x_1t_4)} \qquad \cdots ②$$

로 변형된다. 그런데 이 식은 거리의 개념과 관련이 없으므로 사영기하학에서는 이 값을 사영직선 위의 네 점 $P_i=[x_i,\ t_i]$ $(i=1,\ 2,\ 3,\ 4)$에 대한 복비로 정의한다.

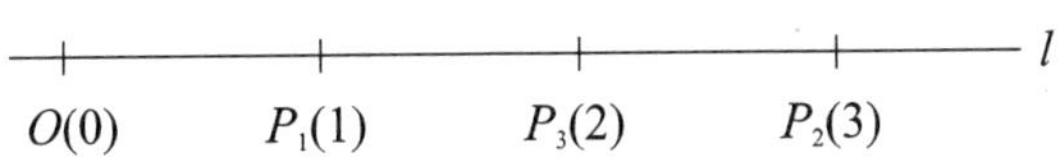

그림 10-9

공식 ①과 ②를 비교하기 위하여, 그림 10-9와 같이 한 직선 l 위의 세 점 P_1, P_2, P_3의 비제차좌표 1, 3, 2이 직선 l 위의 고정된 한 점 O로부터의 거리라고 할 때

$$\lambda=(P_1P_2,\ P_3P_4)=-1$$

을 만족하는 P_1, P_2에 대한 P_3의 조화켤레(harmonic conjugate)인 $P_4(y_4)$를 찾아내자.

식 ①로부터

$$\lambda = \frac{(2-1)(3-y_4)}{(3-2)(y_4-1)} = -1$$

이므로

$$3 - y_4 = -y_4 + 1 \text{ 또는 } 3 = 1$$

이다. 이 모순된 결과는 유클리드 직선 위에는 P_1, P_2에 대한 P_3의 조화켤레인 P_4가 존재하지 않는다는 것을 의미한다. 그러나 세 점 P_1, P_2, P_3의 제차좌표 [1, 1], [2, 1], [3, 1]을 식 ②에 대입하면

$$\lambda = \frac{(2-1)(3t_4-x_4)}{(3-2)(x_4-t_4)} = -1$$

이므로 $t_4 = 0$이다. 따라서 P_1, P_2에 대한 P_3의 조화켤레인 P_4는 사영직선 위의 무한원점이다.

10-4 연속의 원리와 쌍대의 원리 : 퐁슬레

퐁슬레

데자르그, 몽주 그리고 카르노가 사영기하학의 연구를 시작하기는 했지만, 진정한 독립적인 발달은 19세기에 퐁슬레(Poncelet, J.V. 1788-1867)에 의하여 시작되었다.

퐁슬레는 프랑스의 메츠에서 태어나서 그 곳의 대학 예비학교인 리세에 다닌 후 1807년부터 1810년까지 에콜 폴리테크니크에 등록하여 몽주 밑에서 화법기하학을 배웠으며, 또한 카르노의 〈위치의 기하학〉을 공부하였다. 그는 메츠 사관학교에서 정식 교육을 마친 후 1812년에 공병 중위로 군에 입대하여 나폴레옹의 치명적인 러시아 원정에 종군하였다. 모스크바를 향해 승전가를 부르며 계속 진격했던 나폴레옹 휘하의 50만 군대는 변덕스러운 기후 이외에는 아무런 저항도 받지 않고 모스크바까지 진격했으나, 모스크바의 시

민들은 도시를 불질러 모든 것을 태워버렸다. 이것은 나폴레옹 군대에 엄청난 타격을 주었을 뿐만 아니라, 나폴레옹은 라이프치히에서 브휴헤르와 결전하기 위하여 휘하의 장병을 두고 퇴각해버렸다.

1812년 11월 18일 네이 장군 휘하의 힘 빠진 프랑스의 패잔병은 크라스노이에서 적에게 포위되어 사살되었다. 얼어붙은 전장에 전사자로 내버려진 장병 중에는 퐁슬레도 끼여 있었다. 다행스럽게도 그는 공병장교 군복을 입고 있었으므로 러시아군 수색대는 그가 아직 숨을 쉬고 있는 것을 발견하고 심문하기 위하여 호송하였다.

이리하여 포로가 된 퐁슬레는 약 5개월간 누더기가 된 군복을 걸치고 약간의 빵을 배급받으며 얼어붙은 들판을 넘어 행군을 계속했다. 이 행군에서 지독한 추위로 인해 퐁슬레 전우의 대부분은 비참한 최후를 맞이했으나, 건강한 체질을 타고난 퐁슬레는 이 시련을 잘 넘겨 1813년 3월에 볼가 연안의 사라토프 포로수용소까지 따라갈 수 있었다. 그곳에 도착한 퐁슬레는 너무나 피로했기에 아무것도 생각할 힘이 없었다. 그러나 찬란한 4월의 태양과 함께 그의 생명력은 부활했고, 자신이 훌륭한 수학교육을 받았다는 것을 생각하게 되었다. 그리고 포로생활의 괴로움을 잊기 위하여 이전에 배운 것을 가능한 한 재현해 보려고 결심하게 되었다.

그 곳에서 그는 아무 책도 없이, 오늘날에는 고전이지만 1822년에 초판이 발행된, 명저 〈해석학과 기하학의 응용〉을 썼으며, 그 책의 서문에 자신의 모스크바에서 비참하게 퇴각한 경험을 적고 있다. 또한 그 곳에서 〈도형의 사영적 성질에 관하여〉를 계획하였는데, 1814년 9월에 석방되어 메츠에 돌아와 편집하여 1822년에 파리에서 발행하였다. 이 저서는 기하학의 이정표가 되었으며, 사영기하학의 연구에 커다란 자극을 주었고 이 분야의 역사에 있어서 이른바 위대한 시기를 열었다. 많은 수학자들이 이 분야에 뛰어들었는데 그 중에는 기하학, 특히 사영기하학의 역사에 빛나는 이름 제르곤, 브리앙송, 샤슬레, 플뤼커, 슈타이너 등이 있다.

퐁슬레는 오랫동안에 건강이 나빴음에도 불구하고 군임무에 항상 성실하게 수행하였으며 죽을 때까지도 수학적 창조 능력을 가지고 있었다. 그는 79세의 일기로 1867년에 파리에서 죽었다.

퐁슬레가 사영기하학을 정복하기 위해 고안해 낸 것 중에서 가장 중요한 것은 쌍대의 원리와 연속의 원리이다.

(1) 연속의 원리

지금 정직선 l과 l 위에 있지 않은 한 점 A가 주어졌을 때 A를 지나는 직선 p를 A를 중심으로 회전시키면 l과 p의 교점 P는 l 위의 화살표 방향으로 그림 10-10과 같이 움직인다. 이 때 회전은 연속적으로 이루어지는 데 반해 점 P는 p가 l에 평행이 되는 순간에 사라지고 연속성은 깨지고 만다. 이러한 연속성을 막기 위하여 퐁슬레는 이상점으로서의 무한원점을 도입하였다.

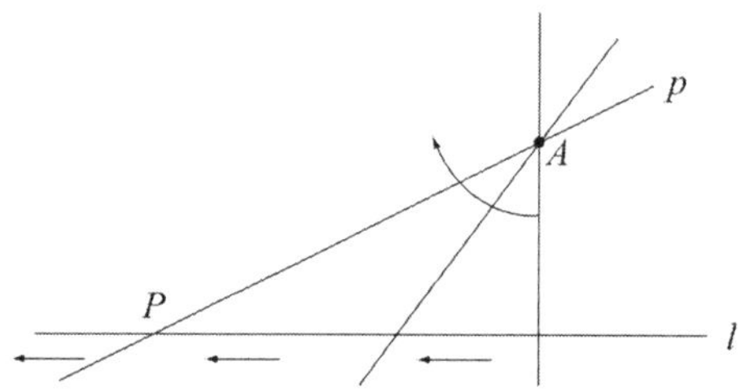

그림 10-10

(2) 쌍대의 원리

사영기하학에서 특별히 성립하는 퐁슬레의 쌍대의 원리(Principle of duality)에 대하여 알아보자.

평면 사영기하학에서는 하나의 명제 S가 있을 때, 이 명제의 용어 중에서

점에 대해서는 **직선**
직선에 대해서는 **점**

으로, 그리고 공간 사영기하학에서는 하나의 명제 S가 있을 때, 이 명제의 용어 중에서

점에 대해서는 **평면**
평면에 대해서는 **점**

으로 바꾸어 놓은 명제 S^d를 주어진 **명제의 쌍대**(the dual of statement)라고 부른다. 이 때 공간 사영기하학에서는 직선은 다른 용어로 바꾸지 않는데 이것을 **자기쌍대요소**라고 부른다. 예를 들면 평면 사영기하학의 공리 P_1~P_5의 쌍대는

P_1^d. 임의의 서로 다른 두 직선 위에는 유일한 점이 있다.

P_2^d. 임의의 서로 다른 두 점 위에는 유일한 직선이 있다.

P_3^d. 임의의 한 점 위에는 적어도 서로 다른 세 직선이 존재한다.

P_4^d. 임의의 한 점에 대하여 그 점 위에 있지 않은 직선이 적어도 하나는 존재한다.

P_5^d. 적어도 하나의 점이 존재한다.

이고, 또한 공간 사영기하학의 공리의 쌍대는

S_1^d. 임의의 서로 다른 두 평면 위에는 유일한 직선이 있다.

S_2^d. 임의의 서로 다른 두 점 위에는 유일한 직선이 있다.

S_3^d. 임의의 한 평면과 그 평면 위에 있지 않는 직선 위에는 유일한 점이 존재한다.

S_4^d. 임의의 한 점과 그 점 위에 있지 않은 직선 위에는 유일한 평면이 존재한다.

S_5^d. 임의의 한 직선 위에는 적어도 서로 다른 세 점이 존재한다.

S_6^d. 임의의 한 직선 위에는 적어도 서로 다른 세 평면이 존재한다.

S_7^d. 임의의 한 평면이 한 직선 위에 있고, 그 직선이 한 점 위에 있으면, 그 평면도 그 점 위에 있다.

S_8^d. 평면은 어떤 직선 위에 있지 않고, 그 직선은 어떤 점 위에 있지 않은 관계를 만족하는 평면, 직선, 점이 존재한다.

이다. 우리는 평면 사영기하학에서 공리 P_1~P_5의 쌍대인 P_1^d~P_5^d가 성립한다는 것을 쉽게 확인할 수 있다. 왜냐하면

P_1^d. $P_1^d \equiv P_2$

P_2^d. $P_2^d \equiv P_1$

P_5^d. P_5에 P_4를 적용하면 한 점의 존재성을 나타내므로 P_5^d가 성립한다.

P_4^d. 임의의 한 점 P에 대하여, P_5에 의해, 한 직선 l이 존재한다. 만약 이 직선 l이

점 P 위에 있지 않으면, 자동적으로 P_4^d는 성립한다. 그러나 만약에 직선 l이 점 P 위에 있다면, P_3에 의해 직선 l 위에는 P와 다른 점 Q가 존재하고, 또한 P_4에 의해 직선 l 위에 있지 않은 점 R이 존재한다. 따라서 P_1에 의해 두 점 Q와 R 위에는 한 직선 QR이 존재하는데, 이 직선 QR은 점 P 위에 있지 않다. 왜냐하면 이 직선 QR이 점 P 위에 있다면, 두 점 P와 Q 위에는 두 직선 l과 QR이 존재하므로 P_1에 모순이 된다. 따라서 P_4^d는 성립한다.

P_3^d. 임의의 한 점 P에 대하여, P_4^d에 의해 점 P 위에 있지 않은 한 직선 l이 존재하고, 또한 P_3에 의해서 직선 l 위에는 세 개의 점 A, B, C가 존재한다. 따라서 P_1에 의해 점 P 위에는 서로 다른 세 직선 PA, PB, PC가 존재하므로 P_3^d는 성립한다.

마찬가지로 공간 사영기하학에서도 공리 S_1~S_8의 쌍대인 S_1^d~S_8^d가 성립한다는 것을 쉽게 확인할 수 있다. 왜냐하면

$$S_1^d \equiv S_2,\ S_2^d \equiv S_1,\ S_3^d \equiv S_4,\ S_4^d \equiv S_3,$$
$$S_5^d \equiv S_6,\ S_6^d \equiv S_5,\ S_7^d \equiv S_7,\ S_8^d \equiv S_8$$

이기 때문이다. 이러한 결과로부터

> 사영기하학에서는 점, 직선, 평면 사이의 관계를 나타내는 하나의 명제가 주어졌을 때, 이 명제로부터 쌍대인 명제를 만들 수 있고, 또한 주어진 명제가 사영기하학에서 성립하면 새로이 얻어진 쌍대 명제는 자동적으로 성립한다.

는 사실을 추론할 수 있다. 이와 같은 사영기하학의 두 명제에서 일어나는 대칭성을 **쌍대의 원리**라고 부른다. 예를 들어 파스칼의 신비한 육각형의 정리의 쌍대를 취하여 보자. 먼저 파스칼의 정리를 보다 쉽게 쌍대를 만들 수 있는 형태로 쓰면 다음과 같다.

> 6각형의 여섯 개의 꼭지점이 한 원추곡선 위에 있기 위한 필요충분조건은 세 쌍의 대변의 교점이 한 직선 위에 있는 것이다.

이것의 쌍대를 취하면

6각형의 여섯 개의 변이 한 원추곡선에 접하기 위한 필요충분조건은 세 쌍의 마주 보는 꼭지점을 이은 직선들이 한 점에서 만나는 것이다.

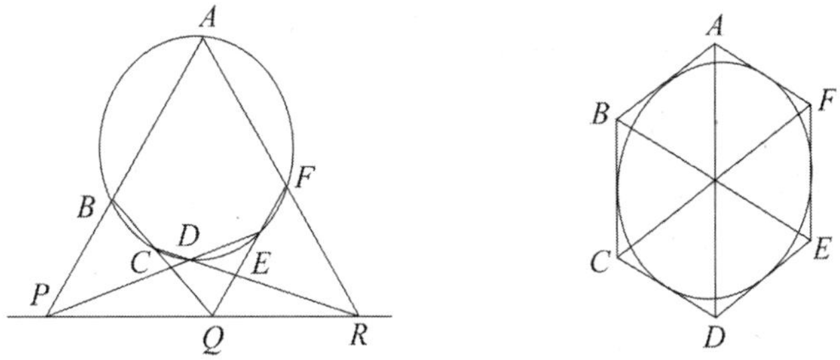

그림 10-11

이 정리는 브리앙송(Brianchon, C.J. 1783-1846)이 파리의 에콜 폴리테크니크의 학생이었던 1806년에 최초로 발표한 것으로 파스칼이 그의 정리를 만든 지 거의 200년이 지난 후였다.

공간 사영기하학에서는 공리집합 $\{S_1, \cdots, S_8\}$과 이 공리집합에 대한 쌍대인 명제의 집합 $\{S_1^d, \cdots, S_8^d\}$은 서로 동치이므로 쌍대의 원리는 당연히 성립한다. 즉 어떤 명제 S가 공리집합 $\{S_1, \cdots, S_8\}$에서 성립하면 이 명제 S의 쌍대인 명제 S_d는 명제의 집합 $\{S_1^d, \cdots, S_8^d\}$에서 성립한다. 그런데 $\{S_1, \cdots, S_8\}$과 $\{S_1^d, \cdots, S_8^d\}$는 동치이므로 S_d는 공리집합 $\{S_1, \cdots, S_8\}$에서 성립한다.

평면 사영기하학에서는 다음과 같은 방법으로 쌍대의 원리를 입증할 수 있다. 앞에서 평면 사영기하학에서 공리집합 $\{P_1, \cdots, P_5\}$는 이 공리집합의 쌍대의 명제인 P_1^d, $\cdots$, P_5^d를 만족하는 것을 입증하였다. 만약에 명제의 집합 $\{P_1^d, \cdots, P_5^d\}$도 명제 P_1, $\cdots$, P_5를 만족한다는 것을 증명한다면 두 집합 $\{P_1, \cdots, P_5\}$와 $\{P_1^d, \cdots, P_5^d\}$은 동치가 되어 쌍대의 원리는 성립하게 된다. 명제 P_1^d, $\cdots$, P_5^d가 성립한다고 가정하면

P_1. $P_1 \equiv P_2^d$

P_2. $P_2 \equiv P_1^d$

P_5. P_5^d에 P_4^d를 적용하면 한 직선의 존재성을 나타내므로 P_5가 성립한다.

P_4. 임의의 한 직선 l에 대하여, P_5^d에 의해 한 점 P가 존재한다. 만약 이 점 P가 직선 l 위에 있지 않으면, 자동적으로 P_4는 성립한다. 그러나 만약에 점 P가 직선 l 위에 있다면, P_3^d에 의해 점 P 위에는 직선 l과 다른 직선 m이 존재하고, 또한 P_4^d에 의해 점 P 위에 있지 않은 직선 n이 존재한다. 따라서 P_1^d에 의해 두 직선 m과 n 위에는 한 점 Q가 존재하는 데, 이 점 Q는 직선 l 위에 있지 않다. 왜냐하면 이 점 Q가 직선 l 위에 있다면, 두 직선 l과 m 위에는 두 점 P와 Q가 존재하므로 P_1^d에 모순이 된다. 따라서 P_4는 성립한다.

P_3. 임의의 한 직선 l에 대하여, P_4에 의해 직선 l 위에 있지 않은 한 점 P가 존재하고, 또한 P_3^d에 의해서 점 P 위에는 세 개의 직선 a, b, c가 존재한다. 따라서 P_1^d에 의해 직선 l 위에는 (직선 l과 세 개의 직선 a, b, c의 교점인) 서로 다른 세 점 A, B, C가 존재하므로 P_3이 성립한다.

위의 증명과정을 관찰하여 보면 평면 사영기하학에서 P_1^d~P_5^d가 성립한다는 증명과정을 단순히 쌍대로 바꾸어서 증명하였다는 사실을 확인할 수 있다. 즉 사영기하학에서 공리집합으로부터 얻어진 임의의 정리의 쌍대는 주어진 정리의 증명과정을 단순히 쌍대로 바꾸어서 증명할 수 있다.

사영기하학의 바탕을 이루는 쌍대의 원리는 퐁슬레가 러시아에서 2년 동안의 포로 생활에서 얻은 수확이었으며, 그 결과는 〈도형의 사영적 성질에 관하여〉에 실려 있다. 특히

쌍대의 원리는 사영기하학 내부에서의 정리가 아니고, 사영기하학의 이론 그 자체에 관한 정리이다.

라는 점에서 특수한 성격을 가진다. 참고로 아핀기하학에서는 쌍대의 원리가 성립하지 않는다. 왜냐하면 공리

A_1. 임의의 서로 다른 두 점 위에는 유일한 직선이 있다.

의 쌍대 명제는

A_1^d. 임의의 서로 다른 두 직선 위에는 유일한 점이 있다.

인데, A_1^d는 임의의 서로 다른 두 직선은 항상 만난다. 즉

평행선은 존재하지 않는다.

는 이야기가 되므로 A_2에 모순되기 때문이다.

쌍대의 원리는 흥미롭게도 다른 여러 수학 분야, 가령 불 대수, 삼각 항등식이론, 구면기하학, 명제의 연산 등에서도 성립한다.

11 탄생을 위한 전주곡 : 평행공준

11-1 평행공준의 역사

유클리드는 '자명하다'고 믿는 명제 중에서 기하학 특유의 것을 공준이라 했으며, 〈원론〉에는 다섯 개의 공준이 있다. 그 중에서 공준 5

> 한 직선이 두 직선과 만나서 어느 한쪽의 두 내각의 합이 두 직각보다 작으면, 이 두 직선을 무한히 연장할 때 두 직각보다 작은 각이 이루어지는 쪽에서 두 직선은 반드시 만난다.

를 **평행공준**이라고 부른다. 이 공준은 다른 공준처럼 단순하지 않고 매우 길다. 또한 '무한히'라는 표현을 쓰고 있다는 점에서도 다른 공준처럼 자명한 특성을 직관적으로 파악하기 힘들다. 여기서 '무한히'의 의미는 '한계가 없다'라는 뜻을 포함하고 있는지 없는지를 알 수가 없다. 예를 들면 수열

$$\frac{1}{2},\ \frac{2}{3},\ \frac{3}{4},\ \frac{4}{5},\ \frac{5}{6},\ \cdots$$

은 무한히 증가하지만 '한계가 없다'는 의미에서 '무한히'는 아니다. 왜냐하면 이 수열의 한계는 1이다. 따라서 '무한히'라는 것은 명확한 본성을 지니지 못한다는 이유로 평행공준은 기하학의 공준으로 부적당하게 보였던 것이다.

유클리드 〈원론〉의 제1권의 명제 27부터는 평행선에 관한 명제이다. 그러나 명제 27과 28은 평행공준 없이도 증명이 가능하다. 예를 들어 명제 27

> 한 직선이 두 직선과 만나서 이루는 엇각이 서로 같으면, 이 두 직선은 서로 평행하다.

에 대한 다음의 증명을 살펴보면 쉽게 알 수 있다.

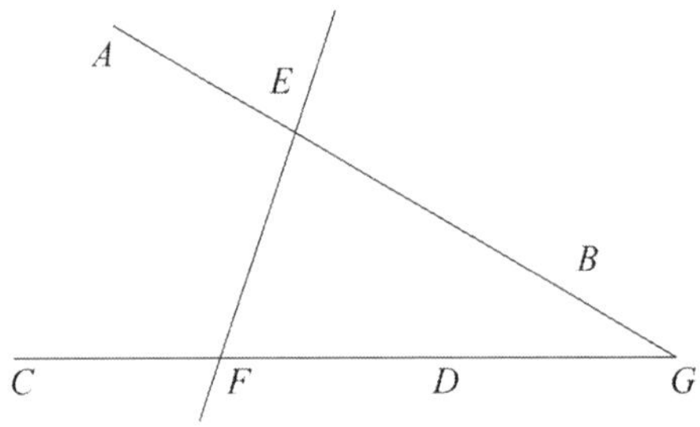

그림 11-1

증명 그림 11-1에서처럼 한 직선 이 두 직선 AB, CD와 만나서 $\angle BEF = \angle CFE$임을 가정하고 직선 AB와 CD가 평행인 것을 증명하자. 평행선의 정의에 의해 두 직선 AB와 CD는 만나지 않아야 한다(정의 23). 그런데 이 두 직선이 연장선상의 점 G에서 만났다고 가정하면 $\angle CFE$는 $\triangle EFG$의 외각이다. 따라서 $\angle CFE$는 그 내대각인 $\angle FEG$보다 커야 한다(명제 16). 이것은 가정 $\angle BEF = \angle CEF$에 모순이다. 따라서 두 직선은 결코 만나지 않는다. ■

그러나 명제 29의 증명부터는 평행공준이 반드시 필요하다. 유클리드 자신도 평행공준의 사용을 가능한 한 자제하다가 나중에야 사용하였다. 유클리드는 명제 27의 역인 명제 29를 증명하면서부터 드디어 평행공준을 사용하기 시작한다. 유클리드는 명제 29의 증명에서 다음과 같이 평행공준을 사용했다.

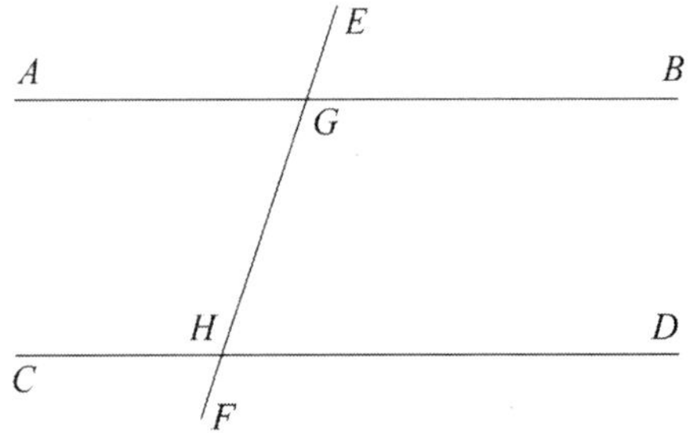

그림 11-2

한 직선이 두 평행선과 만나서 이루는 엇각은 서로 같고, 동위각은 서로 같으며, 또 동방내각의 합은 두 직각과 같다.

증명 그림 11-2에서 직선 AB와 CD가 평행인 것을 가정하고

$$\angle AGH = \angle GHD,\quad \angle EGB = \angle GHD$$
$$\angle BGH + \angle GHD = 2\text{직각}$$

임을 보여야 한다. 먼저 $\angle AGH = \angle GHD$임을 증명하기 위하여 $\angle AGH > \angle GHD$라고 가정하면

$$2\text{직각} = \angle AGH + \angle BGH > \angle GHD + \angle BGH$$

이므로 평행공준에 의해 직선 AB와 CD는 만나게 되어 두 직선이 평행하다는 가정에 모순이다. 마찬가지로 $\angle AGH < \angle GHD$라고 해도 같은 결과가 나타나므로 $\angle AGH = \angle GHD$이다. 그 다음에 맞꼭지각은 서로 같으므로(명제 15) $\angle EGB = \angle AGH = \angle GHD$로서 동위각은 같고, 또한 $2\text{직각} = \angle AGH + \angle BGH = \angle BGH + \angle GHD$이다(명제 13). ■

또한 유클리드는 〈원론〉에서 평행선을

평행선이란 동일 평면 위에 있고 어느 방향으로든지 무한히 연장해도 절대 만나지 않는 두 직선이다.

라고 정의했다. 이 평행선의 정의에도 '무한히'라는 표현이 사용되고, 또한 '만나지 않는'이라는 부정적인 표현이 있어 정의로서 바람직하지 못하다. 따라서 유클리드 시대의 그리스인들과 그 후세대의 사람들은

이러한 평행선의 정의를 유한적인 내용과 긍정적인 형태를 지닌 명제로 바꿔야 할 것이 아닌가? 또한 나머지 아홉 개의 공리와 공준으로부터 평행공준을 증명하여 하나의 정리로 이끌어낼 수 없을까? 만일 정리가 아니라면, 적어도 이 공준을 간결하고 자명한 적절한 말로 대체할 수 없을까?

하는 의심을 갖게 되었다.

11-2 예측하지 못한 오류

유클리드의 아홉 개의 공리와 공준, 그리고 이것을 바탕으로 이루어진 28개의 명제를 이용하여 평행공준을 증명하려는 첫 시도는 천문학자이며 수학자인 알렉산드리아의 프톨레마이오스(Claudius Ptolemy, 85?-165?)에 의해 수행되었다. 그러나 그의 증명 속에는

> 주어진 직선 위에 있지 않은 한 점에서 이 점을 지나 주어진 직선과 만나지 않는 직선을 꼭 한 개 그을 수 있다.

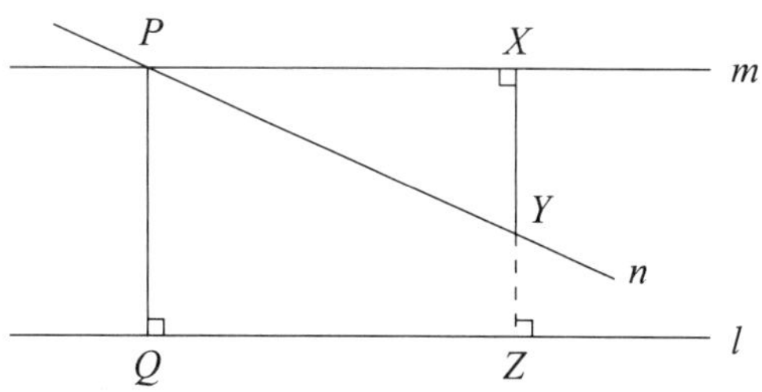

그림 11-3

는 전제를 묵시적으로 가정하고 있다. 또한 그리스 수학의 주석가로서 유명한 프로클로스(Proclus, 410-485)도 이 공준의 증명에 힘썼다. 증명의 핵심은 다음과 같다.

① 주어진 두 평행선 l과 m에 대하여 한 직선 n이 P에서 m을 자른다고 가정하자.
② Q를 P에서 l에 내린 수선의 발이라고 하자(명제 12).
③ 만일 n이 직선 PQ와 일치하면 n은 Q에서 l과 교차한다. 그렇지 않으면 그림 11-3과 같이 n 위의 한 선분 PY는 두 평행선 l과 m 사이에 놓인다.
④ X를 Y에서 m에 내린 수선의 발이라고 하자(명제 12).
⑤ 이제 점 Y가 n 위에서 P로부터 한없이 멀어짐에 따라 선분 XY는 그 크기가 무한히 증가해서 선분 PQ보다 커져서 Y는 l의 다른 쪽으로 가로질러 가야 하므로 n과 l은 만난다.

위의 논의에서 모든 단계가 타당한 것처럼 보일 수 있다. 그러나 결론에 해당하는 ⑤

는 정당하지 않다. ⑤의 타당성을 위하여 다음과 같은 사실을 이용하였다. Z를 Y에서 l에 내린 수선의 발이라고 하면

(i) X, Y, Z는 일직선 상에 있고
(ii) $XZ \equiv PQ$

이다. 따라서 XY가 PQ보다 더 커지면 XY 역시 XZ보다 커지고 결국 Y는 l의 다른 쪽에 있어야 한다. 그러나 우리는 이 주장 (i)과 (ii)를 주어진 아홉 개의 공리와 공준 그리고 28개의 명제를 이용하여 증명할 수 없다. 평행공준이 없을 때 두 직선에 대한 평행의 정의는 오직 그 두 직선이 공유점을 갖지 않는다는 것뿐이다. 따라서 평행공준 없이 공통수선을 갖는다는 것과 평행선 사이의 거리는 언제나 같다는 명제는 증명될 수 없다.

우리는 프로클로스의 논의를 분석하면서 평행선의 정의를 사용할 때 얼마나 조심해야 하는가에 대한 덤프티(Dumpty, H.)의 이야기

> 내가 한 단어를 사용할 때 그것이 의미하기를 원하는 것은 그 단어 이상도 이하도 아니다.

와 평행공준의 증명의 어려움을 실토한 도지슨(Dodgson, C.L.)의 이야기

> 악귀 퍽(Puck : 영국 전설의 장난꾸러기 꼬마 요정)처럼 '유클리드의 공준 5를 증명하려는 위업'은 나로 하여금 수많은 밤을 지새게 했고, 항상 그것을 해냈다고 생각하자마자 어떤 예측 못한 오류로 나를 넘어지게 하고서는 그 교활한 꼬마 요정은 기뻐 날뛰며 깔깔 웃어댔다.

를 기억해 볼 만하다.

뉴턴 이전의 영국의 뛰어난 수학자로서 농아를 가르치기 위한 제도를 처음으로 고안한 월리스(John Wallis, 1616-1703)는 닮은 삼각형(similar triangle)이란 그 대응각이 합동이 되도록 꼭지점이 일대일 대응이 되는 삼각형들이라는 정의를 한 후에 유클리드의 평행공준보다 좀더 단순한 새로운 공리를 제안하여 평행공리를 증명하였다.

월리스의 공리

임의의 $\triangle ABC$와 임의의 선분 DE에 대하여, 한 변이 DE이고 $\triangle ABC$와 닮은 삼각형 $\triangle DEF$가 존재한다(그림 11-4 참조).

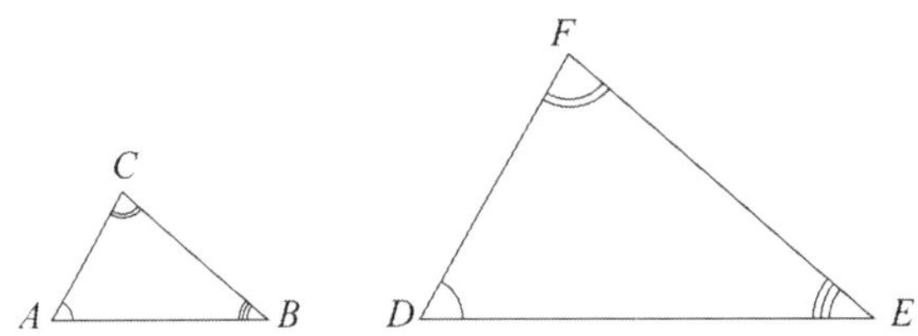

그림 11-4

월리스 공리의 직관적인 의미는 삼각형을 찌그러뜨리지 않고 확대·축소가 가능함을 의미한다. 월리스는 자신의 공리가 평행공준보다 더 기하학적인 특성을 내포하고 있으므로 더 우수한 것이라고 생각하였다. 그러나 이 공리를 유클리드의 평행공준보다 더 우수하다고 생각할 아무런 이유가 없다. 왜냐하면 이 공리는 유클리드의 평행공준과 동치이기 때문이다.

수세기 동안 많은 기하학자들이 여러 가지 방법으로 평행공준에 대한 증명을 시도했지만 불행히도 실패만 거듭할 뿐이었다. 평행공준의 연구에 대하여 새로운 길을 개척한 것은 이탈리아 예수교 목사인 사케리(Saccheri, G. 1667-1733)였다.

사케리는 산 레모에서 태어났으며, 예수교 법에 의한 수도 생활을 23세에 마쳤으며, 대부분의 생을 대학 교수직으로 보냈다. 밀라노에 있는 예수교 대학에서 수사학, 철학 및 신학을 강의하면서 유클리드의 〈원론〉을 읽고 귀류법에 상당히 매료되었다. 후에 튜린 대학에서 철학을 강의하면서 혁신적으로 형식논리를 다루는 데 귀류법을 적용한 〈논증적 논리학〉을 발간하였다. 몇 년 후 파비아 대학교의 수학 교수로 재직하면서 귀류법을 유클리드의 평행공준의 연구에 적용한 〈모든 결점이 제거된 유클리드 기하학(Euclides ab omni naevo vindicatus)〉이라는 제목의 소책자를 1733년 죽기 수개월 전에 밀라노에서 발행하였다. 그러나 그의 논문은 동시대인들의 거의 주목을 받지 못하고 잊혀졌고, 거의 150년이 지난 1889년에서야 이탈리아의 수학자 벨트라미(Beltrami, E. 1835-1900)에 의해 재발견된 후에야 주목을 받았다.

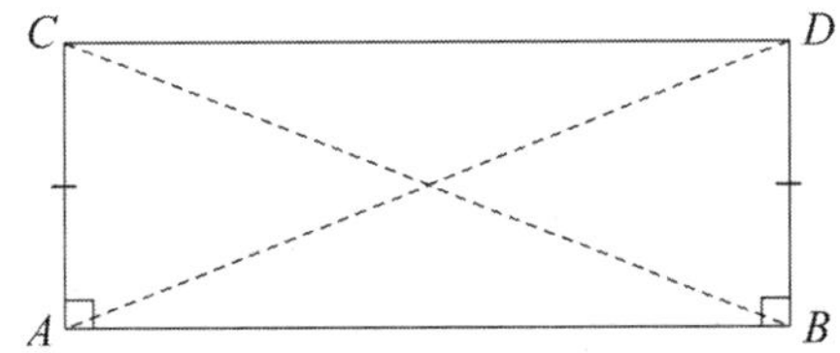

그림 11-5

사케리는 평행공준의 연구에서 평행공준을 사용하지 않고 증명한 유클리드 〈원론〉의 처음 28개의 명제를 받아들였다. 이 명제들을 가지고 각 A와 각 B가 직각이고 변 AC와 BD의 길이가 같은 사변형 $ABDC$를 연구하기 시작하였다(그림 11-5 참조). 후에 이 사변형을 사케리 사변형(Saccheri quadrilateral)이라고 부른다.

그림 11-5에서 대각선 AD와 BC를 그으면 (28개의 명제로부터 유도되는) 합동정리에 의해 $\triangle CAB \equiv \triangle DBA$이고, 또한 $\triangle CDB \equiv \triangle DCA$이므로 $\angle C = \angle D$이다. 그러면 $\angle C$와 $\angle D$는 모두

(1) 예각 (2) 직각 (3) 둔각

으로 같을 세 가지 가능성이 있다. 사케리는 이 세 가지 가능성을 각각 예각가설, 직각가설, 둔각가설이라 불렀다. 사케리가 기대한 것은 예각가설이나 둔각가설을 가정하면 모두 모순에 이른다는 것을 보이는 것이다. 그러면 귀류법에 의해 직각가설만이 성립하고, 따라서 평행공준이 증명된다. 사케리는 증명과정에서 다음 중요한 사실을 얻었다.

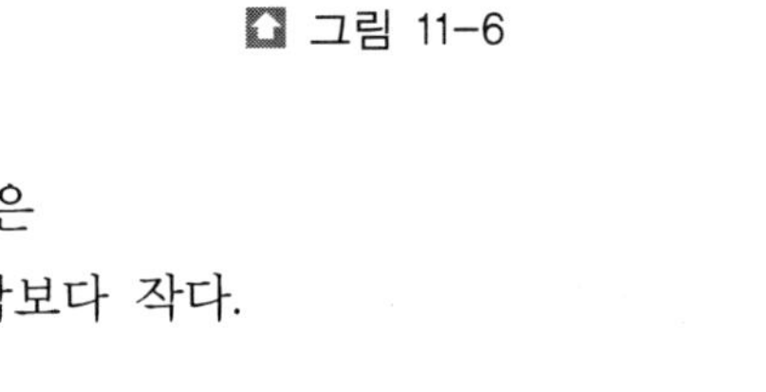

그림 11-6

(1) 삼각형의 내각의 합은

예각가설 ⇒ 2직각보다 작다.

직각가설 ⇒ 2직각이다.

둔각가설 ⇒ 2직각보다 크다.

(2) 주어진 직선 위에 있지 않은 한 점을 지나 그 직선과 만나지 않는 직선은

예각가설 ⇒ 무수히 많이 존재한다.

직각가설 ⇒ 단 하나만 존재한다.

둔각가설 ⇒ 하나도 존재하지 않는다.

(3) 주어진 직선의 각 점에서 일정한 길이의 수선을 그으면, 그 끝점의 자취는

예각가설 ⇒ 아래로 볼록한 곡선이다(그림 11-6 (3)).

직각가설 ⇒ 직선이다(그림 11-6 (1)).

둔각가설 ⇒ 위로 볼록한 곡선이다(그림 11-6 (2)).

그는 둔각가설이 성립하면 삼각형의 내각의 합은 2직각보다 크고, 직선의 무한성을 가정하면 유클리드 〈원론〉의 제1권 명제 17

임의의 삼각형에서 어느 두 각을 취하여도 (그 합은) 2직각보다 작다.

와 모순되므로 쉽게 둔각가설은 제외시켰다. 그러나 그는 아무리 노력했지만 예각가설의 경우는 모순을 유도할 수 없었고, 많은 이상한 결과들을 추론할 수 있었지만 결코 모순을 찾아 낼 수 없었다. 그는 좌절하여

예각의 가정은 절대로 틀린 것이다. 왜냐하면 그것은 직선의 본질에 모순이기 때문이다.

라고 말하고 말았다. 그가 얻은 이상한 결과들은 오늘날 비유클리드 기하학의 중요한 정리들인데, 유클리드의 평행공준이 절대적이라는 생각에서 벗어나지 못해 그가 얻은 결과에서 모순을 찾는 데 너무 집착하여 그가 얻은 결과들의 가치를 스스로 깎아내리고 말았다. 그러나 사케리가 미처 이런 중요한 사실을 깨닫지 못했다 하더라도 모순을 찾아 낼 수 없다는 것을 인정했기 때문에, 오늘날 논란의 여지없이 비유클리드 기하학의 발견자로 인정받을 수 있었다. 참고로 제7장 7-2절에서 사케리는 나시르 알-딘의 저작을 읽고 평행공준에 관한 연구를 시작하였으며, 예각, 직각, 둔각 가설도 그의 영향을 받았다는 것을 이야기한 바 있다.

평행문제에 대하여 사케리와 비슷한 접근으로 해결하려고 노력한 사람은 독일 수학자

람베르트(Lambert, J.H. 1728-1777)이다. 그는 1767년에 π가 무리수라는 것을 증명한 것으로 유명하다. 람베르트는 사케리의 저술이 발간된 지 33년이 지난 1766년에 유클리드의 평행공준을 고찰한 〈평행선 이론(Theorie der Parallelinien)〉이라는 논문을 썼으나, 사후에야 비로소 발간되었다.

람베르트는 기본 도형으로 그림 11-7과 같은 세 개의 직각을 갖는 사각형을 선택했고, 네 번째 각이 예각, 직각, 둔각이냐의 세 가지 가설을 생각했다. 그는 예각과 둔각 가설하에서 명제들을 추론했는데 사케리보다 상당히 진보된 내용이었다. 그도 사케리와 마찬가지로 세 가설하에서는 삼각형의 내각의 합이 각각 직각의 두 배보다 작거나 같거나 또는 크다는 사실을 보였다. 그리고 또한 다음과 같은 중요한 사실을 얻었다.

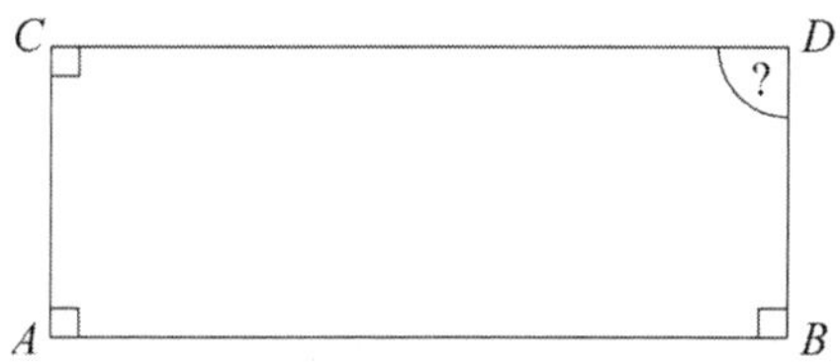

그림 11-7

(4) 삼각형의 면적은

예각가설 ⇒ 2직각에서 주어진 삼각형의 내각의 합을 뺀 것에 비례한다.

둔각가설 ⇒ 주어진 삼각형의 내각의 합에서 2직각을 뺀 것에 비례한다.

람베르트도 사케리가 했던 것과 마찬가지로 둔각가설은 묵시적인 가정 '직선은 무한하다'에 의해 제외되었으나 예각가설에 대한 결론은 불명확하고 불충분했다.

프랑스의 수학자 르장드르(Legendre, A.M. 1752-1853)는 그 당시 가장 훌륭한 수학자 중의 한 사람이었는데 수학의 여러 분야에서 많은 중요한 발견을 이룩하였다. 그는 많은 명제를 상당히 단순화하고 재정리하여 유클리드 〈원론〉을 교육적으로 개선하려고 시도하여 〈기하학 원론(Eléments de Géométrie)〉을 저술하였다. 이 책은 미국에서 매우 호의적으로 받아들여져서 금세기 기하학 교과서의 표준이 되었다. 실제로 1819년에 하버드 대학교 파라(Farrar, J.)가 〈기하학 원론〉을 처음으로 영역하였으며, 3년 후 젊은 시절에 수학 교사였던 스코틀랜드 문학자 칼라일(Carlyle, T.)이 또 하나의 영역판을 만들었는데, 후에 암린개(Van Amringe, J.H.)에 의해 개정되어 칼라일의 번역판은 미국에서 33판까지 나왔다.

르장드르는 평행공준을 증명하려는 망상에 사로잡혀 29년 동안 저서 <기하학 원론>의 여러 판에서 여러 차례 다양한 증명을 시도했다. 따라서 그 증명의 틀린 점이 발견될 때까지는 학생들은 그 증명을 이해하느라고 고생해야만 했다. 그 후에도 그는 포기하지 않고 또다시 다른 증명을 발견하여 1833년에 논문으로 발표하였으나 이 증명도 논리에 비약이 있어 틀린 증명이라는 것이 나중에 밝혀졌다.

헝가리 수학자 볼프강 볼리아이(Wolfgang Bolyai, 1775-1856)는 가우스와 괴팅겐 대학 동창이었다. 그는 개신복음대학(Evangelic-Reformed College)의 수학, 화학, 물리학 교수로 있으면서 평행선 문제에 대단한 흥미를 가졌으며, 나름대로 연구를 쌓았다. 1799년에 평행공준을 증명한 논문을 가우스에게 보냈을 때 다음과 같은 답장을 받았다.

> … 내가 이제까지 해온 방법은 우리가 바라는 목표, 그것은 자네가 도달했다고 주장한 목표이기도 한데 그것을 이끌지는 못했지만 그 대신에 유클리드 기하학의 정당성에 대한 의심을 불러일으켰다. 나는 대부분의 사람들의 증명이라고 간주한 결과들을 이미 얻은 바 있는데, 내 눈에는 그것들은 거의 아무것도 증명하지 못한 것이다. 예를 들어 어떤 사람이 한 주어진 수보다 면적이 큰 직각삼각형이 존재한다는 것을 증명할 수 있다면 나는 유클리드 기하학의 전 체계를 완전히 엄밀하게 세울 수 있을 것이다. 그러나 틀림없이 대부분의 사람들은 이 정리를 하나의 공리로 설정하곤 했다. 비록 삼각형의 꼭지점을 아무리 멀리 떨어져 있게 취한다고 해도 그것의 면적이 항상 유한의 한계를 갖는다는 것이 가능할지는 모르겠지만, 나는 그렇게 하지 않을 것이다. 나는 이런 종류의 정리를 몇 개 가지고 있는데 그것들 중에 어느 것도 나를 만족시키지는 못한다. …

1804년에도 평행공준을 증명한 논문을 가우스에게 보냈으나 결점이 지적되어 되돌려 받았다. 그러나 그는 좌절하지 않고 1808년에 새로운 논문을 또다시 가우스에게 보냈지만 이번에는 가우스의 회답을 얻지 못하였다. 이로 인하여 그는 평행공리를 증명하는 것을 포기하였다. 그의 평행공준에 관한 증명 중에는 다음과 같은 방법도 있었다.

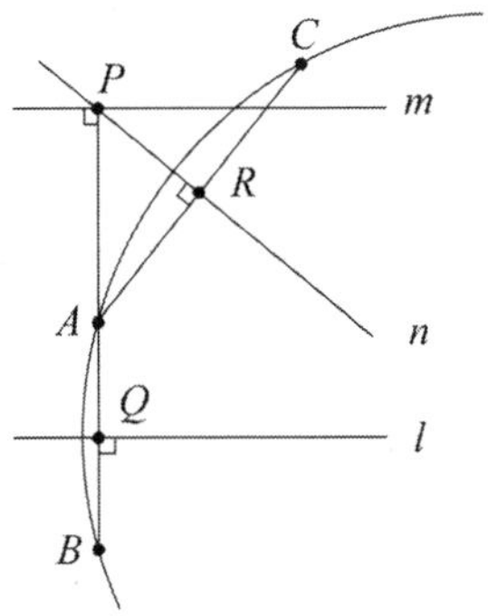

그림 11-8

① 직선 l 위에 있지 않은 점 P에 대하여 Q를 P에서 l에 내린 수선의 발이라 하자.

② m을 P에서 PQ에 수직인 직선이라 하자.

③ n을 P를 지나는 임의의 직선으로서 m, PQ와 다르고 A는 P와 Q 사이의 점이라고 하자.

④ 또 점 B는 그림과 같이 직선 PQ 위에 있고 $AQ \equiv QB$이다.

⑤ R는 A에서 n에 내린 수선의 발이라고 하고, 점 C는 그림 11-8과 같이 직선 AR 위에 있고 $AR \equiv RC$이다.

⑥ 그러면 A, B, C는 동일 직선 위에 있지 않으므로 그 세 점을 지나는 유일한 원이 존재한다.

⑦ l이 원의 현 AB의 수직이등분선이고, n이 원의 현 AC의 수직이등분선이므로 l과 n은 원의 중심에서 만난다.

이 논의의 결함은 ⑥에서 세 점을 지나는 원이 존재한다는 것이다. 이것은 모든 삼각형이 외접원을 갖는다는 가정이 묵시적으로 사용되었다. 그러나 이 묵시적인 가정을 증명하려면 삼각형의 각 변의 수직이등분선은 한 점에서 만나고 이 점이 바로 외접원의 중심임을 보이는 것인데 교점을 가진다는 것을 증명하는 데에는 반드시 평행공준이 필요하다.

11-3 플레이페어의 공준

평행공준을 증명하려는 연구경향과 더불어 평행공준보다 간단하고 자명해 보이는 명제를 찾는 노력도 베풀어졌다. 대표적인 예로 1769년에 펜(Fenn, J. 18세기 중엽)은 다음과 같은 공준으로 평행공준을 대신했다.

펜의 공준

평면상에서 만나는 직선이 있을 때, 이것과 동시에 평행인 직선은 없다.

스코틀랜드의 물리학자이며 수학자인 플레이페어(John Playfair, 1748-1819)가 펜의 공준을 1795년에 오늘날 가장 널리 쓰이는 다음과 같은 공준으로 바꾸었다.

플레이페어의 공준

주어진 직선 위에 있지 않은 한 점을 지나서 주어진 직선에 평행한 직선을 꼭 하나만 그을 수 있다.

사실상 유클리드의 평행공준과 플레이페어의 공준은 논리적으로 동치이다.

(Ⅰ) 평행공준 ⇒ 플레이페어의 공준

(1) P가 주어진 직선 l 위에 있지 않은 한 점이라면, P를 지나고 l에 수직인 직선 t가 존재한다(명제 12).

(2) P를 지나고 직선 t에 수직인 직선 m이 존재한다(명제 11).

(3) 따라서 l은 m에 평행하다(명제 27).

(4) 그림 11-9와 같이 n이 P를 지나는 또 다른 직선이라고 하면, $n \neq m$이므로 n과 t가 만드는 각 $\angle 1$은 예각이다.

(5) 따라서 $\angle 1 + \angle PQR < 90° + 90° = 180°$.

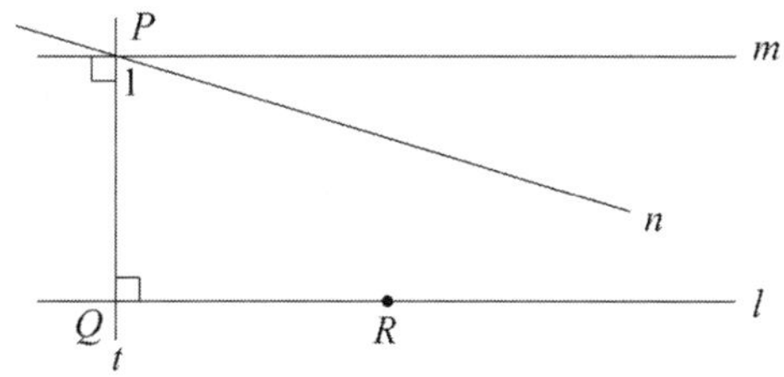

그림 11-9

(6) 평행공준의 가정을 만족하므로 n과 l은 만난다. 따라서 평행선은 하나만 존재한다.

(Ⅱ) 플레이페어의 공준 ⇒ 평행공준

(1) 평행공준의 상황은 그림 11-10과 같으므로 $\angle 1 + \angle 2 < 180°$(평행공준의 가정).

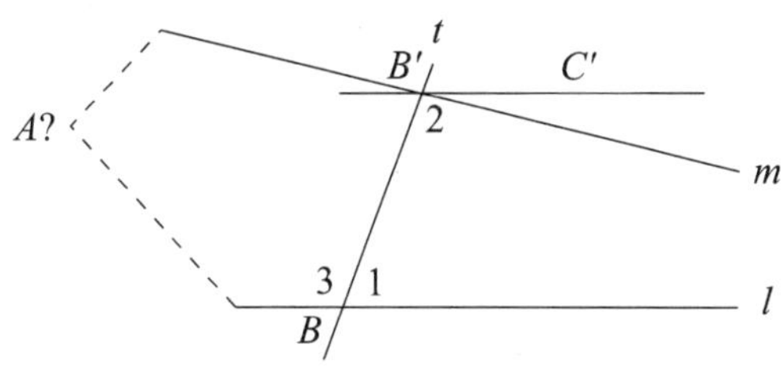

그림 11-10

(2) $\angle 1 + \angle 3 = 180°$ (명제 13).

(3) 따라서 $\angle 2 < 180° - \angle 1 = \angle 3$.

(4) $\angle 3 = \angle C'B'B$를 만족하는 직선 $B'C'$이 존재한다(명제 23).

(5) 따라서 직선 $B'C'$은 l과 평행이다(명제 27).

(6) (3)과 (4)에 의하여 m은 직선 $B'C'$과 다른 직선이므로 m과 l은 만난다(평행선의 유일성).

(7) 그림과 같이 m과 l이 A에서 만난다고 가정하면, $\angle 2$는 $\triangle ABB'$의 외각이다.

(8) 그러나 $\angle 2 < \angle 3$. 이것은 모순이다(명제 16).

(9) 따라서 m이 t에 관하여 C'와 같은 쪽에서 l과 만난다.

12 새로운 탄생과 기하학의 해방 : 비유클리드 기하학

유클리드의 평행공준을 나머지 아홉 개의 공리와 공준으로부터 정리로 이끌어 내려는 시도는 약 2000년 가까운 긴 세월을 두고 계속되었으며 많은 증명이 제안되었지만 한결같이 평행공준과 동치인 가정에 기초한 것이라는 것이 바로 또는 얼마 후에 밝혀지곤 하였다.

평행공준을 다른 공준으로부터 증명하려고 택한 방법은 귀류법이었다. 그러나 평행공준은 플레이페어 공준과 동치이며, 평행공준보다 플레이페어 공준을 쓰는 것이 더 간편하기 때문에 플레이페어 공준을 부정한 공준, 즉

(1) 주어진 직선 위에 있지 않은 한 점을 지나서 주어진 직선에 평행한 직선은 하나도 없다.

(2) 주어진 직선 위에 있지 않은 한 점을 지나서 주어진 직선에 평행한 직선은 두 개 이상 존재한다.

라고 가정하고 모순을 도출해 보이려고 하였다. 이 공준들은 둔각가설과 예각가설에 각각 동치이다. 선구자들은 '직선은 크기가 무한하다'고 가정하여 (1)은 모순이라고 생각하였다. 그러나 (2)를 전제로 하여 기하학을 재구성해도 조금도 모순된 점이 발견되지 않았다. 이는 참으로 놀라운 일이라 하지 않을 수 없었다. (2)를 전제로 할 경우에는 상상하지도 못할 다음과 같은 명제가 도출될 뿐이었다.

1. 삼각형의 내각의 합은 2직각보다 작다.
2. 삼각형의 면적은 2직각에서 주어진 삼각형의 내각의 합을 뺀 것에 비례한다.
3. 원주와 그 지름과의 비는 $\pi(=3.14159\cdots)$보다 크다.

이와 같은 여러 가지 명제들은 유클리드 기하학의 명제와 조화를 이루지 않는다. 이

는 과연 무엇을 뜻하며 어떻게 이해해야 하는가? 하는 새로운 차원의 심각한 문제를 던진 것이다. 많은 사람들이 오랜 시간을 두고 노력하였으나 끝내 모순이 도출되지 않는 것으로 미루어 볼 때 그것은 증명이 불가능할지 모른다는 추측이 싹트기 시작하였고, 그 결과 이를 다른 각도에서 검토해야 한다고, 즉

평행공준의 증명은 원천적으로 불가능한 것이다.

라는 관점으로 바뀌게 되었다. 이러한 사고의 전환이 기하학체계 자체를 새로운 각도에서 보도록 근본적인 관념을 바꾸게 만들었다.

공리와 공준은 반드시 자명한 것이 아니면 안 된다고 한다면 평행공준은 이미 공준의 자격이 없다고 할 수 있다. 그렇지만 평행공준 없이는 몇 가지 기본적인 정리의 증명을 얻을 수 없기 때문에 공준에서 제외시킬 수는 없다. 예를 들어 〈원론〉의 명제 32

임의의 삼각형에서 한 변을 연장할 때, 외각은 내대각의 합과 같고, 또 삼각형의 내각의 합은 두 직각과 같다.

는 것은 다음과 같이 증명된다.

① 삼각형 ABC에 대하여 변 BC의 연장선을 BD라고 하자(공준 2).
② 점 C를 지나서 변 AB에 평행한 직선 CE를 그을 수 있다(명제 31).
③ $\angle BAC$와 $\angle ACE$는 엇각이고 $\angle ABC$와 $\angle ECD$는 동위각이므로
$\angle BAC = \angle ACE$, $\angle ABC = \angle ECD$(명제 29).
④ 따라서 $\angle BAC + \angle ABC = \angle ACE + \angle ECD = \angle ACD$.
⑤ 양변에 각각 $\angle ACB$를 더하면

$$\angle A + \angle B + \angle C = \angle ACD + \angle ACB = 2\text{직각}.$$

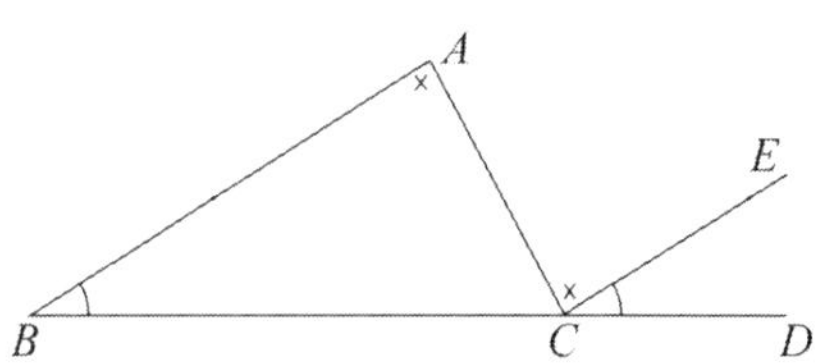

그림 12-1

위의 증명 ②에서 점 C를 지나서 직선 AB에 평행한 직선 CE를 그을 때, 평행공준에 의해 단 하나를 그을 수 있어 삼각형의 내각의 합은 2직각이 되었다. 그러나 평행공준이 없다면 평행선 CE가 존재하는지, 존재한다면 몇 개가 존재하는지 의문이다. 따라서 삼각형의 내각의 합이 2직각이 된다는 것을 보장할 수 없다.

이러한 공리와 공준에 대한 위의 요구를 감안하여

> 임의의 명제는 다른 공리와 공준과 모순 없이 성립한다면 공리나 공준이 될 수 있다.

고 말할 수밖에 없다. 그런데 플레이페어 공준을 부정한 명제로부터 연역된 명제들 사이에서 모순이 나오지 않는다는 것은 플레이페어 공준을 부정한 명제가 다른 공리와 공준과 모순됨이 없이 성립한다는 것을 입증하고 있다. 따라서 (2)를 평행공준 대신 공준으로 삼을 수 있다는 뜻이다. 즉 평행공준 대신 (2)를 공준으로 하는 새로운 기하학의 성립이 가능하다고 해석할 수 있다. 이와 같은 착상, 즉 평행공준의 독립성을 어렴풋이 알아챈 최초의 사람은 가우스, 야노스 볼리아이, 로바체프스키 등이다.

그러나 그 시대에 유럽 최고의 철학자 칸트(Kant, I. 1724-1804)는 1781년 〈순수 이성비판〉에서

> 공간은 기하학의 종합적 판단을 선험적, 즉 보편적 필연적인 것으로 만든다. 만일 공간 그 자체가 경험적인 것이라고 한다면 기하학도 선험성을 상실하게 되고 학문으로서의 가치를 잃는다. 이것은 우리의 기하학에 관한 상식에 어긋난다. 따라서 기하학이 선험적이기 때문에 이 학문의 기초를 이루고 있는 공간 역시 선험적이어야 한다.

따라서

> 유클리드 공간의 개념은 결코 경험적인 근원에 의한 것이 아니라 피할 수 없는 사고의 필연성이다.

라고 말하였다. 즉 공간은 인간의 마음에 직관적으로 이미 존재하는 체제이고, 유클리드 기하학의 공리와 공준은 인간의 마음에 부과된 선험적인 판단이며, 이 공리와 공준 없이는 공간에 대한 어떠한 무모순의 추론도 불가능하다는 것이다. 이러한 주장은 그의 후계자인 형이상학자들에 의해 계속 지지되었고, 또한 그 당시의 수학적 사고를 지배하고 있었다. 따라서 평행공준의 독립성을 주장하는 것은 칸트의 철학에 정면으로 도전하는 셈

이었고, 결과적으로 유럽의 사상계를 지배하던 권위적인 견해와 맞서야 하는 엄청난 부담을 안게 되었다.

12-1 적지만 알차게 : 가우스

가우스

가우스(Gauss, C.F. 1777-1855)는 1777년 4월 30일 독일의 브른스빅에서 태어났다. 아버지는 고집이 세고 난폭했으며 교육적 식견이 없는 육체노동자로서 가우스의 아버지라는 것을 빼면 세상에서 주목을 끌 만한 것은 아무것도 없다. 어머니는 비록 교육을 받지 못했지만 강하고 곧은 성품과 예리한 지성, 그리고 뛰어난 유머 감각을 소유하고 있어 가우스가 공부하는 데 용기를 북돋아 주었고, 평생동안 자식의 업적을 자부심으로 간직하며 살았다. 가우스가 19세 때 어머니는 아들의 친구 볼프강 볼리아이에게 아들의 장래에 대하여 물었을 때, 볼리아이가

유럽 최대의 수학자가 될 것입니다.

라는 말을 했을 때 큰소리로 울었다고 한다.

가우스는 어렸을 때부터 보기 드문 신동이었다. 그는 세 살 때 아버지의 부기 장부에 있는 계산 착오를 지적했고, 또한 초등학교를 다니던 열 살 때에는 1에서부터 100까지의 덧셈을 100+1=101, 99+2=101, 98+3=101 등으로 계산하면 50개의 쌍이 나오므로 답은 101×50=5050이라고 암산하여 대답한 것은 너무나 잘 알려진 사실이다. 말년에 가우스는 말보다 계산을 먼저 배웠다고 농담하곤 했다. 가우스는 18세인 1795년 10월 카롤린 고등학교를 졸업하고 괴팅겐 대학에 입학했을 때, 평생의 일로 수학을 택할지 언어학을 택할지 결정을 못하고 있었다. 가우스는 고등학교에 입학할 당시 이미 라틴어를 자유스럽게 사용할 정도로 언어학에 대단한 흥미와 관심을 갖고 있었다. 1796년 3월 30일은 가우스의 경력 중 일대 전기를 긋는다. 그날, 즉 만 20세가 되기 꼭 1개월 전, 수학을 선택하기로 단호히 결심했던 것이다. 바로 그 날이 정다각형의 유클리드 작도법에 대한 놀랄 만한 이론을 세우고, 특히 이 방법으로 정17각형의 작도법을 발견한 날이다. 이로 인

하여 언어의 연구는 평생에 걸친 취미가 되기는 했으나 언어학과 영구히 이별을 고했다. 이것은 과학계로 보아서 정말로 다행한 일이다.

가우스는 정다각형에 관한 작도법을 발견한 그날부터 〈수학일기〉를 쓰기 시작했다. 이것은 수학사에서 가장 귀중한 문헌 중의 하나이다. 가우스도 뉴턴처럼 발표하기를 주저하였기 때문에 이 일기가 학계에 알려진 것은 가우스가 죽고 43년이 지난 1898년이었으며, 괴팅겐 왕립협회가 비판연구를 위해 가우스의 손자로부터 빌린 것이 인연이었다. 그것은 46판 19쪽으로 이루어져 있으며, 발견이나 계산의 결과에 관한 146개의 사항이 지극히 간단하게 서술되어 있는데, 1814년 7월 9일자로 마치고 있다. 그 안에 간단하게 쓰인 많은 사항은 발견자의 선후 문제에 관한 수많은 논쟁을 해결하였다. 일기에 기입된 내용의 일부는 이 일기가 절대적으로 저자의 사사로운 기록임을 보여 준다. 한 예로 1796년 7월 10일의 일기를 살펴보면 다음과 같은데

EYPHKA! num = △ + △ + △

이것을 번역하면 아르키메데스가 기뻐서 외친 "알아냈다(Eureka)!"를 본받은 것이고, 그 다음은 모든 양의 정수는 세 개의 삼각수의 합이 된다는 것을 말하고 있다. 삼각수란 n을 0을 포함한 양의 정수라 할 때 $n(n+1)/2$인 수, 즉 0, 1, 3, 6, 10, 15, …를 말한다. 1796년 10월 11일자의

우리는 GEGAN을 정복했노라.

와 1799년 4월 8일자의

> 가렌 목사를 작은 직사각형 속에 집어 넣었다고 했을 때 그는 도대체 어떤 거인을 이겼을까?

라는 두 가지 수수께끼를 제외하고는 모든 일기 항목이 대체로 판독되었다. 그 중에서 매우 중요한 의미를 갖은 특별한 것은 1797년 3월 19일 내용인데, 내용을 보면 가우스는 20세가 되기 이전에 이미 어떤 종류의 타원함수의 2중 주기성을 발견했다는 것을 알 수 있고, 그 후의 내용을 보면 그가 일반적인 경우에서도 2중 주기성을 알고 있었음을 명백히 알 수 있다. 만일 가우스가 그것을 발표했다면 이 발견 하나만으로도 수학적 명성을 얻는 데 충분했을 것이다. 그러나 결코 발표한 적이 없었다. 그래서 2중 주기의 함

수이론은 1827년에 노르웨이 수학자 아벨(N. Abel, 1802-1829)이 발표하여 그 영광을 차지하였다.

괴팅겐 대학에서 3년을 보낸 가우스는 더욱더 깊은 연구를 위해 1798년에 우수한 수학 도서관으로 알려진 헬름슈테트 대학에 입학했고, 1799년에 그 대학에서 논문 〈일변수의 모든 유리 정함수는 일차 또는 이차의 실인수로 분해된다는 사실의 새로운 증명(A New Proof that Every Rational Integral Function of One Variable Can Be Resolved into Real Factors of the First or Second Degree)〉으로 박사학위를 받았다. 이 논문에서 최초로 대수학의 기본정리

실계수를 가지는 n (>0)차원 대수 방정식은 적어도 하나의 복소근을 갖는다.

를 일반적으로 증명하였다. 이 정리의 증명은 뉴턴, 오일러, 달랑베르, 라그랑주 등에 의하여 시도되었으나 실패한 적이 있다. 가우스의 가장 위대한 단행본은 현대 정수론에서 기본적으로 중요한 책 〈수론연구(Disquisitiones arithmeticae)〉이다. 이 책에는 정다각형 작도법이 있고, 또한 수학에서의 용어와 기호에 관한 혁명적인 개선의 하나인 다음과 같은 합동식이 처음으로 소개한다.

합동식

두 수 a, b의 차가 제3의 수 m으로 나누어 떨어진다.

$$\Leftrightarrow \ a \equiv b \ (\mathrm{mod} m)$$

가우스의 연구 분야는 해석학, 수론, 대수학, 기하학 및 측지학 외에 수학자라고 하기보다 수리물리학자라고 부르는 것이 적절할 정도로 물리학 및 천문학 등의 방대한 분야에서 이루어졌다. 특히 1827년에 곡면론에 관한 최고의 걸작 〈일반 곡면론(Disquistiones generales circa superficies curvas)〉을 발표하였고, 이로 인해 공간에서의 곡면에 관한 기하학의 연구가 시작되었다.

실제로 평행공준이 유클리드의 다른 공리와 공준들과 독립적이라고 최초로 예감한 사람은 가우스였을 것이다. 불행하게도 그는 그 문제에 대하여 발표한 것이 없고, 그의 진전된 결론들은 단지 관심을 두고 있던 친구들에게 보낸 편지, 많은 수학자들이 평행공준

에 관하여 수행한 증명에 대하여 가우스에게 자문을 구했을 때의 답장, 또한 1816년과 1822년의 〈괴팅겐 학계보고〉로 제출된 두 편의 짧은 평론과, 죽은 뒤에 그의 서류에서 발견된 1831년의 몇 개의 노트에서 수집된 자료를 통해서 알려지고 있을 뿐이다. 비록 그 자신이 발표하는 것은 삼갔지만, 유사한 연구를 지속하는 다른 사람을 격려하려 애썼으며, 이 새로운 기하학을 처음에는 반유클리드 기하학(anti-Euclidean geometry)이라 불렀고, 나중에는 별들의 기하학(astral geometry), 마지막으로 비유클리드 기하학(non-Euclid geometry)이라고 불렀다.

가우스의 스승인 괴팅겐 대학 교수인 캐스트너(Kässtner, A.G. 1719-1800)는 평행공준이 다른 공준과 공리로부터 증명될 수 없다고 확신하였으며, 평행공준을 증명하려는 시도에 관한 역사를 충분히 알고 있어, 그의 영향을 받은 가우스는 평행공준을 증명하려는 노력이 헛된 것임을 잘 알고 있었다. 1831년에 친구인 슈마허(Schumacher, H.C.)에게 자신은 15세 때인 1792년에 이미

평행공준이 성립하지 않는 논리적인 기하학이 존재할 수 있다.

는 생각을 포착하였었다는 편지를 쓴 적이 있다.

가우스도 삼각형의 내각의 합이 180°가 되는 것을 평행공준을 쓰지 않고 증명하려고 했다. 그는 삼각형의 내각의 합이 실제로 2직각이 되는지의 여부를 확인하기 위하여 조사한 사실까지 있었다. 그는 독일 국내의 서로 멀리 떨어진 산 브로켄(Brocken), 호엔하겐(Hohehagen)과 인젤베르크(Inselsberg)의 산봉우리를 꼭지점으로 하는 삼각형의 내각을 스스로 측량하여 그가 발명한 최소제곱법에 의해 측정값을 정밀히 처리하였다. 이 삼각형의 내각의 합은 180°보다 (14.85)″ 더 컸다. 그러나 처리된 값과 180°의 차는 측정오차의 범위 내에 머물렀기 때문에 아무런 결과를 얻지 못하였다. 그러나 후에 그는 측정한 삼각형의 크기가 너무 작았다는 것을 깨달았다.

1824년에 가우스는 평행공준에 관하여 증명하려고 시도했던 토리누스(Taurinus, F.A. 1794-1874)에게 다음과 같은 답장을 썼다.

> 당신의 시도에 관하여 나는 그것이 불완전하다는 것 이외에는 아무것도 말할 수 없다. 평면 삼각형의 세 각의 합이 180°보다 클 수 없음을 증명한 당신의 논증은 기하학적 엄밀함이 다소 결여되어 있다. 그러나 그것은 그 자체로 쉽게 고칠 수 있고, 또한 그

불가능성이 엄밀히 증명될 수 있음은 의심할 바 없다. 그러나 그 상황은 각의 합이 180°보다 더 작아질 수 없다는 두 번째 부분에서는 매우 달라진다. 이것은 모든 난파가 암초 때문에 일어나듯이 중대한 문제이다. 나는 당신이 이 문제에 대하여 많은 시간을 소비하지 않았다고 생각한다. 나는 30년 이상을 그 문제를 숙고해 왔고, 비록 이 두 번째 부분에 대해 어떠한 발표도 한 적은 없지만 어떤 사람도 그것에 대하여 나보다 더 많은 생각을 했다고 믿지 않는다.

세 각의 합이 180°보다 작다는 가정은 우리의 유클리드 기하학과는 완전히 다르지만 전혀 모순이 없는 이상한 기하학을 이끌어낸다. 나는 그것을 만족스러울 만큼 발전시켜서 선험적인 것(a priori)이라고 말할 수 없는 한 상수의 결정을 제외하고는 그 안에서 모든 문제를 해결할 수 있었다. 우리가 이 상수를 점점 더 크게 취하면 이 이상한 기하학은 유클리드에 더욱 가까워지고, 또 무한히 크게 취하면 그 둘은 일치한다(제15장 15-5절에서 가우스 정리의 결과 ③ 참조). 이 기하학의 정리들은 모순이고, 또한 불합리한 것처럼 보이지만 침착하고 흔들림 없이 깊게 생각해 본다면 결코 불가능한 것이 아님을 알 수 있다. 예를 들어 삼각형의 세 각은 변들을 충분히 크게 취하기만 하면 원하는 만큼 작게도 할 수 있다. 그러나 삼각형의 면적은 변들이 얼마나 크든지 관계 없이, 사실상 그 곳에 도달할 수 없을 정도로 크게 취해도, 어떤 한정된 한계를 초과할 수 없다.

비유클리드 기하학에서 모순을 발견하려는 나의 모든 노력은 성공하지 못했다. 그러나 그 비유클리드 기하학 안에서 우리의 개념과 반대되는 한 가지는, 만일 그것이 정말이라면, 공간 안에는 (우리에게 알려져 있지는 않지만) 단독으로 결정되는 하나의 선형크기(linear magnitude)가 존재해야 한다는 것이다. 그러나 우리는 형이상학자의 현명한 주장에도 불구하고, 공간의 진정한 본질에 대하여 거의 모르고 있기 때문에 부자연스럽게 보이는 것은 절대 불가능한 것으로 보기 쉽다. 만일 이 비유클리드 기하학이 정말이고, 또한 우리가 지상에서나 하늘에서 측정에서 얻게 되는 크기와 그 상수를 비교할 수 있다면 그것은 경험적인 것(a posteriori)이라는 결론을 내릴 수 있다. 따라서 그 당시에는 우리가 척도에 대한 절대 기준으로서 선험적인 것을 갖기를 원했기 때문에 농담으로 내가 종종 유클리드 기하학이 정말이 아니기를 원한다는 표현을 했다.

나는 사려 깊은 수학적 사고를 소유하고 있다고 보여지는 사람들이 내가 위에서 말한

> 것을 오해할까봐 두려워하지는 않지만, 어떤 경우든 그것은 공식적이 아닌 개인적인 견해로 생각해야 한다. 만일 내가 미래에 지금 나의 환경보다 더 많은 여가의 시간을 가진다면 스스로 나의 연구를 공식적으로 발표하게 될지도 모른다.

가우스는 위대한 수학자임에도 불구하고 그의 발견을 하나도 발표하지 않았다. 그 이유에 대하여 세 가지 견해가 있다. 첫 번째는 2000년 이상을 절대적 진리로 믿고 있는 유클리드 기하학의 진리성을 부정하는데서 오는 오해 때문에 그 때까지 쌓아올린 자기의 명성이, 특히 형이상학자들로부터, 손상되는 것을 두려워했기 때문이라는 것이다. 이러한 근거는 1829년 1월 27일에 그의 막역한 친구인 수학자이며 천문학자인 베셀(Bessel, F.W.)에게 보낸 편지

> … 아마 이들은 내 평생 빛을 보지 못할 것이다. 왜냐하면 내 의견을 소리 높여 외쳤을 때, 아둔한 녀석들이 분명 짖어댈 것이 나는 두렵기 때문이다.

와, 또 슈마허에게

> 나는 어떤 종류의 논쟁으로도 빠져들어 가는 데 커다란 거부감을 갖고 있다.

고 말한 것으로부터 찾아볼 수 있다. 두 번째는 그는 오직 완성된 작품만 발표하는 완전론자라는 것이다. 완전한 작품에 대한 그의 애착심은 인장에 쓰인 제명 'pauca sed matura(적지만 알차게)'을 보면 알 수 있다. 따라서 자기의 비유클리드 기하학의 완벽성에 대한 확신을 얻지 못하였기 때문에 발표하지 않았다는 것이다. 세 번째는 수학적 활동의 중심을 프랑스로부터 독일로 옮겨가는 데 초기의 역할을 담당하였던 저명한 독일의 수학자 야코비(Jacoby, C.G.J. 1804-1851) 때문이라는 것이다. 왜냐하면 야코비와 가우스는 동일한 내용의 발견에 있어서 야코비가 항상 가우스의 발표보다 한 발짝 앞섰기 때문에 가우스의 것이 무용지물이 되었다는 것이다. 그러나 가우스가 비유클리드 기하학에 대하여 세련된 발표를 못한 것은 토리누스에게 보낸 편지 마지막에서 말한 것처럼 수학의 많은 분야에서뿐만 아니라 천문학, 물리학 등에서 독창적인 작업에 몰두하여 많은 시간을 할애하고 있었기 때문일 것이다.

가우스는 1855년 2월 23일 괴팅겐 천문대에 있는 자택에서 78세로 평온하게 세상을 떠났는데, 그 직후 하노버의 왕은 가우스에 경의를 표하는 기념 메달을 만들도록 하였다.

1877년에 70mm 크기로, 하노버의 유명한 조각가이며 메달 제작자인 브레머(Brehmer, F.)에 의해 완성되었으며, 거기에는 다음과 같이 새겨져 있다.

하노버의 왕 조지 5세가 수학의 왕에게

이리하여 가우스에게는 가장 위대한 사람만이 얻을 수 있는 찬미 '수학의 왕'이라는 수식어가 따라 다니게 되었다.

12-2 새로운 우주의 창조 : 야노스 볼리아이

비유클리드 기하학을 가우스 다음으로 예감한 사람은 헝가리의 장교였던 야노스 볼리아이(Janós Bolyai, 1802-1860)였다. 그는 볼프강 볼리아이의 아들로서 어릴 때부터 아버지에게서 교육을 받았고, 또한 1815년부터 1818년까지는 아버지가 재직하고 있는 개신복음대학을 다녔으며, 1818년부터 1822년까지는 비엔나 기술학교를 다닌 후에 군에 입대하였다. 평행공준에 대하여 아버지의 영향을 받았을 것이 틀림없다. 야노스는 이미 열세 살 때 미적분법을 숙달했다. 그의 아버지는 가우스에게 어린 신동 야노스를 수습수학자로서 가우스 집안에 데리고 있어 주기를 간청하는 편지를 썼다. 그러나 가우스는 그 당시 집에서 도망 나간 아들 때문에 고민하고 있었기 때문인지 몰라도 결코 그 편지에 대하여 회답하지 않았다고 한다.

1820년에 볼프강은 아들이 평행공준을 연구하고 있는 것을 알고 다음과 같은 애절한 편지를 썼다.

> 너는 평행문제에 대한 접근은 시도하지 말아야 한다. 나는 그 길이 곧 파멸로 이른다는 것을 깨달았다. 나는 이 끝없는 암흑을 항해해 왔으며, 그것은 나의 인생의 빛과 즐거움을 송두리째 잃게 했다. 너에게 간청하는데 제발 평행에 관한 문제를 그대로 내버려 둬라. 그것은 감각적인 정욕만큼 두려워해야 한다. 왜냐하면 그 일은 너의 모든 시간을 빼앗을 것이며, 건강을 해칠 것이며, 마음의 평화를 빼앗고, 인생의 행복을 앗아가 버릴 것이기 때문이다. …나는 진리를 위하여 나 자신을 희생했다고 생각한다. 나는 기하학의 결함을 제거하고, 그것을 정화하여 인류에게 돌려주는 순교자가 될 준비가 되어 있

> 다. 나는 어마어마하고 방대한 업적을 성취했다.… 그러나 나는 완전한 만족을 얻지 못했다.… 나는 아무도 그 암흑의 밑바닥까지 도달할 수 없다는 것을 깨닫고서야 되돌아오고 말았다. 나 자신과 모든 인류를 애석하게 여기며 위로 받지 못한 채 되돌아오고 말았다.
>
> 나는 네가 너의 운명의 길에서 벗어나는 것을 기대하지 않는다. 나에게는 네가 지옥의 사해에서 모든 암초들을 지나 항해했지만 항상 부러진 돛대와 다 찢겨진 돛을 단 채로 되돌아오고 말았던 길로 들어서는 것으로 여겨진다.… 나는 경솔하게 나의 인생과 행복을 위험에 빠지게 했다.

그러나 야누스는 아버지의 충고에 귀를 기울이지 않았다. 왜냐하면 그는 완전히 새로운 생각을 하고 있었다. 야누스도 처음에는 가우스와 마찬가지로 삼각형의 내각의 합이 180°보다 큰 경우와 작은 경우로 나누어 모순점을 발견하면 이를 제거하려고 했으나 실패했다. 따라서 그 역시 가우스처럼 유클리드 기하학과 독립인 또 하나의 기하학이 있다는 생각을 하게 되어 1823년에 아버지에게 다음과 같은 편지를 썼다.

> 지금 저는 자료들을 완성하고 정리하는 대로 좋은 기회가 주어지면 곧 평행에 대한 연구를 발표하는 것이 확고한 계획입니다.… 저는 너무나 놀라운 것을 발견해서 저 자신도 깜짝 놀라고 말았습니다. 제가 그것을 잊어버리게 된다면 그것은 영원한 불운이 될 것입니다. 사랑하는 아버지께서도 이것을 보시면 아마 이해하실 것입니다. 지금으로서는 아무것도 없는 것으로부터 이상하고 새로운 우주를 창조했습니다 외에는 아무 말도 할 수 없습니다. 제가 전에 아버지에게 보낸 모든 것을 탑에 비유한다면 카드로 지은 집에 불과합니다. 저는 만일 이것이 완성된다면 제가 원했던 것 못지 않은 영광을 저에게 가져다 줄 것을 확신합니다.

이 편지를 받고 대단히 놀란 볼프강은 자신이 출판하려는 두 권으로 된 초등수학에 관한 철학적인 책의 부록에 그의 연구를 출판할 것을 재촉하는 편지를 야노스에게 썼다.

> 만일 네가 그 문제의 해답을 얻는 데 성공했다면 두 가지 이유 때문에 발표를 서둘러야 한다고 생각한다. 첫 번째 이유는 착상이라는 것은 쉽게 이 사람 저 사람에게 전달되고, 그 때는 다른 사람이 먼저 그것을 발표할 수도 있기 때문이고, 두 번째 이유는 제비꽃이 봄에 이곳저곳에서 피는 것처럼 그것들이 동시에 여러 곳에서 발견될 수도

있기 때문이다.

야노스의 생각을 확장하고 정리하는 작업은 예상보다 매우 느리게 진행되다가 드디어 1829년에 완성된 원고가 아버지에게 전달되었다. 아버지는 이 새로운 기하학을 받아들이는 것이 내키지 않았으나 1831년 6월에 아들의 논문을 가우스에게 보내는 것에 동의하였고, 또한 가우스가 아들의 천재성을 입증해 줄 것을 기대하였다. 그리고 야노스는 자신의 업적을 가우스가 널리 선전해 줄 것을 기대하였다. 그러나 가우스의 답장은 6개월 후에야 받을 수 있었고, 그 내용은 볼리아이 부자를 실망시켰다.

> 내가 이 논문에 대해 칭찬할 수 없다는 말부터 시작한다면 자네는 깜짝 놀라겠지만 나는 그렇게 할 수밖에 없네. 그 논문을 칭찬한다는 것은 바로 나를 칭찬하는 것이기 때문이라네. 왜냐하면 그 논문의 전체 내용에서 자네 아들이 취한 과정과 또 그 유도 결과까지 모두 30～35세까지 내 마음을 점유했던 나 자신의 고찰과 거의 정확히 일치한다네. 이러한 이유에서 나는 매우 놀랐다네.
> 내 의향은 나의 연구에 관해서 현재까지 발표하지 않은 것이고, 또 내 생애에는 그것이 알려지기를 원하지 않는 것이라네. 대부분의 사람들은 우리의 결론을 이해할 만한 통찰력을 갖고 있지 않고, 또 내가 연락을 주고받는 사람 중에 단지 몇 사람만이 어떤 특별한 관심을 갖고 있을 뿐이라네. 이런 것을 이해하기 위해서는, 우선 그에 필요로 하는 것 중에서 날카로운 인식을 갖고 있어야 하는데, 이러한 점이 대다수를 아주 당황하게 한다네. 한편 언젠가는 모든 것을 종이에 적을 계획이었네, 그래야 적어도 그것이 결국 나와 함께 사라지지 않을 것이네.
> 그래서 나는 자네 아들이 이러한 노력을 아끼지 않는 것에 대단히 놀랐고, 그와 같은 주목할 만한 방법으로 나를 능가한 사람이 바로 나의 오랜 친구의 아들이라는 것에 더더욱 기쁘다네.

마지막 문장에서의 찬사에도 불구하고 야노스는 그의 연구 결과가 가우스가 이미 20년 전에 알고 있었다는 데 심하게 자존심이 상했다. 그러나 포기하지 않고, 1832년에 아버지의 저서 〈열심인 젊은이들을 위한 수학의 원리에 관한 소론(Tentamen)〉의 제1권에 26쪽짜리 부록으로 그의 논문을 〈공간의 절대과학(the absolute science of space)〉이라는 제목으로 출판하였다. 야노스는 이 논문에서 만일 한 점을 지나 주어진 직선과 평행인 직선이 하나 이상 있다고 하면…

이라는 가정 밑에서 오히려 모순이 없는, 즉 유클리드 기하학과 독립인 일관성 있는 체계를 갖춘 기하학이 성립한다는 것을 밝혀낸 것이다. 야노스의 논문이 세상에 알려지자 세상 사람들은 유클리드 기하학이 틀렸다는 주장의 논문으로 오해하여 야노스를 심하게 비난하기 시작하였다. 그리고 특히 그의 자존심을 건드린 것은 러시아 수학자 로바체프스키가 3년 전인 1829년에 이미 비유클리드 기하학이란 이름으로 가우스나 야노스와 똑같은 결과를 러시아 잡지에 발표했다는 것이었다. 다만 그것이 소련에서 발표되어 유럽에는 알려지지 않았다는 것뿐이었다. 그 후 격렬한 기질의 소유자인 야노스는 깊은 정신적 우울증에 빠졌고 다시는 그의 연구를 발표하지 않았다.

유클리드 〈원론〉에서 평행공준을 제외한 아홉 개의 공리와 공준에 의해 유도된 28개의 명제로 이루어진 평행공준이 없는 기하학을 절대기하학(absolute geometry)이라는 용어를 사용한 사람은 야노스 볼리아이인데, 나중에는 프레노비츠(Prenowitz, W.)와 조르당(Jordan, M.)은 그 기하학을 중립기하학(neutral geometry)이라고 불렀다. 이 중립기하학의 정리는 평행공준과는 관계가 없기 때문에 유클리드 기하학과 비유클리드 기하학의 양쪽에 공통으로 사용되는 기하학이다.

12-3 위대한 해방자 : 로바체프스키

로바체프스키

가우스와 야노스 볼리아이가 비유클리드 기하학을 최초로 착상한 사람으로 알려져 있지만, 실질적으로 이 주제에 관하여 체계적인 논문을 최초로 발표한 사람은 러시아의 수학자 로바체프스키(Lobachevsky, N.I. 1793-1856)이다.

로바체프스키는 1793년 11월 2일 러시아의 하급관리의 세 아들 중 둘째로 태어났다. 그는 어려서부터 수학과 고전에서 뛰어난 진보를 보여 1807년에 카산(Kasan) 대학에 입학했는데, 이 때 그의 나이는 14세였다. 1811년 18세 때 독일인 교수들로부터 우수성을 인정받아 석사학위를 받았으며, 1816년 23세라는 이례적인 젊은 나이로 카산 대학의 정교수가 되었다.

로바체프스키의 눈부신 일 처리 솜씨가 당국에 인정받아 대학 박물관장이 되었으며, 또한 1827년에는 학장에 취임하였다. 그는 학장이라는 명예로운 지위에 있음에도 불구하고 대학을 사랑하는 마음에서 약간이라도 마음에 웃옷과 넥타이를 벗고 청소도 불사했다. 어느 날 저명한 외국인이 웃옷을 벗은 로바체프스키를 수위로 잘못 알고 도서관과 박물관의 수집품을 보여 달라고 부탁한 적이 있었다. 로바체프스키는 설명을 곁들여 훌륭한 물건들을 보여 주었고 방문자는 이 친절하고 박식한 안내인으로부터 강한 인상을 받아 돌아갈 때쯤 안내인에게 많은 금화의 팁을 내밀었다. 그런데 이 안내인은 화를 내고 몸을 떨면서 그 금화를 집어던졌다. 이에 당황한 외국인은 이것도 고결한 러시아인의 기이한 풍습으로 생각하고 절을 하면서 금화를 도로 넣었다. 그 날 저녁에 그 외국인과 로바체프스키는 지사의 만찬에서 얼굴을 마주쳤고, 양쪽은 모두 무례를 사죄하며 양해를 구했다고 한다.

로바체프스키도 처음에는 평행공준의 증명을 시도하였으나, 곧이어 이 공준을 부정한 중립기하학의 입장에서 연구를 진행하여, 논리적 체계에 모순이 없으며 유클리드 기하학과는 별개인 새로운 기하학을 구성할 수 있다는 것을 발견하였다.

1826년에 카산 대학 이학부 집회에서 로바체프스키는 논문 〈평행선의 정리에 관한 엄밀한 증명을 수반한 기하학의 기초의 간결한 설명〉의 강연을 했다. 그 때의 분위기는 마치 사하라 사막 한 가운데서 연설하고 있는 것처럼 되돌아오는 것은 공허한 메아리뿐이었다. 그 후 이 논문을 보완하여 비유클리드 기하학에 관한 최초의 논문 〈기하학의 원리에 관하여〉를 1829년에 카산회보(Kasan Bulletin)에 발표했다. 이 논문은 러시아어로 발표되었기 때문에 다른 지역에서는 별로 관심을 끌지 못하였다.

로바체프스키는 그의 논문을 다른 지역에 소개하기 위하여 1840년에 독일어로 논문 〈평행선 이론에 대한 기하학적 연구(Geometrische Untersuchungen zur Theorie der Parallellinien)〉를 발표했는데 이것이 가우스의 관심을 불러 일으켰다. 이 논문을 읽은 가우스는 친구인 슈마허에게 이 논문을 칭찬하는 편지를 썼는데, 그 편지에서 이 연구 결과는 자신이 이미 오래 전에 생각했었던 것이라는 말을 여러 번 반복했다고 한다. 또한 1848년에 야노스 볼리아이가 로바체프스키의 논문을 처음으로 보았을 때 로바체프스키가 1832년에 발표한 자신의 논문을 표절한 것으로 생각했다. 후에 이 논문이 이미 1829년에 러시아에서 발표된 것을 알고 야노스 볼리아이는 무척 실망했다고 한다.

로바체프스키는 주관적인 직관으로 칸트의 공간론

> 유클리드 공간의 개념은 결코 경험적인 것이 아니라 피할 수 없는 사고의 필연성이다.

를 공공연히 도전했다. 로바체프스키는 공리에 도전한 것이다. 공인된 진리에 도전하는 인물은 자기의 생명까지는 아니라도 학문상의 명예를 걸었다고 할 수 있을 것이다. 1835년에 그는 다음과 같이 썼다.

> 유클리드 이래로 수행된 시도들이 열매가 맺지 않은 것은 나로 하여금 진리 그 자체가 그 자료 안에 있지 않을 수도 있다는 의심을 품게 하였다. 그것을 확증하기 위해서는 자연의 다른 법칙의 경우처럼 경험의 도움, 예를 들면 천체관측 같은 도움이 필요하다.

로바체프스키는 수학사학자 벨(Bell, E.T.)에 의해 '위대한 해방자'로 불렸다. 벨은 로바체프스키라는 이름이 미켈란젤로와 나폴레옹의 이름처럼 모든 학생들에게 익숙해져야 한다고 했으나 불행히도 로바체프스키는 일생 동안 그렇게 인정받지 못하였다. 더욱 불행한 것은 그가 카산 대학에서 열심히 봉사를 했음에도 불구하고 1846년에 해고당했다는 것이다. 그 후 죽기 몇 년 전에 장님이 되었으며, 죽기 1년 전인 1855년에 그가 말한 것을 받아쓰게 하여 프랑스어로 최종적이며 간결한 책 〈범기하학(Pangeometrie)〉을 출판했다.

로바체프스키는 자신의 공로가 널리 알려지는 것을 모르고 죽었지만, 그가 연구한 기하학은 오늘날 종종 '로바체프스키 기하학'으로 언급되고 있으며, 또한 위대한 기하학자였던 클리포드(Crifford, W.K. 1845-1879)는 그를 '기하학의 코페르니쿠스'라고 불렀다.

12-4 겸허한 수학자 : 푸앵카레

푸앵카레

푸앵카레(Poincaré, H. 1854-1912)는 1854년 4월 29일 프랑스의 낭시에서 태어났다. 아버지는 일류 의사이며 의학부 교수이고, 사촌 레이몽 푸앵카레는 제1차 세계대전 동안 프랑스 공화국의 대통령이었다.

푸앵카레의 지능은 어머니의 끊임없는 보살핌으로 급속히 발달하였으나 운동신경은 어릴 때부터 열등했다. 글자를 쓰면서부터 양손

잡이였지만, 왼손으로 쓰든지 오른손으로 쓰든지 간에 졸필이었다. 또한 그림을 그리는 데도 재주가 없어 이 분야의 학교성적은 일률적으로 영점을 받았다. 졸업할 때 급우들이 그의 예술적 걸작을 일반인에게 전시하기로 계획하여 푸앵카레의 그림에다가 그리스어로 "이것은 집입니다", "이것은 말입니다" 등의 꼬리표를 붙였다는 일화가 있다.

그러나 그는 책을 믿을 수 없을 만큼 빨리 읽었고, 또한 한 번 읽은 책은 결코 잊어버리는 일이 없이 무엇이 몇 쪽 몇 행에 씌어 있는지 언제라도 말할 수 있을 정도였다고 한다. 그는 이러한 탁월한 기억력을 평생 지니고 있었다. 이 희귀한 능력은 약간 정도가 떨어지지만 오일러도 갖고 있었는데, 이렇게 아득히 지나간 사건의 줄거리를 이상할 만큼 기억해 내는 능력을 시각적 기억력이라고 부른다. 그의 기억력은 그의 나쁜 시력 때문이라고 하는데, 고등수학을 배울 때 칠판에 글씨가 잘 보이지 않아 필기하지 않고 경청만 했고, 따라서 듣는 대로 기억해야만 했다.

1875년에 파리 이공과학교를 졸업한 후 기사가 되려고 곧 광산학교에 입학했다. 그는 거의 모든 시간을 기술공부에 쏟았지만 수학 공부할 여유도 있었다. 그래서 미분방정식론의 일반적인 문제를 연구하는 가운데 새로운 것을 발견하기에 이르렀다. 그는 같은 주제에 대해서 가장 난해하고 일반적인 문제를 가지고 학위논문을 써서 수학 박사학위를 받기 위해 파리 대학의 자연과학 교수회에 제출했다. 1879년에 광산학교에서 채광기사 자격을 취득하였으며, 같은 해에 파리 대학에서 이학박사 학위를 받았다. 푸앵카레는 그 해에 카앵 대학의 해석학 강사로 임명되었으나, 2년 후 27세 때 파리 대학으로 옮겨 1912년 죽을 때까지 수학, 역학, 실험물리 등의 여러 교수직을 가졌다.

푸앵카레는 순수, 응용 구분 없이 거의 모든 수학을 자신의 연구영역으로 한 마지막 수학자로 묘사되고 있다. 확실히 그는 이 분야의 놀랄 만한 영역에 능통했고 발전시켰다. 그는 매년 소로본 대학에서 순수 또는 응용수학의 다른 주제에 관하여 명쾌한 강의를 하였는데, 이 강의의 대부분은 곧 바로 발행되었다. 그는 학위논문을 쓰기 시작한 1878년부터 1912년 죽을 때까지 34년간이라는 비교적 짧은 기간에 새로운 수학에 관한 논문 500편 및 당시 수리물리학, 이론천문학 등의 거의 모든 분야를 대상으로 하는 30권 이상의 책을 저술한 다작의 학자였다. 이것은 자연철학에 관한 고전적 저술이나 통속적인 수필은 계산에서 제외한 것이다. 그가 가우스와 다른 점은 '적지만 알차게'를 표어로 내걸지 않았다는 점이다.

또한 푸앵카레는 수학 및 과학을 대중에게 보급시키는 데 가장 능력 있는 사람 중에

한 사람이었다. 그의 비싸지 않은 보급판 해설서는 명쾌하고 매력적인 스타일의 최고의 걸작이어서 날개 돋친 듯 팔렸고, 여러 직업의 사람들이 읽었으며, 많은 외국어로 번역되었다. 사실상 푸앵카레의 인기 있는 책은 문학적으로도 매우 뛰어나서 프랑스 작가의 최고 영예인 프랑스 학술원의 문학부분 회원으로 뽑히기도 했다.

푸앵카레는 한 분야에 결코 오래 머물려고 하지 않았고, 여러 영역을 재빠르게 옮겨 다니길 좋아했다. 그래서 동시대인들은

식민지의 개척자가 아닌 정복자

라고 불렀다. 미분방정식에 관한 박사학위 논문을 바탕으로 자기동형함수, 특히 소위 제타-푸크스 함수의 이론을 발전시켰는데, 이것이 대수적 계수를 가지는 2계 선형미분방정식을 푸는 데 이용될 수 있음을 보였다. 푸앵카레는 확률론, 비유클리드 기하학 분야에 상당한 기여를 하였고, 또한 20세기의 관심분야인 위상수학에 참여하여 오늘날 수열적 위상수학의 푸앵카레 군에 그의 이름이 나타난다. 응용수학에서도 이 다재다능한 천재는 광학, 전기학, 모세관현상, 탄성, 열역학, 양자이론, 상대성이론, 우주진화론 같은 다양한 분야에 기여했다.

푸앵카레는 1906년 54세 때에 과학 학사원 회장이라는 프랑스 과학자의 최고 영예도 받았다. 세계의 유명한 학회가 모두 그를 칭송했을 때 그는 거만하지 않고 겸허했다. 자기에게 필적할 사람이 없다는 것을 스스로 알고 있었지만, 미래에 밝혀질 지식에 비하면 자기의 지식은 아무 것도 아니라고 겸손하게 말하는 인물이었다.

푸앵카레는 전립선 비대증으로 투병생활을 하다가 1912년 7월 17일에 옷을 입다가 색전증으로 갑자기 죽었다.

> 유명한 과학자, 특히 수학자는 그가 하는 일에서 예술가와 같은 경험을 한다. 그의 기쁨은 그만큼 크고 본질적으로 그와 같은 것이다.

라는 유명한 이야기는 푸앵카레가 한 말이다.

12-5 기하학의 해방 : 무모순의 기하학

가우스는 비유클리드 기하학에 관한 그의 연구를 발표하지 않았으며, 볼리아이와 로바체프스키의 업적도 거의 30년 동안 돌봐지지 않았다. 1885년에 가우스가 사망한 뒤에 비유클리드 기하학에 관한 그가 남긴 원고와 편지 등이 발표되면서부터 비유클리드 기하학이 세상의 주목을 받기 시작했다. 결국 가우스의 학문적 권위가 비로소 세상 사람들로 하여금 비유클리드 기하학의 가치를 깨닫는 사고의 전환을 가져오게 한 것이다.

1871년에 클라인은 플레이페어 공준을 부정한 공준

> 주어진 직선 위에 있지 않은 한 점을 지나서 주어진 직선에 평행한 직선은 두 개 이상 존재한다.

를 쌍곡공리(hyperbolic axiom), 그리고 쌍곡공리에 근거한 기하학을 쌍곡기하학(hyperbolic geometry)이라 명명하였다.

볼리아이와 로바체프스키의 광범위한 연구는 쌍곡공리에 근거한 쌍곡기하학에서에서 어떠한 모순도 발견할 수 없었고, 또한 그들이 비록 어떠한 모순도 나타나지 않을 것이라고 확신하였지만 그 자체가 앞으로 연구가 충분히 진전되었을 때도 어떤 모순된 점이 나타나지 않는다는 사실을 증명한 것은 아니었다. 그러나 쌍곡공리에 대한 무모순성은 그리 오래되지 않아 벨트라미, 클라인, 푸앵카레 등이 증명하였다.

그들은 상대적인 무모순성이라는 증명 방법을 사용하였는데, 즉 유클리드 기하학 내에 이 새로운 기하학에 대한 모형을 설정하여 쌍곡공리에 따른 추상적인 전개를 유클리드 공간의 한 부분으로 표현함으로써, 이 새로운 기하학에 모순이 있다면 그 모형에 의해서 유클리드 기하학에서 그에 대응하는 모순을 낳는다는 것이다. 따라서 유클리드 기하학이 무모순이라면 볼리아이와 로바체프스키의 쌍곡기하학도 무모순이라는 사실이 밝혀진 것이다.

초수학적 정리

유클리드 기하학이 모순이 없다면 쌍곡기하학도 모순이 없다.

볼리아이와 로바체프스키의 쌍곡기하학의 무모순성에 대한 하나의 중요한 성과는 오랜 세월 동안 문제시되었던 평행공준에 대한 종국적인 해결이다. 이 무모순성은 평행공준이 유클리드 기하학의 다른 공준들과 독립이라는 사실을 확립하였으며, 이에 따라서 평행공준은 다른 공준들로부터 유도가 불가능하다는 따름정리

유클리드 기하학이 모순이 없다면 평행공준은 나머지 공리와 공준들로부터 증명하는 것이 불가능하다. 즉 평행공준은 다른 공리와 공준들로부터 독립이다.

를 증명한 것이다. 또 하나의 중요한 성과는 기하학을 전통적인 틀에서 해방시킨 것인데, 가능한 한 기하학은 오직 하나 유클리드 기하학만이 존재할 수 있다는 뿌리 깊게 수세기 동안 지배해 온 묵은 신념을 버리게 하여 많은 다른 기하학의 체계를 창조하는 방법이 열린 것이다. 따라서 수학은 '절대적인 진리'라는 견해에 심각한 타격을 주었다. 칸토어(Cantor, G.)는

수학의 본질은 자유에 있다.

고 말했다. 간단하게 말하면, 수학자는 자기 마음대로 그의 수학적인 체계에 근거할 공준을 고안해서, 단지 그것들이 모순이 없기만 하면 실제적인 물리적 공간에 얽매일 필요 없이 인공적인 기하학을 창조할 수 있다는 것이다.

(1) 클라인 모형

클라인은 쌍곡평면 K를 원의 내부

$$K = \{(x,\ y) \mid x^2 + y^2 < a^2\}$$

로 정하고, 점은 원의 내부의 점으로, 직선은 두 점을 맺는 현(양끝 점은 제외)으로 정의한다. 우리는 클라인의 쌍곡평면 K에서의 점, 직선을 보통 평면에서의 점, 직선과 구분하기 위하여 각각 k-점과 k-직선이라고 부를 것이다.

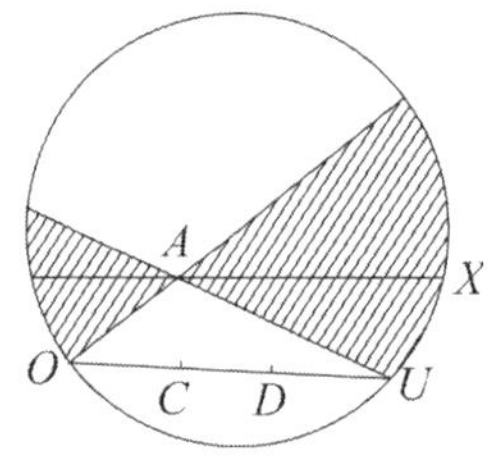

그림 12-2

원의 내부의 두 점은 하나의 현을 결정하고, 두 개의 현은 기껏해야 한 점에서 만나므로 두 개의 k-점은 하나의 k-직선을 결정하고, 두 개의 k-직선은 기껏해야 하나의 k-점에서 만난다. 또한 두 k-직선이 원의 내부에서 만나지 않으면 두 k-직선은 평행이라고 정의한다. 그림 12-2와 같이 두 점 C와 D를 지나는 현이 원과 만나는 점을 O, U라 하면 k-직선 AO와 AU는 k직선 CD에 평행이다. 왜냐하면 쌍곡평면 K에서 만나지 않기 때문이다. 그리고 k-직선 AO와 AU 사이의 빗금 친 부분에 속하는 임의의 k-직선 AX는 k-직선 CD에 평행이다. 따라서 k-점 A를 지나고 k직선 CD에 평행인 k-직선은 무수히 많이 존재한다.

그림 12-3과 같이 클라인 모형에서 원의 내부에 있는 k-점을 통상점(ordinary point), 원 위의 점을 이상점(ideal point), 원의 외부의 점을 초이상점(ultra-ideal point)이라고 부른다.

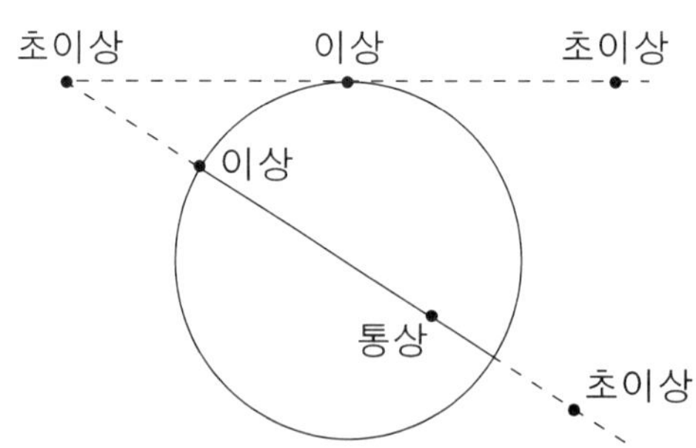

그림 12-3

(2) 푸앵카레 모형

푸앵카레의 쌍곡평면 P는 클라인 모형과 마찬가지로 원의 내부

$$P=\{(x,\ y) \mid x^2+y^2<b^2\}$$

로 정하고, 점은 원의 내부의 점으로 직선은 다음과 같이 두 가지이다(그림 12-4 참조).

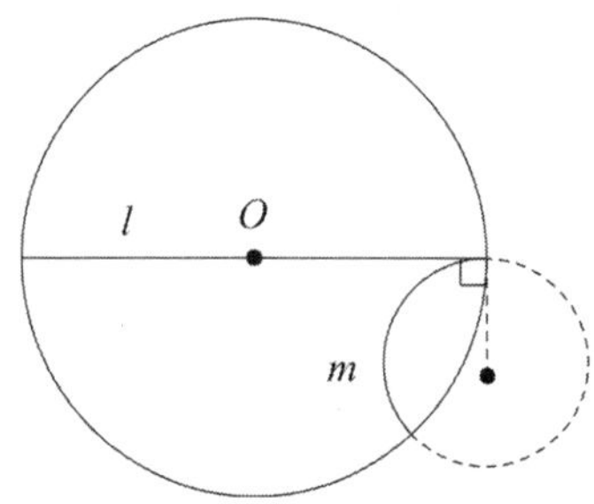

그림 12-4

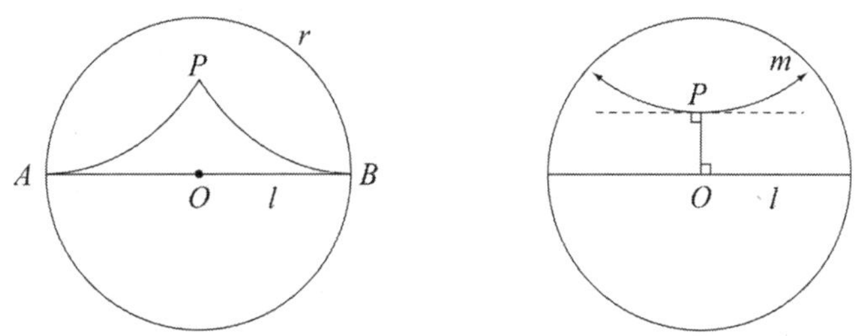

그림 12-5

① 중심 O를 지나는 모든 직경(양 끝점은 제외)

② 주어진 원에 직교하는 원의 호(양 끝점은 제외)

푸앵카레의 쌍곡평면 P에서의 점, 직선을 보통 평면에서의 점, 직선과 구분하기 위하여 각각 p-점과 p-직선이라고 부를 것이다. 푸앵카레의 쌍곡평면 P에서 그림 12-5의 왼쪽은 p-직선 l에 대하여 평행 반직선의 극한을 표현하고 있고, 그림 12-5의 오른쪽은 공통수선을 갖는 두 p-직선을 나타내고 있으며, 또한 p-직선 m이 공통 수선 PO의 양쪽

에서 p-직선 l로부터 어떻게 멀어지는가를 보여 주고 있다.

푸앵카레의 쌍곡평면 P에서 그림 12-6의 왼쪽은 람베르트 사변형을 보여 주고 있다. 우리는 네 번째 각이 예각임을 알 수 있다. 그리고 그림 12-6의 오른쪽은 람베르트 사변형을 양쪽으로 그리면 사케리 사변형임을 보여 주고 있다.

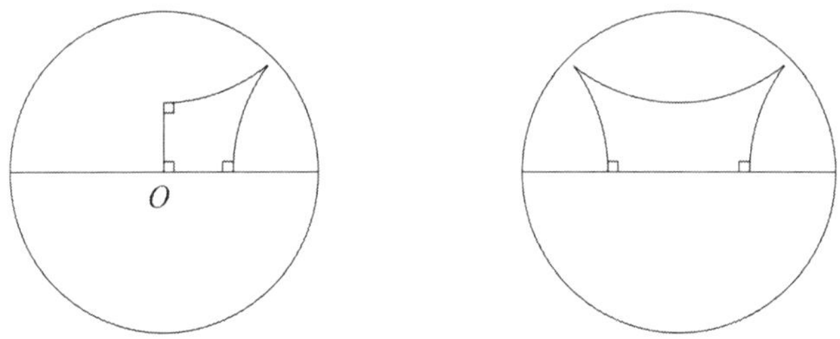

그림 12-6

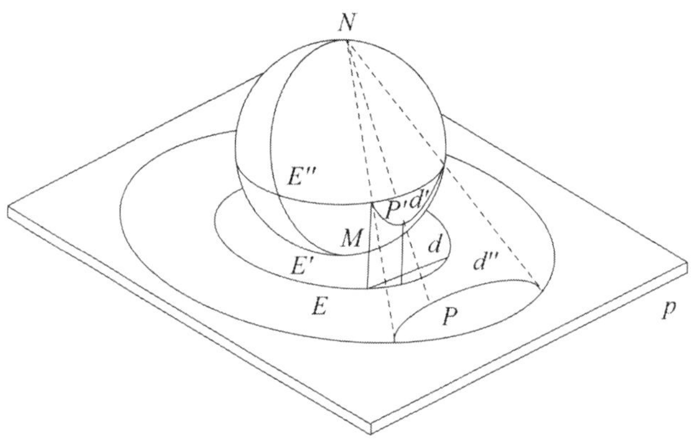

그림 12-7

그런데 사실상 클라인 모형과 푸앵카레 모형은 동형(isomorphic)이다. 이 사실을 알아보기 위해 유클리드 3차원 공간에서 그림 12-7과 같이 클라인 모형의 원점에 접하는 동일 반경을 갖는 구를 생각하자.

그림 12-7과 같이 클라인 모형을 구의 하반구에 수직으로 사영하면

원 E' ⇒ 구의 적도 E''
k-점 ⇒ 하반구의 점 (적도 제외)
k-직선 d ⇒ 적도 E''에 수직인 반원 d'

으로 사영되고, 구의 북극 N에서 구의 하반구를 본래의 평면 p로 입체사영(steregraphic projection)시키면, 이러한 입체사영은 N을 지나지 않는 구 위의 원은 평면 위의 원으로 사영되고, 또한 각을 보존하므로

구의 적도 E'' ⇒ 평면 p 위의 원 E
하반구의 점(적도 제외) ⇒ 원 E 내부의 점
적도 E''에 수직인 반원 d' ⇒ 원 E에 수직인 원의 호 d''

으로 사영된다. 따라서 원 E'에 의해서 정의된 클라인 모형과 원 E에 의해서 정의된 푸앵카레 모형은 동형이다. 사실상 쌍곡기하학의 모든 모형은 서로 동형이다.

앞에서 정의된 푸앵카레 모형과 다른 푸앵카레 모형을 다음과 같이 정의할 수도 있다. 쌍곡평면 P'을 평면의 상반부

$$P' = \{(x,\ y) | y > 0\}$$

로 정하고, 점은 평면의 상반부의 점으로 직선은 그림 12-8과 같이 두 가지이다.

① x축에 직교하는 상반직선(x축에 점 제외)
② x축 위의 한 점을 중심으로 갖는 상반평면에서의 반원(x축에 점 제외)

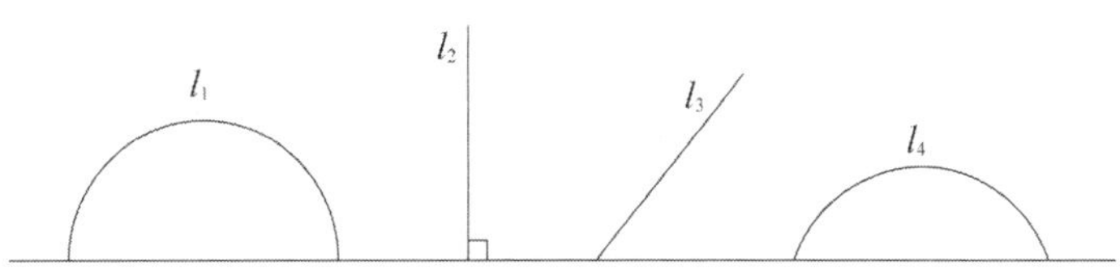

그림 12-8

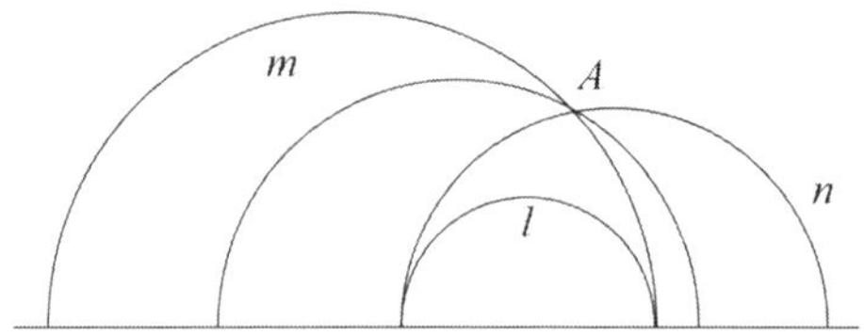

그림 12-9

위의 정의에 의하면 그림 12-8에서 l_1과 l_2는 쌍곡평면 P'에서 직선이지만 l_3와 l_4는 직선이 아니다. 평면의 상반부 P'의 직선 l(반원)과 점 A가 그림 12-9와 같을 때, A를 지나고 l과 만나지 않는 직선은 무수히 많다. 그림 12-9에서 두 직선(반원) m, n은 로바체프스키가 말하는 A를 지나고 l에 평행한 두 직선이다. 왜냐하면 x축 위의 점은 쌍곡평면 P'에 포함되지 않으므로 l, m, n은 만나지 않는다.

(3) 벨트라미 모형

벨트라미는 쌍곡평면을 추적선(tractrix)이라 불리는 곡선을 회전시켜 얻은 곡면상에 나타내는 것을 성공하였다. 그는 쌍곡평면을 최초로 유클리드 공간 E^3의 곡면으로 나타낸 것이다.

추적선은 뉴턴(Newton, I. 1642-1727)에 의해 1676년에 처음으로 소개되었고, 추적선을 접점과 x축 사이의 접선의 길이가 항상 일정한 xy평면에 있는 곡선으로 정의하였다. 1693년에 호이겐스(Huygens, C. 1629-1695)는 뉴턴의 추적선이란 그림 12-10과 같이 점 $(0, a)$에, 추가 달린 길이가 a인 실의 끝을 잡고 원점 O를 출발하여 x축 위를 움직일 때 추가 그리는 곡선으로 새롭게 해석하였다.

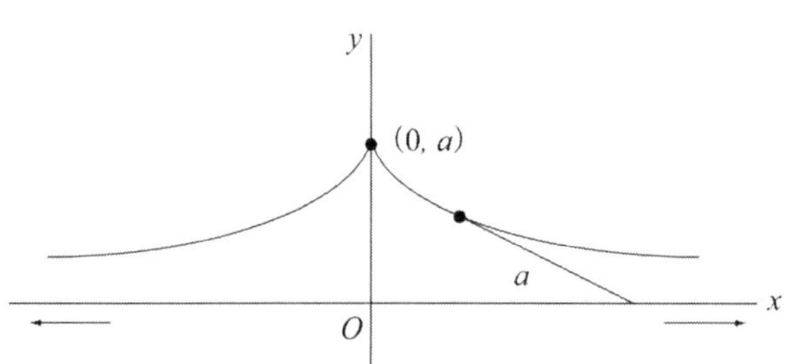

그림 12-10

그림 12-11에서 추적선은 접선의 기울기의 정의에 의해 다음과 같은 미분방정식의 해로 주어진다.

$$\frac{dy}{dx} = -\frac{\sqrt{a^2 - x^2}}{x}, \quad y(a) = 0$$

위의 식을 적분하고, $x = a\sin\theta \ (0 < \theta < \pi/2)$로 치환하면

$$\begin{aligned} y &= -\int \frac{\sqrt{a^2 - x^2}}{x}dx = -a\int \frac{1 - \sin^2\theta}{\sin\theta}d\theta = -a\int (\csc\theta - \sin\theta)d\theta \\ &= a\ln(\csc\theta + \cot\theta) - a\cos\theta + C \\ &= -\sqrt{a^2 - x^2} + a\ln\frac{a + \sqrt{a^2 - x^2}}{x} \quad (y(a) = 0\text{이므로 } C = 0) \end{aligned}$$

인 추적선의 방정식을 얻을 수 있다.

그림 12-10의 추적선을 x축을 회전축으로 하여 회전하면 그림 12-12와 같은 곡면을 얻을 수 있고, 이 곡면을 의구(pseudosphere)라고 한다. 의구면에서 BC와 AD는 회전되고 있던 추적선의 다른 위치에서 취해졌으므로 서로 평행한 의구의 자오선(meridian)들이다. 자오선은 서로 접근하지만 결코 만나지 않는다. 그리고 $ABCD$는 사케리의 사변형이고 $\angle C = \angle D$는 예각이다. 한편 한 점 P를 지나고 한 직선 l에 평행한 직선은 적어도 두 개 이상 존재한다. 따라서 의구면은 쌍곡기하학의 여러 가지 성질을 만족시키는 가장 적합한 모형이다.

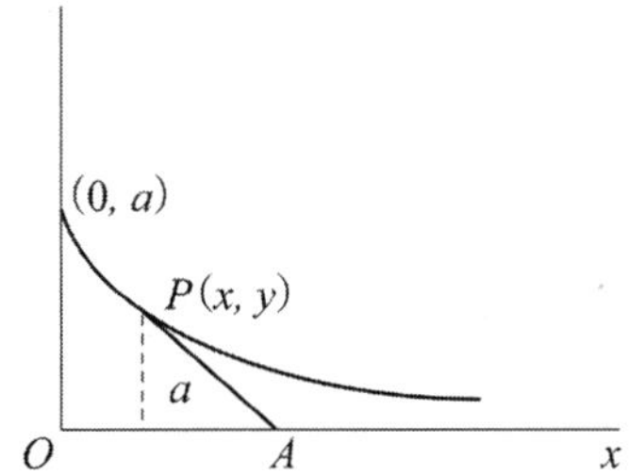

그림 12-11

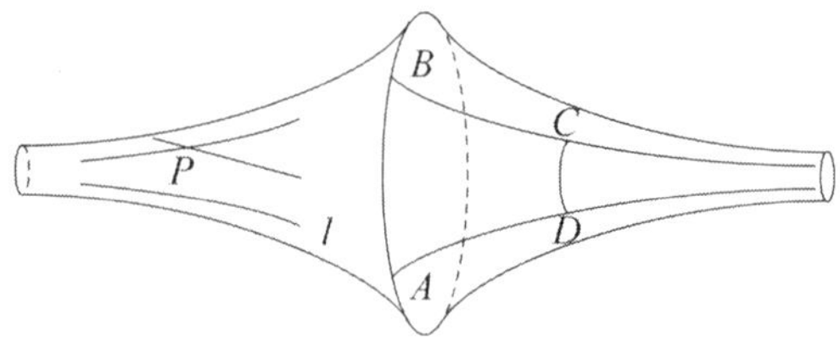

그림 12-12

12-6 타원기하학 : 리만

리만

게오르크 프리드리히 베른하르트 리만(Georg Friedrich Bernhard Riemann, 1826-1866)은 1826년 9월 17일 독일 하노버의 브레젤렌츠라는 한적한 마을에서 루터파 교회목사의 아들로서 두 형제와 네 자매의 둘째로 태어났다. 집안은 가난하였으며, 태어날 때부터 몸이 허약하였고 어머니도 아이들이 어른이 되기 전에 세상을 뜨고 말았다. 여섯 살 때 산술을 배우기 시작하였으며, 10세 때 슐츠라는 전문적인 선생으로부터 진보된 산술과 초보적인 기하학을 배웠는데, 리만이 종종 선생보다 훌륭한 답을 제시함으로써 슐츠는 리만이 자기보다 뛰어나다고 생각하였다. 1846년 19세 때 괴팅겐(Göttingen) 대학에 입학하여 신학을 전공하였다. 그는 쉽게 직업을 얻을 수 있고 집안에 경제적 도움을 주기 위해 신학을 공부했지만 수학에 대한 미련을 버릴 수가 없어서 아버지에게 모든 것을 털어놓고 전공을 바꾸기를 원한다고 말하였다. 아버지는 한마디 불평도 없이 리만이 수학을 전공하는 것에 동의했다.

괴팅겐 대학에서 1년 동안 공부하고 베를린 대학으로 옮겼다. 거기에서 리만은 야코비로부터는 고등역학과 고등대수학을, 디리클레로부터는 수론과 해석학을, 슈타이너로부터는 근대기하학을, 에이젠슈타인으로부터는 타원함수를 배웠다. 그는 이 유명한 대수학자들로부터 새롭고 활기찬 수학의 기초를 배운 것이다. 1849년에 박사학위취득을 위한 수학적 훈련을 완성하기 위하여 괴팅겐 대학으로 돌아왔다. 그의 관심은 보통의 순수학자로서는 이상할 만큼 폭넓은 분야에 걸쳐 있었다. 사실 그는 수학에 바치는 것과 똑같이 많은 시간을 물리학연구에 바쳤다.

1851년의 11월 초순에 리만은 박사학위논문 〈일변수 복소함수의 일반론의 기초

(Foundations for a general theory of functions of a complex variable)〉를 제출하였는데, 가우스도 심사위원 중에 한 사람이었다. 25세의 젊은 학자가 쓴 이 논문은 근대 수학에 하나의 중요한 업적으로 평가되고 있으며, 가우스도 이 논문을 읽고 열광하였다. 리만이 가우스를 방문했을 때 가우스는 리만에게 자기도 수년 안에 같은 주제로 논문을 쓰려고 생각하고 있었다고 말했다고 한다. 가우스가 괴팅겐 대학에 제출한 리만의 학위논문 평가서를 보면 그가 얼마나 리만의 논문을 높이 평가하고 있는가를 알 수 있다.

> 리만이 제출한 논문을 보면 연구의 철저함과 더불어 그가 창조적이고 활발한 참다운 수학적 두뇌를 갖고 있으며, 훌륭하고 풍부한 독창력을 갖고 있다는 사실 등을 알 수 있습니다. 표현이 명쾌하고 조리가 있으며, 곳에 따라서 아름다움도 보입니다. 또한 이것을 읽는 사람 대부분은 배열의 명확함도 발견할 수 있을 것입니다. 이것은 어느 부분을 보아도 충실하고 귀중한 업적이어서 박사논문의 기준을 만족할 뿐만 아니라 그것을 훨씬 능가하고 있습니다.

괴팅겐 대학의 무급 강사로 임명되기 위해서는 예비적인 강연을 반드시 거쳐야 하고, 전통에 따라 세 가지의 서로 다른 강의 제목을 제출하면 그 대학 교수들이 그 중에서 선택한 하나의 제목에 관해서 강연하게 되어 있었다. 리만은 교수들은 일반적으로 제출된 제목 중에서 첫째 것 또는 기껏해야 둘째 것으로 선택할 것으로 예상해서 첫째 것과 둘째 것에 관해서만 열심히 준비했으며, 셋째 것에 대해서는 거의 시간을 할애하지 않았다. 그런데 〈기하학의 기초를 이루는 가정에 대하여〉라는 제목이 붙은 셋째 주제는 경솔하게도 가우스가 60년 이상 숙고해온 주제에 관한 것이었다. 그래서 가우스는 훌륭하고 풍부한 독창력을 갖춘 리만이 그 주제에 대하여 어떤 내용을 강연할 것인지에 대단한 호기심이 생겨 리만이 강의할 주제로 셋째 것을 선택했다. 실제로 주의를 기울이지 않고 셋째 제목을 제출했던 리만은 동생에게 보낸 편지 속에 다음과 같이 실토하였다.

> 처음의 두 주제에 관해서는 충분한 준비를 하였으나, 마지막 제목이 선택되었기 때문에 이제부터 다시 공부하지 않으면 안 된다.

리만은 수학적 지식이 빈약한 교수에게도 강의를 쉽게 이해시키고자 했기에 대단한 노력을 기울였다. 리만은 가우스를 비롯한 유명한 교수들 앞에서 그 주제에 관하여 강의를 했다. 이 강의는 내용은 수학 전체를 통하여 위대한 걸작 중의 하나로 평가되고 있으며, 또한 그의 강의 역시 명강의로 알려져 있다. 교수회의를 마치고 돌아오는 길에 빌헬름 베버에게, 가우스로서는 드문 일로, 리만이 제시한 아이디어를 열광적으로 격찬하였다고 한다.

이 주제는 16쪽으로 구성되어 있는데, 리만은 그 강의에 참석했던 전문가가 아닌 교수들의 사기를 저하시키지 않기 위해 까다롭고 전문적이고 지엽적인 내용을 담지 않았지만, 여기에 담겨진 사상은 매우 풍부하였으며 새롭고 고도의 효율적인 많은 개념을 제시하고 있어 기하학 연구를 혁신시켰다. 이 논문은 1866년에 출판되었다.

리만은 강의를 마무리하는 자리에서 명백하지 않은 주제를 강연한 것에 대하여 사과했다. 그러면서 그는 이와 같은 고찰의 가치는 우리들을 선입견으로부터 해방시킬 수 있으며, 언젠가는 물리적인 법칙의 탐구가 유클리드 기하학 이외의 어떤 기하학을 필요로 하는 시기가 올 것이라고 말하였다. 이와 같은 예언은 그가 죽은지 약 50년 뒤에 아인슈타인의 일반 상대성 이론을 통하여 실제로 구현되었다.

1855년에 가우스가 세상을 떠났다. 디리클레가 가우스의 뒤를 이었고, 1859년 5월 5일에 디리클레도 세상을 떠났다. 디리클레는 항상 리만의 재능을 인정하고 최선을 다해서 항상 노력하는 리만을 도왔다. 디리클레가 리만의 재능을 인정했고, 또한 리만의 명성이 급속히 퍼졌던 것이 정부를 움직여 디리클레의 후임으로 리만을 선택하도록 했다. 이와 같이해서 33세 때 리만은 가우스의 제2의 후계자가 되었다.

천재 리만은 1862년 7월에 누이동생의 친구인 엘리제 코흐와 결혼을 했지만 한 달도 채 못 되어 늑막염에 걸렸으며, 그것이 완전히 치유되지 않은 상태에서 폐병까지 걸려 1866년 7월 20일 39세라는 젊은 나이로 타계했다. 이탈리아 친구들이 세워 준 묘석의 비문은 다음과 같은 글귀로 끝나고 있다.

하나님을 사랑하는 사람에 대해서는 모든 일이 선하게 작용한다.

(1) 타원기하학

가우스나 볼리아이를 비롯한 많은 사람들은 기하학에서 둔각가설은 직선의 길이는 무한하다는 가정에 모순되므로 배제하였다. 그러나 리만은 직선의 무한성에 대하여 견해가 달랐다. 그는 유클리드 공준 2

유한직선은 무한정 연장할 수 있다.

에 대하여 그것은

직선의 크기가 무한하다는 것이 아니라 단지 끝이 없다거나 또는 경계가 없다.

는 것으로 생각하였다. 리만은 쉽게 예를 들어 어떤 구의 두 점을 연결하는 대원의 호는 그 대원을 따라서 무한히 연장해도 유한 길이를 갖고 있으면서도 끝점이 없다고 이해했다.

리만은 직선의 무한성과 경계 없음에 대한 개념을 명확하게 하여 유클리드의 공준 1, 2, 5를 다음과 같이 수정하였다.

1′. 임의의 두 점은 적어도 하나의 직선을 결정한다.
2′. 직선은 경계가 없다(직선은 끝이 없으나 유한길이를 갖는다).
5′. 한 평면 위에 있는 임의의 두 직선은 반드시 만난다.

리만은 이 수정된 명제를 유클리드의 공준 1, 2, 5 대신에 공준으로 택하여 둔각가설을 만족하는 새로운 기하학을 창조하였다. 1854년 괴팅겐 대학의 강사취임 강연에서 〈기하학의 기초를 이루는 가정에 대하여〉라는 제목으로 이 새로운 기하학을 발표하였다. 이것이 오늘날 리만 기하학이라는 새로운 개념의 도입이다. 1871년에 클라인은 이 새로운 기하학을 타원기하학(elliptic geometry)이라고 불렀다.

(2) 타원기하학의 모형

① 리만 모형

리만은 타원기하학의 성질이 구면상의 특성과 매우 유사한 점이 많아서 구면을 타원평면으로 택하였다. 구면상의 점을 타원평면의 점으로, 두 점을 지나는 직선은 두 점을 지나는 대원으로 생각하여 타원평면을 구의 상반부로 택하는 경우와 구면 전체로 택하는 경우 두 가지가 있다. 구면의 상반부에서 성립하는 기하학을 단일 타원기하학이라 하고, 구면전체에서 성립하는 기하학을 2중 타원기하학이라고 한다. 우리는 타원평면에서의 점, 직선을 보통 평면에서의 점, 직선과 구분하기 위하여 각각 e-점과 e-직선이라고 부를 것이다.

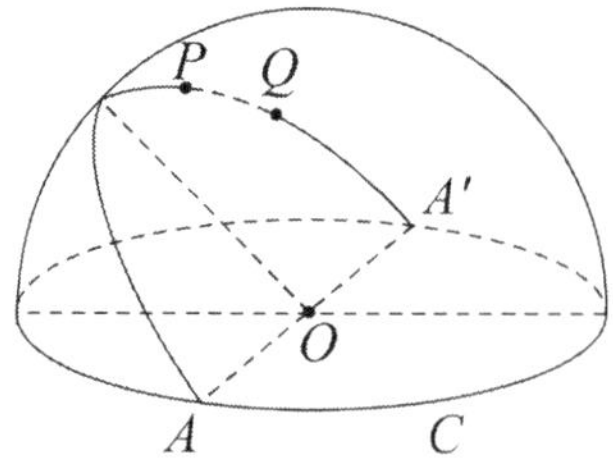

그림 12-13

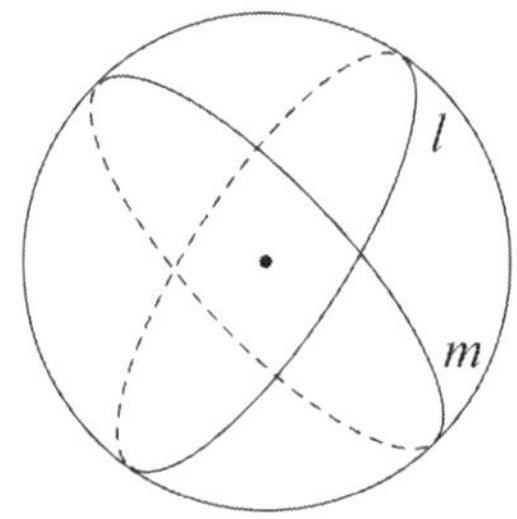

그림 12-14

그런데 타원기하학에서 e-직선은 일정한 길이를 갖고 닫혀 있으므로 모형을 구면의 상반부를 택하는 경우에는 그림 12-13에서 두 점 P와 Q를 지나는 대원호의 경계점 A와 A'와 일치해야 대원호가 닫힌다. 이 경우에 임의의 두 대원호는 반드시 한 점에서 만난다. 따라서 단일 타원기하학에서는 모형의 경계곡선 C 위에 있는 e-점 중에서 C의 직경에 대한 반대점끼리는 같은 점이다. 따라서 단일 타원기하학에서 임의의 두 e-직선은 한 점에서 만난다. 한편 타원평면을 구면 전체로 취하는 경우에는 임의의 두 e-직선은 두 e-점에서 만나고(그림 12-14 참조), 중심에 관한 대칭점을 지나는 e-직선은 무수히 많다.

타원 평면의 계량(metric)은 구면 자체의 계량을 택한다. 따라서 두 점 사이의 거리는 두 점을 지나는 대원호의 길이로 정하고, 두 직선의 교각은 이것에 대응하는 두 대원호 사이의 교각으로 정한다. 그런데 이러한 교각은 항상 $180°$보다 작은 것으로 이해되어야 할 것이다.

1603년에 해리엇(Harriot, T. 1560-1621)은 타원기하학의 중요한 성질

① 삼각형의 내각의 합은 $180°$보다 크다.

② 삼각형의 면적은 주어진 삼각형의 내각의 합에서 2직각을 뺀 것에 비례한다.

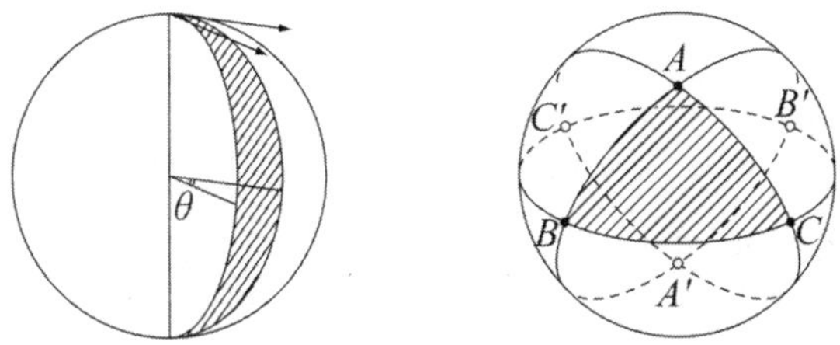

그림 12-15

를 구면 위에서 다음과 같이 멋있고 우아하게 증명을 하였다.

증명 반지름이 r인 구면 위에서 두 대원이 이루는 각이 θ일 때, 두 대원에 의하여 둘러싸인 활꼴의 면적은

$$(\text{구의 표면적})\times\frac{\theta}{2\pi}=4\pi r^2\times\frac{\theta}{2\pi}=2r^2\theta$$

이다. 그림 12-15와 같이 꼭지점 A, B, C에 대하여 구의 중심 O에 관한 대칭점을 각각 A', B', C'이라 하면

$$\triangle ABC\equiv\triangle A'B'C',\ \triangle A'BC\equiv\triangle AB'C',$$
$$\triangle AB'C\equiv\triangle A'BC',\ \triangle ABC'\equiv\triangle A'B'C$$

이다. 따라서 위의 식에 의하여

$$2r^2\angle A=\triangle ABC+\triangle A'BC$$
$$2r^2\angle B=\triangle ABC+\triangle AB'C$$
$$2r^2\angle C=\triangle ABC+\triangle ABC'$$

위의 세 식을 서로 합하면

$$2r^2(\angle A+\angle B+\angle C)=3\triangle ABC+\triangle A'BC+\triangle AB'C+\triangle ABC'$$

그런데 반구의 표면적은

$$\triangle ABC+\triangle A'BC+\triangle AB'C+\triangle ABC'=2\pi r^2$$

이므로

$$r^2(\angle A + \angle B + \angle C) = \triangle ABC + \pi r^2$$

따라서 삼각형의 면적은

$$\triangle ABC = r^2(\angle A + \angle B + \angle C - \pi) \qquad \cdots ②$$

그런데 삼각형의 면적은 반구의 표면적보다 작으므로

$$0 < \triangle ABC < 2\pi r^2$$

이다. 따라서 삼각형의 내각의 합은

$$\pi < \angle A + \angle B + \angle C < 3\pi \qquad \cdots ①$$

이다. ■

② 클라인 모형

2중 타원기하학에서 타원평면은 양측면(two-side surface)의 특성을 갖는다. 예를 들면 구는 안쪽 면과 바깥쪽 면으로 구별된다. 클라인은 단일 타원기하학을 단측면(one-sided surface)의 특성을 가진 곡면으로서 뫼비우스(Möbius)의 띠(leaf)를 이용하여 그 특성을 나타냈다.

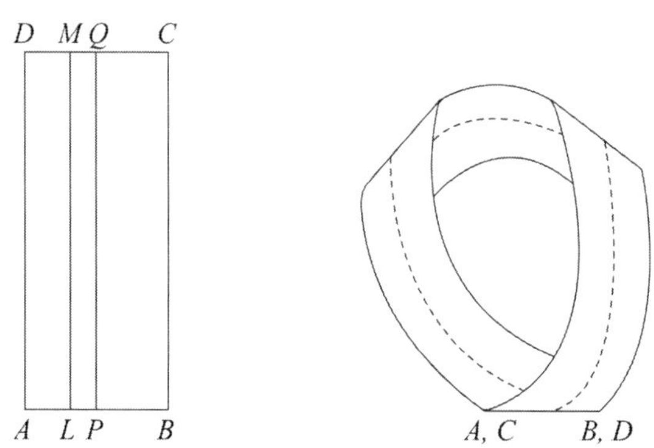

그림 12-16

뫼비우스의 띠는 1858년에 라이프니치히 대학교수 뫼비우스(Möbius, A.F. 1790-1868)가 다면체에 관하여 연구하다가 얻은 것으로 그림 12-16과 같이 길고 좁은 종이 $ABCD$를 180° 비틀어서 A가 C에, B가 D에 오도록 붙여 얻은 곡면을 말한다. 뫼비우스의 띠는 앞면과 뒷면의 구별이 없는 단면의 대표적인 예이다.

뫼비우스의 띠에서 $ABCD$의 중간선 PQ는 폐곡선이고, 임의의 두 폐곡선은 한 점에서 만난다. 따라서 뫼비우스의 띠에서 점과 폐곡선을 타원평면상의 점과 직선으로 생각하면 단일 타원기하학의 특성을 구체화하는 데 적합한 모형이라 할 수 있다.

13 해결기법과 발견기법 : 기하학적 변환

도형에 관련된 기하학적 문제를 해결하는 데 여러 가지 이유로 문제의 해결이 어려운 경우가 종종 있다. 이러한 어려운 문제를 해결하기 위한 현대 기하학자들에 의해 창조된 가장 유용한 방법 중의 하나는 주어진 도형에 대하여 기하학적 연구를 좀더 편리하고 쉽게 할 수 있는 익숙한 다른 도형으로 교묘하게 변환시키는 것이다. 이 방법은 주어진 도형에 관련된 어려운 문제를 해결하기 위하여 주어진 도형으로부터 어떤 간단하게 만드는 과정을 통하여 주어진 도형과 동치인 다른 도형으로 변환(transform)시키고, 새로운 도형에서 원래의 도형에 관련된 어려운 문제가 좀더 쉬운 문제로 변형되었으므로 쉽게 문제를 풀고(solve), 그 다음 원래 도형에서 주어진 문제에 대한 풀이의 해를 얻기 위하여 새로운 도형에서 얻은 풀이의 해를 역변환(inverse transform)시키는 것이다. 이렇게 변환, 풀이, 역변환 순으로 기하학의 문제를 해결하는 기법을 간단히 기하학의 **해결기법**이라고 한다.

적당한 변환에 의해 어려운 문제를 해결하는 이러한 기법은 기하학 특유의 것은 아니다. 예를 들어 영어에 능숙하지 못한 우리에게 외국인이 영어로 어떤 질문을 했다면 우선 그 질문을 국역하고, 그 다음 그것에 대한 우리말의 답을 구한 다음 그 답을 영역하여 대답하게 된다. 여기서 우리가 국역하는 것은 변환에 해당하고, 우리말의 답을 구하는 것은 풀이에 해당하고, 그 답을 영역하는 것은 역변환에 해당한다.

기하학적 변환은 수학의 다른 분야의 변환과 마찬가지로 문제를 해결할 뿐만 아니라 새로운 사실을 발견할 때도 유용하다. 이것은 주어진 도형을 새로운 도형으로 변환시킨 후에 새로운 도형을 연구하여 그 새로운 도형으로부터 어떤 새로운 성질을 발견하고, 그 다음 원래의 도형에 맞는 성질을 얻기 위하여 새로운 도형에서 얻은 성질을 역변환시키는 것이다. 이렇게 변환, 발견, 역변환 순으로 기하학적 발견을 얻어 내는 기법을 간단히 기하학의 **발견기법**이라고 한다. 따라서 기하학에서 가장 자주 사용된다고 말할 수 있는 기하학의 해결기법과 발견기법에서 기본이 되고, 또한 가장 중요한 역할을 하는 것은 기하학적 변환이다.

13-1 기하학적 변환 : 일차변환

두 집합 $\mathfrak{I}$, $\mathcal{L}$에 대하여, $\mathfrak{I}$의 각 원소 a에 대하여 $\mathcal{L}$의 하나의 원소 b에 결부시키는 대응(correspondence) T를 $\mathfrak{I}$로부터 $\mathcal{L}$로의 **사상**(mapping of $\mathfrak{I}$ into $\mathcal{L}$)이라 하며, $\mathrm{T}(a)=b$ 또는 $\mathrm{T}: a \to b$로 표시한다. 한편 $\mathfrak{I}$의 두 원소 a_1, a_2에 대하여

$$a_1 \neq a_2 \text{이면 } \mathrm{T}(a_1) \neq \mathrm{T}(a_2)$$

일 때, T를 **일대일 사상**(one-to-one mapping)이라 한다. 그리고 $\mathrm{T}(\mathfrak{I}) = \mathcal{L}$이면 T를 **위로 사상**(onto mapping)이라 한다.

집합 $\mathfrak{I}$에서 자기 자신 $\mathfrak{I}$로 결부되는 일대일인 위로 사상 T를 $\mathfrak{I}$의 **변환**(transformation of a set $\mathfrak{I}$ onto itself)이라 한다. 한편 집합 $\mathfrak{I}$에 대한 두 변환의 **합성**(composition) $\mathrm{S} \circ \mathrm{T}$란 T에 의해 변환한 다음 S에 의해 변환하는 것을 말한다. 만약 T가 $\mathrm{T}(a)=b$인 $\mathfrak{I}$의 변환이면, 변환의 역 $\mathrm{S}(b)=a$인 $\mathfrak{I}$의 변환 S를 T의 **역변환**(inverse transformation)이라 하고 $\mathrm{S}=\mathrm{T}^{-1}$로 나타낸다.

$\mathfrak{I}$의 각 원소를 자기 자신으로 옮기는 변환을 **항등변환**(identity transformation)이라 하고 I로 나타낸다. 그리고 집합 $\mathfrak{I}$의 세 변환 S, T, U에 대하여 결합법칙

$$(\mathrm{S} \circ \mathrm{T}) \circ \mathrm{U} = \mathrm{S} \circ (\mathrm{T} \circ \mathrm{U})$$

이 항상 성립한다.

집합 $\mathfrak{I}$ 위의 모든 변환의 집합 $\mathbb{H} = \{\mathrm{S}, \mathrm{T}, \mathrm{U}, \cdots\}$가 다음 조건

(1) $\mathbb{H}$는 변환의 곱에 대하여 닫혀 있다. 즉

$$\mathrm{S}, \mathrm{T} \in \mathbb{H} \Rightarrow \mathrm{S} \circ \mathrm{T} \in \mathbb{H}$$

(2) $\mathbb{H}$는 항등변환 I를 포함한다. 즉

$$\mathrm{I} \in \mathbb{H}$$

(3) $\mathbb{H}$는 $\mathbb{H}$의 모든 변환에 대한 역변환을 포함한다. 즉

$$\mathrm{T} \in \mathbb{H} \Rightarrow \mathrm{T}^{-1} \in \mathbb{H}$$

를 만족할 때, 변환에 대한 결합법칙은 항상 성립하므로 변환의 집합 $\mathbb{H}$는 군(group)을 이룬다. 이러한 변환의 군을 간략하게 **변환군**(transformation group)이라고 한다.

(1) 일차변환

좌표평면 위의 점 $P(x, y)$를 점 $P'(x', y')$으로 옮기는 변환

$$\mathrm{T}: (x, y) \to (x', y')$$

에서 대응하는 점의 좌표 사이에 상수 a, b, c, d에 대하여

$$\begin{cases} x' = ax + by \\ y' = cx + dy \end{cases} \qquad \cdots ①$$

와 같이 상수항이 없는 일차식의 관계가 성립할 때 이 변환 T를 **일차변환** 또는 **선형변환**(linear transformation)이라 한다. 일차변환을 행렬로 나타내면

$$\begin{pmatrix} x' \\ y' \end{pmatrix} = \begin{pmatrix} a & b \\ c & d \end{pmatrix} \begin{pmatrix} x \\ y \end{pmatrix}$$

이고, 이 때 행렬

$$\mathrm{A} = \begin{pmatrix} a & b \\ c & d \end{pmatrix}$$

를 **일차변환 T의 행렬**이라고 한다. 특히 일차변환에 의하여 두 점 사이의 거리가 변하지 않으려면 일차변환의 행렬 A는 조건

$$^{t}\mathrm{A}\mathrm{A} = \mathrm{I} \text{ 또는 } \begin{pmatrix} a & c \\ b & d \end{pmatrix} \begin{pmatrix} a & b \\ c & d \end{pmatrix} = \begin{pmatrix} 1 & 0 \\ 0 & 1 \end{pmatrix} \qquad \cdots ②$$

을 만족해야 한다. 왜냐하면 점 $P(x, y)$를 점 $P'(x', y')$으로 옮기는 일차변환은 원점 O를 원점 O로 옮기므로 두 점 사이의 거리가 변하지 않으려면

$$OP = OP' \text{ 또는 } x^2 + y^2 = x'^2 + y'^2$$

이다. 따라서 ①을 위의 식에 대입하면

$$a^2 + c^2 = 1,\ b^2 + d^2 = 1,\ ab + cd = 0$$

이므로

$$\begin{pmatrix} a & c \\ b & d \end{pmatrix}\begin{pmatrix} a & b \\ c & d \end{pmatrix} = \begin{pmatrix} a^2 + c^2 & ab + cd \\ ab + cd & b^2 + d^2 \end{pmatrix} = \begin{pmatrix} 1 & 0 \\ 0 & 1 \end{pmatrix}$$

이기 때문이다. 조건 ②를 만족하는 행렬 A 를 **직교행렬**(orthogonal matrix)이라 하고, 직교행렬을 변환행렬로 갖는 일차변환을 **직교변환**(orthogonal transformation)이라 한다.

(2) 평행이동

좌표평면 위의 점 $P(x,\ y)$를 x축, y축 방향으로 각각 m, n만큼 이동시킨 점을 $P'(x',\ y')$이라 하면 점 P'의 좌표 $(x',\ y')$은

$$\begin{cases} x' = x + m \\ y' = y + n \end{cases}$$

이다. 좌표평면 위에서 점 $P(x,\ y)$에 점 $P'(x+m,\ y+n)$을 대응시키는 변환

$$\mathrm{T} : (x,\ y) \to (x+m,\ y+n)$$

을 **평행이동**이라고 한다.

(3) 회전이동

좌표평면 위의 점 $P(x,\ y)$를 원점을 중심으로 θ만큼 회전하여 얻은 점 $P'(x',\ y')$의 좌표를 구하자.

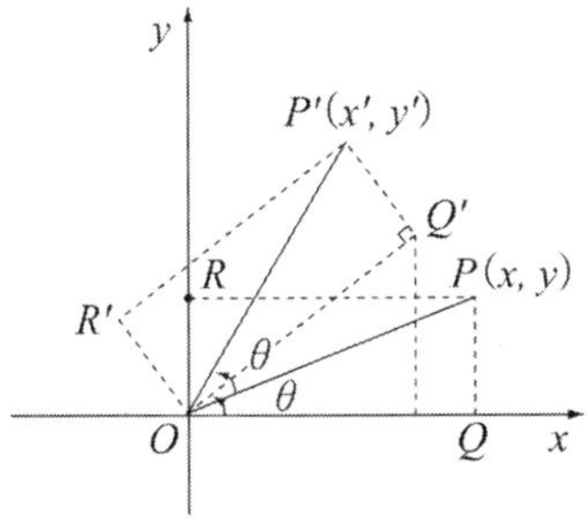

그림 13-1

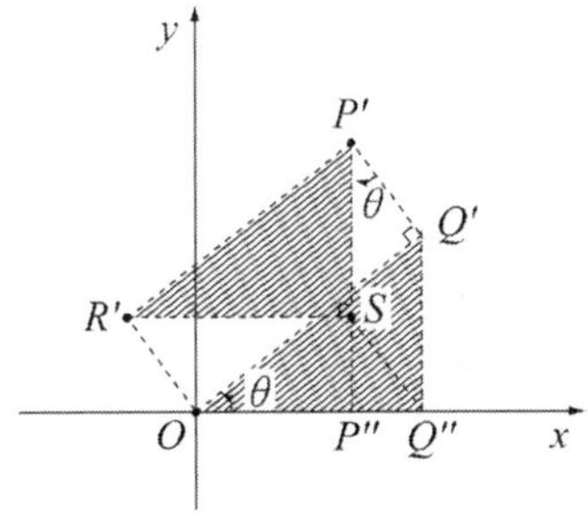

그림 13-2

그림 13-1과 같이 직사각형 $OQPR$을 원점 O를 중심으로 θ만큼 회전한 직사각형을 $OQ'P'R'$이라 하면 $OQ' = OQ = x$이므로 Q'의 좌표는

$$Q'(x\cos\theta,\ x\sin\theta)$$

이다. 그리고 $OR' = PQ = y$이므로 R'의 좌표는

$$R'(y\cos(\pi/2+\theta),\ y\sin(\pi/2+\theta)) = R'(-y\sin\theta,\ y\cos\theta)$$

또 그림 13-2와 같이 점 P', Q'에서 x축에 내린 수선의 발을 각각 P'', Q''라 하고, 점 P'에서 x축에 내린 수선과 점 R'에서 y축에 내린 수선의 교점을 S라고 하면

$$\triangle P'R'S \equiv \triangle Q'OQ''$$

따라서 점 $P'(x',\ y')$은 점 R'을 x축 방향으로 $x\cos\theta$만큼, y축 방향으로 $x\sin\theta$만큼 평행이동한 것임을 알 수 있다. 이 때

$$\begin{aligned} OQ' = R'P' = OQ = x,\ \ OR' = P'Q' = PQ = y, \\ x' = OQ'' - P''Q'' = OQ'\cos\theta - P'Q'\sin\theta = x\cos\theta - y\sin\theta \\ y' = Q'Q'' + SP'' = OQ'\sin\theta + P'Q'\cos\theta = x\sin\theta + y\cos\theta \end{aligned}$$

좌표평면 위의 점 $P(x,\ y)$를 원점을 중심으로 θ만큼 회전하여 옮겨진 점을 $P'(x',\ y')$이라 하면 이것은 일차변환이고 행렬로 나타내면

$$\begin{pmatrix} x' \\ y' \end{pmatrix} = \begin{pmatrix} \cos\theta & -\sin\theta \\ \sin\theta & \cos\theta \end{pmatrix}\begin{pmatrix} x \\ y \end{pmatrix}$$

이다. 이러한 일차변환을 **회전이동**이라고 한다.

(4) 직선에 관한 대칭이동

점 $P(x,\ y)$를 주어진 직선 l에 대하여 대칭인 점 $P'(x',\ y')$에 대응시키는 변환을 **직선에 관한 대칭이동**이라고 한다. 직선 l에 대하여 점 P의 대칭점 Q를 구할 때는

두 점 P, Q가 직선 l에 대한 대칭점이면
⇒ ① PQ의 중점은 직선 l 위에 있고
② 선분 PQ와 직선 l은 서로 수직이다

를 이용하면 된다. 예를 들어 점 $P(1,\ 2)$를 직선 $y=2x-1$에 대칭인 점 $Q(a,\ b)$의 좌표를 구하려면 PQ의 중점 $((a+1)/2,\ (b+2)/2)$는 직선 $y=2x-1$ 위에 있으므로

$$\frac{(b+2)}{2}=2\times\frac{(a+1)}{2}-1$$
$$\Rightarrow\ b=2a-2$$

선분 PQ와 직선 $y=2x-1$은 서로 수직이므로

$$\frac{b-2}{a-1}\times 2=-1$$
$$\Rightarrow\ a+2b=5$$

위의 결과를 연립으로 풀면 $a=9/5$, $b=8/5$이므로 Q의 좌표는 (9/5, 8/5) 이다. 특히 위의 계산 방법을 이용하면 직선 $ax+by=0$에 관한 대칭이동의 변환을 행렬을 이용해서 나타내면

$$\begin{pmatrix} x' \\ y' \end{pmatrix}=\frac{1}{a^2+b^2}\begin{pmatrix} b^2-a^2 & -2ab \\ -2ab & a^2-b^2 \end{pmatrix}\begin{pmatrix} x \\ y \end{pmatrix}$$

이다. 따라서 직선에 관한 대칭이동도 일차변환이다.

(5) 일차변환의 응용

변환을 이용하여 x, y에 관한 이차방정식

$$ax^2 + 2bxy + cy^2 + 2hx + 2ky + e = 0$$

이 어떤 곡선으로 표현되는가를 생각해 보자. 주어진 이차곡선에 평행이동 변환

$$\begin{cases} x = x' + m \\ y = y' + n \end{cases}$$

을 시행하면

$$\begin{aligned} &ax'^2 + 2bx'y' + cy'^2 + 2(h + am + bn)x' + 2(k + bm + cn)y' \\ &+ m(h + am + bn) + n(k + bm + cn) + (e + hm + kn) = 0 \end{aligned}$$

이므로 x'와 y'의 계수가 0이기 위한 필요충분조건은

$$\begin{cases} h + am + bn = 0 \\ k + bm + cn = 0 \end{cases}$$

이다. 여기서 $\Delta = \begin{vmatrix} a & b \\ b & c \end{vmatrix} \neq 0$이면 위의 방정식은 단 하나의 해를 가진다. 따라서 $\Delta \neq 0$

인 이차곡선 대하여

$$m = -\frac{\begin{vmatrix} h & b \\ k & c \end{vmatrix}}{\begin{vmatrix} a & b \\ b & c \end{vmatrix}}, \quad n = -\frac{\begin{vmatrix} a & h \\ b & k \end{vmatrix}}{\begin{vmatrix} a & b \\ b & c \end{vmatrix}}$$

인 평행이동 변환을 시행하면

$$ax'^2 + 2bx'y' + cy'^2 = -\mathrm{E}$$

로 변환되며, 여기서

$$\mathrm{E} = e + hm + kn = \mathrm{D}/\Delta \quad \left(\mathrm{D} = \begin{vmatrix} a & b & h \\ b & c & k \\ h & k & e \end{vmatrix}\right)$$

이다. 그 다음 평행이동 변환에 의해 얻어진 이차곡선에 회전이동 변환

$$\begin{cases} x' = x''\cos\theta - y''\sin\theta \\ y' = x''\sin\theta + y''\cos\theta \end{cases}$$

을 시행하면

$$\mathrm{A}x''^2 + 2\mathrm{B}x''y'' + \mathrm{C}y''^2 = -\mathrm{D}/\Delta$$

로 변환되며, 여기서

$$\begin{cases} \mathrm{A} = a\cos^2\theta + b\sin 2\theta + c\sin^2\theta \\ 2\mathrm{B} = 2b\cos 2\theta - (a-c)\sin 2\theta \\ \mathrm{C} = a\sin^2\theta - b\sin 2\theta + c\cos^2\theta \end{cases}$$

이다. 따라서 $x''y''$의 계수가 0이기 위한 필요충분조건은

$$\tan 2\theta = \frac{2b}{a-c}$$

이므로 위의 조건을 만족하는 회전이동 변환$(0 < \theta < \pi/2)$을 시행하면 이차곡선은

$$\mathrm{A}x''^2 + \mathrm{C}y''^2 = -\mathrm{D}/\Delta \qquad \cdots ①$$

로 변환된다. 참고로

$$\mathrm{A} + \mathrm{C} = a + c, \ \mathrm{AC} = ac - b^2$$

임을 알 수 있으므로 A와 C는 이차방정식

$$t^2 - (a+c)t + (ac - b^2) = 0$$

의 두 근이다. 이 방정식의 두 근 중에서 어느 것이 A, C인가를 알아내기 위하여

$$\mathrm{A} - \mathrm{C} = (a-c)\cos 2\theta + 2b\sin 2\theta$$

의 양변에 $2b$를 곱한 후 $\tan 2\theta = 2b/(a-c)$를 적용하면, $0 < \theta < \pi/2$이므로

$$\tan 2\theta = 2b/(a-c)$$

$$2b(\mathrm{A}-\mathrm{C})=\{(a-c)^2+(2b)^2\}\sin 2\theta > 0$$

이다. 따라서

$$\begin{cases} b>0 \text{이면 } \mathrm{A}>\mathrm{C} \\ b<0 \text{이면 } \mathrm{A}<\mathrm{C} \end{cases}$$

이다.

$\Delta \neq 0$인 이차곡선은 다음과 같이 분류한다.

① $ac-b^2>0$인 경우

이 경우는 $\mathrm{AC}=ac-b^2>0$이므로 A, C는 같은 부호를 갖고, 또 $ac>b^2>0$이므로 a, c도 같은 부호를 갖는다. 따라서 a, c, A, C가 모두 같은 부호가 된다.

(i) $\mathrm{D}\neq 0$이고 a(또는 c)와 $-\mathrm{D}$가 같은 부호인 경우 : 이 경우는 A, C, $-\mathrm{D}/\Delta$가 같은 부호를 가지므로 식 ①은

$$\frac{x''^2}{\alpha^2}+\frac{y''^2}{\beta^2}=1$$

인 모양이 된다. 이것을 **타원**(원을 포함)이라고 한다.

(ii) $\mathrm{D}\neq 0$이고 a(또는 c)와 $-\mathrm{D}$가 다른 부호인 경우 : 이 경우는 A는 C와 부호가 같고 $-\mathrm{D}/\Delta$와는 부호가 다르므로 식 ①은

$$-\frac{x''^2}{\alpha^2}-\frac{y''^2}{\beta^2}=1$$

의 모양이 되므로 이 방정식을 만족하는 점은 없다. 그러나 위의 방정식은

$$\frac{x''^2}{(i\alpha)^2}+\frac{y''^2}{(i\beta)^2}=1$$

와 같이 쓸 수 있으므로 **허타원**을 표시하는 것이라고 생각할 수 있다.

(iii) $\mathrm{D}=0$인 경우 : 이 때 식 ①은

$$\frac{x''^2}{\alpha^2}+\frac{y''^2}{\beta^2}=0$$

의 모양이 되므로 이것을 만족하는 점은 $x''=y''=0$뿐이므로 **점타원**을 표시한다고 생각할 수 있다. 또 위의 방정식은

$$\frac{x''^2}{\alpha^2}-\frac{y''^2}{(i\beta)^2}=0$$

또는

$$\left(\frac{x''}{\alpha}+\frac{y''}{i\beta}\right)\left(\frac{x''}{\alpha}-\frac{y''}{i\beta}\right)=0$$

으로 표시할 수도 있으므로 **허의 두 직선**을 표시한다고 생각할 수 있다.

② $ac-b^2<0$인 경우

이 경우는 $\mathrm{AC}=ac-b^2<0$이므로 A, C는 서로 다른 부호를 가짐을 알 수 있다.

(i) $\mathrm{D}\neq 0$인 경우 : 이 때 식 ①은

$$\frac{x''^2}{\alpha^2}-\frac{y''^2}{\beta^2}=1 \quad \text{또는} \quad -\frac{x''^2}{\alpha^2}+\frac{y''^2}{\beta^2}=1$$

의 모양이 된다. 이것을 쌍곡선이라 한다. 위의 식의 둘째 식은 좌표축을 $\pi/2$만큼 회전시키면 첫째 식의 모양으로 되므로 첫째 식만을 생각하여도 충분하다.

(ii) $\mathrm{D}=0$인 경우 : 이 경우는 식 ①은

$$\frac{x''^2}{\alpha^2}-\frac{y''^2}{\beta^2}=0$$

의 모양이 되므로

$$\left(\frac{x''}{\alpha}+\frac{y''}{\beta}\right)\left(\frac{x''}{\alpha}-\frac{y''}{\beta}\right)=0$$

이 된다. 이것은 원점을 지나는 두 직선을 표시한다.

예제 1 x, y에 관한 이차방정식

$8x^2 - 4xy + 5y^2 - 8x - 16y - 16 = 0$

이 어떤 곡선으로 표현되는가를 생각해 보자.

풀이 이 방정식은

$$a = 8,\ b = -2,\ c = 5,\ h = -4,\ k = -8,\ e = -16$$

인 경우이므로 $\Delta = 36 > 0$이고 $\mathrm{D} = -1296 < 0$이다. 주어진 이차곡선에 평행이동 변환

$$\begin{cases} x = x' + m \\ y = y' + n \end{cases}$$

을 시행하면, x'와 y'의 계수가 0이 되기 위한 필요충분조건은

$$\begin{cases} -4 + 8m - 2n = 0 \\ -8 - 2m + 5n = 0 \end{cases}$$

이다. 즉 $m = 1$, $n = 2$이다. 따라서

$$\begin{cases} x = x' + 1 \\ y = y' + 2 \end{cases}$$

인 평행이동 변환을 시행하면

$$\mathrm{E} = e + hm + kn = 16 + (-4) \cdot 1 + (-8) \cdot 2 = -36$$

이므로

$$8x'^2 - 4x'y' + 5y'^2 = 36$$

로 변환된다. 그 다음 위의 이차곡선에 회전이동 변환

$$\begin{cases} x' = x''\cos\theta - y''\sin\theta \\ y' = x''\sin\theta + y''\cos\theta \end{cases}$$

을 시행하면 $x''y''$의 계수가 0이 되기 위한 필요충분조건은

$$\tan 2\theta = \frac{2b}{a-c} = \frac{-4}{8-5} = -\frac{4}{3}$$

이다. 위의 조건을 만족하는 회전이동변환을 시행하면

$$\mathrm{A}x''^2 + \mathrm{C}y''^2 = 36$$

로 변환된다. A와 C의 값을 구하기 위하여 이차방정식

$$t^2 - (a+c)t + (ac - b^2) = 0, \text{ 즉 } t^2 - 13t + 36 = 0$$

을 계산하면 $t = 4, 9$이다. 그런데 $b = -2 < 0$이므로 $\mathrm{A} = 4$, $\mathrm{C} = 9$이다. 따라서 $\tan 2\theta = -4/3$인 회전이동 변환을 시행하면 이차곡선은

$$4x''^2 + 9y''^2 = 36 \text{ 또는 } \frac{x''^2}{3^2} + \frac{y''^2}{2^2} = 1$$

인 타원이다. ▪

그러나 $\Delta = 0$인 경우에는 최초에 주어진 이차방정식에 평행이동 변환을 시행하는 것은 곤란하다. 따라서 처음부터 $\tan 2\theta = 2b/(a-c)$인 θ를 택하여 회전이동 변환

$$\begin{cases} x = x'\cos\theta - y'\sin\theta \\ y = x'\sin\theta + y'\cos\theta \end{cases}$$

을 시행하면 $x'y'$항이 없는

$$\mathrm{A}x'^2 + \mathrm{C}y'^2 + 2\mathrm{H}x' + 2\mathrm{K}y' + e = 0$$

이 된다. 여기서 $\mathrm{AC} = ac - b^2 = 0$이므로 A와 C 중에서 적어도 하나는 0이다. 그러나 주어진 식은 이차방정식이므로 A와 C는 동시에 0일 수는 없다. 따라서 $\mathrm{A} = 0$이고 $\mathrm{C} \neq 0$이라고 하면 위의 식은

$$Cy'^2 + 2Hx' + 2Ky' + e = 0 \qquad \cdots ②$$

이 된다. 그 다음 식 ②에 대하여 평행이동 변환

$$\begin{cases} x' = x'' + m \\ y' = y'' + n \end{cases}$$

을 시행하면

$$Cy''^2 + 2Hx'' + 2(Cn + K)y'' + Cn^2 + 2Hm + 2Kn + e = 0$$

이 된다. 따라서 y''의 계수와 상수항이 0이기 위한 필요충분조건은

$$\begin{cases} Cn + K = 0 \\ Cn^2 + 2Hm + 2Kn + e = 0 \end{cases}$$

이다. 위의 식은 $H \neq 0$이면 단 하나의 해

$$n = -\frac{K}{C}, \quad m = \frac{K^2 - Ce}{2CH}$$

을 갖는다. 따라서 식 ②에 위의 조건을 만족하는 평행이동 변환을 시행하면

$$Cy''^2 + 2Hx'' = 0$$

으로 변환된다. 이 식은

$$y''^2 = 4px''$$

형태로 바꿀 수 있으므로 포물선을 표시한다. 만일 $H = 0$이면 식 ②는

$$Cy'^2 + 2Ky' + e = 0$$

으로 주어진다. 따라서

$$C(y' - \alpha)(y' - \beta) = 0$$

인 모양으로 표현될 수 있으므로 실 또는 허의 평행한(또는 일치하는) 두 직선을 표시하게 된다.

예제 2 x, y에 관한 이차방정식

$x^2-2xy+y^2-8x+16=0$

이 어떤 곡선으로 표현되는가를 생각해 보자.

풀이 이 방정식은

$$a=1,\ b=-1,\ c=1,\ h=-4,\ k=0,\ e=16$$

인 경우이므로 $\Delta=0$이다. 회전이동 변환에서 $x'y'$항을 없애기 위하여 회전각을 구하면

$$\tan 2\theta=2b/(a-c)=-2/(1-1)=-\infty$$

에서 $\theta=\pi/4$를 얻는다. 따라서 $\theta=\pi/4$인 회전이동 변환

$$\begin{cases} x=x'\cos(\pi/4)-y'\sin(\pi/4)=(x'-y')/\sqrt{2} \\ y=x'\sin(\pi/4)+y'\cos(\pi/4)=(x'+y')/\sqrt{2} \end{cases}$$

을 시행하면 주어진 방정식은

$$y'^2-2\sqrt{2}x'+2\sqrt{2}y'+8=0$$

이다. 그 다음 위의 식에 대하여

$$n=-\frac{\mathrm{K}}{\mathrm{C}}=-\sqrt{2},\ m=\frac{\mathrm{K}^2-\mathrm{C}e}{2\mathrm{CH}}=3\sqrt{2}/2$$

인 평행이동 변환을 시행하면

$$y''^2=2\sqrt{2}x''$$

인 포물선이 된다. ▪

13-2 포이어바흐의 원 : 상사변환

평면 위에서 고정된 점 O와 고정된 양의 상수 k에 대하여 각 점 P를

① $OP' = k \cdot OP$
② O, P, P'은 동일 직선 위에 있는 점이다.

를 만족하는 점 P'으로 보내는 변환을 평면 **상사변환**(homothety)이라고 하며 $\mathrm{H}(O,\ k)$로 표시한다.

독일 천문학자 샤이너(Christolph Scheiner, 1575-1650)는 도형을 기계로 축소 또는 확대하기 위하여 1603년경에 그림 13-3과 같은 소위 **축도기**(pantograph)라는 연결기구를 고안했다. 이 기구는 그림 13-3과 같이 길이가 같은 막대 네 개가

① $OA = AP = BC$
② $PC = P'C = AB$

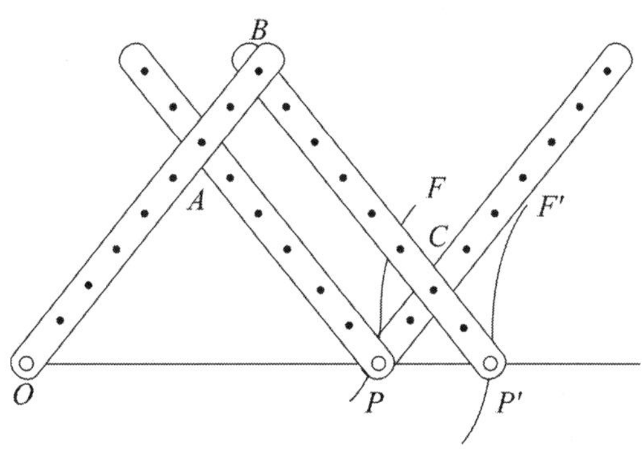

그림 13-3

인 조정할 수 있는 선회축 A, B, C, P에 경첩이 달려 있다. 이 기구를 도화지 위에 눕혀 놓고, 뾰쪽한 선회축 O를 종이에 채우자. 그 다음에 연필을 P와 P'에 끼워 놓고, P가 도형 F를 그리면 P'은 도형 F'을 그릴 것이다. 그런데 $APCB$는 평행사변형이고 점O, P, P'은 동일 직선 위에 있고, 또한 $OP'/OP = OB/OA =$상수이므로 도형 F'

은 상사변환 H$(O, OB/OA)$에 의한 도형 F의 상(image)이다. 앞으로 편의상 중심이 O이고 반경이 r인 원을 $O(r)$로 쓰기로 하자.

정리 1

중심이 다른 두 원 $A(a)$와 $B(b)$에 대하여 선분 AB를 a/b인 비로 내분하는 점을 I, 외분하는 점을 E라고 하면, 두 원은 상사변환 H$(I, -b/a)$와 H$(E, b/a)$에 대하여 서로 상사적이다.

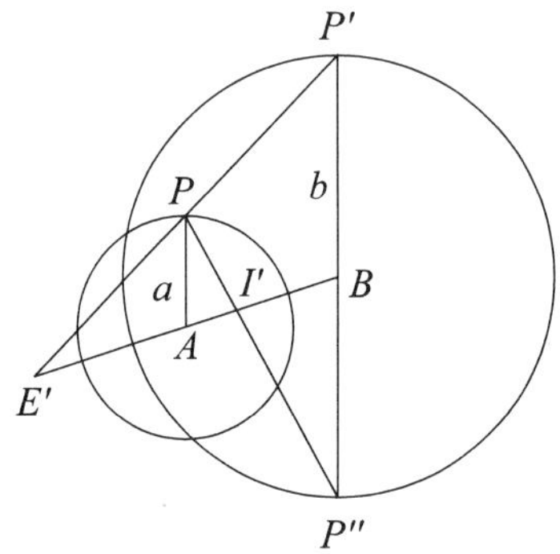

그림 13-4

증명 그림 13-4와 같이 직선 AB 위에 있지 않은 원 $A(a)$ 위의 임의의 점 P에 대하여, 원 $B(b)$의 지름 $P'BP''$을 AP에 평행하고, BP'의 방향이 AP의 방향과 같도록 그리자. 직선 $P'P$는 직선 AB와 E'에서 만나고, 직선 $P''P$는 직선 AB와 I'에서 만난다고 하면

$$\triangle E'AP \backsim \triangle E'BP'$$
$$\Rightarrow E'P'/E'P = E'B/E'A = b/a$$
$$\Rightarrow E' = E \text{이고 } EP' = \frac{b}{a}(EP)$$
$\Rightarrow$ 원 $B(b)$는 상사변환 H$(E, b/a)$에 대한 $A(a)$의 상이다.

$\triangle I'AP \backsim \triangle I'BP''$

$\Rightarrow I'P''/I'P = I'B/I'A = -b/a$

$\Rightarrow I' = I$이고 $IP'' = -\dfrac{b}{a}(IP)$

$\Rightarrow$ 원 $B(b)$는 상사변환 $\mathrm{H}(I, -b/a)$에 대한 $A(a)$의 상이다. ■

정리 2

삼각형 $A_1A_2A_3$의 수심 H, 외심 O, 그리고 무게중심 G는 동일 직선 위에 있고, 또한 $HG = 2 \cdot GO$이다.

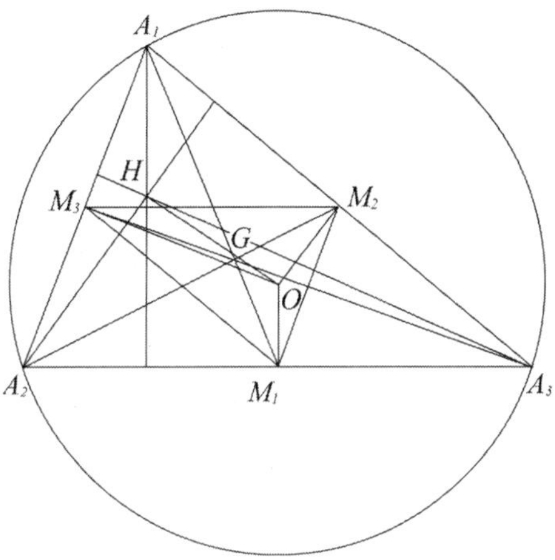

그림 13-5

증명 M_1, M_2, M_3를 $\triangle A_1A_2A_3$의 각 변 A_2A_3, A_3A_1, A_1A_2의 중점이면 무게중심 G는 각 중선을 2 : 1로 내분하므로

$A_1G/GM_1 = A_2G/GM_2 = A_3G/GM_3 = 2$

$\Rightarrow \triangle A_1A_2A_3$는 상사변환 $\mathrm{H}(G, -2)$에 대한 $\triangle M_1M_2M_3$의 상이다.

$\Rightarrow \triangle A_1A_2A_3$의 수심 H는 상사변환 $\mathrm{H}(G, -2)$에 대한 $\triangle M_1M_2M_3$의 수심 O의 상이다.

$\Rightarrow H, G, O$는 동일 직선 위에 있고, $HG = 2 \cdot GO$. ■

정리 3

외심이 O이고, 수심이 H인 주어진 삼각형 $A_1A_2A_3$에서 M_1, M_2, M_3를 각 변 A_2A_3, A_3A_1, A_1A_2의 중점, H_1, H_2, H_3를 수선의 발, N_1, N_2, N_3를 선분 A_1H, A_2H, A_3H의 중점이라고 하자. 그러면 9점 M_1, M_2, M_3, H_1, H_2, H_3, N_1, N_2, N_3는 하나의 원 위에 있고, 이 원의 중심 N은 OH의 중점이고, 반경은 $\triangle A_1A_2A_3$의 외접원 반경의 1/2이다.

증명 N_1, N_2, N_3는 선분 A_1H, A_2H, A_3H의 중점이므로 $\triangle N_1N_2N_3$는 상사변환 $\mathrm{H}(H, 1/2)$에 대한 $\triangle A_1A_2A_3$의 상이다. 즉 $\triangle N_1N_2N_3$의 외심 N은 상사변환 $\mathrm{H}(H, 1/2)$에 대한 $\triangle A_1A_2A_3$의 외심 O의 상이다. 따라서 H, N, O는 동일 직선 위에 있고, N은 HO의 중점이다. 한편 $\triangle A_2A_3H_3$와 $\triangle A_2A_1H_1$에서

$$\angle A_2A_3H_3 = 90^\circ - \angle A_2 = \angle A_2A_1H_1 = \angle A_2A_1S_1 = \angle A_2A_3S_1$$

이므로 두 직각삼각형 $\triangle HH_1A_3$와 $\triangle S_1H_1A_3$은 합동이다. 따라서 H_1은 HS_1의 중점이다. 마찬가지 방법에 의하여 H_2은 HS_2의 중점이고, H_3은 HS_3의 중점이다. 외접원의 지름 A_1T_1, A_2T_2, A_3T_3에 대하여 T_1A_2와 A_3H_3는 A_1A_2에 수직이므로 T_1A_2와 A_3H_3는 평행하다. 마찬가지로 T_1A_3와 A_2H_2는 평행하다. 따라서 $\square HA_3T_1A_2$는 평행사변형이므로 대각선 HT_1과 A_3A_2는 서로 이등분한다. 따라서 M_1은 HT_1의 중점이다. 마찬가지로 M_2은 HT_2의 중점이고 M_3은 HT_3의 중점이다. 따라서 상사변환 $\mathrm{H}(H, 1/2)$은 점 A_1, A_2, A_3, S_1, S_2, S_3, T_1, T_2, T_3을 점 N_1, N_2, N_3, H_1, H_2, H_3, M_1, M_2, M_3으로 보낸다. 따라서 점 N_1, N_2, N_3, H_1, H_2, H_3, M_1, M_2, M_3은 $\triangle N_1N_2N_3$의 외접원 위에 있다. ■

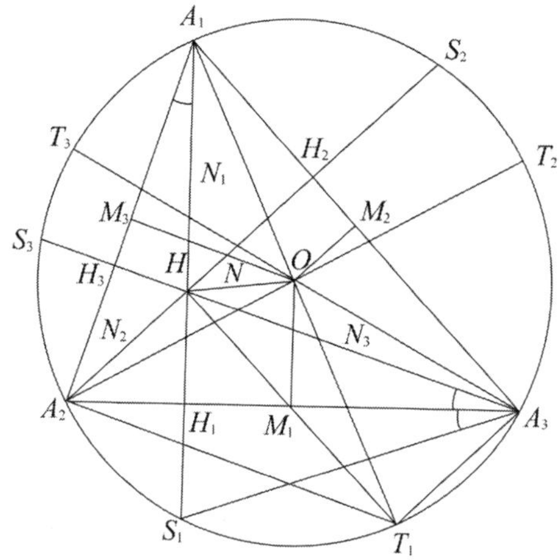

그림 13-6

정리 3에서 유도된 원을 주어진 삼각형의 **9점 원**(nine-point circle)이라 하고, 보통 영어권 나라에서 이 이름을 사용한다. 그러나 이 원은 최초 발견에 대한 잘못된 인식으로 프랑스의 일부 기하학자들은 이 원을 종종 **오일러의 원**이라고 부르기도 한다. 그리고 독일에서는 포이어바흐(Feuerbach, K.W. 1800-1834)가 9점 원을 언급했을 뿐만 아니라, 그것이 주어진 삼각형의 내접원과 세 방접원에 접한다는 사실도 증명한 소논문을 발간하였기 때문에, **포이어바흐의 원**이라고 부른다. 이 두 번째 사실은 **포이어바흐의 정리**로 알려져 있다. 9점 원의 내접원, 방접원과의 네 접점은 삼각형의 **포이어바흐의 점**으로 알려져 있으며 이에 대한 상당한 연구가 있었다. 9점 원의 중심 N은 OH의 중점이고, 주어진 삼각형의 무게중심 G도 $HG=2 \cdot GO$를 만족하는 OH 위의 점이다. 점 O, G, N, H를 지나는 직선을 주어진 삼각형의 **오일러 직선**이라고 부른다. H_2H_3, H_3H_1, H_1H_2가 각각 변 A_2A_3, A_3A_1, A_1A_2와 P_1, P_2, P_3에서 만난다고 하면 P_1, P_2, P_3는 $\triangle A_1A_2A_3$의 극선(polar axis)이라 알려진 직선 위에 있고, 극선은 오일러 직선에 수직이다.

14 연구의 방향과 방법 : 에를랑겐 목록

14-1 에를랑겐 목록 : 클라인

클라인

클라인(Klein, F. 1849-1925)은 뒤셀도르프에서 태어나서 본, 괴팅겐, 베를린 대학에서 공부하였다. 특히 클라인은 본 대학에서 해석기하학자로 유명한 플뤼커(Plucker, J. 1801- 1868) 밑에서 기하학을 배우고, 또한 플뤼커의 조수 생활을 하였는데, 해석기하학에 관한 정열은 대단하였다. 클라인은 1870년에 파리를 방문했으며, 노르웨이인으로 수학 공부를 시작한 지 얼마 안 되는 리(Lie, S. 1842-1899)를 만나 군론(group theory)에 대하여 같이 공부하였다. 후에 리는 군론에 훌륭한 업적을 남겼다.

클라인은 괴팅겐에서 교수자격 과정을 이수한 뒤 1872년에 에를랑겐(Erlangen) 대학교의 철학교수와 평의원에 임용되었다. 전통에 따라 전공분야에 관한 취임강연을 했다. 그 강연에서 〈새로운 기하학적 연구의 비교 고찰〉이라는 제목으로 자신과 리의 군론에 관한 연구를 기초로 하여 당시 존재하던 모든 기하학을 본질적으로 성문화하여 분류하였고, 기하학 연구에 새롭고 획기적인 방향과 방법을 제시하였다. 이 강연 내용과 강연에서 제시된 연구계획을 합쳐서 에를랑겐 목록(Erlangen Program)이라고 부른다.

클라인은 빌헬름 시대의 대학 및 중등교육 개혁과정에서 프랑스식의 이상형, 즉 기하학의 선구자인 몽주의 중심적인 역할로 설립된 파리의 에콜 폴리테크니크를 모범으로 삼고 교육개혁 운동을 진행시켰다. 프랑스 혁명과정에서 생겨난 에콜 폴리테크니크 출신의 우수한 수학자들은 상당수가 유명한 공학자들이기도 했는데 클라인은 이것이 바로 독일 대학이 본받아야 할 점이라고 생각했다. 그는 수학을 물리학이나 기술에 응용하는

데 지대한 관심을 가졌으며, 빌헬름 시대의 교육개혁 과정에 수학, 자연과학, 공학의 통합이라는 자신의 생각을 관철시키려고 노력하였다.

20~30대에 이미 수학 분야에서 탁월한 업적을 남긴 그는 괴팅겐 대학 교수(1886-1913)가 된 후 40대부터는 학과장을 역임하여 학문활동보다는 대학 행정가로서 수완 있는 역할을 했다. 그의 대학 행정가로서의 활동은 절친한 친구이며 교육부 관리인 알트호프(Althoff, F.)의 도움으로 괴팅겐 대학을 비롯한 프로이센 교수임용에 막대한 영향을 미쳤다. 클라인은 힐베르트와 헤르만 민코프스키를 임용하여 가우스, 디리클레, 리만의 훌륭한 계승자로서 괴팅겐을 세계 수학의 메카로 부상시켰다.

클라인의 영향력은 비단 수학에만 국한되지 않았으며, 자연과학과 공학 분야에도 막강한 영향력을 행사했다. 예를 들어 클라인의 지도 아래 교수자격 과정을 이수했으며, 후일 뮌헨 대학교수로서 양자론 분야에 커다란 역할을 한 좀머펠트(Sommerfeld, T.)는 클라인의 강력한 추천에 힘입어 1900년 아헨 공대의 기술역학 교수로 임용될 수 있었다.

클라인은 각종 수학 저널의 편집자, 그리고 방대한 수학과학백과사전(Encyklopadie)의 발간 발기인으로 있으면서 19세기 수학계의 방향에 커다란 영향을 미쳤다. 그는 1925년 괴팅겐에서 죽었다.

에를랑겐 목록

클라인은 이 강연의 서문에서 여러 가지 기하학은 각각 독자적인 방법으로 연구되었고, 이들 사이에는 어떤 통일성이 존재하지 않으므로 통일하는 어떤 일반원리를 찾는 것은 기하학 연구에서 매우 가치 있는 일이라고 강조하고 있다.

클라인은 이 강연에서 프랑스의 몽주가 체계화시킨 화법기하학의 기본개념을 더욱더 발전시켜 기하학적인 문제를 불변이론(invarianten theorie)을 바탕으로 이해하고자 했다. 또한 이 연구를 수행하는 과정에서 그는 가우스와 리만이 발전시킨 비유클리드 기하학을 사영기하학 관점에서 파악하였으며 변환군을 바탕으로 하는 군(grouppe)의 개념을 확립했다. 즉 여러 가지 기하학을 그 당시에 새로운 학문으로 각광받고 있던 군의 개념으로 통일하고, 기하학적 성질을 군론적 입장에서 밝히는 데 성공한 것이다. 그는

> 기하학은 주어진 변환군에 대하여 불변인 도형의 성질을 연구하는 학문이다. 그리고 여러 가지 변환군이 주어지면 이것에 대응하는 여러 가지 기하학이 생긴다.

라고 주장하였다. 이 견해는 오늘날까지 기하학 연구에 지도적 견해로서, 다소의 수정은 가해졌으나 기본적인 입장은 불변이다.

14-2 평면 유클리드 기하학 : 합동변환군

$\Re$을 실수 전체의 집합이라고 할 때, 해석기하학에서 유클리드 평면 $\Re^2$에서의 점과 직선, 그리고 결합관계는 다음과 같이 주어진다.

점의 집합 $= \Re \times \Re = \{(x,\ y)kx,\ y \in \Re\}$
직선의 집합 $= \{ax + by + c = 0 \mid a,\ b,\ c \in \Re,\ a \neq 0$ 또는 $b \neq 0\}$
결합관계 : 점 $(x_0,\ y_0)$이 직선 $ax + by + c = 0$ 위에 있기 위한 필요충분조건은
$ax_0 + by_0 + c = 0$이다.

유클리드 평면 $\Re^2$에서 두 점 $P = (x_1,\ y_1)$, $Q = (x_2,\ y_2)$ 사이의 거리 $d(P,\ Q)$를

$$d(P,\ Q) = \sqrt{(x_1 - x_2)^2 + (y_1 - y_2)^2}$$

으로 정의하고, 이것을 **유클리드 거리(Euclidean distance)**라 한다. 유클리드 거리 d가 주어진 유클리드 평면 $\Re^2$를 유클리드 평면 E^2라고 한다.

어떤 도형을 한 위치에서 다른 위치로 옮기면 그 모양과 크기는 변하는 경우와 변하지 않는 경우가 있다. 일반적으로 한 평면 위에 있지 않은 한 점에서 그 평면 위에 있는 도형을 그 평면에 평행하지 않은 다른 평면으로 사영하면 모양과 크기가 변하고, 평행한 두 평면에서 한 평면의 도형을 그 평면에 수직인 평행광선에 의해 다른 평면으로 투영하면 모양과 크기는 변하지 않는다. 그런데 유클리드는 〈원론〉에서 합동공리에 해당하는

도형은 그 모양과 크기를 변하지 않고 한 위치에서 다른 위치로 옮길 수 있다.

를 가정하고 도형 사이의 상호관계를 조사하고 있다. 그래서 여기서는 합동공리에 적합한 유클리드 공간의 변환을 다음과 같이 정의한다.

정의

유클리드 평면 E^2에서 두 점 사이의 유클리드 거리를 불변으로 하는 변환 T를 **합동변환**(congruent transformation)이라 한다. 즉 두 점 P, Q 사이의 거리 $d(P, Q)$는 합동변환 T에 대하여

$$d(P, Q) = d(\mathrm{T}(P), \mathrm{T}(Q))$$

를 만족한다.

유클리드 평면 E^2에서 직교변환과 평행이동변환은 합동변환이므로 E^2의 합동변환

$$\mathrm{T}: (x, y) \to (x', y')$$

은 직교변환과 평행이동변환의 합성으로 표시되어 합동변환식은

$$\begin{cases} x' = a_1x + a_2y + c_1 \\ y' = b_1x + b_2y + c_2 \end{cases}$$

으로 표시된다. 여기서 행렬

$$\mathrm{A} = \begin{pmatrix} a_1 & a_2 \\ b_1 & b_2 \end{pmatrix}$$

는 직교행렬이다. 즉 ${}^t\mathrm{A}\mathrm{A} = \mathrm{I}$ 이다. 합동변환식을 행렬을 써서 나타내면

$$\begin{pmatrix} x' \\ y' \\ 1 \end{pmatrix} = \begin{pmatrix} a_1 & a_2 & c_1 \\ b_1 & b_2 & c_2 \\ 0 & 0 & 1 \end{pmatrix} \begin{pmatrix} x \\ y \\ 1 \end{pmatrix}$$

으로 나타낼 수 있고, 그리고 합동변환을 나타내는 행렬은

$$\begin{pmatrix} a_1 & a_2 & c_1 \\ b_1 & b_2 & c_2 \\ 0 & 0 & 1 \end{pmatrix} = \begin{pmatrix} \mathrm{A} & \mathrm{C} \\ \mathrm{O} & 1 \end{pmatrix}$$

으로 간단히 표시할 수 있다. 여기서

$$A=\begin{pmatrix} a_1 & a_2 \\ b_1 & b_2 \end{pmatrix},\ C=\begin{pmatrix} c_1 \\ c_2 \end{pmatrix},\ O=(0,\ 0)$$

이다. 지금 E^2에서 합동변환을 나타내는 행렬의 집합을 $\mathbb{P}$라고 하면

$$\mathbb{P}=\left\{\begin{pmatrix} A & C \\ O & 1 \end{pmatrix} \mid A\text{는 } 2\times 2 \text{ 직교행렬, } C\text{는 } 2\times 1 \text{ 행렬 } O=(0,\ 0)\right\}$$

로 나타낼 수 있다. 그러면 $P_1,\ P_2 \in \mathbb{P}$에 대하여

$$P_1=\begin{pmatrix} A_1 & C_1 \\ O & 1 \end{pmatrix},\ P_2=\begin{pmatrix} A_2 & C_2 \\ O & 1 \end{pmatrix}$$

라고 하면 $A_1,\ A_2$는 직교행렬이다. 따라서

(1) $P_1P_2=\begin{pmatrix} A_1 & C_1 \\ O & 1 \end{pmatrix}\begin{pmatrix} A_2 & C_2 \\ O & 1 \end{pmatrix}=\begin{pmatrix} A_1A_2 & A_1C_2+C_1 \\ O & 1 \end{pmatrix}$

이고, 또한

$$^t(A_1A_2)(A_1A_2)={}^tA_2({}^tA_1A_1)A_2={}^tA_2A_2=I$$

이므로 $P_1P_2 \in \mathbb{P}$이다.

(2) 행렬의 승법에 의해 결합법칙은 성립한다.

(3) $P_0=\begin{pmatrix} I & {}^tO \\ O & 1 \end{pmatrix}$는 $\mathbb{P}$의 단위원소이다. 여기서 ${}^tO=\begin{pmatrix} 0 \\ 0 \end{pmatrix}$이다.

(4) $P=\begin{pmatrix} A & C \\ O & 1 \end{pmatrix} \in \mathbb{P}$에 대하여 $\det P=\det A=\pm 1$이므로 P의 역행렬

$$P^{-1}=\begin{pmatrix} {}^tA & -{}^tAC \\ O & 1 \end{pmatrix}$$

이 존재한다.

위의 사실은 E^2에서 합동변환을 나타내는 행렬의 집합 $\mathbb{P}$가 군을 이룬다는 것을 말하고 있다. 따라서 유클리드 평면 E^2상의 합동변환의 전체의 집합 $\mathbb{Z}$는 군을 이룬다. 이것을 E^2의 합동변환군이라 한다.

클라인은 에를랑겐 목록에서

> 유클리드 평면에서 합동변환군에 의해 변하지 않는 도형의 성질을 **유클리드적 성질**이라 하고, 이런 유클리드적 성질을 다루는 기하학을 **평면 유클리드 거리기하학**(plane Euclidean metric geometry)이라 한다.

라고 정의했다. 유클리드 평면 E^2에서 직선의 방정식은

$$u_1x+u_2y+u_3=0 \quad ((u_1,\ u_2)\neq(0,\ 0))$$

으로 표시된다. 이것에 합동변환

$$\begin{cases} x=a_1x'+a_2y'+c_1 \\ y=b_1x'+b_2y'+c_2 \end{cases}$$

를 작용하면

$$(a_1u_1+b_1u_2)x'+(a_2u_1+b_2u_2)y'+(c_1u_1+c_2u_2+u_3)=0$$

이고, 여기서

$$\begin{cases} u_1'=a_1u_1+b_1u_2 \\ u_2'=a_2u_1+b_2u_2 \\ u_3'=c_1u_1+c_2u_2+u_3 \end{cases}$$

라 두면, u_1'와 u_2' 중에서 적어도 하나는 0이 아니다. 왜냐하면 u_1'와 u_2' 둘 다 0이라면

$$\det\begin{pmatrix} a_1 & a_2 \\ b_1 & b_2 \end{pmatrix}\neq 0$$

이므로 u_1와 u_2 둘 다 0이 되어 모순이다. 따라서 변환된 식

$$u_1'x'+u_2'y'+u_3'=0$$

은 하나의 직선을 표시하므로 '직선'은 유클리드적 성질이다. 그리고 두 직선

$$u_1x+u_2y+u_3=0\text{와 } v_1x+v_2y+v_3=0$$

은 위의 합동변환에 의하여 두 직선

$$u_1{}'x'+u_2{}'y'+u_3{}'=0\text{와 } v_1{}'x'+v_2{}'y'+v_3{}'=0$$

으로 변환되고, 여기서

$$\begin{cases} u_1{}'=a_1u_1+b_1u_2 \\ u_2{}'=a_2u_1+b_2u_2 \end{cases} \text{와 } \begin{cases} v_1{}'=a_1v_1+b_1v_2 \\ v_2{}'=a_2v_1+b_2v_2 \end{cases}$$

이다. 원래의 두 직선이 직교하기 위한 필요충분조건은

$$u_1v_1+u_2v_2=0$$

이다. 이것은 합동변환에 의하여

$$\begin{aligned} u_1{}'v_1{}'+u_2{}'v_2{}' &= ((a_1)^2+(a_2)^2)u_1v_1+(a_1b_1+a_2b_2)u_1v_2 \\ &\quad +(a_1b_1+a_2b_2)u_2v_1+((b_1)^2+(b_2)^2)u_2v_2 \end{aligned}$$

로 변환된다. 한편 행렬 $\begin{pmatrix} a_1 & a_2 \\ b_1 & b_2 \end{pmatrix}$은 직교행렬이므로

$$\begin{pmatrix} a_1 & a_2 \\ b_1 & b_2 \end{pmatrix}\begin{pmatrix} a_1 & b_1 \\ a_2 & b_2 \end{pmatrix}=\begin{pmatrix} 1 & 0 \\ 0 & 1 \end{pmatrix}$$

로부터

$$(a_1)^2+(a_2)^2=1,\ a_1b_1+a_2b_2=0,\ (b_1)^2+(b_2)^2=1$$

이 성립한다. 따라서 원래의 두 직선이 직교한다면, 변환된 두 직선도

$$u_1{}'v_1{}'+u_2{}'v_2{}'=0$$

을 만족하므로 직교한다. 따라서 '두 직선이 직교한다'는 것은 유클리드적 성질이다. 그러나 유클리드는 〈원론〉에서 공준 3으로

모든 직각은 같다.

를 택하였다.

'직선', '두 직선의 직교한다' 외에도 평면, 합동, 평행, 길이, 면적, 선분의 비, 점들의 공선성, 직선들의 공점성 등의 성질은 유클리드적 성질이다. 따라서 평면 유클리드 거리 기하학에서 이러한 대상이 연구된다.

평면 유클리드 기하학은 유클리드 평면에서 합동변환에 의해서 불변인 도형들의 성질만 다루지는 않는다. 왜냐하면 〈원론〉의 뒷부분에서 닮은꼴 도형도 다루고 있으며, 따라서 합동변환과 상사변환의 합성인 **닮음변환**(similarity 또는 equiform transformation)에 관해서 불변인 도형들의 성질도 고려하고 있다. 그런데 두 개의 닮은변환의 곱은 닮은변환이고 닮은변환의 역변환도 닮은변환이므로, 모든 닮은변환의 집합은 하나의 군을 이룬다. 따라서 유클리드 평면에서 닮은변환군에 의한 불변인 도형의 성질을 다루는 기하학을 **평면 닮음기하학**(plane similarity geometry 또는 plane equiform geometry)이라고 한다. 이 확장된 군 아래서는 길이, 면적, 합동 등의 성질은 더 이상 불변이 아니므로 이 기하학의 연구 대상이 되지 않는다. 그러나 중점, 평행, 수직, 도형의 닮음, 점의 공선성, 직선의 공점성은 여전히 불변이기 때문에 이 기하학의 연구 대상을 형성한다.

14-3 아핀 평면기하학 : 아핀변환군

합동변환에서 행렬 $\begin{pmatrix} a_1 & a_2 \\ b_1 & b_2 \end{pmatrix}$은 직교행렬이라는 조건을 보다 일반적인 조건

$$\det \begin{pmatrix} a_1 & a_2 \\ b_1 & b_2 \end{pmatrix} \neq 0$$

으로 바꿔 놓으면, 이러한 변환을 **아핀변환**(affine transformation)이라 하고, 이러한 변환들도 하나의 군을 이룬다. 이것을 **아핀변환군**이라 한다. 이 변환에 관해서는 이전부터 뫼비우스에 의해 연구되었다. 그런데 이 변환군 아래에서는 길이나 면적은 반드시 같지는 않지만, 직선, 선분의 비, 직선 상의 세 점의 순서, 두 직선의 평행, 점들의 공선성, 직선들의 공점성 등은 불변이다. 그리고 특히 아핀변환 아래에서 원추곡선은 같은 종류의 원

추곡선 그대로이다. 왜냐하면 유클리드 평면 E^2에서 2차 곡선은 다음 네 가지로 분류된다.

① 원 : $x^2+y^2=r^2 \ \ (r \neq 0)$

② 타원 : $x^2/a^2+y^2/b^2=1 \ \ (ab \neq 0)$

③ 쌍곡선 : $x^2/a^2-y^2/b^2=1 \ \ (ab \neq 0)$

④ 포물선 : $y^2-4px=0 \ \ (p \neq 0)$

우선 아핀변환

$$x=(r/a)x',\ \ y=(r/b)y'$$

을 원 ①에 작용하면 타원 ②가 된다. 따라서 원과 타원은 아핀적으로 동치이다. 2차곡선 ②, ③, ④에 다음 괄호 안의 아핀변환을 작용하면 다음과 같이 간단한 식으로 얻을 수 있다.

⑤ 타원 : $(x')^2+(y')^2=1 \ \ (x=ax',\ y=by')$

⑥ 쌍곡선 : $(x')^2-(y')^2=1 \ \ (x=ax',\ y=by')$

⑦ 포물선 : $(y')^2-x'=0 \ \ (x=x'/4p,\ y=y')$

그런데 원추곡선과 두 평행선을 한 평면에 나타낼 때, 그림 14-1과 같이 타원은 두 평행선 사이에 있도록 두 평행선을 그을 수 있고, 쌍곡선은 두 평행선에 대하여 양쪽에 있도록 두 평행선을 그을 수 있고, 또한 포물선은 두 평행선의 한쪽에 있도록 두 평행선을 그을 수 있다.

두 평행선과 원추곡선에 아핀변환을 작용하면 두 평행선은 두 평행선으로 변환되고, 또한 아핀변환은 점들의 위치에 대한 순서는 그대로 유지하므로 변환된 원추곡선이 두 평행선에 대하여

사이에 있다, 양쪽에 있다, 그리고 한쪽에 있다.

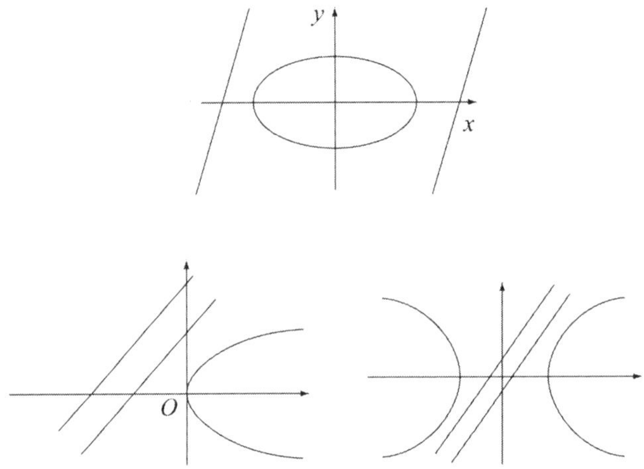

그림 14-1

는 사실은 각각 불변이다. 따라서 곡선 ⑤, ⑥, ⑦은 서로 아핀적으로 동치가 될 수 없다. 즉 원추곡선은 아핀변환에 의해 같은 종류의 원추곡선 그대로이다.

이러한 아핀변환은 **아핀 평면기하학**(affine plane geometry)이라고 불리는 기하학을 형성한다. 클라인의 입장에서 평면 유클리드 거리기하학은 아핀 평면기하학의 특수한 경우에 지나지 않는다.

14-4 평면 사영기하학 : 사영변환군

확장된 평면에서의 점 $X=[x_1,\ x_2,\ x_3]$을 확장된 평면의 점으로 보내는 일차변환 T는 제차좌표의 성질에 의하여

$$T(X)=[x_1{}',\ x_2{}',\ x_3{}']=[kx_1{}',\ kx_2{}',\ kx_3{}']\quad (k\neq 0)$$

이다. 이러한 성질에 의한 확장된 평면에서의 점변환

$$\begin{cases} kx_1' = a_{11}x_1 + a_{12}x_2 + a_{13}x_3 \\ kx_2' = a_{21}x_1 + a_{22}x_2 + a_{23}x_3 \qquad (k \neq 0) \\ kx_3' = a_{31}x_1 + a_{32}x_2 + a_{33}x_3 \end{cases}$$

을 **사영변환**(projective transformation)이라 한다. 여기서 행렬 $\mathrm{A} = (a_{ij})$는 비특이이다. 즉

$$|\mathrm{A}| = \begin{vmatrix} a_{11} & a_{12} & a_{13} \\ a_{21} & a_{22} & a_{23} \\ a_{31} & a_{32} & a_{33} \end{vmatrix} \neq 0.$$

이러한 사영변환들도 하나의 군을 이루는데, 이러한 군을 **사영 변환군**이라 한다. 확장된 평면에서 사영변환에 의하여 변하지 않는 도형의 성질을 **사영적 성질**이라 하고, 사영적 성질을 다루는 기하학을 **평면 사영기하학**(plane projective geometry)이라고 한다.

사영변환에서의 행렬 A는 비특이이므로 역행렬 A^{-1}이 존재한다. 따라서 역변환은 사영변환이고

$$\begin{cases} k'x_1 = b_{11}x_1' + b_{21}x_2' + b_{31}x_3' \\ k'x_2 = b_{12}x_1' + b_{22}x_2' + b_{32}x_3' \\ k'x_3 = b_{13}x_1' + b_{23}x_2' + b_{33}x_3' \end{cases}$$

으로 표시된다. 여기서 $k' = k|\mathrm{A}|$이고, b_{ij}는 행렬식 $|\mathrm{A}| = |a_{ij}|$에서의 성분 a_{ij}의 여인수를 나타낸다. 확장된 평면에서 직선 $\langle l_1, l_2, l_3 \rangle$ 위의 점 $[x_1, x_2, x_3]$은

$$l_1x_1 + l_2x_2 + l_3x_3 = 0$$

을 만족한다. 위의 식에 앞에서 구한 역변환을 대입하면

$$\begin{aligned} &l_1(b_{11}x_1' + b_{21}x_2' + b_{31}x_3') + l_2(b_{12}x_1' + b_{22}x_2' + b_{32}x_3') \\ &+ l_3(b_{13}x_1' + b_{23}x_2' + b_{33}x_3') = 0. \end{aligned}$$

여기서

$$\begin{cases} l_1{}' = b_{11}l_1 + b_{12}l_2 + b_{13}l_3 \\ l_2{}' = b_{21}l_1 + b_{22}l_2 + b_{23}l_3 \\ l_3{}' = b_{31}l_1 + b_{32}l_2 + b_{33}l_3 \end{cases}$$

이라 두면, 위의 식은

$$l_1{}'x_1{}' + l_2{}'x_2{}' + l_3{}'x_3{}' = 0$$

이 된다. 이 식은 점 $[x_1{}', x_2{}', x_3{}']$이 직선 $\langle l_1{}', l_2{}', l_3{}' \rangle$ 위에 있다는 것을 말한다. 따라서 직선 $\langle l_1, l_2, l_3 \rangle$은 사영변환에 의하여 직선 $\langle l_1{}', l_2{}', l_3{}' \rangle$으로 변화된다. 그러므로 직선은 사영적 성질이다.

이외에도 사영적 성질에는 점의 공선성, 직선의 공점성이 있으며, 또한 가장 중요한 성질은 한 직선 위의 네 점에 대한 복비이고, 이 불변인 복비의 성질은 사영기하학 연구에 중요한 역할을 한다. 확장된 직선에서의 사영변환은

$$\begin{cases} kx_1{}' = a_{11}x_1 + a_{12}x_2 \\ kx_2{}' = a_{21}x_1 + a_{22}x_2 \end{cases} \quad (k \neq 0,\ \Delta = a_{11}a_{22} - a_{12}a_{21} \neq 0)$$

으로 주어진다. 만약 네 점

$$\mathrm{A} = [a_1,\ a_2],\ \mathrm{B} = [b_1,\ b_2],\ \mathrm{C} = [\mathrm{c}_1,\ \mathrm{c}_2],\ \mathrm{D} = [d_1,\ d_2]$$

가 위의 사영변환에 의하여 각각

$$\mathrm{A}' = [a_1{}',\ a_2{}'],\ \mathrm{B}' = [b_1{}',\ b_2{}'],\ \mathrm{C}' = [c_1{}',\ c_2{}'],\ \mathrm{D}' = [d_1{}',\ d_2{}']$$

로 변하였다고 하면 사영기하학의 복비의 정의에 의하여

$$(\mathrm{A}'\mathrm{B}',\ \mathrm{C}'\mathrm{D}') = \frac{(a_1{}'c_2{}' - a_2{}'c_1{}')(b_1{}'d_2{}' - b_2{}'d_1{}')}{(a_1{}'d_2{}' - a_2{}'d_1{}')(b_1{}'c_2{}' - b_2{}'c_1{}')}$$

이다. 그런데 주어진 사영변환에 의해서

$$k^2(a_1'c_2' - a_2'c_1')$$
$$= (a_{11}a_1 + a_{12}a_2)(a_{21}c_1 + a_{22}c_2) - (a_{21}a_1 + a_{22}a_2)(a_{11}c_1 + a_{12}c_2)$$
$$= (a_1c_2 - a_2c_1) \times \triangle$$
$$k^2(b_1'd_2' - b_2'd_1') = (b_1d_2 - b_2d_1) \times \triangle$$
$$k^2(a_1'd_2' - a_2'd_1') = (a_1d_2 - a_2d_1) \times \triangle$$
$$k^2(b_1'c_2' - b_2'c_1') = (b_1c_2 - b_2c_1) \times \triangle$$

이다. 즉 (A′B′, C′D′) = (AB, CD)이다. 따라서 복비는 사영변환에 의하여 불변이다. 파푸스(Pappus)는 이 사실을 이미 1500년 전에 알고 있었다.

한편 무한원직선 ⟨0, 0, 1⟩을 자기 자신으로 보내는 사영변환

$$\begin{cases} kx_1' = a_{11}x_1 + a_{12}x_2 + a_{13}x_3 \\ kx_2' = a_{21}x_1 + a_{22}x_2 + a_{23}x_3 \quad (k \neq 0) \\ kx_3' = a_{31}x_1 + a_{32}x_2 + a_{33}x_3 \end{cases}$$

를 생각해 보면, 무한원직선 위에 있는 무한원점 $[x_1, x_2, 0]$을 무한원점 $[x_1', x_2', 0]$로 변환시키므로, 이 사영변환은 식

$$\begin{cases} kx_1' = a_{11}x_1 + a_{12}x_2 \\ kx_2' = a_{21}x_1 + a_{22}x_2 \quad (k \neq 0) \\ 0 = a_{31}x_1 + a_{32}x_2 \end{cases}$$

을 만족한다. 여기서 $a_{31} = a_{32} = 0$을 얻을 수 있다. 따라서 주어진 사영변환은

$$\begin{cases} kx_1' = a_{11}x_1 + a_{12}x_2 + a_{13}x_3 \\ kx_2' = a_{21}x_1 + a_{22}x_2 + a_{23}x_3 \quad (k \neq 0) \\ kx_3' = a_{33}x_3 \end{cases} \quad \cdots ①$$

인 변환이다. 그런데 행렬 $A = (a_{ij})$는 비특이이므로, 즉

$$|\mathrm{A}| = \begin{vmatrix} a_{11} & a_{12} & a_{13} \\ a_{21} & a_{22} & a_{23} \\ 0 & 0 & a_{33} \end{vmatrix} \neq 0$$

으로부터 $a_{33} \neq 0$을 얻을 수 있다. 한편 $x_3' \neq 0$인 점 $[x_1', x_2', x_3']$는 유클리드 평면의 보통 점이므로, 식 ①의 왼쪽 식은 kx_3'으로, 오른쪽 식은 $a_{33}x_3$로 나누고

$$y_i = \frac{x_i}{x_3},\ y_i' = \frac{x_i'}{x_3'},\ b_{ij} = \frac{a_{ij}}{a_{33}} \qquad (i = 1,\ 2 \text{ 그리고 } j = 1,\ 2,\ 3)$$

라고 두면, 사영변환 ①은

$$\begin{cases} y_1' = b_{11}y_1 + b_{12}y_2 + b_{13} \\ y_2' = b_{21}y_1 + b_{22}y_2 + b_{23} \end{cases} \qquad \cdots ②$$

로 변환된다. 그런데 $a_{33} \neq 0$이고

$$0 \neq |\mathrm{A}| = \begin{vmatrix} a_{11} & a_{12} & a_{13} \\ a_{21} & a_{22} & a_{23} \\ 0 & 0 & a_{33} \end{vmatrix} = a_{33}\begin{vmatrix} a_{11} & a_{12} \\ a_{21} & a_{22} \end{vmatrix} = (a_{33})^3 \begin{vmatrix} b_{11} & b_{12} \\ b_{21} & b_{22} \end{vmatrix}$$

이므로 $\begin{vmatrix} b_{11} & b_{12} \\ b_{21} & b_{22} \end{vmatrix} \neq 0$이다. 따라서 ②는 아핀변환이다. 그러므로 무원직선을 자기 자신으로 보내는 사영변환은 아핀변환이다.

역으로 아핀변환 ②를 제차좌표로 나타내면 ①인 변환이 되고, 무한원직선 $\langle 0,\ 0,\ 1\rangle$을 자기 자신으로 보내는 사영변환이다. 따라서 아핀변환은 사영변환의 특수한 경우에 해당하므로 클라인의 입장에서 평면 아핀기하학은 평면 사영기하학의 특수한 경우에 지나지 않는다.

특히 평면 사영기하학에서 원추곡선은 모두 사영적으로 동치이므로 서로 차이가 없다. 왜냐하면 유클리드 평면 E^2에서 2차 곡선은 다음 네 가지로 분류된다.

① 원 : $x^2 + y^2 = r^2 \ (r \neq 0)$

② 타원 : $x^2/a^2 + y^2/b^2 = 1 \ (ab \neq 0)$

③ 쌍곡선 : $x^2/a^2 - y^2/b^2 = 1 \ (ab \neq 0)$

④ 포물선 : $y^2 - 4px = 0 \ (p \neq 0)$

우선 아핀변환은 사영변환이므로, 위의 곡선에 아핀 평면기하학에서 2차곡선을 분류할 때 사용했던 동일한 사영변환을 작용하면

⑤ 원, 타원 : $x^2 + y^2 = 1$

⑥ 쌍곡선 : $x^2 - y^2 = 1$

⑦ 포물선 : $y^2 - x = 0$

으로 변환된다. 그런데 쌍곡선에 대하여 아핀변환인 사영변환

$$\begin{cases} x = x'/2 + y'/2 \\ y = x'/2 - y'/2 \end{cases}$$

을 적용하면 쌍곡선은 $x'y' = 1$로 변환되므로, 쌍곡선에 대한 식 ⑥을 $xy = 1$로 바꾸어 쓸 수 있다. 위의 곡선들을 확장된 평면에서의 제차좌표 $[x_1, x_2, x_3]$로 나타내면

⑧ 원, 타원 : $x_1^2 + x_2^2 - x_3^2 = 0$

⑨ 쌍곡선 : $x_1 x_2 - x_3^2 = 0$

⑩ 포물선 : $x_2^2 - x_1 x_3 = 0$

이다. 먼저 사영변환

$$x_1 = x_1', \ x_2 = x_3', \ x_3 = x_2'$$

을 적용하면 ⑨는 ⑩으로 변하고 ⑩은 ⑨로 변하므로 쌍곡선과 포물선은 사영적으로 동치이다. 그 다음에 사영변환

$$x_1 = x_2' + x_3', \ x_2 = -x_2' + x_3', \ x_3 = x_1'$$

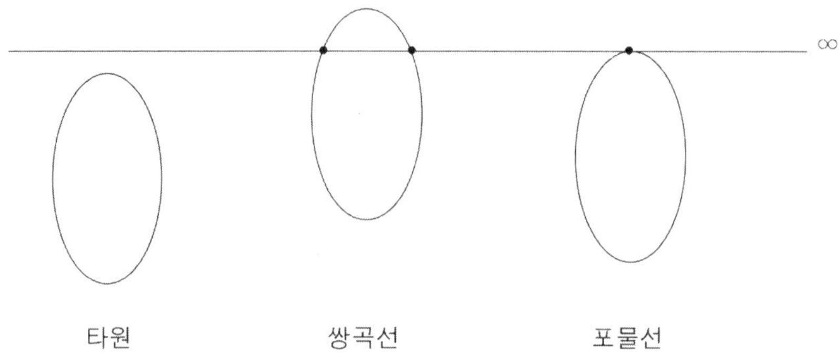

그림 14-2

을 적용하면 ⑨는 ⑧로 변환된다. 따라서 쌍곡선과 타원은 사영적으로 동치이다. 이와 같이 유클리드 평면에서의 네 가지 이차곡선은 확장된 평면에서는 모두 사영적으로 동치이고 서로 차이가 없다.

유클리드 평면을 확장된 평면으로 확장했을 때 네 가지 이차곡선은 어떻게 확장되는지 알기 위해서는 확장된 곡선들이 무한원점 $[x_1, x_2, 0]$을 포함하고 있는가를 확인하면 된다. ⑧에서 $x_3 = 0$이라 두면 $x_1 = x_2 = 0$이다. 그러나 [0, 0, 0]은 무한원점이 아니다. 따라서 확장된 원과 타원은 무한원점을 포함하지 않으므로 무한원직선 ⟨0, 0, 1⟩과 만나지 않는다. ⑨에서 $x_3 = 0$이라 두면 $x_1 x_2 = 0$이므로 $x_1 \neq 0$, $x_2 = 0$ 또는 $x_1 = 0$, $x_2 \neq 0$이다. 따라서 확장된 쌍곡선은 두개의 무한원점 [1, 0, 0]과 [0, 1, 0]을 포함한다. 따라서 확장된 쌍곡선은 무한원직선 ⟨0, 0, 1⟩과 두 개의 무한원점 [1, 0, 0]과 [0, 1, 0]에서 만난다. 그 다음 ⑩에서 $x_3 = 0$이라 두면 $x_2 = 0$이므로 확장된 포물선은 무한원점 [1, 0, 0]을 포함한다. 따라서 확장된 포물선은무한원직선 ⟨0, 0, 1⟩과 한 개의 무한원점 [1, 0, 0]에서 만난다(그림 14-2 참조).

14-5 사영기하학과 비유클리드 기하학의 만남

클라인, 푸앵카레, 벨트라미는 쌍곡평면의 모델을 유클리드 공간에서 구했지만 영국의 수학자 케일리는 사영기하학을 이용하여 비유클리드 기하학을 표현하는 새로운 모델을 확장된 평면 위에서 구했고, 이것을 클라인이 더욱 발전시켰으므로 이 새로운 모델을 **케일리-클라인 모델**이라고 부른다. 이 개념은 케일리의 〈형식에 관한 제6연구보고(A sixth momoir upon quantics, 1859년)〉와 클라인의 〈소위 비유클리드 기하학에 관하여(Über die sogenannte Nicht-Euklidische Geometrie, 1871)〉 속에서 전개되어 있다.

유클리드 평면에 유클리드 계량을 도입하여 평면 유클리드 기하학을 얻은 것과 같이 확장된 평면에 비유클리드적인 계량을 도입하여 사영기하학의 성질을 이용하면 **평면 비유클리드 거리기하학**을 구성할 수 있다.

유클리드 평면에서의 일반적인 이차곡선

$$a_{11}x^2 + a_{22}y^2 + 2a_{12}xy + 2a_{13}x + 2a_{23}y + a_{33} = 0$$

을 확장된 평면에서의 제차좌표 $[x_1,\ x_2,\ x_3]$으로 나타내면

$$a_{11}x_1^2 + a_{22}x_2^2 + a_{33}x_3^3 + 2a_{12}x_1x_2 + 2a_{13}x_1x_3 + 2a_{23}x_2x_3 = 0$$

으로 표현되는데, 이것을 **제차 이차곡선**이라고 한다. 그리고 이 곡선을 행렬로 나타내면

$$\begin{pmatrix} x_1 & x_2 & x_3 \end{pmatrix}\begin{pmatrix} a_{11} & a_{12} & a_{13} \\ a_{12} & a_{22} & a_{23} \\ a_{13} & a_{23} & a_{33} \end{pmatrix}\begin{pmatrix} x_1 \\ x_2 \\ x_3 \end{pmatrix} = 0$$

으로 표현되고, 만일

$$|\mathrm{A}| = \begin{vmatrix} a_{11} & a_{12} & a_{13} \\ a_{12} & a_{22} & a_{23} \\ a_{13} & a_{23} & a_{33} \end{vmatrix} \neq 0$$

이면 **고유 이차곡선**이라고 한다. 이러한 고유 이차곡선은 특수한 사영변환에 의하여 다음과 같이 변환된다.

① Γ: $x_1^2 + x_2^2 - x_3^2 = 0$

② Γ' : $x_1^2 + x_2^2 + x_3^2 = 0$

이 고유 이차곡선 Γ와 Γ'을 **절대형**(absolute)이라 하는데, Γ는 실 이차곡선이고, Γ'은

허 이차곡선이다. 타원, 쌍곡선, 포물선은 실 이차곡선에 포함된다. 예를 들면 제차 이차곡선

$$2x_1^2 - x_2^2 + 32x_3^2 + 4x_1x_2 - 20x_1x_3 - 8x_2x_3 = 0 \qquad \cdots ①$$

에 사영변환

$$x_1 = x_1{}' + 3x_3{}', \ x_2 = x_2{}' + 2x_3{}', \ x_3 = x_3{}'$$

을 작용하면

$$2x_1{}'^2 + 4x_1{}'x_2{}' - x_2{}'^2 - 6x_3{}'^2 = 0$$

이고, 이 식에 사영변환

$$x_1{}' = \frac{2}{\sqrt{5}}x_1 - \frac{1}{\sqrt{5}}x_2, \ x_2{}' = \frac{1}{\sqrt{5}}x_1 + \frac{2}{\sqrt{5}}x_2, \ x_3{}' = x_3$$

을 작용하면

$$3x_1^2 - 2x_2^2 - 6x_3^2 = 0$$

이고, 또 이 식에 사영변환

$$x_1 = \sqrt{2}\,x_3{}', \ x_2 = \sqrt{3}\,x_2{}', \ x_3 = x_1{}'$$

을 작용하면

$$x_1{}'^2 + x_2{}'^2 - x_3{}'^2 = 0$$

이 된다. 이것은 실 이차곡선을 나타낸다. 그리고 제차 이차곡선 ①은 유클리드 평면에서는

$$2x^2 - y^2 + 4xy - 20x - 8y + 32 = 0$$

인 이차곡선으로 쌍곡선을 나타낸다.

절대형 Γ: $x_1^2+x_2^2-x_3^2=0$에 대하여

$$x_1^2+x_2^2-x_3^2<0$$

을 만족하는 Γ의 내부를 **쌍곡평면**이라 한다. 쌍곡평면의 점은 Γ의 내부의 모든 점을 나타내고, 쌍곡직선은 Γ의 내부의 사영직선의 부분을 나타낸다.

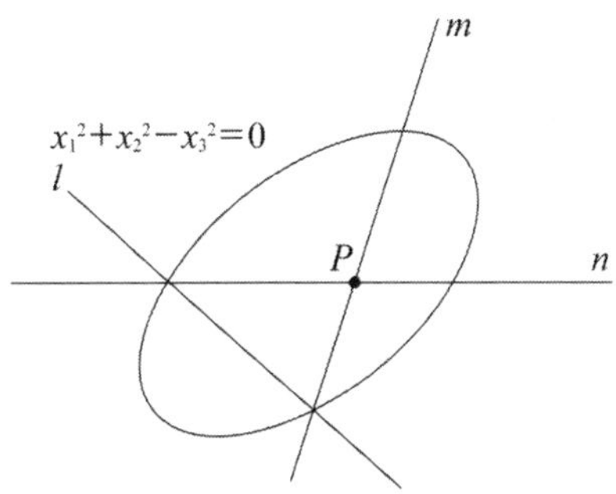

그림 14-3

그림 14-3과 같이 두 직선 l과 m이 절대형 Γ 위에서 만나면 l과 m은 **평행**이라 한다. 따라서 l 위에 있지 않은 점 P를 지나서 l에 평행한 직선은 그림 14-3에서처럼 m과 n인 두 개가 존재한다. 한편 Γ의 외부에서 만나는 두 직선은 **초평행**이라 한다. 예를 들면 세 직선

$$l: x_1-x_2-x_3=0,\ m: 3x_1+3x_2+x_3=0,\ n: x_1+x_2-x_3=0$$

에서 l과 m은 Γ의 내부의 점 [1, -2, 3]에서 만나는 두 직선이고, l과 n은 Γ 위의 점 [1, 0, 1]에서 만나므로 l과 n은 평행이고, m과 n은 Γ의 외부의 점 [1, -1, 0]에서 만나므로 초평행이다.

케일리와 클라인은 쌍곡평면 위의 두 점 A, B 사이의 거리를 사영기하학에서의 복비를 이용하여 다음과 같이 정의했다. 두 점 A, B를 지나는 직선이 절대형 Γ와 만나는 점을 O, U라고 할 때

$$d(A,\ B)=k|\log(OU,\ AB)| \quad (k>0)$$

를 A, B 사이의 **쌍곡거리**라고 한다(그림 14-4 참조).

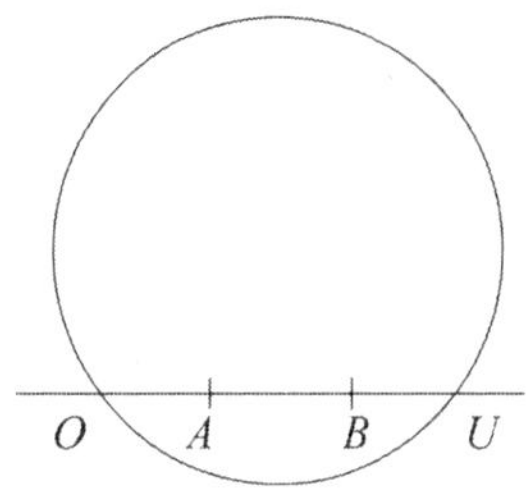

그림 14-4

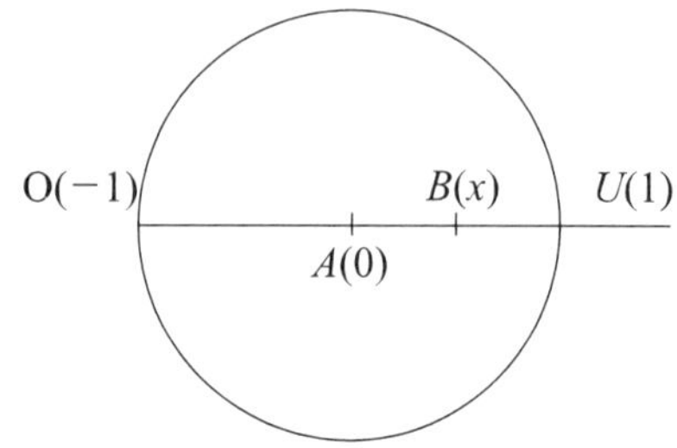

그림 14-5

위의 정의에서 서로 다른 두 점 A, B는 두 점 O, U 사이에 있어 $(OU, AB)>0$이므로 $\log(OU, AB)$의 값은 정의될 수 있다. 쌍곡평면 위의 두 점을 $A=[0, 0, 1]$과 $B=[x, 0, 1]$, $-1<x<1$이라 하면, 이 두 점은 직선 $x_2=0$ 위에 있다. 그러면 유클리드 평면에서 절대형 Γ는 지름의 끝점이 $O(-1)$과 $U(1)$인 단위원을 나타낸다(그림 14-5 참조). 그런데 동일직선 위의 네 점 O, A, B, U의 비제차좌표는 각각 -1, 0, x, 1이므로 복비 (OU, AB)는

$$(OU, AB)=\frac{1-x}{1+x}$$

로 주어지고, 두 점 A, B 사이의 거리 $d(A, B)$는

$$d(A, B)=k\left|\log\frac{1-x}{1+x}\right|$$

이다. 따라서 다음과 같은 결과를 얻을 수 있다.

(1) $B=A \Leftrightarrow x=0 \Leftrightarrow d(A, B)=0$

(2) $B\to U \Rightarrow x\to 1 \Rightarrow \log[(1-x)/(1+x)]\to -\infty$

$\Rightarrow d(A, U)\to\infty$

(3) $B\to O \Rightarrow x\to -1 \Rightarrow \log[(1-x)/(1+x)]\to\infty$

$\Rightarrow d(A, O)\to\infty$

위의 사실로부터 유클리드 평면에서 선분 AO의 거리는 1임에도 불구하고 쌍곡거리는 ∞가 되는 놀라운 사실을 얻는다. 즉 케일리-클라인 모델에서 절대형 Γ는 무한원직선의 역할을 하고 있음을 알 수 있다.

모든 사영변환은 복비를 불변으로 하기 때문에 거리 $d(A, B)$는 불변이다. 따라서 사영변환군은 케일리-클라인 모델에서 등거리변환군이고, 평면 쌍곡 거리기하학은 합동변환군에 의해 불변인 도형의 성질을 연구하는 비유클리드 기하학이라고 말할 수 있다. 참고로 절대형 Γ'을 이용하여 평면 타원 거리기하학이 정의된다. 결론적으로 평면 비유클리드 거리기하학은 비유클리드 평면에서 그 평면의 합동변환군에 대해서 불변인 도형의 성질을 연구하는 분야로 생각할 수 있다.

14-6 에를랑겐 목록의 결과

위에서 서술한 모든 기하학은 평면기하학이다. 그렇지만 이와 유사한 연구는 3차원 공간이나 그 이상 차원의 공간에서도 수행될 수 있다. 이 고차원 기하학은 각각 그것에 연관된 어떤 변환군에 대해서 불변인 도형의 성질을 연구하게 된다. 위의 모든 기하학에서 어떤 변환군의 변환이 작용하게 되는 기본원소는 점이므로 위의 기하학을 **점 기하학**(point geometry)이라고 부른다. 그리고 점 이외의 성분을 기본 원소로 선택한 기하학인 선 기하학, 원 기하학, 구 기하학을 비롯한 다양한 기하학이 존재한다.

에를랑겐 목록의 특징은 하나의 기하학을 건설함에, 먼저 기하학의 기본원소(점, 선, 원 등)를 선택하는 것은 자유이다. 다음으로 이 원소의 집합 또는 공간(점의 평면, 점의 일상적인 공간, 직선의 평면 등)을 선택하는 자유가 있다. 그리고 마지막으로 기본원소가 종속되는 변환군을 자유롭게 선택할 수 있다. 이 방법으로 새로운 기하학을 건설하는 것은 오히려 단순한 작업이다. 에를랑겐 목록은 존재하는 기하학의 분류를 주장했으며, 이와 같은 계획에 의한 새로운 기하학의 발견과 연구를 옹호했다.

또 다른 흥미 있는 특징은 주어진 기하학에 대한 변환군이 다른 변환군에 대한 관계이다. 예를 들면 평면 유클리드 거리기하학의 합동변환군은 평면 아핀기하학의 아핀변환군의 특수한 경우에 해당하므로 후자의 기하학에서 성립하는 정리는 전자에서도 반드시 성립하여야만 한다. 마찬가지로 평면 아핀기하학의 아핀변환군은 평면 사영기하학의 사영변환군의 특수한 경우에 해당하므로 후자의 기하학에서 성립하는 정리는 전자에서도 반드시 성립한다. 평면 유클리드 거리기하학이 정의된 유클리드 평면에 무한원직선을 첨가함으로써, 평면 사영기하학에서 성립하는 정리는 평면 아핀기하학과 평면 유클리드 거리기하학에서 성립하도록 할 수 있다. 이것이 케일리가

사영기하학은 모든 기하학을 포함한다.

고 언급한 본래의 의미이다. 실제로 기하학의 정리에 관해서 말할 경우는 그 반대가 옳다. 즉 사영기하학의 정리들은 다른 기하학의 정리들에 포함된다. 따라서 평면 유클리드 거리기하학이 가장 풍부한 정리를 갖고 있다.

거의 50년 동안이나 클라인이 기하학을 종합화하고 성문화한 것이 근본적으로 유효했다. 그러나 20세기에 들어오자마자, 수학자들이 기하학이라고 불러야 한다고 느꼈던 수학적 명제의 집합이 명백해졌으며, 이런 명제의 집합은 클라인의 분류에 적합할 수 없었다. 이런 명제의 집합은 어떤 변환군에 의하여 정의될 수 있거나 또는 정의될 수 없는 중복된 구조를 갖는다. 따라서 추상적인 공간의 개념에 근거한 새로운 관점이 개발되었다. 이와 같은 새로운 기하학들은 예를 들어 아인슈타인의 일반 상대성 이론에 기초가 된 구체화된 물리적 공간은 현대적 이론이 적용된다. 클라인의 개념은 그것이 아직도 적용되는 곳에서는 매우 유용하며, 앞에서 언급한 클라인의 정의에 맞는 기하학을 클라인 기하학(Kleinian geometry)이라 부른다. 클라인의 원래 목록에 나타나지 않는 기하학을 포함시키기 위해 클라인의 정의를 확장하고 일반화하려는 노력이 미국인 베블렌(Oswald Veblen, 1880-1960)과 프랑스인 카르탕(Élie Cartan, 1869-1951) 등에 의하여 부분적인 성공을 거두었다.

14-7 수학자 중의 수학자 : 케일리

케일리(Arthur Cayley, 1821-1895)는 영국의 리치몬드에서 태어나 케임브리지의 트리니티 대학을 다녔으며, 1842년 수학 졸업시험에서 수석을 했다. 같은 해에 어려운 것으로 유명한 스미스 상의 수상자를 가리는 시험에서도 1등을 차지했다. 여러 해 동안 변호사 생활을 하면서도 꾸준히 수학을 공부한 그는 법률 공부를 하는 동안에도 더블린으로 가

케일리

서 최초로 비가환대수인 사원수대수를 발표한 해밀턴(Hamilton, W.R. 1805-1865)의 4원수 강의를 수강하였다. 1863년에 케임브리지에서 교수직을 요청받고 수락하여 법률가로서의 화려한 미래를 포기하고 수수한 학문적 생을 택하였다. 그 결과 모든 시간을 수학에만 전념할 수 있게 되었다. 케일리는 케임브리지 학부 재학시절부터 저술을 시작하였고, 변호사 생활을 하는 동안에도 200 ~ 300편의 논문을 썼으며, 나머지 생애 동안에도 많은 양의 저술을 계속하여 수학의 역사에 있어서 오일러(Euler, L. 1707-1783)와 코시(Cauchy, A.L. 1789-1857)에 이어 세 번째로 많은 양의 수학적 저술을 남겼다. 방대한 〈케일리 수학논문 모음집〉은 총 966편의 논문이 수록되어 권당 약 600쪽에 달하는 4절판 13권으로 되어 있다.

케일리는 해석기하, 변환이론, 행렬식 이론, 고차원 기하학, 곡선과 곡면이론, 타원함수의 이론 등의 분야에서 개척자적인 기여를 하였다. 케일리의 위대한 업적 중의 하나는 행렬대수이다. 19세기 초까지만 해도 곱셈에 관한 교환법칙이 성립되지 않는, 즉 $a \times b \neq b \times a$인 어떤 무모순인 대수학의 구성은 상상할 수 없었다. 1843년에 해밀턴이 소위 **4원수**(quaternion)라는 실수의 4중 순서수의 연산을 정의하여 비가환 대수학을 최초로 발견하였다. 이러한 비가환 대수학의 또 다른 예인 행렬대수학은 1857년에 케일리가 고안하였다. 그 내용은 다음과 같다.

선형변환

$$\begin{cases} x' = ax + by \\ y' = cx + dy \end{cases} \quad (a,\ b,\ c,\ d\text{는 실수}) \qquad \cdots ①$$

는 직교 좌표평면에서 점 $(x,\ y)$를 점 $(x',\ y')$으로 보내는 사상으로 생각할 수 있다. 분명히 위의 변환은 네 개의 계수 $a,\ b,\ c,\ d$에 의하여 완전히 결정되며, 또 이 변환은 수들의 정사각형 나열인

$$\begin{bmatrix} a & b \\ c & d \end{bmatrix}$$

로 기호화시킬 수 있다. 이와 같은 것을 **행렬**(matrix)이라 부른다. 같은 형태의 두 선형

변환이 동일하기 위한 필요충분조건은 두 변환이 같은 계수를 갖는 것이기 때문에, 두 행렬

$$\begin{bmatrix} a & b \\ c & d \end{bmatrix} \text{와 } \begin{bmatrix} e & f \\ g & h \end{bmatrix}$$

가 서로 같기 위한 필요충분조건은 $a=e$, $b=f$, $c=g$, $d=h$이다. 만약 선형변환

$$\begin{cases} x'' = ex' + fy' \\ y'' = gx' + hy' \end{cases} \quad (e,\ f,\ g,\ h\text{는 실수})$$

이 변환 ①이 시행된 후에 시행되면, 결과는

$$\begin{cases} x'' = (ea+fc)x + (eb+fd)y \\ y'' = (ga+hc)x + (gb+hd)y \end{cases}$$

이다. 이것은 두 행렬의 곱셈에 관한 다음과 같은 정의의 동기가 된다.

$$\begin{bmatrix} e & f \\ g & h \end{bmatrix}\begin{bmatrix} a & b \\ c & d \end{bmatrix} = \begin{bmatrix} ea+fc & eb+fd \\ ga+hc & gb+hd \end{bmatrix}$$

또한 행렬의 덧셈은

$$\begin{bmatrix} a & b \\ c & d \end{bmatrix} + \begin{bmatrix} e & f \\ g & h \end{bmatrix} = \begin{bmatrix} a+e & b+f \\ c+g & d+h \end{bmatrix}$$

와 같이 정의되며, 임의의 실수 m에 대하여

$$m\begin{bmatrix} a & b \\ c & d \end{bmatrix} = \begin{bmatrix} a & b \\ c & d \end{bmatrix}m = \begin{bmatrix} ma & mb \\ mc & md \end{bmatrix}$$

로 정의한다. 이 결과로 행렬의 대수학에서, 덧셈은 교환법칙과 결합법칙을 만족하고, 곱셈은 결합법칙과 덧셈에 관한 곱셈의 분배법칙을 만족함을 보일 수 있다. 그러나 다음과 같이 곱셈에 대한 교환법칙은 만족하지 않는다.

$$\begin{bmatrix} 1 & 0 \\ 0 & 0 \end{bmatrix}\begin{bmatrix} 0 & 1 \\ 0 & 1 \end{bmatrix} = \begin{bmatrix} 0 & 1 \\ 0 & 0 \end{bmatrix}, \quad \begin{bmatrix} 0 & 1 \\ 0 & 1 \end{bmatrix}\begin{bmatrix} 1 & 0 \\ 0 & 0 \end{bmatrix} = \begin{bmatrix} 0 & 0 \\ 0 & 0 \end{bmatrix}$$

한때 미래의 물리학자를 위한 필수적인 도구로 많은 사람들에게 환영받았던 해밀턴의 4원수는 미국의 물리학자이며 수학자인 예일 대학교의 깁스(Gibbs, J.W. 1839-1903)의 훨씬 더 유연한 벡터 해석학에 의하여 빛을 잃었지만, 케일리의 행렬은 현대 수학에서 매우 중요하고 유용한 도구로 사용되고 있다.

케일리의 논문은 엄격하고, 직접적이고, 조직적이고, 명확한 것으로 유명한데, 이것은 그의 변호사 경력에 기인한 것으로 간주된다. 그는 기억력이 비상했으며, 한번 보거나 읽은 것은 무엇이든지 절대로 잊어버리지 않았다고 한다. 그는 또한 매우 침착하고 점잖은 기질을 지녔다.

케일리는 순수한 영국 전통의 아마추어 등산가여서 오래 걷기와 등산을 하러 대륙으로 자주 여행하였다. 그는 등산하는 이유를 다음과 같이 말하였다.

> 매우 힘들고 피곤하지만 정상을 정복하면 어려운 수학 문제를 풀거나 복잡한 수학이론을 완성하였을 때에 맛볼 수 있는 매우 상쾌한 느낌을 맛볼 수 있기 때문이고, 그러한 느낌은 등산에서 더 쉽게 맛볼 수 있기 때문이다.

케일리는 1895년에 죽었으며, 오늘날 수학자 중의 수학자로 불리고 있다. 케일리의 죽음을 애도하기 위해, 1858년에 타원함수를 이용한 5차 방정식의 해법과 1873년 e가 초월수라는 증명으로 유명한 프랑스의 수학자 에르미트(Hermite, C. 1822-1901)는 학회보에 다음과 같은 글을 기고했다.

> 케일리의 수학적 재능은 명료함과 해석적 형태의 지극한 우아함으로 특징지을 수 있는데, 그것은 그가 코시와 견줄 만한 뛰어난 학자가 되게 한 비길 데 없는 능력이었다.

15 곡선과 곡면의 기하학 : 미분기하학

고전적 의미에서 미분기하학은 유클리드 평면 또는 공간에서 곡선과 곡면의 성질을 미적분학을 사용하여 연구하는 학문이다. 그런데 오늘날의 미분기하학은 위상수학, 대수학, 해석학, 수론 등의 다른 여러 분야들과 밀접하게 관련되어 있기 때문에 아주 심오하고 어려운 학문이다. 그러나 미분기하학은 물리학 및 공학 등의 여러 분야의 기초 학문으로 응용되고 있다.

해석기하학의 도움을 받은 미적분학은 17세기에 발견된 수학적 도구로 일찍이 손댈 수 없었던 여러 문제를 공략하는 데 매우 강력하고 효과적이었다. 따라서 평면곡선에 대한 미분기하학의 문제들은 미적분학이 발견된 이후부터 연구되어 왔다. 이러한 미분기하학의 발전에 공헌한 사람은 페르마, 오일러, 몽주, 가우스, 제르맹, 리만 등이다.

15-1 해석학의 화신 : 오일러

오일러

레온하르트 오일러(Leonhard Euler, 1707-1783)는 1707년 4월 15일 스위스 바젤에서 태어났다. 오일러의 아버지인 파울 오일러는 뛰어난 수학자이고 야곱 베르누이의 제자였다. 그러나 그는 칼뱅파 목사가 되었다. 파울 오일러는 아들에게 수학의 기초를 가르쳐 주었지만 자기의 뒤를 이어 목사가 되기를 바랐다. 그리하여 오일러는 아버지의 명에 따라 바젤 대학에 입학하여 신학과 헤브라이어를 공부했다. 그런데 오일러는 수학에서 야곱 베르누이의 동생인 요한 베르누이의 주의를 끌 만큼 우수하여 그가 자진하여 일주일에 한 번씩 토요일 오후에 개인교습을 해주겠다고 나설 정도였다. 오일러는 여가 시간을 다른 주에 받을 강의에서 의문 없이 수업을 들을 수 있도록 대부분 예습하는 일로 보냈다.

오일러는 1724년 17세에 석사학위를 받을 때까지는 자유롭게 수학을 공부할 수 있었으나, 그 해에 아버지는 수학을 버리고 신학에 전력을 다하라고 강력히 충고했다. 그러나 베르누이 일가 사람들이 오일러는 목사가 아니라 수학자가 될 운명이라고 설득하자 아버지는 단념하였다.

얼마 가지 않아 오일러는 높은 수준의 논문을 발표하기 시작했고, 19세에는 프랑스 학술원 현상모집 '배에 돛을 다는 최적 위치에 관한 문제'에 응모하여 가작에 들긴 했지만 대상을 받지는 못했다. 그러나 이후 12회나 입선해서 이 실패를 회복했다. 이 응모 논문에는 이후 오일러의 연구 결과에서 지니게 될 장점과 단점이 함께 나타나 있다고 한다. 장점은 기술적 수학인 해석학의 응용에 있었고, 단점은 실용성이 떨어진다는 것이었다. 스위스 해군에 대한 옛날부터 해온 농담이 인용된

> 오일러는 스위스 호수에서 한두 척의 보트를 보았는지는 모르겠으나 돛을 달고 바다를 항해하는 큰 배를 본 적은 없다.

고 빈정거리는 것은 아마도 해학일 것이다. 그의 수학은 현실감이 없다고 평가되고 있는데, 그 평가가 아주 틀린 것은 아니다. 오일러에게는 물리적 우주는 수학을 위한 존재이고, 그 자체가 흥미 있는 것은 아니었다. 만일 우주가 그의 해석학에 적합하지 않다면 틀린 쪽은 우주라고 말할 정도였다.

오일러가 겨우 20세 때인 1727년에 러시아 표트르 대제가 설립한 성 페테르부르크(St. Petersburg) 학술원에 관계하고 있던 요한 베르누이의 아들 다니엘 베르누이가 러시아 학술원에 오일러를 위한 자리를 마련했다. 당시 러시아는 파리와 베를린에 있는 과학 학술원에 필적할 만한 연구소를 꿈꾸고 있던 표트르 대제의 꿈을 실현하려고 애쓰고 있던 때였다. 기이하게도 오일러가 임명된 자리는 자연과학 분야 중에서도 의약과 생리학 분야였다. 이렇게 해서 러시아 해군의 의무장교라는 야릇한 자리를 포함해서 매우 불완전한 출발을 하였지만, 오일러는 1733년에 다니엘이 바젤 대학의 수학 교수직을 얻어 스위스로 돌아가기 위해 러시아 학술원의 수학교수 자리를 그만두었을 때 그 뒤를 이어 곧바로 학술원의 수학주임이 되었다. 이 때 오일러의 나이는 불과 26세였다.

그는 이제 일생을 페테르부르크에서 지내야 한다고 생각하고, 결혼도 하고 안정을 취하여 수학에 최선을 다하기로 결심했다. 오일러는 무한한 정력과 창의성을 발휘하여 수

학자로서의 인생을 결정짓고 있었다. 오일러는 1730년대 중반기에 천문학에 관한 문제를 내걸은 프랑스 학술원의 상을 받으려고 시도했다. 유명한 수학자들이 몇 개월의 시간을 달라고 할 정도로 어려운 문제를 오일러는 이것을 사흘 만에 풀었다. 그러나 너무 오래 긴장한 상태로 집중한 결과 불행하게도 오른쪽 눈을 실명하였다. 이러한 이유에서 오일러의 초상화는 정면에서 얼굴 전체가 그려지지 않고 왼쪽에서 그린 그림이다. 그러나 신체적 결함이 그의 연구생활을 조금도 저해하지 못했다. 그는 중단 없이 기하학, 수론, 순열조합론 등 다양한 수학 분야뿐만 아니라 응용분야로서 역학, 유체역학, 광학 등의 중요한 문제의 연구를 수행했다.

성 페테르부르크 학술원에서 14년 동안의 화려한 활동을 한 오일러는 베를린으로 와서 프로이센 학술원을 이끌어 달라는 프레더릭 황제의 초청을 수락하였다. 오일러를 매우 존경한 러시아인들은 그가 프로이센으로 떠난 이후에도 월급을 계속 지급하였다. 오일러는 프로이센에 25년 동안 있었으나 순진한 성격 때문에 프레더릭 황제에게 더 충성하려는 자들과 조화를 이루지 못해 오랫동안 사소한 오해 등을 받았다. 프레더릭 황제 진영의 냉대와는 대조적으로 러시아인들의 그에 대한 온정은 계속되어 오일러는 1766년에 성 페테르부르크 학술원으로 돌아오라는 캐서린 황제의 초청을 받았다. 거기서 그는 나머지 17년의 생애를 보낸 후 1783년 9월 7일 76세의 일기로 세상을 떠났다.

오일러는 친절하고 너그러운 사람으로 알려져 있다. 그는 어떤 환경, 어떤 장소에서도 일할 수 있는 대수학자 중의 한 사람이다. 그는 채소를 기르는 것을 좋아했고, 아이를 좋아해서 13명의 자녀를 두었으며, 자녀에게 이야기를 들려주는 것을 즐겼으며, 어린 아기는 무릎에 안고 큰 아이들은 그의 둘레를 뛰놀게 하면서 연구보고서를 쓰는 일도 흔히 있었다.

오일러는 일생을 통해 비상한 기억력을 지니는 축복을 받았다. 그의 기억력은 수론의 연구에 큰 도움을 주었다. 처음 100개의 소수를 다 외우고 있었을 뿐만 아니라 제곱, 세제곱, 네 제곱, 다섯 제곱, 여섯 제곱수까지 외우고 있었다. 그러나 이런 것은 약과이다. 콩도르세(de Condorcet, N.C.M. 1743-1794)는 오일러가 두 사람이 복잡한 수렴급수 17항까지의 부분합을 구하는 것을 보고 있었는데, 그 답의 50자리째 숫자를 두고 서로 의견이 틀리자, 어느 편이 옳은가 판정하기 위해 전체의 계산을 암산하여 어느 한 편의 해답이 옳다는 것을 증명해 주었다고 말했다. 콩도르세는 확률론에서 〈재판의 확률(probabilité des jugements)〉이라는 논문을 쓴 것으로 유명하며, 결론 중의 하나는 사형은 폐지되어야 한다는 것이다. 그 이유는 한 번의 결정이 옳을 확률이 아무리 크다 하더라도 결정과정에서 결백한 사람이 부당하게 벌을 받게 될 가능성이 존재할 수 있기 때문이라고 말했다. 오일러는 계산능력뿐만 아니라 오래된 많은 것을 기억하고 있는데 소년시절에 외운 로마 서사시인 버질(Virgil, 70?-19? B.C.)의 장편서사시 〈아에네이스(Aeneis)〉를 반세기가 지난 늙은 나이에도 틀리지 않게 외우고 있었다.

오일러의 수론에 대한 열정은 골드바흐에 의해 생긴 것이었다. 골드바흐(Goldbach, C. 1690-1764)는 수론에 매료된 사람이었는데 수론에 대한 열정이 오히려 재능보다 뛰어난 사람이었다. 그는 오일러와 꾸준히 서신 왕래를 하고 있었는데, 페르마의 증명되지 않은 많은 명제들을 오일러의 관심 속으로 끌어들인 사람이 바로 골드바흐였다. 1729년 12월 1일 골드바흐는 오일러에게 다음과 같은 편지를 써보냈다.

> **$2^{2^n}+1$ 꼴로 되어 있는 모든 수는 소수라는 페르마의 관찰 결과를 알고 있나요. 그는 이를 증명할 수 없다고 말했습니다. 또 내가 알기로는 지금까지 아무도 그것을 증명한 사람은 없습니다.**

페르마가 찾았다고 자부했던 것은 소수를 만들어 내는 공식을 찾아냈다는 것이다. 분명히 이 공식은 처음 몇 가지 값에서 바른 소수를 제공한다.

$$n=1 \Rightarrow 2^{2^1}+1=2^2+1=5 : \text{소수}$$

$$n=2 \Rightarrow 2^{2^2}+1=2^4+1=17 : \text{소수}$$

$$n=3 \Rightarrow 2^{2^3}+1=2^8+1=257 : \text{소수}$$

$$n=4 \Rightarrow 2^{2^4}+1=2^{16}+1=65537 : \text{소수}$$

$$n=5 \Rightarrow 2^{2^5}+1=2^{32}+1=4,294,967,297 : ?$$

페르마는 $n=5$일 때도 앞 수와 마찬가지로 소수라고 암시하고 있었다. 지금까지 페르마의 예측이 거의 맞아떨어졌던 것을 생각하면 거의 의심의 여지가 없었다. 이를 반증하려면 열자리 수를 그보다 작은 두 수의 곱으로 나타내야 하는데 얼마나 많은 시간이 걸릴지 모른다. 그런데 이 문제의 반증은 오일러에 의해 이루어졌는데 교묘한 운명의 장난으로 오일러가 페르마의 예측을 반증한 기본적인 도구는 오일러에 의해 1736년에 증명된 페르마 자신이 제시했던 '페르마의 소정리'였다. 다시 말하면 페르마는 자기의 실수를 찾아내는 씨를 미리 뿌려 놓은 셈이다. 오일러는

$$2^{2^5}+1=4,294,967,297=641\times 6,700,417$$

로써 $2^{2^5}+1$는 소수가 아님을 증명하였다.

오일러는 실로 수학사의 역사상 가장 많은 저술을 하였는데 그 결과 수학의 각 분야에 그의 이름이 붙어 있는 정리가 없는 분야는 없다. 오일러는 생애 동안 530편의 책과 논문을 발간했고, 죽을 때 사후 47년 동안 성 페테르부르크 학술원의 회보를 보강하기에 충분한 원고를 남겼다. 886점의 책과 논문 등을 담고 있는 오일러의 저작을 총망라한 기념집을 1909년 스위스 자연과학회에서 만들기 시작하였는데 현재까지 나온 그의 전집은 75권에 달하고 있다.

프랑스 예술원 회원이며 전기작가인 아라고(Arago, F. 1786-1853)는 오일러를 다음과 같이 열렬한 찬사를 했다.

> 오일러를 거의 은유법을 쓰지 않고 과장도 없이 말하자면 해석학의 화신이라고 불릴 수 있을 것이다. 오일러는 사람이 숨을 쉬는 것처럼, 또 독수리가 공중에 떠 있는 것처럼 외견상 별달리 애쓰는 흔적도 없이 계산을 거뜬히 치러 나갔다.

15-2 여성 수학자 : 제르맹

제르맹(Germain, S. 1776-1831)은 어렸을 때 플루타르크가 아르키메데스의 죽음을 기술하면서 삶 자체보다도 수학을 더 사랑했다고 쓴 것을 읽고 큰 감명을 받아 수학을 정식으로 배우려고 했다. 그러나 그 당시는 여성들의 그러한 열망은 환영받지 못했을 뿐만 아니라, 그들을 위한 기회도 사실상 존재하지도 않았다. 그녀는 수학적 능력을 갖추고 있음에도 불구하고 여자라는 이유로 에콜 폴리테크니크에 입학이 허용되지 않았다. 그러나 수학에 뜨거운 사랑을 가진 제르맹은 그 곳의 동정적인 남학생들로부터 여러 교수의 강의 노트를 확보하여 고등수학 공부를 계속하였다. 그녀는 르 블랑(Le Blanc, M.)이란 가명으로 논문을 발표했고, 이 이름으로 세계의 유명한 수학자와 서신 교환을 했다.

물론 이 중에는 가우스도 있었는데, 가우스는 르 블랑의 수학적 업적을 매우 칭찬했다. 그러다가 1807년에 이르러 가우스는 편지 교신자 르 블랑이 여자인 제르맹인 것을 알게 되었다. 자신이 드러난 제르맹은 가우스에게 사과의 편지를 보냈고, 가우스는 관용과 이해심을 가지고 답장을 썼다. 제르맹은 1816년에 탄성의 수학적 이론에 관한 논문으로 프랑스 학술원 상을 받았으며, 1831년에는 가우스의 권고에 따라 괴팅겐 대학의 교수회가 제르맹에게 명예박사 학위를 수여하게 되어 있었다. 이것은 그 당시 시대상황으로는 여성에게는 최대의 영예였다. 그러나 불행하게도 그녀의 죽음이 이 학위수여를 할 수 없게 만들고 말았다.

15-3 곡선의 내재적 기하학 : 곡률

페르마는 방정식으로 주어진 매끄러운 평면곡선(smooth plane curve)의 한 점에서 접선을 구하는 일반적인 방법을 고안하였기 때문에 이 분야의 선구자라고 말할 수 있다. 그의 방법은 그 점에 대한 접선영(subtangent), 즉 접점에서 x축에 내린 수선의 발과 접선이 x축과 만나는 점 사이의 선분의 길이를 찾는 것이다. 현대적 표기법을 사용하면 다음과 같다. 그림 15-1에서 곡선의 방정식을 $f(x,\ y)=0$으로 하고 점 $(x,\ y)$에 대한 곡선의 접선영 a를 구해보자.

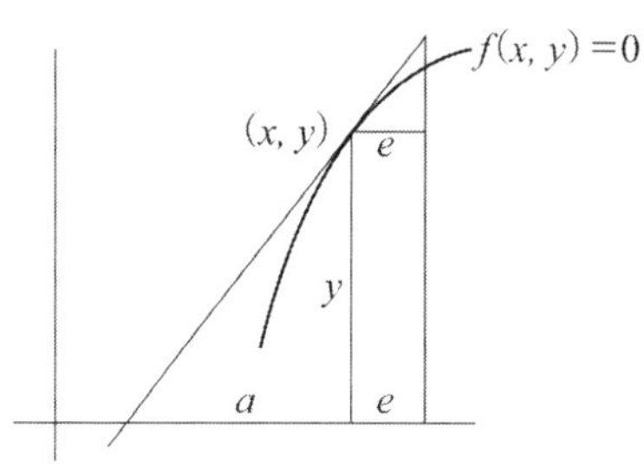

그림 15-1

삼각형의 닮음을 이용하면 접선 위의 근접점의 좌표는 $(x+e,\ y+ey/a)$임을 알 수 있다. 이 점을 곡선 위의 점으로 취급하면

$$f(x+e,\ y+ey/a)=0$$

이고, 등호는 $e=0$일 때에 성립한다. 페르마는 이와 같은 방법으로 타원, 사이클로이드, 데카르트의 엽선 등의 곡선에 대한 접선을 구했다. 가령 데카르트의 엽선

$$x^3+y^3=nxy$$

의 임의의 점에서 접선영을 페르마의 방법으로 구해보자. 위의 식에 근접점의 좌표 $(x+e,\ y+ey/a)$를 대입하면 다음 식을 얻는다.

$$(x+e)^3+(y+ey/a)^3-n(x+e)(y+ey/a)=0$$

또는

$$e(3x^2+3y^3/a-nxy/a-ny)+e^2(3x+3y^3/a^2-ny/a)$$
$$+e^3(1+y^3/a^3)=0$$

이 식을 e로 나누고, $e=0$으로 놓으면 접선영

$$a=-\frac{3y^3-nxy}{3x^2-ny}$$

을 얻는다.

미분기하학에서 가장 중요한 개념 중의 하나는 곡률이다. 한 점 P에서 곡선 C의 방향은 점 P에서 곡선 C에 가장 유사한 직선, 즉 접선에 의해 결정되는 것처럼, 점 P에서의 곡선 C의 곡률은 점 P에서 곡선 C에 가장 유사한 원에 의해 결정된다. 뉴턴은 1665년 논문 〈법선, 곡률, 그리고 접선의 일반적인 문제에 관한 해결(Normals, curvature and the resolution of the general problem of tangent)〉에서 곡률을 정의하는데 원을 맨 처음 결부시켰다. 이 때 원의 중심 R는 그림 15-2와 같이 점 P에서의 법선과 점 P 근방의 곡선 위의 점 Q에서의 법선의 교점의 극한이다.

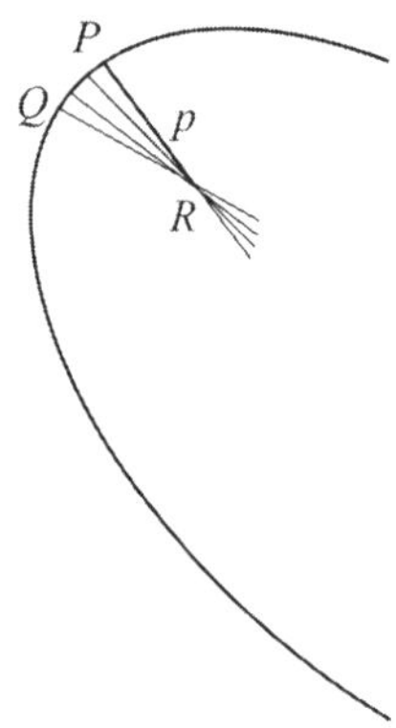

그림 15-2

R를 **곡률중심**(the center of curvature), $RP=\rho$를 **곡률반경**(the radius of curvature), 그리고 $1/\rho=\kappa$를 **곡률**(curvature)이라고 부른다. 따라서

반경이 r인 원의 곡률은 $1/r$인 상수이다.

그리고

평면에서 상수인 곡률을 갖는 다른 유일한 곡선은 직선이며, 곡률은 0이다.

이것은 뉴턴이 1671년에 발견한 곡률에 관한 공식

$$\rho=\frac{[1+(dy/dx)^2]^{3/2}}{d^2y/dx^2}$$

의 결과이다.

한 곡선 C의 곡률중심들의 궤적을 C'이라고 하면, C를 C'의 신개선(involute)이라고 한다. 직관적으로 말하면, 그림 15-3과 같이, 한 가닥의 끈이 C'으로부터 감긴 것이 풀렸을 때 그 끈의 끝점에 대한 궤도를 말한다.

확률론에서 '수학적 기대값'이라는 중요한 개념을 소개한 네덜란드의 천재 호이겐스(Huygens, C. 1629-1695)는 1673년에 파리에서 저서 〈진자시계(Horologium oscillatorium)〉를 출판하였는데, 이 책의 제3장에서, 그림 15-4와 같이 사이클로이드(cycloid)의 신개선은 같은 크기의 다른 사이클로이드임을 보였다.

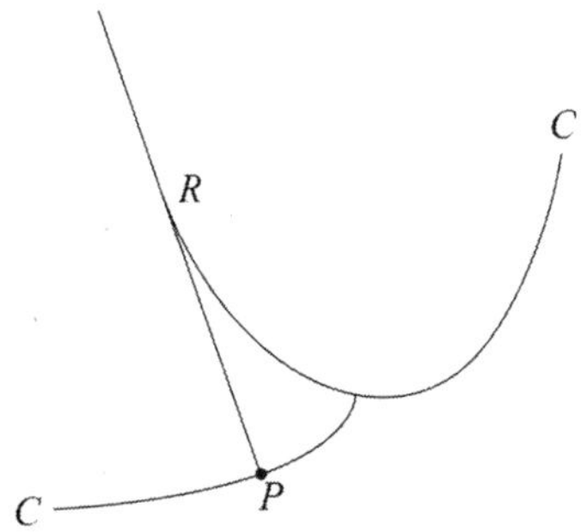

그림 15-3

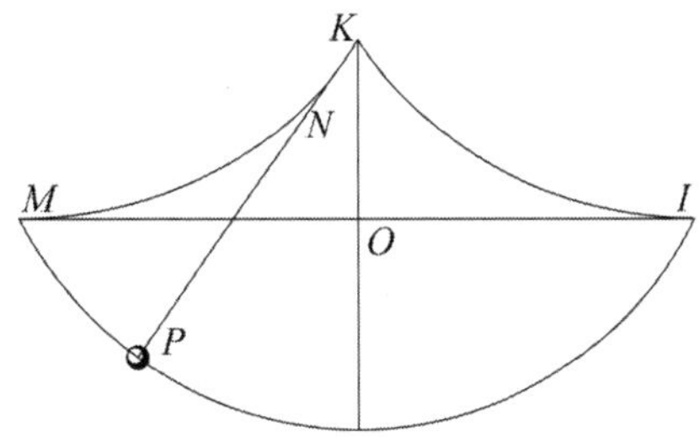

그림 15-4

신개선에 관한 또 다른 두 개의 결과는 수학과 과학의 역사에서 가장 뛰어난 가문 중의 하나인 스위스의 베르누이 가문에서 태어난 베르누이 형제가 얻었다. 야곱 베르누이(Jakob Bernoulli, 1654-1705)는 1692년에 로그나사선(logarithmic spiral)의 신개선은 로그나사선임을, 요한 베르누이(Johann Bernoulli, 1667-1748)는 1691년에 추적선(tractrix)은 현수선(catenary)의 신개선임을 발견했다. 현수선은 서로 다른 두 수직선 위의 같은 높이에서 늘어뜨린 유연하지만 늘어나지 않는 밀도가 고른 사슬 모양의 곡선이다(그림 15-5 참조). 그림 15-5와 같이 현수선의 y축 절편은 $A(0,\ k)$이고, F는 현수선의 임의의 점 P에서 x축에 내린 수선의 발이다. 그리고 점 P에서 현수선에 대한 접선의 x축 절편은 T이고, Q는 F에서 PT에 내린 수선의 발이다. 그러면 $QF=k$이고, 또한 QP는 호 AP의 길이와 같다. 따라서 줄 AP가 현수선으로부터 풀리면 줄의 끝점 A는 곡선 AQ를 그린다. 이 곡선 AQ는 접선 QF의 길이가 k인 성질을 갖는다. 따라서 이 현수선의 신개선인 점 Q의 궤적은 추적선이 된다.

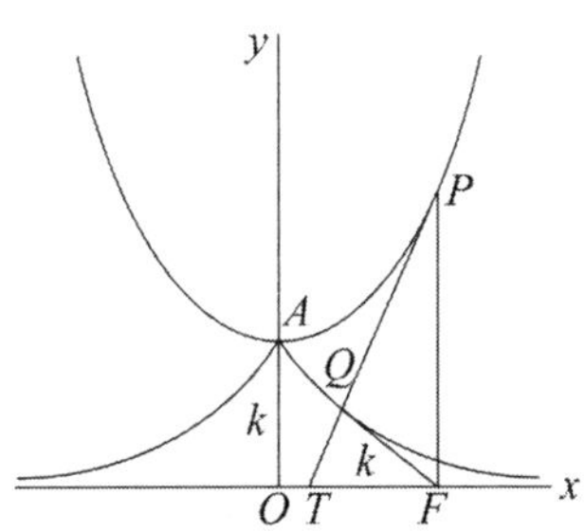

그림 15-5

앞에서 정의된 곡률과 동치인 곡률에 관한 또 다른 유용하고 직관적인 정의가 1761년에 캐스트너(Kaestner)에 의해 주어졌다. 그는 곡률을 접선의 변화율, 즉

$$\kappa = \frac{d\theta}{ds} = \lim_{\Delta s \to 0} \frac{\Delta \theta}{\Delta s}$$

로 정의하였다. 여기서 $\Delta\theta$는 곡선의 호의 길이가 Δs인 두 점에서 두 접선 사이에 이루는 각이다(그림 15-6 참조). 정의에 의하여, 평면 위의 단순폐곡선(simple closed plane curve) C에 대하여 접선이 곡선 C의 둘레를 한 번 순회하면 원래 위치로 되돌아오기 때문에

$$\int_C \kappa \, ds = 2\pi$$

이다.

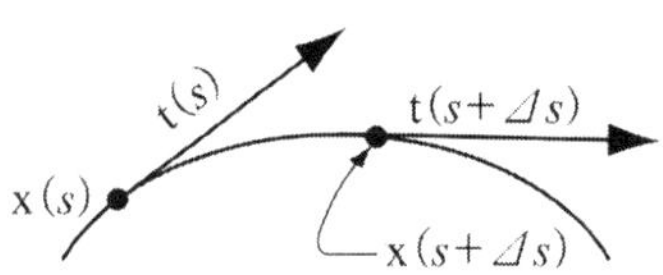

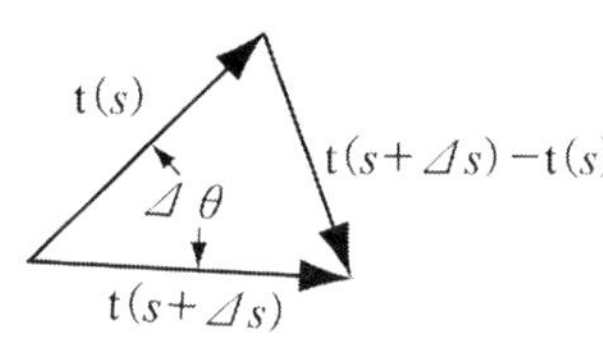

그림 15-6

데카르트의 평면 해석기하학에서 곡선은 두 좌표 사이에 성립하는 하나의 방정식으로 정의된다. 그런데 이러한 방정식은 좌표계의 선택에 좌우된다. 곡선은 본래의 모양 그대로 이동되어도 좌표계에 관한 곡선의 방정식은 변한다. 곡선이 놓인 위치를 무시했을 때, 두 방정식이 좌표계에 관하여 같은 곡선을 나타내는지 어떤지는 바로 명백하다고 할 수는 없다. 심지어 평면에서의 이차방정식, 즉 원추곡선 같은 단순한 경우에도 그러한 결정에는 어떤 연구가 필요하다. 그러므로

좌표와 관계 없는 어떤 관계에 의하여 곡선을 특성을 표현할 수 있을까?

라는 질문을 할 수 있다. 실제로 이것은 이루어질 수 있고, 이러한 방정식을 **자연방정식**(natural equation) 또는 **내재적 방정식**(intrinsic equation)이라고 말한다.

오일러는 1736년에 평면곡선을 호의 길이(arc length) s와 (곡률 대신에) 곡률반경 ρ로 표현하는 **내재적 좌표**(intrinsic coornates)를 소개하였고, **내재적 기하학**(intrinsic geometry)에 대한 연구를 하였다. 그는 평면곡선에 대한 자연방정식으로 호의 길이와 곡률반경 사이의 관계로, 즉

$$\rho = \rho(s)$$

를 택하였다. 사실상 위의 방정식에 대하여, 관계식

$$\frac{1}{\rho} = \kappa = \frac{d\theta}{ds},\ \cos\theta = \frac{dx}{ds},\ \sin\theta = \frac{dy}{ds}$$

를 이용하면, 두 개의 구적

$$x = \int \rho\cos\theta\, d\theta,\ y = \int \rho\sin\theta\, d\theta,\ \theta = \int \kappa\, ds$$

에 의해 x와 y를 구할 수 있다. 여기서 x와 y의 식에 적분상수의 곡선의 평행이동을 나타내고, 또한 θ의 식의 적분상수는 곡선의 회전이동을 나타낸다. 예를 들면 자연방정식

$$\rho = a\ \ (a\text{는 상수})$$

은 원을 나타낸다. 왜냐하면

$$x = \int a\cos\theta d\theta = a\sin\theta + c_1$$
$$y = \int a\sin\theta d\theta = -a\cos\theta + c_2$$

위의 결과에 평행이동

$$x = x' + c_1,\ y = y' + c_2$$

을 작용하면

$$x' = a\sin\theta,\ y' = -a\cos\theta$$

이다. 그 다음 $u = \theta - \pi/2$로 치환하면

$$x' = a\cos u,\ \ y' = a\sin u$$

이므로 그림 15-7과 같은 반경이 a인 원이다.

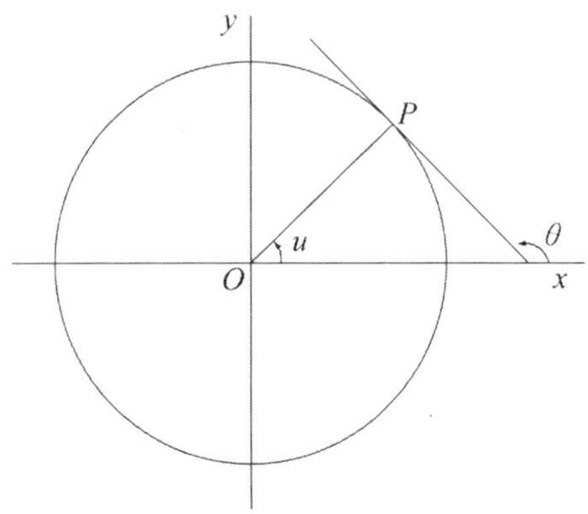

그림 15-7

미분기하학에서 평면기하학의 상태를 넘어서는 공간의 곡선과 곡면에 대한 미분기하학의 실제적인 자극은 최초로 몽주에 의해 주어졌다. 그래서 몽주를 '미분기하학의 창시자'라고 부르기도 한다. 그는 공간 곡선론에 대한 한 논문을 1771년에 써서 1785년에 발표했다. 그의 방법은 매우 기하학적이고, 편미분 방정식으로 그의 관심사를 나타내었다. 또한 1807년에 최초로 미분기하학 책 〈해석학의 기하학에의 응용(Applications à de l'Analyse la Géometrie)〉을 발행했는데, 이 책은 그가 죽은 후 30년 동안에 50판이나 재발간된 것으로도 그 중요성을 평가받을 수 있다. 몽주는 미분기하학에 대한 독창적인 공헌뿐만 아니라 뛰어난 선생으로도 유명하다. 그의 강의에 영향을 받은 많은 젊은이들이 이 분야에 뛰어들었다. 이들 가운데는 메스니에(Meusnier, J.B. 1754-1793), 말루(Malus, E.L. 1775-1812), 듀팽(Dupin, C. 1784-1873), 로드리게(Rodrigues, O. 1794-1851)가 있는데, 이들 모두 그들의 이름을 딴 미분기하학의 중요한 정리를 가지고 있다. 몽주와 제자들은 프랑스의 위대한 미분기하학파를 창설하였는데, 후에 코시(Cauchy, A.L. 1789-1857), 프레네(Frenet, F. 1816-1888), 베르트랑(Bertrand, J. 1822-1900) 등이 합류했다.

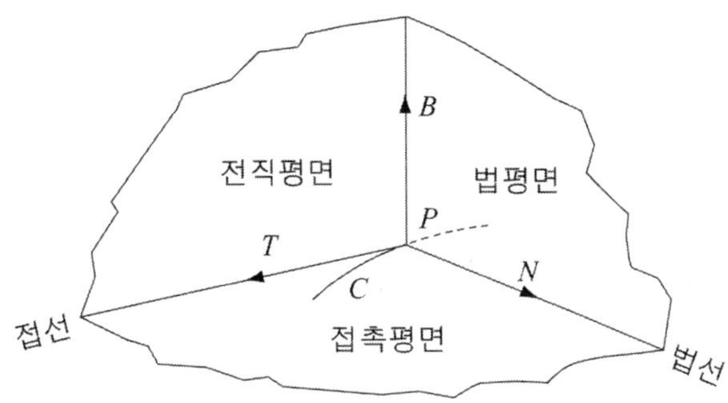

그림 15-8

오늘날 몽주학파의 작품을 공부하기는 매우 어렵다. 왜냐하면 그들은 무한소(infinitesimal)의 개념을 사용했기 때문이다. 비록 오일러가 몽주가 죽기 바로 직전에 공간곡선을 연구하는 데 해석적 방법을 소개했지만, 25년 후의 몽주의 책에서도 사용되지 않았다. 이런 거북한 용어의 예는 그들이 정의한 것들, 예를 들면 곡률에 해당하는 'première flexion'은 계속되는(consecutive) 두 법평면이 이루는 각의 미분으로, 꼬임률에 해당하는 'seconde flecxion'을 계속되는 두 접촉평면이 이루는 각의 미분으로 정의했다. 여기서 **법평면**(normal plane)은 접선에 수직인 평면이고, **접촉평면**(osculating plane)은 접선과 법선에 의해 만들어진 평면이다(그림 15-8 참조). 그리고 접선과 법선에 수직인 직선을 **종법선**(binormal line)이라 하고, 곡선의 호에 대한 종법선의 변화율을 **꼬임률**(torsion)이라 한다. 접촉평면 'osculating plane'은 요한 베르누이가, 그리고 꼬임률 'torsion'은 'flexion'으로 사용되어 왔던 것을 1825년에 밸레(Vallée, L.I.)가 호감이 가는 이름으로 바꾸었다. 후에 코시가 곡률과 꼬임률을 오늘날 사용하고 있는 유한 양(finite quantities)에 해당하는 특유의 말로 최초로 표현했다.

1840년대까지는 공간곡선에 관한 이론은 세련되지 않았고, 찾아보기도 힘들었다. 이러한 상황을 개선하기 위하여 베낭(de Saint Venant, B. 1796-1886)은 1846년에 공간곡선에 관한 연구를 발표했다. 이 연구에 그는 많은 역사적으로 유명한 자료를 포함시켰고, 또한 그의 작품과 함께 이용될 수 있는 결과들을 모아 놓았다. 종법선 'binormal'은 1845년 베낭이 처음 사용하였고, 또한 **란크레**(Lancret)의 **정리**

한 곡선이 나선(helice)이 될 필요충분조건은 곡률 대 꼬임률의 비가 일정한 것이다.

도 1845년에 최초로 증명하였다.

마침내 공간곡선 이론도 프레네(Frenet, F. 1816-1888)와 세레(Serret, J.A. 1819-1885)가 각각 1847년과 1851년에 독립적으로 오늘날 곡선의 호에 대한 접선, 법선, 종법선의 미분에 해당하는 **프레네-세레의 공식**(Frenet-Serret formulae)이라고 부르는 공식을 제공하여 통합하였다. 한편 다르부(Darboux, G. 1842-1917)는 움직이는 틀(moving frame)을 소개하여 이것을 이용하여 곡선론을 최초로 통합하였다. 곡선 위의 임의의 점에서 접선, 법선, 종법선의 방향의 단위벡터를 각각 T, N, B라고 하면, 그림 15-9와 같이, 이 벡터들이 곡선을 따라 이동할 때 이 벡터들은 새로운 좌표계로 선택될 수 있다. 이 세 벡터를 **움직이는 삼면체**(moving trihedron) 또는 **움직이는 틀**이라고 부른다.

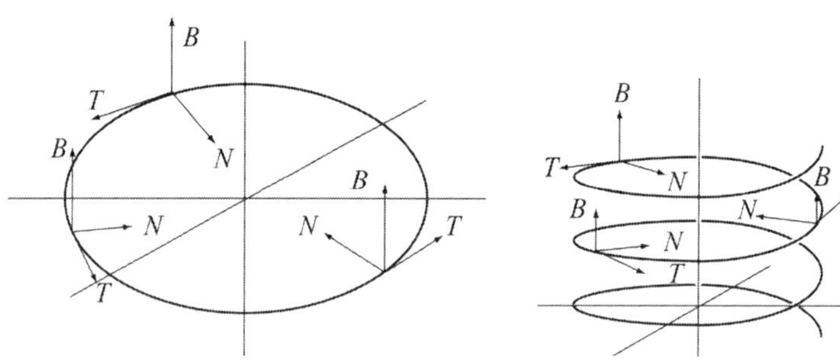

그림 15-9

움직이는 틀을 이용하여 프레네-세레의 공식을 오늘날의 표현 방법으로 나타내면

$$\frac{d\mathrm{T}}{ds} = \kappa\mathrm{N},\ \ \frac{d\mathrm{N}}{ds} = -\kappa\mathrm{T} + \tau\mathrm{B},\ \ \frac{d\mathrm{B}}{ds} = -\tau\mathrm{N}$$

이다. 여기서 κ와 τ는 각각 곡선의 곡률과 꼬임률이다. 불행하게도 프레네와 세레의 연구가 발표되었을 때 그들의 업적은 높게 평가받지 못했다. 이 이유 중의 일부는 오늘날 광범위하게 사용하는 선형대수에 관한 용어가 당시에는 부족했기 때문이다. 예를 들면 위의 식과 같은 미분을 계산하는 것 대신에 그들은 선분의 방향 코사인(direction cosine)의 미분을 계산했다. 즉 접선, 법선, 종법선의 방향의 단위선분의 방향 코사인을 각각

$\cos\alpha_i$, $\cos\beta_i$, $\cos\gamma_i$ $(i=1,\ 2,\ 3)$이라 하면 그들이 구한 것은

$$\frac{d}{ds}\cos\alpha_i = \kappa\cos\beta_i,$$
$$\frac{d}{ds}\cos\beta_i = -\kappa\cos\alpha_i + \tau\cos\gamma_i,$$
$$\frac{d}{ds}\cos\gamma_i = -\tau\cos\beta_i$$

이다.

15-4 곡면의 내재적 기하학 : 가우스 곡률

1827년에 매개변수 표현을 써서 곡선과 곡면의 미분기하학을 연구하는 효과적인 방법은 가우스가 〈곡면론(Disquisitiones generales circa superficies curvas)〉에서 최초로 소개하였다. 가우스의 〈곡면론〉은 종래의 곡면론에서 볼 수 없는 획기적인 방법으로 곡면을 파악하고 있다. 그는 처음으로 곡면의 내재적 기하학을 소개하였다. 즉 곡면을 3차원 공간에 포함된 도형으로 외부로부터 고찰하는 종래의 방법과는 달리, 가우스는 곡면 그 자체를 독립된 대상으로 보고, 좌표를 곡면 위에서 잡는 방법을 택했다. 데카르트의 해석기하학에서는 세 개의 좌표 사이에 성립하는 하나의 방정식은 곡면을 나타낸다. 가우스는 직교좌표 x, y, z에서 곡면을 나타내는 x, y, z에 관한 하나의 방정식 대신에 세 개의 방정식

$$x = f(u,\ v),\ \ y = g(u,\ v),\ \ z = h(u,\ v)$$

을 택하였다. 여기서 $f(u,\ v)$, $g(u,\ v)$, $h(u,\ v)$는 새로운 변수 u, v의 함수이다. 위의 세 개의 방정식에서 u, v를 소거한다면, x, y, z에 관한 곡면의 방정식을 얻는다. 예를 들어

$$x = u+v,\ \ y = u-v,\ \ z = uv$$

는 쌍곡포물면(hyperbolic paraboloid)이다. 왜냐하면 첫 번째와 두 번째 방정식을 풀면

$$u=(x+y)/2,\ v=(x-y)/2$$

를 얻을 수 있고, 이것을 세 번째 방정식에 대입하면 쌍곡포물면

$$4z=x^2-y^2$$

이 된다. 여기서 변수 u, v는 임의로 주어진 집합 내에서 독립적으로 움직이므로 함수 f, g, h는 각각 어떤 값을 취하고, x, y, z는 처음 설정된 방정식을 가진 곡면 위를 움직인다. 이 때 u, v를 곡면의 **매개변수**(parameter)라 하고, 세 개의 방정식

$$x=f(u,\ v),\ y=g(u,\ v),\ z=h(u,\ v)$$

를 이 곡면의 **매개변수표현**(parametric representation)이라고 한다. 매개변수표현은 내재적이라는 데에 기하학적 중요성을 갖고 있다. 왜냐하면 곡면에 대한 데카르트의 해석기하학 방법은 곡면과 직접적인 관련이 없는 외부 좌표축에 의해 고찰되지만 매개변수표현은 곡면 그 자체에 좌표를 택하여 고찰하기 때문이다. 예를 들면 지구 표면에는 경도와 위도라는 좌표가 있다. 이것은 당연히 내재적이다. 만약에 데카르트의 방법으로 지구를 항해한다면 지구의 중심을 통과하는 서로 직교하는 세 개의 축으로 위치를 결정하여 항해를 해야 하는데, 그렇게 되면 그 불편함은 상상을 초월할 것이다.

가우스는 또한 곡면 위의 두 점 사이의 무한소 거리 ds를 곡선좌표계 $(u,\ v)$를 이용하여 2차 미분형식

$$ds^2=Edu^2+2Fdu\,dv+Gdv^2$$

로 표현했는데, 이 식을 곡면의 **제1기본형**(the first fundamental form)이라고 부른다. 제1기본형의 **계수**(coefficients) E, F, G는 곡면이 놓여 있는 공간에 관계없이 그 곡면의 고유의 성질만으로 얻을 수 있는 내재적인 것이다. 그리고 제1기본형의 계수는 곡면 위에서 곡선의 길이, 두 접선 사이각, 그리고 곡면 위에 있는 영역의 면적 등을 측정하는 데 사용되어 곡면기하학 연구에 대단히 중요하다.

3차원공간에서 곡면 S 위의 한 점 P에서 곡률을 정의하는 하나의 접근방법으로 P에서 법선을 포함하는 평면들이 S를 절단하는 평면곡선들, 즉 **수직절단선**(normal sections)의 곡률을 이용하여 곡면의 곡률을 표현하기도 한다. 물론 P에서 곡면에 수직인 평면들은

서로 다른 곡률을 갖는 아주 다른 곡선들로 곡면을 절단한다. 예를 들어 곡면의 주면일 때는 그림 15-10과 같은 두 평면에 의한 주면과의 수직절단선은 직선과 포물선이다.

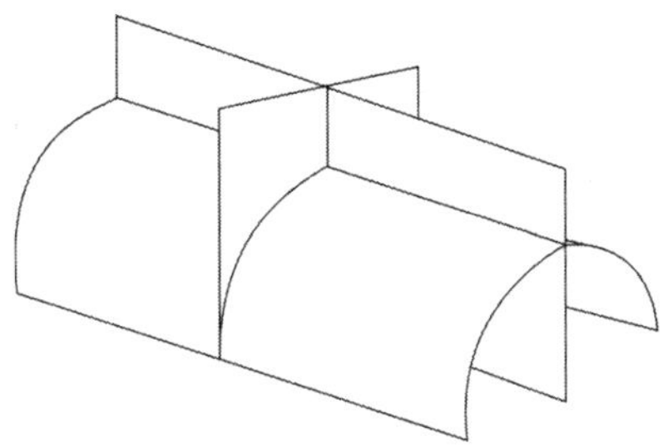

그림 15-10

이런 수직절단선들 중에는 최대곡률을 갖는 곡선과 최소곡률을 갖는 곡선이 있는데 최대·최소인 두 곡률 κ_1과 κ_2를 **주곡률**(principal curvatures), 그리고 주곡률을 갖는 수직절단선을 **곡률선**(line of curvature)이라고 부른다. 1760년에 오일러는 곡률선은 서로 수직이라는 것과 임의의 절단선과 한 곡률선이 이루는 각이 α이면 그 절단선의 곡률은

$$\kappa = \kappa_1 \cos^2\alpha + \kappa_2 \sin^2\alpha$$

임을 증명하였다. 이것을 미분기하학에서의 **오일러의 정리**(Euler's theorem)라고 부른다. 곡면의 곡률이 평면곡선의 곡률에 종속되는 한, 오일러가 증명한 위의 식이 그 당시에 택할 수 있는 최선의 것이다. 이것은 외재적(extrinsic) 방법이다.

또 하나의 접근방법은 내재적인 방법이다. 가우스는 1821년부터 1825년까지 대규모 육지 측량에 종사하던 중에 심오한 착상이 떠올랐다. 가우스 시대 이전의 기하학자들은 곡면은 수많은 곡선들로 이루어졌다고 생각했고, 가우스는 곡면 그 자체를 하나의 전체로 생각했다. 가우스의 착상은 곡면의 곡률은 내재적으로, 즉 오로지 곡면 위의 측량에 의해 찾아 낼 수 있어야 한다는 것이다. 예를 들어 가우스 시대에는 지구의 곡률은 우주에서 지구를 바라본 것에 의한 것이 아니라, 탐험가들과 항해사들에 의해 만들어진 측량을 기초로 하여 만들어진 것이다. 가우스는 'theorema egregium(excellent theorem)'에서 다음과 같이 말하고 있다.

굽은 곡면이 어떤 다른 곡면으로 전개될(developed) 때 대응되는 점에서 곡면의 곡률은 변하지 말아야 한다.

여기서 'developed'는 일대일(one-to-one)이며 위로(onto)인 거리를 보존(distance-preserving)하는 사상으로 오늘날 등장사상(isometry)에 해당한다. 이것은 곡면의 어떤 면을 늘이거나 줄이거나 또는 절단하는 일이 없이 주어진 곡면을 변형시키는 것이다. 가우스에 의해 정의된 주곡률의 곱

$$K=\kappa_1\kappa_2$$

를 가우스 곡률(Gaussian curvature) 또는 전곡률(total curvature)이라 부른다. 가우스는

임의의 곡면의 가우스 곡률 K는 내재적이다.

를 증명하였다. 즉 가우스 곡률을 제1기본형식의 계수들과 그들의 미분으로만 표현하였다. 이것을 등장사상의 용어를 써서 다음과 같이 기술할 수 있다.

두 곡면이 국소적으로 등장적(locally isometric)이면 대응되는 점에서 가우스 곡률은 일치한다.

가우스는 위의 결과를 대단히 자랑스럽게 생각했으며, 그는 이 정리를 'theorema egregium'이라고 불렀다.

예를 들면 평면에서는 $\kappa_1=\kappa_2=0$이므로 가우스 곡률은 0이다. 따라서 주면과 같이 평면을 구부려 얻어지는 모든 곡면은 $K=0$인 가우스 곡률을 갖는다. 주면에서 곡률선 중에서 하나는 곡률이 0인 직선이므로 주곡률 중의 하나는 0이 되어 가우스 곡률은 $K=0$이다. 따라서 이 경우에는 가우스의 훌륭한 정리는 쉽게 입증된다. 그러나 가우스 정리의 역은 성립하지 않는다.

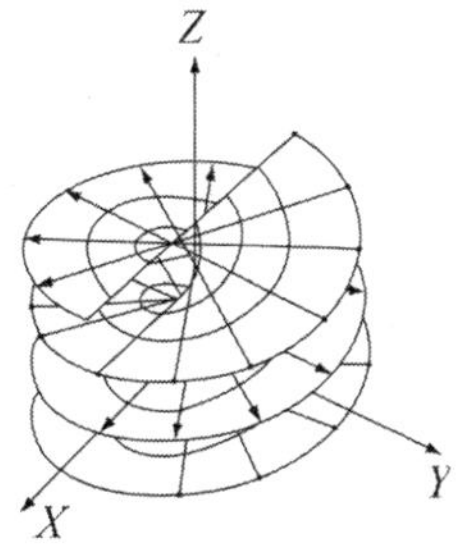

그림 15-11

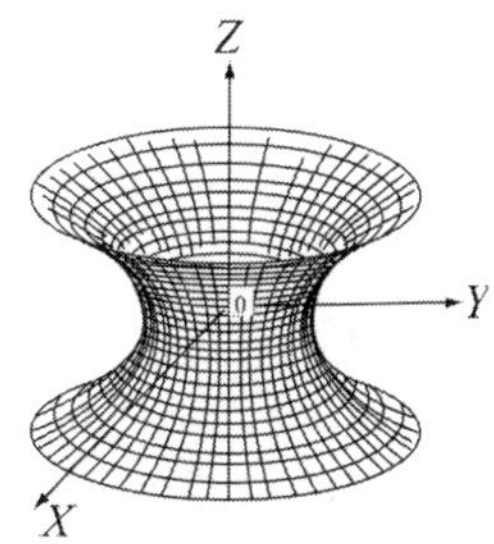

그림 15-12

또 다른 예를 들면 회전면(surface of rotation)

$$x = r\cos\phi,\ y = r\cos\phi,\ z = \ln r$$

와 직각나선면(right helicoid, 그림 15-11)

$$x = r\cos\phi,\ y = r\sin\phi,\ z = \phi$$

는 대응되는 점에서 같은 가우스 곡률

$$K = -1/(1+r^2)^2$$

을 갖지만, 이 곡면들의 제1기본형식은 각각

$$ds^2 = (1+1/r^2)dr^2 + r^2 d\phi^2$$
$$ds^2 = dr^2 + (r^2+1)d\phi^2$$

이므로 국소적으로 등장적이지 않다. 그런데 현수면(catenoid, 그림 15-12)

$$x = r\cos\phi,\ y = r\sin\phi,\ z = \cosh^{-1} r$$

의 가우스 곡률과 제1기본형식은

$$K = \frac{-1}{r^4},\ ds^2 = \frac{r^2}{r^2-1}dr^2 + r^2 d\phi^2$$

으로 주어진다. 현수면에 대하여 변수변환

$$r = \sqrt{1+r_1^2}, \ \phi = \phi$$

을 시행하면 현수면의 가우스 곡률과 제1기본형식은

$$K = K = -1/(1+r_1^2)^2, \ ds^2 = dr_1^2 + (r_1^2+1)d\phi^2$$

으로 주어진다. 따라서 현수면과 직각나선면은 등장적이며, 대응되는 점에서 가우스 곡률은 같다. 그림 15-13은 현수면 (a)가 직각나선면 (f)로 전개되는 과정을 보여 주고 있다.

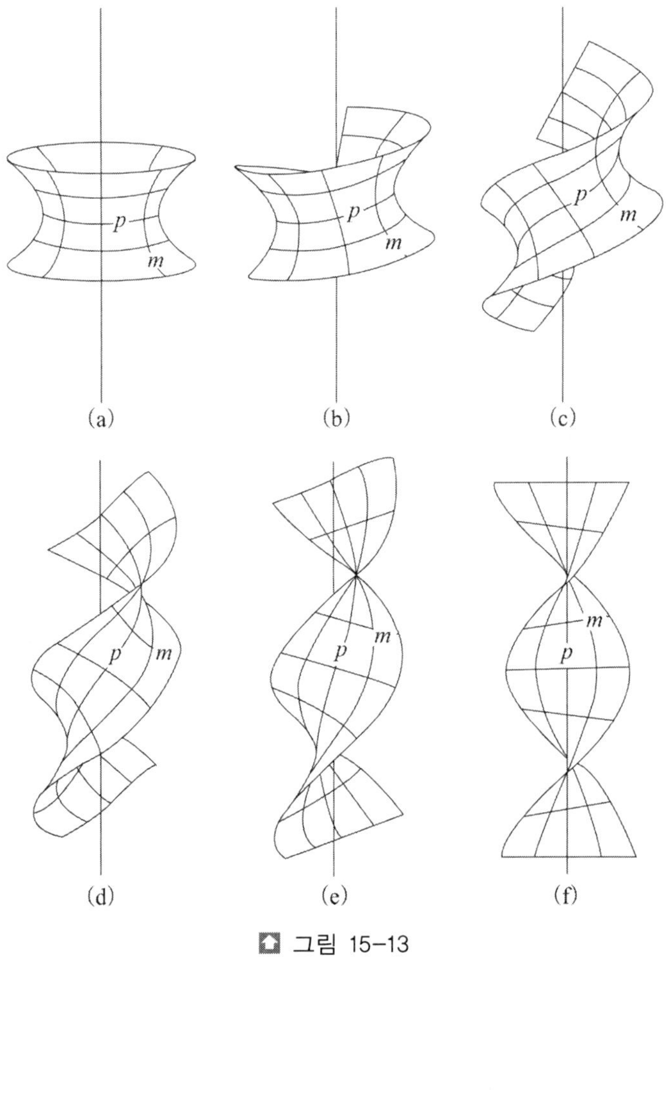

그림 15-13

정곡률 곡면(surface of constant curvature)이란 곡면의 모든 점에서 가우스 곡률이 일정한, 즉 가우스 곡률이 상수인 곡면을 말한다. 양의 정곡률 곡면 중에 가장 간단한 곡면은 구이다. 반경이 r인 구의 곡률선은 대원(great circle)이고(그림 15-14 참조), 이 원의 곡률은 $1/r$이므로 $\kappa_1 = \kappa_2 = 1/r$이다. 따라서 구의 가우스 곡률은 $K = 1/r^2$이다. 가우스 곡률이 $K = 1/r^2$인 다른 곡면은 구의 일부분을 구부림으로써 얻을 수 있다. 그러나 이러한 모든 곡면은 매끄럽지 않은 모서리나 점들을 갖는다. 이것은 힐베르트에 의해 1901년에 증명되었다. 음의 정곡률 곡면이 존재하는가에 대한 의문이 남게 된다. 그러한 곡면은 반대 부호의 주곡률을 갖게 된다. 그것은 그림 15-15와 같은 안장곡면(saddle surface)의 출현으로 해결되었다.

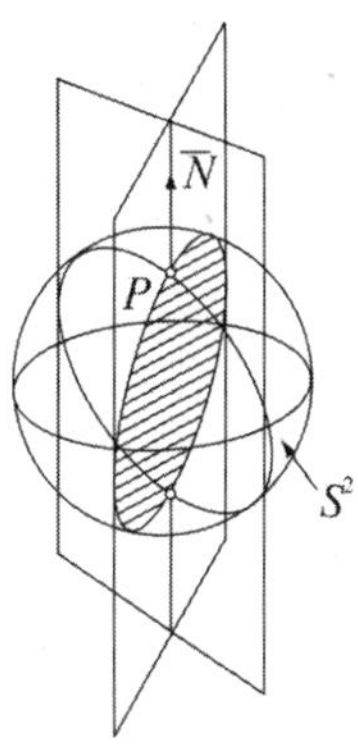

그림 15-14

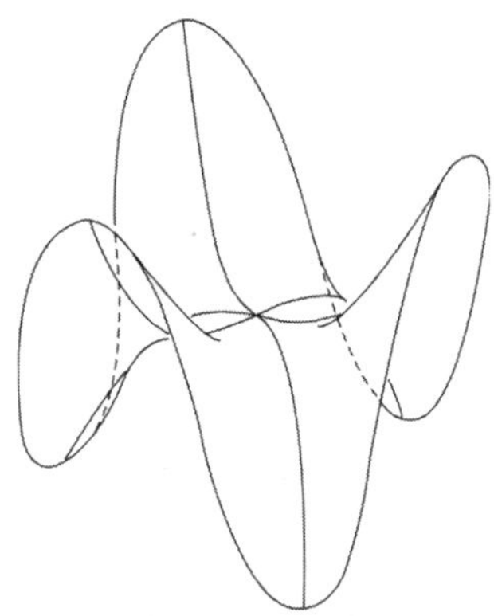
그림 15-15

1839년에는 음인 정곡률 곡면에 대한 많은 예가 민딩(Minding)에 의해 주어졌다. 그들 중에서 가장 유명한 것은, 그림 15-16과 같이, 추적선을 x축을 회전축으로 하여 회전시켜 얻은 곡면, 즉 의구(pseudosphere)이다. 이 곡면은 1693년에 이미 호이겐스가 연구하였다. 사실상 추적선에서 실의 길이를 a라고 하면, 의구의 가우스 곡률은 $K = -1/a^2 = 1/(ai)^2$이다. 여기서 $i = \sqrt{-1}$이다. 이것은 반경이 허수 ai인 구의 가우스 곡률에 해당하므로 이 곡면을 의구라고 부르는 것이다.

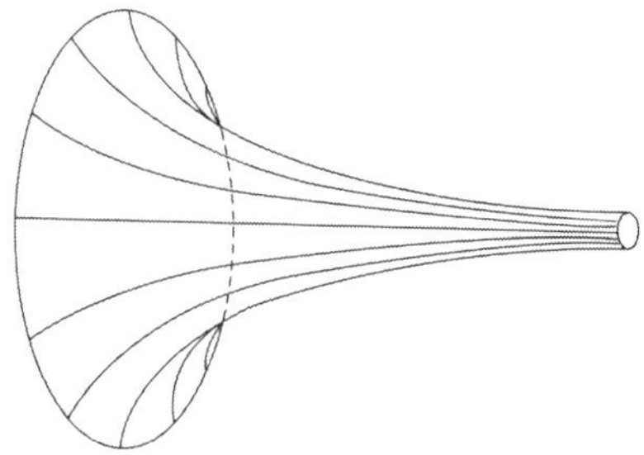

그림 15-16

1827년부터 오늘날까지 기하학의 역사에 스며든 두 개의 중요한 견해가 있다면, 하나는 연구의 다양한 방법을 제시해 주는 자연에 관한 문제들이 계속적인 영향이고, 다른 하나는 가우스의 작품을 이해하고 확장하는 것이라고 말할 수 있다. 이 두 견해는 서로 관련이 없다. 그러나 사실상 가우스는 1821년부터 1825년까지 하노버 왕국을 측량하고 있었으며, 이러한 실지의 작업은 이론 측지학자로서 미분기하학에서의 그의 작품에 대단한 동기를 부여하였고, 또한 그의 작품에 결합되었다.

15-5 가우스-보네의 정리 : 측지선

측지선의 역사는 1697-1698년에 볼록곡면(convex surface) 위의 두 점 사이의 가장 짧은 거리의 문제에 대한 요한 베르누이의 풀이로부터 시작되었다. 그의 해답은 접촉평면은 항상 접평면에 수직이어야 한다는 것이었다. 그러나 이것이 항상 만족한 정의는 아니다. 왜냐하면 예를 들어 구 위에서 가까운 두 점 P_1, P_2 사이에는 요한 베르누이의 방법에 의하여 P_1, P_2를 지나는 대원의 짧은 부분과 긴 부분인 두 측지선이 존재한다. 우리는 측지선은 충분히 서로 가까운 점들로 어떤 두 점 사이의 가장 짧은 거리를 준다고 말하면 이러한 문제를 극복할 수 있다. 이러한 이유에서 측지선을 곡면 위의 두 점 사이의 가장 짧은 거리의 선분으로 정의하기도 한다. 1728년에 오일러는 측지선을 어떤 미분방정식의 해로 최초로 표현했다.

측지선에 대한 더 기본적인 접근은 측지적 곡률을 정의하는 방법이다. 곡면 S 위의 곡선 C 위의 한 점 P에서 측지적 곡률(geodesic curvature) κ_g란 곡선 C를 점 P에서 곡면 S의 접평면에 정사영(orthogonal projection)했을 때 생성되는 곡선 C'의 곡률을 말한다(그림 15-17 참조). 측지적 곡률은 1825년에 가우스에 의해 소개되었다. 1848년에 보네(Bonnet, O. 1819-1892)에 의해 측지선은 측지적 곡률이 $\kappa_g = 0$인 곡선으로 정의되었다. 측지선 'geodesic'은 1844년에 프랑스의 리우빌(Liouville, J. 1809-1882)이 이름 붙였다.

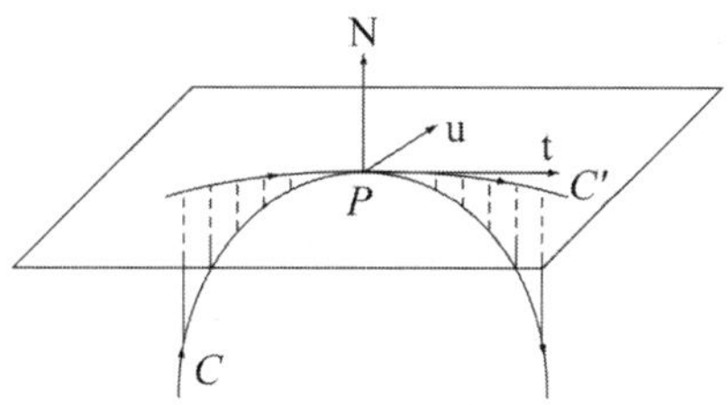

그림 15-17

후자의 정의를 이용하면 구의 대원을 접평면에 정사영하면 직선이고, 직선의 곡률은 0이므로 대원은 구의 측지선이 된다. 다른 예는, 그림 15-18에서, 주면 위의 수평인 선(horizontal lines), 수직인 원(vertical circles), 그리고 나선(helices)은 측지선이다. 이들을 접평면에 정사영하면 직선이 되기 때문인데, 사실상 이들은 평면을 동그랗게 말았을 때 평면 위의 직선들로부터 생성된 것이다. 그러나 의구, 음의 곡률을 갖은 곡면의 측지선을 말로 설명하는 것은 그렇게 단순한 것만은 아니다.

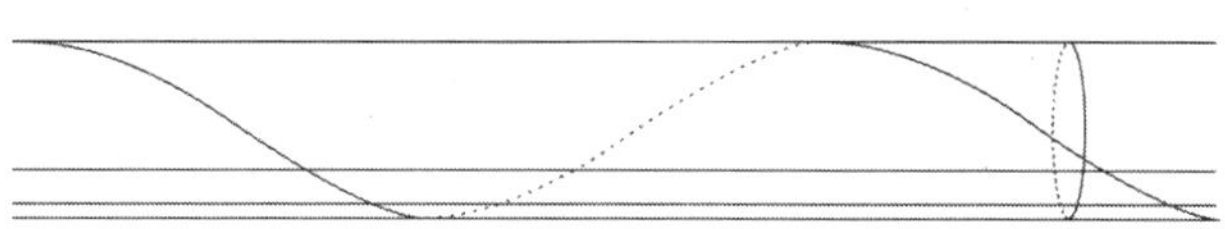

그림 15-18

앞에서 평면 위의 단순폐곡선(simple closed plane curve) C에 대하여

$$\int_C \kappa ds = 2\pi$$

임을 알게 되었다. 이 결과는 굽은 곡면 위로 심오한 일반화가 가능하며, 이 정리를 가우

스-보네의 정리(Gauss-Bonnet theorem)라고 부른다. 이 정리의 내용은 다음과 같다.

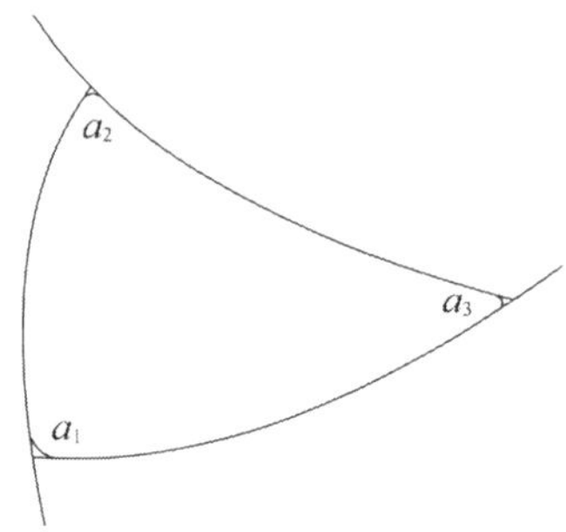

그림 15-19

굽은 곡면 위의 단순폐곡선 C가 k개의 매끄러운 곡선의 호로 이루어진 곡선다각형이고, 그 외각이 θ_1, θ_2, $\cdots$, θ_k이면

$$\int_C \kappa_g ds + \int\int_R \mathrm{K}d\mathrm{A} = 2\pi - \sum_{i=0}^{k}\theta_i$$

이다. 여기서 A는 곡선 C로 둘러싸인 영역 R의 면적이다.

이 정리는 1848년에 보네가 증명하였고, 가우스가 증명한 곡선 C가 세 개의 측지선으로 이루어진 측지삼각형(geodesic triangle)에 대한 가우스의 정리

굽은 곡면 위의 단순폐곡선 C가 측지삼각형(geodesic triangle)이고, 그 내각이 α_1, α_2, α_3이면

$$\iint_R KdA = \alpha_1 + \alpha_2 + \alpha_3 - \pi$$

이다.

를 일반화시킨 것이다(그림 15-19 참조).

앞에서 가우스의 'theorema egregium'의 역은 성립하지 않는다는 사실을 알았다. 그러나 1839년에 가우스의 제자 민딩(Minding)은 다음과 같은 정리

가우스 곡률이 서로 같은 두 정곡률 곡면은 국소적으로 등장적이다.

를 증명하였다. 이 정리는 직관적으로 정곡률 곡면 위의 기하학적 도형은 곡선의 길이가 변하지 않게 자유롭게 평행이동과 회전이동을 할 수 있다는 것을 의미한다. 따라서 양과 음인 정곡률 곡면은 각각 비유클리드 기하학에서 타원 기하학과 쌍곡기하학의 모형이 될 수 있다. 이러한 모형의 기하학에서의 직선(straight line)과 곡면에서의 측지선을 동일한 것으로 간주한다. 평면($K=0$), 타원($K>0$), 쌍곡($K<0$) 기하학의 중요한 차이는 평행공준에 있다.

특히 굽은 곡면이 정곡률 곡면, 즉 가우스 곡률이 상수이면 가우스 정리에 의해

$$\mathrm{K} \times \mathrm{A} = \alpha_1 + \alpha_2 + \alpha_3 - \pi$$

이다. 이 식은 다음과 같이 기하학적으로 중요한 의미가 있다.

① **$K>0$인 경우** 위의 방정식의 양변은 모두 양이다. 우리는 $\alpha_1 + \alpha_2 + \alpha_3 - \pi$를 삼각형에 대한 각의 **초과수**(angular excess)라고 한다. 따라서 타원기하학에서 삼각형의 내각의 합은 $180°$보다 크고, 또 삼각형의 면적은 $1/K$을 비례인자로 갖는 각의 초과수에 비례함을 말한다. 이러한 예는 구이다. 따라서 **르장드르의 정리**

반경이 r인 구의 구면 삼각형의 면적 A는 각의 초과수와 반경의 제곱의 곱, 즉 $A = r^2(\alpha_1 + \alpha_2 + \alpha_3 - \pi)$이다.

가 증명된다. 곡률반경이 커질수록 곡률은 작아지고 곡면은 더욱 평면에 가까워진다.

② **$K=0$인 경우** 이 경우의 예는 평면일 것이다. 따라서 유클리드 평면기하학에서 삼각형의 내각의 합은 $180°$와 같음을 보여 준다. 또 다른 예는 무한히 긴 주면이다.

③ **$K<0$인 경우** 방정식의 좌변은 음이다. $\pi - (\alpha_1 + \alpha_2 + \alpha_3)$를 삼각형에 대한 각의 **부족수**(angular defect)라고 한다. 따라서 쌍곡기하학에서 삼각형의 내각의 합은 $180°$보다 작고, 또 삼각형의 면적은 $-1/K$을 비례인자로 갖는 각의 부족수에 비례함을 말한다. 이러한 곡면의 예는 의구이다. 추적선에서 실의 길이를 a라고 하면, 의구의 가우스 곡률은 $K=-1/a^2$이다. 따라서 a가 매우 커지면 K가 0으로 접근한다, 따라서 곡면 위의 쌍곡기하학은 더욱더 유클리드 평면기하학을 닮아간다.

가우스가 가우스 곡률을 발표한 후, 1831년에 프랑스 여성 수학자 제르맹은 두 주곡률의 산술평균인 **평균곡률**(mean curvature)

$$M = \frac{\kappa_1 + \kappa_2}{2}$$

를 곡면 미분기하학에 도입했다. 특히 모든 점에서 평균곡률이 0인 곡면을 **극소곡면**(minimal surface)이라 한다. 평면에서는 $\kappa_1 = \kappa_2 = 0$이므로 평면은 극소곡면이다. 극소곡면은 미분기하학에서 활발한 연구가 이루어진 곡면 중의 하나이다. 이 이론은 라그랑주(Lagrange, J.L. 1736-1813)가 1760-1761년에 변분법(calculus of variations)에 대한 그의 연구의 응용에서 시작되었다. 몽주, 메스니에(Meusnier, J.B. 1754-1793), 르장드르, 보네, 리만, 리 등이 이 이론에 공헌했다. 특히 메스니에는 두 개의 기본이 되는 극소곡면 현수면(catenoid, 그림 15-12)과 수직나선면(right helicoid, 그림 15-11)을 발견했다. 1874년에 모든 점에서 미분이 불가능한 연속곡선의 예를 발표한 것으로 유명한 독일 수학자 바이어슈트라스(Weierstrass, K. 1815-1897)는 1866년에 복소 해석함수론과 극소곡면 사이의 관계를 확립했다. 1873년에 플라토(Plateau, J, 1801-1883)는 극소곡면을 닫힌 공간곡선인 철사줄을 비눗물에 담갔다가 꺼냈을 때의 비누막으로 실현할 수 있음을 실험을 통해 보였다. 철사줄이 평면 위에 있는 곡선이라면 이 철사줄로 생기는 비누막은 바로 평면의 일부가 되니까 평면은 극소곡면이 된다. 따라서 극소곡면은 평면을 일반화한 곡면으로 볼 수 있다. 비누막의 아주 작은 한 영역을 경계곡선(boundary curve)이 변하지 않도록 약간 변형하면 그 영역의 면적은 증가한다. 즉 주어진 비누막의 면적은 변형된 것들 중에서 면적이 가장 작다. 이러한 이유에서 극소곡면을 주어진 닫힌 공간곡선에 의해 생성된 가장 작은 면적의 곡면으로 정의하기도 한다. 플라토의 문제, 즉 주어진 경계곡선에 의한 극소곡면의 존재를 수학적으로 증명하려는 문제는 독립적으로 1930년에 라도(Radó, T.)와 1931년에 더글러스(Douglus, J.)에 의해 해결되었다. 더글러스는 플라토의 문제를 해결함으로써 노벨상에 해당하는 국제적인 수학상으로 40세 미만인 수학자에게만 4년마다 수여하는 1936년에 만들어진 필즈상(Fields' Prize)의 제1회 수상자가 되었다. 이 상의 이름은 캐나다의 수학자 필즈(Fields, J.C. 1863-1932)가 제안했기 때문에 그의 이름이 붙여진 것이다.

15-6 미분기하학의 일반화 : 리만 기하학

미분기하학의 역사상 가장 위대한 시기는 1854년에 리만에 의해 시작되었다. 3차원 이상의 공간에서의 미분기하학의 역사는 리만이 1854년 괴팅겐 대학 무급강사 취임강연에서 발표한 〈기하학의 기초를 이루는 가정에 대하여〉에서 시작되었다고 말할 수 있기 때문이다. 이 논문은 1827년에 보통공간에서 굽은 곡면의 기하학을 다룬 가우스의 〈곡면론〉의 대부분의 결과에 대한 일반화를 포함하고 있다. 리만의 논문은 수학사에서 위대한 걸작으로 평가되고 있으며, 이것에는 공간과 기하학의 폭 넓은 일반화가 나온다. 이로 인해 리만 기하학으로 알려진 일반화된 미분기하학이 탄생되었다. 이 때부터 가능한 한 최대한의 일반화를 추구하려는 최근 수학의 경향을 발견할 수 있다.

간단히 말하면 **다양체**(manifold)란 사물의 집합으로서 그 집합에 속하는 모든 원소가 일정한 순서가 정해진 몇 개의 수나 양에 의해 완전히 규정될 수 있는 것을 말한다. 여기서 필요한 몇 개의 수나 양은, 다양체의 사물이 갖고 있는 측정 가능한 모든 특성에 각각 대응될 수 있는 만큼이고, 일정한 순서란 측정 가능한 모든 특성에 미리 순서를 정해 특성의 순서에 대응하는 순서를 말한다. 다양체의 각 원소를 규정하는데 필요한 수나 양의 개수를 다양체의 차원(dimension)이라고 한다. 따라서 n차원 다양체의 점(= 원소)은 순서가 붙어 있는 n개의 수나 양의 묶음 $(x_1, x_2, \cdots, x_n)$으로 표현되어야 한다. 또 다양체의 점 $(x_1, x_2, \cdots, x_n)$의 각 성분 $x_1, x_2, \cdots, x_n$이 직선 위에서 점이 운동하는 것처럼 연속적으로 변화하는 값을 취할 때 연속다양체(continuous manifold)라고 한다.

가우스는 〈곡면론〉에서 곡면을 3차원 공간에 포함된 도형으로서 외부로부터 고찰하는 종전의 방법과는 달리, 획기적인 방법으로 곡면 그 자체를 독립된 대상으로 보고 두 개의 좌표를 이용하여 곡면을 표현하였다. 따라서 가우스의 〈곡면론〉의 특색은 곡면을 2차원 연속다양체로 보고 곡면의 고유 성질을 파악한 것이다. 이것을 다차원 집합체에 자연스럽게 확장할 수 있다는 데에 〈곡면론〉의 뛰어난 점을 볼 수 있다. 곡면을 둘러싸고 있는 주위의 공간을 무시하고 곡면의 내부로부터 고찰하는 방법은 3차원 공간으로 확장되었을 때 그것을 둘러싸고 있는 4차원 공간을 가정하지 않아도 되기 때문에 편리하다. 물론 2차원으로부터 다차원으로의 확장에는 많은 어려움이 따르며, 바로 이것을 극복하였다는 데에 리만의 뛰어남이 있다.

리만의 수학은 그 자신이 말한 대로 헤르바르트(Herbart, J.F. 1776-1841)의 철학 <인식론>으로부터 강한 영향을 받았다. 리만의 헤르바르트 철학에 대한 관심은 그의 형이상학이 아니고, 경험적 개념적 고찰에 관한 부분이다. 1809년에 쾨니흐스베르크 대학 초청으로 명예로운 칸트의 강좌를 이어받은 헤르바르트는 공간은 일정한 선험적인 질서 체계지만 칸트의 주장과는 달리

공간적 질서를 규정하는 것은 선험적이 아니라 경험적이다.

라고 주장했다. 리만은 이러한 헤르바르트의 철학을 바탕으로 칸트의 선험주의를 비판했다. 리만과 헤르바르트의 차이점은 헤르바르트는 사물과 변화 사이의 관계를 철학자답게 형이상학적으로 해결하려고 한 것에 대해, 리만은 그 해결을 연속적 변화와 인과성의 개념을 통해 현실 세계에서 합리적으로 구하려고 한 점이다. 즉

그 자신을 이루는 것은 될 수 있는 대로 자신을 유지하려고 하기 때문에 이산적이 아니라 연속적으로 변화하게 되며, 또 그것은 다른 요인이 덧붙여지지 않는 한 그 상태를 유지하는 것이므로, 이 변화는 원인이 필요하다.

는 것이다. 특히 리만은 이 연속적인 변화에 중요한 의미를 부여하고 있다. 이러한 리만의 생각은 리만 기하학의 기본 개념인 연속다양체의 바탕을 이루고 있다. 즉 이 사상에 의해서 기하학은 공간의 이론으로부터 연속다양체의 이론으로 그 영역을 확대하게 된 것이다.

3차원 유클리드 공간의 직교좌표계에서 인접한 두 점 $(x,\ y,\ z)$와 $(x+dx,\ y+dy,\ z+dz)$ 사이의 거리는

$$ds^2 = dx^2 + dy^2 + dz^2$$

으로 주어지고, 또한 2차원 다양체인 곡면의 곡선좌표계(curvilinear coordinate system)에서 인접한 두 점 $(u,\ v)$와 $(u+du,\ v+dv)$ 사이의 무한소 거리는

$$ds^2 = Edu^2 + 2Fdu\,dv + Gdv^2 \qquad \cdots ①$$

과 같은 2차 미분형식으로 나타난다. 리만은 공간에 따라 기하학의 성질을 결정하는 많은 다른 거리 공식이 사용될 수 있다는 것을 지적하고, 거리 공식이 어떤 다양체에도 적

용되도록 n차원 다양체의 임의의 좌표계에서 인접한 두 점 $(x_1,\ x_2,\ \cdots,\ x_n)$와 $(x_1+dx_1,\ x_2+dx_2,\ \cdots,\ x_n+dx_n)$ 사이의 무한소 거리를

$$ds^2 = \sum_{i,j=1}^{n} g_{ij}\,dx_i\,dx_j \qquad \cdots ②$$

로 정의했다. 여기서 g_{ij}는 $x_1,\ x_2,\ \cdots,\ x_n$의 함수이다. 예를 들어 $n=3$일 때는

$$\begin{aligned} ds^2 &= g_{11}dx_1^2 + g_{12}dx_1dx_2 + g_{13}dx_1dx_3 \\ &\quad + g_{21}dx_2dx_1 + g_{22}dx_2^2 + g_{23}dx_2dx_3 \\ &\quad + g_{31}dx_3dx_1 + g_{32}dx_3dx_2 + g_{33}dx_3^2 \end{aligned}$$

이다. 유클리드 공간은 $g_{11}=g_{22}=g_{33}=1$이고 다른 모든 g는 0인 특별한 경우에 해당한다. ②의 오른쪽 식을 **리만 계량**(Riemannian metric)이라 부른다. 리만 계량이 주어진 n차원 다양체를 n차원 **리만 다양체**(Riemannian manifold), 또는 **리만 공간**(Riemannian space)이라 부르며, 이런 공간을 연구하는 기하학을 **리만 기하학**(Riemannian geometry)이라 부른다.

그런데 리만 계량에 주어진 함수 g_{ij}는 첨자 i와 j에 대하여 대칭(symmetric), 즉 $g_{ij}=g_{ji}$라고 가정할 수 있다. 왜냐하면 임의의 g_{ij}에 대하여

$$g_{ij} = \frac{1}{2}(g_{ij}+g_{ji}) + \frac{1}{2}(g_{ij}-g_{ji})$$

로 표현할 수 있어 오른쪽의 첫째 식은 대칭이고 둘째 식은 반대칭(skew-symmetric)이다. 이 식을 ②에 대입하면

$$ds^2 = \sum_{i,j=1}^{n} g_{ij}\,dx_i\,dx_j = \sum_{i,j=1}^{n} \frac{1}{2}(g_{ij}+g_{ji})\,dx_i\,dx_j$$

이 되어 단지 대칭인 부분만이 리만 계량에 영향을 끼치므로 g_{ij}는 대칭이라고 가정할 수 있다. 이 대칭인 g_{ij}를 리만 공간의 **기본텐서**(fundamental tensor)라고 부른다.

단순하게 말하면 1차원인 곡선의 굽은 정도, 즉 곡률을 알기 위해 곡선의 각 점에서 곡률이 0인 직선과 비교할 수도 있다. 2차원 다양체인 곡면에 대해서는 가우스는 가우

스 곡률을 정의했고, 이것을 곡면의 곡률로 사용했다. 가우스 곡률이 0인 곡면은 평면이다. 그리고 가우스는 가우스 곡률이 내재적, 즉 가우스 곡률은 식 ①에서 주어진 E, F, G와 이것들의 도함수로 표현됨을 증명하였다. 그러나 3차원 이상의 굽은 공간은 눈으로 볼 수 있도록 그리는 것은 불가능하다. 그러나 리만은 가우스 곡률을 일반화해서 일반적인 n차원 공간에서 기본텐서 g_{ij}와 이것들의 도함수로 표현되는 수학식을 얻어냈다. 이것은 가우스가 유도한 2차원 다양체인 곡면에서 가우스 곡률의 표현식과 수학적으로 똑같은 종류의 표현식, 즉 $n=2$일 때 리만의 계산 결과는 가우스가 얻은 곡면에서의 가우스의 표현식이 된다. 리만은 그가 얻은 식을 공간의 곡률이라고 불렀고, 오늘날 이 곡률을 **리만 곡률**(Riemannian curvature)이라 부른다.

리만의 업적은 그 분야의 수학자들에게 많은 영향을 끼쳤고, 그 분야의 유명한 수학자들, 특히 벨트라미, 크리스토펠(Christoffel, E.B. 1829-1901), 리프시츠(Lipschitz, R. 1832- 1903) 등에 의해 1866년에 리만의 논문은 출판되었다. 1869년에 크리스토펠과 리프시츠는 공변미분(covariant differentiation)을 이용하여 리만 기하학의 계산 방법을 간단하게 했다. 특히 크리스토펠은 기본텐서에 의해 정의된 기호, 즉 제1종의 크리스토펠 기호(Christoffel's symbols of the first kind)

$$[ij,\ k]=\frac{1}{2}\left(\frac{\partial g_{jk}}{\partial x_i}+\frac{\partial g_{ik}}{\partial x_j}-\frac{\partial g_{ij}}{\partial x_k}\right)$$

와 제2종의 크리스토펠 기호(Christoffel's symbols of the second kind)를 소개하여 리만 기하학에서 계산을 간단하게 했다. 1868년에 벨트라미는 여러 가지의 공간에서 곡률의 성질을 연구하였고, 또한 소위 미분 매개변수(differential parameters)라고 불리는 것을 최초로 소개하였다. 이러한 미분 매개변수에는 스칼라 함수(scalar function)의 그래디언트(gradient)의 제곱, 두 개의 스칼라 함수의 그래디언트의 내적(scalar product), 그래디언트의 디버전스(divergence) 등이 있다. 그 이후 이 분야를 연구하는 거의 모든 사람은 벨트라미의 미분 매개변수를 사용했다. 1869년에 크로네커(Kronecker, K. 1823-1891)는 n차원 유클리드 공간의 초곡면(hypersurface)에서 곡률을 연구하였고, 곡률선의 존재성과 그에 따른 성질을 증명하였고, 또한 메스니에의 정리를 일반화했다.

그 후 10~12년 동안 리프시츠는 리만 다양체의 부분공간(subspace), 유클리드 다양체의 부분공간에 관한 많은 새로운 정리를 발견했다. 이 중에는 평균곡률에 관한 정리와 평균곡률이 0인 극소 부분공간(minimal subspace)에 관한 정리가 포함되어 있다. 거의 같은 시기인 1784년에 조르당(Jordan, C. 1838-1922)은 모든 점에서 리만 곡률이 0인 평탄한 리만 다양체(flat Riemannian manifold) 위의 한 곡선에 대하여 프레네-세레 공식을 일반화하였고, 또한 그런 다양체의 임의의 부분공간에 대한 주방향(principal direction)의 존재성을 입증하였다. 1880년에 보스(Voss)는 리만 다양체의 임의의 부분공간에서 가우스의 공식을 일반화시킨 것과 코다치(Codazzi, D. 1824-1873)의 공식의 부분적인 확장을 출판했다. 5년 뒤인 1885년에는 킬링(Killing, W.K.J. 1847-1923)은 공간의 비유클리드 형태에 관한 책을 출판했고, 그 책에는 그 당시까지 확립된 중요한 결과와 몇 가지 특별한 경우에 그것들에 대한 확장이 실려 있다. 1886년에 슈어(Schur, F.H. 1856-1932)는 리만 곡률이 상수인 공간에 관한 연구를 출판했고, 특히 슈어의 정리(Schur's theorem)로 널리 알려진 중요한 정리의 증명이 포함되어 있다. 리만 기하학에서 이들의 업적은 이 분야의 역사에서 첫째 시기의 마감을 짓는다.

1887년도는 리만 기하학의 역사상의 획기적인 해로 둘째 시기가 개막되었다. 그 해에 리치(Ricci, C.G. 1853-1925)는 오늘날 **리치 계산법**(Ricci calculus), **절대미분 계산법**(absolute differential calculus), 또는 **텐서 계산법**(calculus of tensors)으로 다양하게 알려진 계산법을 다룬 그의 첫 작품인 짧은 원고를 발표했다. 리만 계량과 크리스토펠의 공변미분공식이 이 계산법의 전제가 되었다. 레비-치비타(Levi-Civita, T. 1873-1941)는 1927년 저서 서문에서

> 리치의 계산법이 수학의 한 체계적인 분야로 발전된 것은 리치는 1887년부터 1896년까지 10년 동안 이론을 고심하여 만들었고, 또한 해석학, 기하학, 물리학의 여러 가지 문제에 쉽게 적용할 수 있는 세련되고 이해하기 쉬운 기호법을 만든 후이다.

라고 적고 있다. 리치는 리만 기하학의 특성은 어떤 공변 또는 반변(contravariant) 벡터와 텐서들의 특성임을 감지했다. 리치의 새로운 해석은 그 주제를 놀랄 만하게 단순화했을 뿐만 아니라, 연구분야에 폭넓은 확장을 이끌어 냈다. 그리고 1887년 이후 30년 동안 리치와 이탈리아 학파의 수학자들이 이 분야의 기하학에 매우 광범위한 공헌을 하였다.

1895년에 리치는 리만 공간에서 수직 n-조(orthogonal ennuple)의 성질에 관한 중요한 연구를 발표했는데 오늘날 리치의 계수(Ricci's coefficients)로 널리 알려진 회전계수(coefficients of rotation)가 소개되어 있다. 거의 같은 시기에 리치는 일반적으로 리치 텐

서(Ricci tensor)로 알려져 있는 리만 곡률텐서(Riemannian curvature tensor)에 대한 축약(contraction)의 중요성을 강조했고, 몇 년 후에 아인슈타인(Einstein, A. 1879-1955)은 일반 상대성 이론에서 그의 중력의 법칙을 수학적으로 표현하는 데 사용하였다. 리치는 1902년에 리만 다양체의 임의의 부분공간에서 가우스와 코다치 방정식을 완전히 일반화하였다.

비안치(Bianchi, L. 1856-1928)의 가장 중요한 작품의 대부분은 19세기 말에서부터 20세기 초에 발표되었다. 그의 미분기하학에 대한 초판은 1899년에 독일어로, 둘째 판은 1902년에 이탈리아어로 출판되었다. 이 시기에 그는 또 오늘날 비안치 항등식(Bianchi identity)으로 널리 알려진 리만 곡률텐서의 성분에 대한 공변미분으로 이루어진 식을 발표했다. 이 항등식은 기하학뿐만 아니라 상대성 이론의 계속적인 연구를 위해서 가장 중요하다는 것이 입증되었다.

리치의 노력과 그의 새로운 방법은 몇 년 동안은 비교적 주의를 끌지 못했다. 리치는 1892년에 〈Bulletin des Sciences Mathématiques〉 16권에 한 논문을 발표했는데, 논문에서 그의 방법에 대한 최초의 체계적인 설명을 했고, 또한 미분기하학과 이론 물리학의 몇 문제에 그것들을 응용했다. 9년 후에, 클라인의 초청으로, 제자 레비-치비타와 절대미분 계산법의 방법과 그 응용에 관한 논문을 공동연구하였고, 그 결과는 〈Mathematisch Annalen(1901)〉 54권에 게재됐다. 그 다음 15년 동안은 이 방법에 기초를 둔 특별한 연구가 비교적 작은 집단의 수학자들에 의해 계속되었다. 그러나 아인슈타인이 일반 상대성 이론에 관한 첫 논문이 1913년과 1916년에 발표되기 전까지는 리치 계산법은 다시 주의를 끌지 못했다. 잘 알려져 있는 대로 아인슈타인은 그의 일반론의 바탕으로서 4차원 리만 공간을 취했으며, 그의 이론을 명확히 말하기 위한 최선의 도구를 절대미분 계산법에서 찾았다. 아인슈타인의 출판물은 리만 기하학 연구에 막대한 자극을 주었다. 그때까지는 리만 기하학은 수학자에게만 단지 관심거리였고, 그것도 오직 수학자 자신을 위한 것이었다. 그러나 일반 다양체의 기하학이 물리학과 천문학에서 대단히 중요할 것 같아 보이자 그 분야를 공부하는 사람의 수는 급속하게 늘었고, 리치의 방법은 그들에 의해 계속적으로 연구되었다.

리만 기하학의 발전의 셋째 시기는 1917년에 레비-치비타의 논문과 헤센베르크(Hessenberg, G.)의 논문의 출판으로 시작되었다고 말할 수 있다. 레비-치비타는 임의의 공간에서 평행성(parallelism)의 개념을 소개하였는데, 이것은 기하학뿐만 아니라 상대성

이론에서 그 후 중요한 역할을 해오고 있다. 서로 독립적으로 레비-치비타와 소우텐(Schouten, J.A. 1883-1971)은 공변미분의 기하학적 의미를 발견했다. 1920년에 블라슈케(Blaschke, W. 1885-1962)는 정부호 계량(definite metric)이 주어진 리만 공간에서 프레네의 공식을 일반화하였다. 1930년에 마이어(Mayer, W.)는 공변미분의 일반화를 제안했고, 이것은 소우텐을 비롯한 여러 수학자들에 의해 발전되었고, 또한 성공적으로 부분공간 기하학에 응용되었다.

그러나 셋째 시기는 리만 기하학의 일반화에 주로 주목할 만하다. 리만 기하학에서 공변미분은 기본텐서 g_{ij}와 관련이 있다. 공변미분에는 기본텐서에 의해 정의된 크리스토펠 기호가 사용되기 때문이다. 그러나 공변미분 그 자체는 g_{ij}가 계량의 계수라는 가정과는 상관없이 정의할 수 있다. 따라서 공변미분은 임의의 2차 대칭 공변텐서로 정의될 수 있다. 이것에 대한 좀더 폭넓은 확장은 1917년에 헤센베르크의 논문에서 이루어졌다. 그는 이 논문에서 리만 기하학을 매우 폭넓게 일반화하여 **아핀접속의 기하학**(geometry of an affine connection)이라는 새로운 기하학을 이끌어냈다. 이것은 셋째 시기의 중요한 산물의 하나이다. 이 기하학에는 리만 계량이 없고 그 대신에 제2종의 크리스토펠 기호의 좌표변환법칙과 동일한 좌표변환 법칙을 만족하는 **아핀 접속의 계수**(coefficients of affine connection)라고 불리는 함수가 있을 뿐이다. 특히 아핀접속의 기하학에서는 리만 기하학의 측지선에 대응하는 'path'라는 곡선이 중요한 역할을 한다.

1921년에 베일(Weyl, H. 1885-1955)은 서로 같은 path를 정의하는 두 아핀접속의 관계식을 최초로 유도하였다. 이 관계식을 **접속의 사영변환**(projective change of connection)이라 부른다. 두 아핀접속에 대하여 path가 서로 같으면 두 접속 중의 하나는 접속의 사영변환에 의해 나머지 접속으로부터 얻을 수 있다고 말한다. 사영변환에 대하여 불변(invariant)인 path 또는 아핀접속들의 성질을 연구하는 기하학을 **일반화된 사영기하학**(generalized projective geometry), **사영 접속의 기하학**(geometry of projective connections), 또는 **path의 사영기하학**(projective geometry of paths)이라 부른다. 이 기하학에서 사영변환에 대해 독립인 아핀접속을 유도할 수 있는데 이 접속을 **사영접속**(projective connection)이라 부른다. 사영접속은 사영변환의 연구에서 얻은 하나의 부산물이다. 이 기하학에 중요한 공헌을 한 사람은 매우 많은데, 베일, 베블렌(Veblen, O, 1880-1960), 아이젠하트, 소우텐, 카르탕(Cartan, E. 1869-1951), 토마스(Thomas, T.Y. 1899-1984), 화이트헤드(Whitehead, J.H.C. 1904-1960) 등이 있다.

일반적으로 이러한 기하학들은 클라인의 에를랑겐 목록에서의 기하학에 대한 정의에 의하면 기하학으로 간주될 수 없다. 사실상 이런 기하학 중에 어느 하나도 일반적으로 클라인의 정의에서의 합동변환에 대응하는 어떤 변환도 갖고 있지 않다. 따라서 기하학들은 하나는 군론의 개념에 기초를 둔 클라인의 정의에서의 기하학들의 범주와, 또 하나는 리만 기하학에 기초를 둔 기하학들의 범주인 두 개의 범주로 당연히 나누어져야 한다. 이러한 사정에서 카르탕은 고도의 관점에서 클라인과 리만의 견해를 통일했고, 1923~1925년 사이에 연속적으로 발행된 논문에서 그의 접속론(theory of connection)을 확립했다. 그는 클라인의 견해와 일치하는 관점에서 아핀, 사영 등의 접속론을 발전시켰고, 유클리드 접속이 주어진 다양체(manifold with Euclidean connection)를 이용하여 리만 기하학을 군론적인 방법에 의하여 다른 기하학과 통합하였다.

곡선 C의 한 점 P에서의 접선은 곡선 위의 다른 한 점 Q를 곡선 C를 따라 P에 접근시킬 때 직선 PQ의 극한으로 정의한다. 이와 같이 주어진 도형 또는 공간의 한 점에 대하여 그 점을 포함하는 임의의 작은 근방(neighborhood) 안에서 정의될 수 있는 개념(또는 성질)을 **국소적 개념**(local concept, 또는 **국소적 성질**(local property)) 또는 **소규모로의**(in the small) **개념**(또는 성질)이라 부른다. 미분기하학의 초기 단계에는 미분계산이 연구에 주된 도구이므로 그 결과의 대부분은 국소적이었다. 한편 도형 전체 또는 공간 전체와 관련하여 정의되는 개념(또는 성질)을 **대역적 개념**(global concept, 또는 **대역적 성질**(local property)) 또는 **대규모로의**(in the large) **개념**(또는 성질)이라 부른다. 현대의 미분기하학에서는 국소적 성질과 대역적 성질 사이의 관계에 대한 연구가 수학자들에게 흥미를 끌고 있다. 이러한 견해는 알 모양 곡선(ovals)과 알 모양 곡면(ovaloids)을 연구한 블라슈케에 의해 강조되었다. 측지선과 극소곡면에 관한 많은 연구가 이러한 관점에서 행해졌다.

현대의 수학의 관점에서 리만 기하학과 접속기하학에서 연구된 기본 개념들은 미분가능다양체의 대역적 개념들이다. 그러나 리만의 시대에는 리군론(Theory of Lie groups)과 위상수학이 발전되지 않았었다. 따라서 리만 기하학은 국소적 이론으로 남아 있었다. 스위스 취리히 공과대학 교수인 홉프(Hopf, H. 1895-1971)는 1925년에 리만 공간에서 국소적 미분기하학적 구조(local differential-geometric structure)와 위상적 구조 사이의 관계에 대한 연구를 시작했다. 그럼에도 불구하고 카르탕, 홉프, 그리고 몇 사람의 연구를 제외하고는 1920년대의 미분기하학은 그 때까지도 주로 3차원 유클리드 공간에서의 곡면 또는 리만 다양체의 국소적 성질, 그리고 아핀접속, 사영접속 등에 관계된 것이었다. 점차적으로 미분다양체의 개념은 분명해졌고, 리군(Lie groups)에 대한 대역적 이론은 진척되었고, 위상수학은 발전했다. 따라서 대역적 미분기하학을 향한 발걸음을 1930년도 초기에 천천히 시작한 것이다. 렘(de Rham, G.W.)은 1931년에 발행된 학위논문에서 다양체의 코호몰로지(cohomology)는 미분형식(differential forms)으로 계산할 수 있음을 임증하였다. 그의 정리는 다양체의 코호모로지적 불변식(invariants)을 미분기하학적 불변식으로 표현하는 이론적 기초를 제공했다. 즉시 렘의 이론을 따르는 일련의 논문들이 나왔고, 호지(Hodge, W.V.D.)는 콤펙트(compact) 리만 다양체 위에서 각 r차원 코호몰로지 모임은 r차 조화형식(harmonic form)으로 유일하게 표현할 수 있음을 입증하였다.

양립하는(compatible) 리만 계량이 주어진 복소다양체(complex manifold)들의 중요한 모임이 소우텐, 단치히(D. van Dantzig), 그리고 캘러(Kähler, E.)에 의해 1929년과 1932년 사이에 발표되었다. 오늘날 캘러 다양체(Kähler manifolds)로 불리는 다양체의 이 모임은 사영적 대수다양체(projective algebraic manifolds)를 의미한다. 조화적분에 관한 호지의 이론(Hodge's theory of harmonic integrals)은 컴펙트 캘러 다양체에 응용되었을 때 가장 효과적이다.

곡면론에 관한 고전 미분기하학에서 가장 찬양받는 대역적 정리는 1848년에 보네에 의해 증명된 가우스-보네의 정리이다. 이 공식은 1925년에는 홉프에 의해 유클리드 공간의 닫힌 초곡면으로, 1940년에는 알렌도르퍼(Allendoerfer, C.B. 1911-1974)와 펜첼(Fenchel, W. 1905-1988)에 의해 제각기 독립적으로 유클리드 공간의 닫힌 부분공간으로, 마침내 1943년에 알렌도르퍼와 베유(Weil, A. 1906-)이 임의의 닫힌 리만 다양체로 일반화되었다. 그러나 1944년에 진성신(陳省身 : Chern, S.S. 1911-)이 위상수학에서 중요한 'transgression'의 개념을 도입하여 닫힌 리만 다양체의 경우 가우스-보네 공식을 간결하게 증명하였다.

미분가능다양체는 일반적으로 미분기하학과 미분위상수학(differential topology)의 양쪽 분야의 연구 대상이다. 위상수학은 다양체 그 자체를 연구하지만, 미분기하학은 계량텐서(metric tensor), 접속, 복소구조(complex structure) 같은 기하학적 구조가 주어진 미분가능다양체를 연구한다고 말할 수 있다. 이러한 기하학적 구조를 이용하여 미분기하학은 수학의 많은 분야와 접촉할 수 있다. 초창기에 미분기하학은 가우스-보네 정리로 위상수학과 가까운 인연을 맺었고, 또한 극소곡면의 연구에서 편미분방정식, 해석함수와 가까운 인연을 맺었고, 가장 최근 아티야-싱어 지수정리(Atiyah-Singer index theorem)의 증명에서 위상수학과 해석학 사이의 중요한 중재의 역할을 하였다. 미분기하학과 대수기하학은 캘러 다양체를 통하여 서로 풍성하게 되었다. 로렌츠 다양체(Lorentz manifolds), 그리고 주속(principal bundles)에서의 접속은 일반 상대성이론과 게이지 이론(gauge theory)에서 필수적인 수학적 도구이다. 극소 부분다양체, 양 곡률의 다양체, 그리고 폐측지선 같은 주제들은 완전히 리만 기하학에 속하는 활발하고 중요한 연구 영역이다. 동시에 미분기하학은 수학의 폭넓은 영역에서 중요한 전문술어와 방법을 제공한다.

16 연역기하학의 특징 : 공리론

오늘날의 기하학에서 가장 두드러진 특징은 모든 이론을 연역적 체계에서 이를 구성한 것이라고 하겠다. **연역적 체계**란 공리라고 부르는 몇 가지 기본적인 명제로부터 모든 명제를 증명하여 얻는 것을 말한다. 이러한 특징은 현대수학의 모든 분야에서도 마찬가지이다. 수학사에서 이러한 연역적 체계로 수학이 건설된 것은 유클리드의 〈원론〉에서 비롯된 것임은 너무나도 잘 알려진 사실이다. 이러한 연역적 체계에서 구성된 기하학을 **연역기하학** 또는 **논증기하학**이라고 부른다.

16-1 연역기하학의 체계 : 공리와 용어의 선택

한 기하학의 체계를 연역적인 방법으로 구성할 때

증명되는 범위가 과연 어디까지인가?

하는 중요한 문제가 있다. 한 명제는 어떤 다른 전제된 명제를 근거로 하여 도출되었을 것이며, 다시 또 그 전제된 명제는 다른 전제된 명제로부터 얻어졌을 것이다. 따라서 이러한 과정을 반복할 때 순환논법에 빠지지 않기 위해서는 증명이 없는 명제가 반드시 필요하다. 따라서 한 기하학의 체계에서 명제들을 크게 나누면 하나는 증명이 없는 극히 적은 수의 명제의 부류가 있는데, 이를 그 기하학의 체계에서 기본적인 전제, 즉 **공리**라고 부르며, 다른 하나의 부류는 앞의 기본 전제인 공리로부터 증명되는 명제의 부류이다.

공리의 어떤 것은 경험을 통하여 설정될 수 있다. 그러나 한 명제가 일단 공리로 설정되고 나면 그 명제는 어떠한 다른 경험에 의해 얻어진 결과나 혹은 물질적인 뜻에 의존하는 일이 전혀 없이 순전히 표현된 논리적인 개념만 포함하고 있으며, 오직 이 개념에

의해서만 추론을 통하여 다른 명제들이 유도되고 증명되어야 한다. 결국

공리란 자명한 명제가 아니라 어떤 수학의 체계를 만들기 위한 전제된 가정이다.

라고 말할 수 있다.

현대적인 입장에서 볼 때 한 기하학의 체계를 구성하는 데는 두 가지 기본적인 결정을 요구하고 있다. 첫 번째는 위에서 말한 공리의 선택에 관한 결정이고, 두 번째는 용어의 선택에 관한 결정이다.

용어의 선택에 관한 결정에서, 실제로 한 기하학의 체계에서 사용되는 모든 전문용어를 명확히 정의하는 것은 불가능하다. 하나의 용어는 다른 용어를 사용하여 정의되어야 하고, 다른 용어도 마찬가지로 다른 용어에 의하여 정의되어야 한다. 따라서 공리의 선택에서와 마찬가지로 어떤 용어를 정의하지 않은 채로 남겨 두도록 허락 받지 못한다면 순환논법에 빠지고 말 것이다. 따라서 정의의 순환논법을 피하기 위해서는 그 기하학의 체계의 시작에서 정의할 필요가 없는 근원적인 전문용어가 반드시 필요한데, 오늘날 이 전문용어를 **무정의 용어**(undefined terms)라 한다. 그 다음 그 기하학의 체계에서 부수적으로 사용되는 전문용어들은 궁극적으로 무정의 용어에 의해 정의되어야 하며, 그 기하학의 체계의 공리는 무정의 용어에 관한 가정된 명제가 되어야 하는 것이다. 따라서 무정의 용어들은 공리를 만족하는 어떤 것이라는 점에서 묵시적으로 정의된 것으로 간주될 수 있으며, 이 묵시적인 정의는 무정의 용어에만 한정된 정의이다.

연역적 체계에 의한 연구의 함정 중의 하나는 이미 그 체계의 주제들과 너무나 친숙해져 있다는 것이다. 유클리드의 〈원론〉에 있는 결함의 대부분은 이러한 함정에 의한 것이다. 이 함정을 피하기 위해서는 무정의 용어를 x, y, z 등과 같은 기호로 바꾸는 것이 바람직하다. 그러면 무정의 용어에 대한 실제적 의미가 없어지고, 또한 공리는 이 기호에 관한 명제가 되어 경험적인 요인의 방해를 받지 않고 순수한 논리적인 연역에 의하여 결론을 얻을 수 있게 된다.

19세기 말과 20세기 초에 이르러서야 기하학의 기초가 엄밀하게 연구되어 비로소 유클리드 평면기하학과 입체기하학의 공리집합이 만들어졌다. 이런 공리집합 중에는 다음과 같은 힐베르트, 피에리, 베블렌, 헌팅턴의 것이 유명하다.

(1) 힐베르트의 공리집합에는 20개의 공리가 있고, 또한 '점', '직선', '평면', '…의 위에 있다', '…의 사이에 있다', '…와 …는 합동이다'라는 여섯 개의 무정의 용어가 있다.

(2) 피에리의 공리집합에는 20개의 공리가 있고, 또한 '점'과 '운동이라는 두 개의 무정의 용어가 있다.

(3) 베블렌의 공리집합에는 16개의 공리가 있고, 또한 '점'과 '순서'라는 두 개의 무정의 용어가 있다.

(4) 헌팅턴의 공리집합에는 23개의 공리가 있고, 또한 '구면'과 '…는 …를 포함한다'는 두 개의 무정의 용어가 있다.

위에서 무정의 용어가 달라지면 그에 따르는 공리의 선택은 완전히 달라진다는 사실을 알 수 있다. 그러나 다른 무정의 용어에 의한 공리집합들은 다르지만 모두가 본질적으로 하나의 유클리드 기하학의 체계를 구성하고 있다. 따라서 이러한 이유에서 무정의 용어와 공리집합의 선택이 꼭 한 가지 방법으로만 정해지는 것이 아니라고 말할 수 있다.

16-2 연역기하학의 성질 : 공리체계의 성질

연역기하학의 기본이 되는 무정의 용어의 집합과 공리집합을 합쳐서 **공리체계**라고 한다. 무정의 용어와 공리의 선택에 의해 얻어질 공리체계는 다음과 같은 성질을 갖고 있어야만 한다. 첫번째는 무정의 용어와 공리의 선택방법에 있다. 무정의 용어와 공리의 선택에서 그 수가 너무 적거나, 주의 깊게 구성되지 않았다면 그 체계의 내용을 풍부하게 해주는 많은 정리를 얻지 못한다. 따라서 이상적인 적절한 개수의 무정의 용어의 도입과 효율적인 공리의 선택에 의해서만 조화롭고 흥미로운 정리를 연역할 수 있어 풍부한 내용을 얻을 수 있게 된다. 두 번째는 공리체계가 꼭 가져야만 하는 필수적인 성질이다. 이러한 성질 중에는 **동치성**(equivalence), **무모순성**(consistency), **독립성**(independence), **범주성**(categoricalness) 등이 있다.

(1) 동치성

두 공리체계에서 각 체계의 기본적인 용어들은 다른 체계의 기본적인 용어들을 사용해서 정의할 수 있고, 또한 각 체계의 공리들이 다른 체계의 공리들로 유도할 수 있다면, 두 체계를 **동치**(equivalent)라고 말한다. 예를 들면 사영기하학에서 사영 평면기하학을 정의하고 있는 공리집합에 의한 공리체계와 각 공리의 쌍대인 명제로 이루어진 집합에 의해 정의된 공리체계는 동치이다. 만일 두 공리체계가 동치이면 각 공리체계에서 연역된 추상적인 연구 결과는 물론 같다. 그것은 단지 같은 것을 다른 방법으로 말하는 것에 불과한 것이다. 이러한 동치인 공리체계에 대한 개념은 고대에 유클리드의 평행공준에 만족하지 못한 기하학자들이 그 공준을 좀더 간단하고 자명한 동치인 공준으로 대체하려고 시도했을 때부터 나타났다.

두 개의 동치인 공리체계 중에서 어느 것이 더 좋은지를 결정하는 간단한 기준은 없다. 그러나 더 적은 수의 기본적인 용어와 더 적은 수의 공리를 포함하면서 연구의 중요한 정리에 더 빨리 접근할 수 있는 공리체계가 바람직하다고 말할 수는 있을 것이다.

(2) 무모순성

주어진 공리체계로부터 연역된 모든 결과들이 모순된 명제를 포함하지 않으면, 그 공리체계를 **무모순**(consistent)이라고 부른다. 이것은 공리체계가 필수적으로 지녀야 할 가장 중요하고 기본적인 성질이다. 이러한 성질을 만족하지 않는 공리체계는 근본적으로 가치가 없다.

공리체계의 무모순성을 증명하기 위한 가장 효과적인 방법은 모형을 이용하는 것이다. 무정의 용어에 어떤 의미를 부여하여 그 대응된 개념 아래서 공리가 참인 명제로 바뀔 수 있으면 공리체계의 모형이 얻어진다. 무정의 용어에 부여된 의미가 현실 세계의 한 영역으로부터 선택된 대상과의 관계이면 그 모형을 **실재적 모형**(concrete model)이라고 하고, 반면에 무정의 용어에 부여된 의미가 다른 어떤 무모순인 공리체계로부터 선택된 대상과의 관계이면 **이상적 모형**(ideal model)이라고 한다.

주어진 공리체계에 대하여 하나의 실재적 모형이 제시되면 공리체계의 완전한 무모순성이 증명되었다고 말할 수 있다. 만일 주어진 공리체계로부터 모순이 되는 명제들이 만들어질 수 있다면, 그에 대응하는 명제들이 제시된 실재적 모형에서도 성립해야 하지만 현실 세계에서는 그러한 모순된 명제가 성립하는 것은 불가능하기 때문이다.

주어진 공리체계에 대하여 실재적 모형을 건설하는 것이 항상 가능한 것은 아니다. 예를 들어 공리체계가 무한히 많은 무정의 원소를 포함한다면 확실히 실재적 모형을 얻기는 불가능하다. 현실 세계의 한 영역에서는 주어진 무한히 많은 무정의 원소에 부여할 무한히 많은 대상을 포함하고 있지 않을 수 있기 때문이다. 이와 같은 경우에는 공리체계 A의 무정의 용어에 어떤 다른 공리체계 B의 개념을 대응시켜 이상적 모형을 건설해야 할 것이다. 이 때 A의 공리들에 대한 해석은 B의 공리들의 논리적인 결과이어야 한다. 그러나 이 때 공리체계 A의 무모순성에 대한 검증은 더 이상 절대적인 검증이 될 수 없고 단지 상대적인 검증만이 가능한 것이다. 따라서 우리가 말할 수 있는 것은 공리체계 B가 무모순이면 공리체계 A도 무모순이라는 사실뿐이다. 상대적 무모순에 대한 예는 유클리드 평면기하학 안에 평면 쌍곡기하학의 모형을 설정한 것에서 찾아볼 수 있다.

초수학적 정리

유클리드 기하학이 모순이 없다면 쌍곡기하학도 모순이 없다.

위의 초수학적 정리는 벨트라미가 만든 것이다. 벨트라미는 1868년에 미분기하학을 사용하여 쌍곡기하학이 상대적 모순이 없음을 증명하기도 했다.

(3) 독립성

주어진 공리체계에서 공리집합의 한 공리가 그 공리집합의 다른 공리로부터 논리적으로 연역되지 않으면 **독립적**(independent)이라고 한다. 그리고 만약 그 공리집합의 각 공리가 독립적이면, 그 공리집합을 **독립적**이라고 한다.

기하학의 역사에서 어떤 공리의 독립성에 대한 가장 유명한 고찰은 유클리드의 평행공준에 대한 고찰이다. 수세기 동안 많은 수학자들은 평행공준을 유클리드의 다른 공리들과 공준들로부터 연역하려는 시도를 반복하였다. 그럼에도 불구하고 결국 유클리드의 평행공준의 독립성은 로바체프스키의 비유클리드 기하학의 발견과 그 기하학의 상대적인 무모순성에 대한 증명에 의해서 확립되었다. 사실상 유클리드의 평행공준의 독립성에 대한 역사적인 고찰은 공리집합의 모든 성질에 대하여 새롭게 연구하도록 하는 밑바탕이 되었다.

공리집합의 독립성은 결코 필연적인 것은 아니다. 공리집합이 독립성을 결여하고 있다는 이유만으로 그 공리체계가 잘못되었다고 말할 수는 없다. 왜냐하면 독립적이 아닌 공리집합은 그 집합이 단지 공리라기보다는 정리에 해당하는 명제를 포함하고 있을 뿐이다. 그런데 기하학의 체계에서는 최소한의 가정만을 전제로 하여 원하는 이론을 전개하는 것이 바람직하므로 독립성을 요구하는 것이다.

유명한 공리집합 중에서 처음에는 독립적이 아닌 공리들을 모르고 포함시킨 여러 경우가 있었다. 유클리드 기하학에 대한 힐베르트의 원래의 공리집합에서도 이러한 경우가 있었다. 힐베르트의 원래 공리집합에 다른 공리들에 의해서 연역될 수 있는 두 개의 공리를 더 포함하고 있다는 사실이 후에 밝혀졌다. 그러나 이와 같은 두 개의 종속적인 공리의 발견은 결코 힐베르트의 공리체계를 무효로 만들지 않았다. 그 이후의 수정을 통해서 이 두 개의 공리는 정리로 바뀌었으며 그것에 대한 증명이 제공되었다.

(4) 범주성

하나의 공리체계 P에 대하여 두 가지 해석 A와 B가 있을 때, 만약 A의 원소들과 B의 원소들 사이에 일대일 대응 관계가 존재해서 이 대응 관계가 A의 원소들 사이의 관계, 그리고 원소들에 작용하는 연산(operation)들을 B에서 보존하면 두 해석 A와 B는 서로 **동형**(isomorphic)이라고 한다. 따라서 하나의 공리체계에 대한 두 가지 동형 해석은 용어들과 표기법에 관한 표면적인 차이점을 제외하면 서로 일치하는 것이다. 주어진 공리체계에 대한 임의의 두 가지 해석이 서로 동형이면 그 공리체계는 **범주적**(categorical)이라고 한다.

주어진 공리체계의 범주성은 그 공리체계에 대한 임의의 해석이 어떤 주어진 해석과 동형임을 보임으로써 증명된다. 이러한 과정은 유클리드 평면기하학에 대한 힐베르트의 공리체계를 적용한 것에서 볼 수 있다. 힐베르트의 공리체계에 대한 임의의 해석은 데카르트의 해석 기하학에 의해서 제공되는 대수적인 해석과 동형임을 보일 수 있다. 로바체프스키 평면기하학도 또한 범주적 체계임을 보일 수 있다.

어떤 공리체계가 범주성을 갖는 것은 장점이 있는 반면에 단점도 있다. 범주적이 아닌 공리체계의 가장 바람직한 면은 아마도 폭넓은 적용성을 갖는다는 사실일 것이다. 그와 같은 체계는 근본적으로 단 하나만의 모형을 갖지 않는다. 예를 들면 유클리드의 평면기하학에 대한 힐베르트의 공리집합에서 평행공리를 제거하여 결합, 순서, 합동, 연속의 공리만을 사용하여 증명될 수 있는 모든 기하학의 정리로 이루어진 **절대기하학**(absolute geometry)의 정리들은 유클리드 평면기하학과 로바체프스키 평면기하학에서 공통으로 사용된다. 물론 이와 같이 축소된 공리집합은 범주적이 아니다. 왜냐하면 유클리드적인 해석과 로바체프스키적인 해석은 동형이 아니기 때문이다. 참고로 절대기하학이라는 이름은 볼리아이이가 처음으로 사용했으며 오늘날에도 널리 사용되고 있다. 그러나 절대기하학은 역사적으로 모든 공준 중에서 가장 논쟁이 심했던 평행공준에 대하여 중립적이기 때문에 프레노비츠(Prenowitz, W.)와 조르당(Jordan, M.)이 제안한 **중립기하학**(neutral geometry)이라는 이름이 더 많이 사용된다.

범주성의 장점은 어떤 범주적인 체계의 정리들은 그에 대응하는 어떤 친근한 해석을 통해서 증명하여 좀더 쉽게 밝힐 수 있다는 것이다. 예를 들면 유클리드 평면기하학 내에 로바체프스키 평면기하학의 모형이 존재한다. 로바체프스키 평면기하학은 범주적이고, 유클리드 평면기하학은 우리에게 친근하기 때문에 로바체프스키 평면기하학의 정리들은 유클리드 평면기하학 내의 그 기하학의 해석 위에서 그에 대응하는 정리들을 증명하여 밝힐 수 있는 것이다.

16-3 〈기하학의 기초〉 : 힐베르트

힐베르트(David Hilbert, 1862-1943)는 쾨니히스베르크에서 태어나 쾨니히스베르크 대학교에서 1885년에 박사학위를 받았고, 그 후 쾨니히스베르크 대학교 무급강사로 있다가 1893년에 교수가 되었으며, 1895년에 괴팅겐 대학의 교수가 되었다.

힐베르트는 수학과 물리학의 많은 분야에서 뛰어나고 독창적인 기여를 했다. 특히 다음 분야로 넘어가기 전의 기초를 확립하고 완성하여 세계적으로 지도자적인 수학자였다. 수학 분야는 〈대수적 불변량의 정리〉, 〈대수적 수론〉, 〈기하학의 기초〉, 〈수리 논리학의 기초〉 등이 유명하고, 물리학 분야는 〈기체의 운동이론〉과 〈상대성 이론〉이 유명하다. 그의 자극적인 강의는 세계 곳곳에서 학생을 끌어들여 괴팅겐 대학의 원동력이 되었으며, 기라성 같은 위대한 동료들과 함께 괴팅겐 대학을 수학자들의 메카로 만들었다.

힐베르트는 그의 연구 분야에서 많은 상을 받았고, 1900년 8월 8일 파리에서 열린 국제 수학자 대회의 주 강연자로 초청을 받았다. 그는 많은 생각을 거듭한 뒤에 수학의 미래를 조망하는 강연을 하기로 결심했다. 이를 위해 그는 앞으로 결실이 클 것으로 예상되는 미해결 문제인

두 점 사이의 최단의 길이로서의 직선의 문제

등을 포함하여 광범위한 분야에서 23개의 중요한 수학문제를 선택하여 제시하였고, 이 문제들이 미래의 수학 발달에 중요한 방향을 제시할 것이라고 예측했다. 이 문제들은 수학에 대한 연구에 원동력이 되어 수학의 발전에 크게 공헌하였으며 현대 수학사에서 대단히 많은 부분을 차지하고 있다.

힐베르트는 순수수학 분야뿐만 아니라 수학의 응용에도 많은 관심을 보여, 디리클레 문제, 변분법, 선형 적분방정식을 체계화했을 뿐만 아니라, 민코프스키가 죽은 뒤에는 그가 했던 물리학 분야까지 떠맡아서 1915년에는 아인슈타인과 거의 동시에 일반상대성론의 핵심인 중력장방정식을 얻어내기도 했다. 더 나아가 폰 노이만(von Neumann, J.), 노르트하임(Nordheim, L.) 등과 함께 양자역학의 수학적 공리화를 시도했으며, 1924년에는 수제자인 쿠랑(Courant, R.)과 함께 〈수리물리학의 방법(Die Methoden der mathematischen Physik)〉이라는 20세기 수리물리학 분야의 고전적인 책을 출판하기도 했다.

힐베르트의 작품 중에서 기하학의 발전에 공헌한 것은 1902년 유명한 〈기하학의 기초(Grundlagen der Geometrie)〉이다. 이 책에서 유클리드의 내용적인 공리적 방법으로부터 현재의 형식적인 공리적 방법으로 수학적 방법을 강화하여 유클리드의 〈원론〉에 나타난 논리적인 결함을 완벽하게 보완하였다.

〈기하학의 기초〉를 집필해서 자신의 학문적 능력을 과시한 힐베르트에게는 곧 베를린 대학에서 임용 제안이 들어왔는데, 이 때 그는 자신이 괴팅겐을 떠나지 않는 대가로 괴팅겐 대학 수학과 내에 새로운 교수직을 만들어 쾨니히스베르크 대학 재학시절부터 자신의 막역한 친구였던 민코프스키(Minkowski, H.)가 이 새로운 자리에 임용되게 영향력을 행사했다. 민코프스키는 본래 정수론과 이차형식의 대수학에 관심이 많았던 수학자였지만, 괴팅겐에 온 뒤로부터는 괴팅겐 학자들과 함께 로렌츠의 전자이론을 수학화하는 데 온 힘을 쏟았다. 1908년 민코프스키가 아인슈타인의 상대성 이론을 4차원 시공 개념으로 재해석한 체계인 민코프스키 시공세계에 관한 강연을 할 수 있었던 것도 이런 활동의 결과로 나온 것이다.

거의 100년에 걸친 화려한 괴팅겐의 수학적 전통은 1933년 나치의 등장으로 말미암아 순식간에 산산조각이 났다. 괴팅겐의 수학 관련 학과들은 다른 대학에 비해 유대인에게 비교적 관대했기 때문에 유난히도 유대인 교수들과 조교들이 많았던 것이 화근이었다. 수학 분야에서는 쿠랑, 에드문트 란다우, 헤르만 베일, 오토 노이게바우어, 에미 뇌터, 그리고 물리학 분야에서는 보른, 프랑크, 헤르타 스포너, 에드워드 텔러, 노르트 하임, 발터 하이틀러 등이 괴팅겐 대학을 그만두게 되었다. 1909년 민코프스키가 맹장수술 뒤 갑자기 죽고, 1925년 괴팅겐의 황제였던 클라인도 죽은 상태에서 늙은 힐베르트만이 남아 힘없이 괴팅겐을 지키다가 그마저 1943년에 쓸쓸히 죽었다.

〈기하학의 기초〉

〈기하학의 기초〉에는 여섯 개의 무정의 용어로 **무정의 원소**(undefined elements)에 해당하는 '점(point)', '직선(line)', '평면(plane)'이 있으며, 또한 **무정의 관계**(undefined relations)에 해당하는 '…의 위에 있다(lie)', '… 사이에 있다(between)', '…와 …는 합동이다(congruent)'가 있다. 여기서 점은 A, B, C, …로, 직선은 a, b, c, …로, 또한 평면은 α, β, γ, …로 표시하고 있다. 또한 점들을 **선기하학의 원소**(elements of line geometry), 점, 직선들을 **평면기하학의 원소**(elements of plane geometry), 그리고 점, 직선, 평면들을 **공간기하학의 원소**(elements of space geometry)라고 불렀다. 그리고 공리군은 '결합공리', '순서공리', '합동공리', '연속공리', '평행공리'의 다섯 개의 군으로 나누어져 있으며 전체 공리의 수는 20개이다. 그러면 각 공리를 설명하고 연구하여 〈원론〉의 결함이 어떻게 보완되었는지를 살펴보자.

(1) **결합공리**(axioms of incidence)

이 공리군은 무정의 원소인 점, 직선, 평면의 결합관계를 나타내고 있다.

I_1. 임의의 두 점 A, B에 대하여 A와 B 위에는 한 직선 a가 있다.

I_2. 임의의 두 점 A, B에 대하여 A와 B 위에 있는 직선은 기껏해야 하나이다.

I_3. 한 직선 위에는 적어도 두 점이 있다. 동일 직선상에 있지 않은 적어도 세 점이 있다.

I_4. 동일 직선상에 있지 않은 세 점 A, B, C에 대하여, 이 세 점 위에 있는 한 평면

α가 있다. 각 평면 위에는 적어도 한 점이 존재한다.

I_5. 동일 직선상에 있지 않은 세 점 A, B, C에 대하여, 이 세 점 위에 있는 평면은 기껏해야 하나이다.

I_6. 한 직선상의 두 점이 한 평면 α 위에 있으면, 이 직선의 모든 점 역시 α 위에 있다(이 경우 그 직선은 평면 위에 있다고 한다).

I_7. 두 평면 α, β가 한 점을 공유하면, 그들은 적어도 하나 이상의 점을 더 공유한다.

I_8. 동일 평면상에 있지 않은 적어도 네 개의 점이 존재한다.

위에서 두 개, 세 개, …의 점(직선 또는 평면)이라 함은 각각 서로 다른 점(직선 또는 평면)을 의미하며, 다른 것도 마찬가지이다. 공리 I_1와 I_2는

임의의 두 점 A, B 위에는 유일한 직선이 있다.

는 것을 말하며, 그 유일한 직선을 $\overleftrightarrow{AB}$로 표시하기로 한다.

(2) 순서공리(axioms of order)

동일 직선상에 있는 점 사이의 위치 관계를 규정하는 공리군이다.

II_1. B가 A와 C 사이에 있으면 A, B, C는 동일 직선 위의 서로 다른 세 점이며, B는 C와 A 사이에 있다.

II_2. 임의의 두 점 A, C에 대하여 적어도 한 점 B가 $\overleftrightarrow{AC}$ 위에 있어서 C는 A와 B 사이에 있다.

II_3. A, B, C가 동일 직선상의 세 점이면, 그 중에 기껏해야 한 점만이 다른 두 점 사이에 있다.

정의

두 점 A, B가 주어질 때 **선분**(segment) AB는 그의 원소가 두 점 A, B와 또 직선 $\overleftrightarrow{AB}$ 위의 A와 B 사이에 있는 점으로 이루어진 집합이다. 이 때 주어진 두 점 A, B를 선분 AB의 **끝점**(endpoints)이라 한다.

II_4. **파쉬(Pasch, 1843-1930)의 공리** : A, B, C가 동일 직선상에 있지 않은 세 점이고, l이 A, B, C가 결정하는 평면 위에 있지만 A, B, C 중에서 어떤 점도 지나지 않는 직선이라 하자. 그러면 직선 l이 선분 AB 위의 점 위에 있으면 l은 또한 선분 AC 혹은 선분 BC 위의 점 위에 있다.

공리 II_1은 …와 … 사이를 말할 때 순서가 문제되지 않음을 말해 주며, 공리 II_2는 A와 C 사이에도 점이 있고 $\overleftrightarrow{AC}$는 A와 C에서 끝나지 않음을 보장한다. 또한 공리 II_3은 직선이 순환되지 않음을 보장하는데, 만일 점들이 원 위에 있다면 그 각각이 모두 다른 두 점 사이에 있다고 말하게 된다. 공리 II_4는 유클리드가 〈원론〉의 제1권 명제 21

> 한 삼각형의 한 변 위에, 그 양 끝에서 삼각형의 내부에서 만나는 두 직선이 그어질 때, 이 두 직선(의 합)은 나머지 두 변(의 합)보다도 작지만 (두 변이 이루는 각보다도) 더 큰 각을 이룬다.

를 증명하는 과정에서 묵시적으로 증명 없이 사용한 것인데, 그것을 파쉬가 발견했으므로 파쉬의 공리라고 부른다. 이 공리는

> 한 직선이 삼각형의 한 변을 뚫고 들어가면 그 직선은 다른 한 변을 뚫고 나와야만 한다.

는 것을 말하는데 직관적으로 당연해 보이므로 유클리드가 증명 없이 사용한 것 같다.

정의

1. **반직선**(ray) $\overrightarrow{AB}$는 직선 $\overleftrightarrow{AB}$ 위에 놓여 있으며, 선분 AB 위의 모든 점과 B가 A, C 사이에 있는 모든 점 C의 합집합이다. 반직선 $\overrightarrow{AB}$는 점 A로부터 방사되고 직선 $\overleftrightarrow{AB}$의 부분이라고 한다.
2. $\overrightarrow{AB}$와 $\overrightarrow{AC}$가 한 점 A에서 방사된 서로 다른 반직선이고 같은 직선 $\overleftrightarrow{AB}=\overleftrightarrow{AC}$의 부분이면 그들은 서로 **반향**(opposite)이라고 한다.
3. **꼭지점이 A인 각**(angle with vertex A)은 점 A로부터 방사된 반향이 아닌 두 반직선 $\overrightarrow{AB}$, $\overrightarrow{AC}$와 그 점 A를 한 조로 하는 집합이다. 이 때 $\overrightarrow{AB}$, $\overrightarrow{AC}$를 각의 변(side)이라 하고, 꼭지점이 A인 각을 $\angle A$, $\angle BAC$, $\angle CAB$ 등으로 표시한다.
4. 두 각 $\angle BAD$와 $\angle CAD$가 공통변 $\overrightarrow{AD}$를 갖고 또 다른 두 변 $\overrightarrow{AB}$와 $\overrightarrow{AC}$가 반향 반직선을 이루면 이 각들은 서로 **보각**(supplementary angles)을 이룬다고 한다.
5. 각 $\angle BAD$가 그의 보각과 같으면 **직각**(right angle)이라 한다.
6. A, B가 한 직선 l 위에 있지 않은 점이라고 하자. 만일 $A=B$이거나 또는 선분 AB가 l 위에 있는 어떤 점 위에도 있지 않으면 A와 B는 **l에 관하여 같은 쪽에 있다**(on the same side of l)고 말한다. 또 $A \neq B$이고 선분 AB가 l 위에 있는 점 위에 있으면 A와 B는 **l에 관하여 반대쪽에 있다**(on opposite side of l)고 말한다.

(3) **합동공리**(axioms of congruence)

선분, 각이 같다는 것을 규정하는 공리군이다. 이것에 의하여 도형의 이동 가능성을 정의한다.

III_1. A와 B가 한 직선 l 상의 두 점이고, l'은 l과 같든지 다른 직선이며, 점 A'은 l' 위에 있다고 하자. 그러면 선분 AB와 선분 $A'B'$가 합동이 되도록 l' 위에서 A'의 어느 쪽에서나 점 B'을 찾을 수 있다. 기호로는 $AB \equiv A'B'$로 표시한다.

III_2. $A'B' \equiv AB$이고 $A''B'' \equiv AB$이면 $A'B' \equiv A''B''$이다.

III_3. AB와 BC가 직선 l 위에 공유점을 갖지 않는 두 선분이고, $A'B'$와 $B'C'$도 직선 l'(이것은 l과 같아도 무관함) 위의 공유점을 갖지 않는 두 선분이라 하자. 그

러면 $AB \equiv A'B'$이고 $BC \equiv B'C'$이면 $AC \equiv A'C'$이다.

III_4. 임의의 $\angle BAC$와 점 A'로부터 방사된 임의의 반직선 $\overrightarrow{A'B'}$이 주어질 때 직선 $\overleftrightarrow{A'B'}$에 관하여 한 쪽에 $\angle B'A'C' \equiv \angle BAC$인 반직선 $\overrightarrow{A'C'}$이 유일하게 존재한다. 모든 각은 그 자신과 합동이다.

III_5. 삼각형 ABC와 $A'B'C'$에 대하여, $AB \equiv A'B'$, $AC \equiv A'C'$이고 $\angle BAC \equiv \angle B'A'C'$이면 $\triangle ABC \equiv \triangle A'B'C'$이다.

여기서 공리 III_5는

두 삼각형에서 대응되는 두 변과 그 사이 각이 각각 서로 합동이면 두 삼각형은 합동이다.

를 말하고 있다. 유클리드는 〈원론〉에서 힐베르트의 공리 III_5를 하나의 정리로 취급하여 명제 4에서 증명하였는데 요약하면 다음과 같다.

(1) 점 A'을 A 위에, $\overleftrightarrow{A'B'}$을 $\overleftrightarrow{AB}$ 위에 놓이도록 $\triangle A'B'C'$을 옮기자.
(2) 가정에서 $AB \equiv A'B'$이므로 점 B'은 점 B에 일치한다.
(3) 또한 $\angle BAC \equiv \angle B'A'C'$이므로 $\overrightarrow{A'C'}$와 $\overrightarrow{AC}$는 겹친다.
(4) $AC \equiv A'C'$이므로 점 C'은 점 C에 일치한다.
(5) 따라서 $B'C'$과 BC는 일치하고 나머지 각들도 일치한다.

이 논의는 종이 위에 두 삼각형을 그린 다음 한 삼각형을 오려서 다른 삼각형 위에 포개어 놓아 보는 경험으로부터 유도된 것이어서 흔히 **포개어 놓음**(superposition)이라 부른다. 그러나 유클리드는 어떤 그림을 그들의 모양과 크기를 변하지 않게 그대로 옮겨 놓을 수 있다는 것을 공리에 서술하거나 또는 다른 명제에서 증명하지 않았으므로 이 명제가 증명되었다고 말할 수 없다. 왜냐하면 가령 어떤 도형을 환등기를 통하여 영사막에 비추면 그 영상은 크기가 실물과 다르기 때문이다.

(4) **평행공리**(axiom of parallels)

[힐베르트의 평행공리] l이 직선이고, A는 l 위에 있지 않은 점이라 하자. 그러면 l과 A가 정하는 평면에서 A를 지나고 l과 만나지 않는 직선은 많아야 하나 존재한다.

힐베르트의 평행공리는 A를 지나고 l과 평행인 직선이 **많아야** 하나이고, 유클리드의 평행공리는 A를 지나고 l과 만나지 않는 직선이 **적어도** 하나이므로, 힐베르트의 평행공리는 유클리드의 평행공리보다 약화된 것이다. 사실상 힐베르트의 다른 공리로부터 A를 지나고 l과 만나지 않는 직선이 적어도 하나가 있다는 것이 증명되므로 이 공리에 포함시킬 필요가 없다.

(5) **연속공리**(axioms of continuity)

V_1. [아르키메데스의 공리] 임의의 두 선분 AB와 CD에 대하여 직선 $\overleftrightarrow{AB}$상에 다음 두 조건을 만족하는 점 A_1, A_2, $\cdots$, A_n이 존재한다.

(a) $AA_1 \equiv A_1A_2 \equiv \cdots \equiv A_{n-1}A_n \equiv CD$

(b) B는 A와 A_n 사이에 있다.

V_2. [완비성의 공리(Axiom of completeness)] 한 직선상에 있는 점들은 공리 I_1, I_2, $II_1 \sim II_4$, $III_1 \sim III_5$ 및 V_1을 만족하는 그것보다 더 큰 집합으로 확대불가능한 점 집합을 이룬다.

V_2^*. [데데킨트(Dedekind, 1831~1916)의 공리] 한 직선 l 위의 모든 점의 집합이 공집합이 아닌 두 부분집합의 합집합 $\Sigma_1 \cup \Sigma_2$로서 Σ_1의 어떤 점도 Σ_2의 두 점 사이에 있지 않고 역도 성립한다고 하자. 그러면 점 O가 점 P_1와 P_2 사이에 있기 위한 필요충분조건은 $P_1 \in \Sigma_1$, $P_2 \in \Sigma_2$, $O \neq P_1$, P_2인 점 O가 l 위에 유일하게 존재한다.

아르키메데스의 공리의 직관적인 내용은 선분 CD를 길이의 단위로 취할 때 모든 다른 선분들은 이 단위에 관하여 유한 길이를 갖는다는 것을 의미한다. 반대로 선분 AB를 길이의 단위로 취하면 모든 다른 선분들은 이 단위에 관하여 무한소적으로

(infinitesimally) 작아질 수 없음을 의미한다. 완비성의 공리의 의미는

> **한 직선 상에 있는 점들은 공리 I_1, I_2, $II_1 \sim II_4$, $III_1 \sim III_5$ 및 V_1을 만족하면서 그 직선 위에 새로운 점을 할당할 수 없게 만드는 점들의 체계를 형성한다.**

는 것이다. 데데킨트의 공리는 1971년에 데데킨트가 제안했다. 쉽게 생각한다면 이 공리의 목적은 직선이 그 위에 어떤 구멍도 가지고 있지 않음을 보장하는 것이다. 데데킨트의 공리는 역으로 l 위의 점들을 왼쪽과 오른쪽으로 나누는 임의의 분리가 유일한 점 O에 의하여 결정됨을 말한다.

유클리드는 〈원론〉의 명제 1

> **임의의 선분에 대하여 그것을 한 변으로 하는 정삼각형이 존재한다.**

의 증명과정에서

> **AB가 주어진 선분일 때 중심이 A이고 반경이 AB인 원을 그린 다음 다시 중심이 B이고 반경이 BA인 원을 그리면 두 원이 교차하는 점 C가 있다.**

고 하였다. 이러한 논의는 정당해 보이나 사실상 C가 두 원의 교점이라고 한 것에 결함이 있다. 이것은 그림에 의한 직관적인 결과일 뿐, 유클리드의 공리체계로부터 증명되지 않는다. 이 결함은 **원의 연속의 원리**

> **한 원의 다른 원의 내부의 한 점과 외부의 한 점을 가지면 두 원은 두 점에서 교차한다.**

를 증명하여 보완할 수 있다. 그러나 이 원리의 증명에는 반드시 데데킨트의 공리가 필요하다.

힐베르트는 무정의 원소에 대하여 다음과 같이 말했다.

> **누구든지 점, 직선, 평면 대신에 탁자, 의자, 맥주잔이라고 말할 수 있어야 한다.**

왜냐하면 점, 직선, 평면에 대한 어떤 성질이든지 공리에 의해 주어진 성질 이외의 다른 성질이 증명 속에서 사용될 수 없기 때문이다. 따라서 힐베르트의 공리계는 유클리드 기하학의 공리론을 체계화시키는 데 목적이 있으므로 그와 관련해서 점, 직선, 평면이라는 용어를 단지 사용한 것에 불과하다고 생각해야 할 것이다.

힐베르트는 저서 〈기하학의 기초〉에서 위에 주어진 공리군 다섯 개를 바탕으로 유클리드의 〈원론〉의 기본적인 정리의 일부를 증명하였으며, 이어서 다른 수학자들이 이 공리를 바탕으로 〈원론〉의 나머지 정리를 증명하였다. 그런데 우리는

> 힐베르트 공리들은 하나의 수학체계를 만들기 위하여 임의로 설정된 출발 명제이므로 이것으로부터 모순된 결과가 생겨나지 않을까?

하는 의심을 하게 된다. 힐베르트는 〈기하학의 기초〉의 제2장에서 공리계의 무모순성의 문제를 취급하고 있다. 거기에서 그는 그의 공리계에서

평면의 점은 실수의 순서쌍 (x, y)로, 직선은 u, v의 둘 중에 하나가 0이 아닌 비 $(u : v : w)$로, 점 (x, y)가 직선 $(u : v : w)$ 위에 있기 위한 필요 충분조건을

$$ux + vy + w = 0$$

인 식으로 표현했다. 그리고 나서 그의 공리계의 모든 명제가 실수계의 명제로 표현된다는 것을 보였다. 따라서 그의 공리계에서 모순이 생기면 실수계의 모순이 되는 것이다. 따라서 실수계에 모순이 없다면 그의 공리계에도 모순이 없다는 결론을 얻었다. 이 방법은 1898년 프랑스의 수학자 푸앵카레의

> 수학에서 어떤 공리계의 무모순성은 실수계가 무모순이라는 가정하에 주어진 공리계가 실수계에서 성립하면 주어진 공리계는 무모순이다.

라는 주장에 근거를 둔 것이다.

무모순인 어떤 공리집합에 대해서, 기본적인 용어들을 확장하지 않고 주어진 공리들과 독립적이고 무모순인 또 다른 공리를 그 공리집합에 추가하는 것이 불가능하면, 그 공리집합은 '완전하다(complete)'고 말한다. 힐베르트는 공리집합이 완전하지 않으면 하나 또는 그 이상의 다른 공리를 추가하여 완전하게 만들 수 있을 것이라고 확신했었다. 그러나 1931년에 비엔나 대학교에 있던 25세의 오스트리아의 수학자이며 논리학자인 괴델(Gödel, K. 1906~1978)은 잡지 〈수학과 물리학을 위한 월간지(Monatshefte für Mathematik und Physik)〉에 〈수학적 원리 및 그와 연관된 체계들의 형식적으로 결정할 수 없는 명제들에 대하여〉라는 제목으로 불완전성 정리를 발표하여 힐베르트의 시도가 헛된 것임을 알리는 선언을 한 것이다. 괴델이 증명한 중요한 결론은 다음 두 정리이다.

제1불완전성 정리

자연수 체계를 포함하는 모든 공리체계는 본질적으로 불완전하다. 즉 자연수 체계를 포함하는 임의의 무모순인 공리체계에 대하여 이 공리체계 안에서 참(true) 또는 거짓(false)을 결정할 수 없는 명제가 그 공리체계 안에 반드시 존재한다.

제2불완전성 정리

자연수 체계를 포함하는 임의의 무모순인 공리체계에 대하여 이 공리체계의 무모순성을 이 공리체계 안에서는 증명할 수 없다. 즉 어떤 수학체계의 무모순성을 초수학적으로 증명할 수 없다.

참고문헌

1. 김용운.김용국, 수학사대전, 우성문화사, 1986.
2. 백용배 저, 기하학 개론, 교학연구사, 1995.
3. 모리스 클라인(Morris Kline)저, 박세열 저, 수학의 확실성, 민음사, 1984.
4. 벨(Bell, E. T.) 저, 안재구 옮김, 수학을 만든 사람들, 미래서, 1993.
5. 오승재 편역, 수학의 천재들, 경문사, 1995.
6. 임정대, 수학적존재와 인식, 청문각, 1985.
7. ADLER, C. F., *Modern Geometry*, 2nd ed. New York. McGraw-Hill, 1967.
8. BELL, E. T., *The Development of Mathematics*. 2nd ed. New York. McGraw-Hill, 1945.
9. BOYER, C. B., *A History of Mathematics*. 2nd ed. New York. John Wiely & Sons, Inc., 1991.
10. EVES, HOWARD, *An Introduction to the History of Mathematics*. 6th ed. Philadelphia: Saunders College, 1990.
11. ____, *Great Moments in Mathematics(Before 1650)*. Washington, D.C.: The Mathematical Association of America, 1981.
12. ____, *Great Moments in Mathematics(After 1650)*. Washington, D.C.: The Mathematical Association of America, 1982.
13. ____, *Fundamentals of Modern Elementary Geometry*. London: Jone and Bartlett Publishers, 1992.
14. GARNER, L. E., *An Outline of Projective Geometry*. New York: North Holland, 1981.
15. GREENBERG, M. J., *Euclidean and Non-Euclidean Geometries, Development and History*. 1980.
16. HEATH, T. L., *A History of Greek Mathematics*. 2 vols., New York: Dover, 1981.
17. _______, *The Thirteen Books of Euclid's Elements*. 3 vols., 2nd ed. New York: Dover, 1956.
18. HILBERT, D., *Foundations of Geometry*. 10th (1965) ed. of *Grundlagen der Geometrie*, revised and enlarged by P. Bernays, trans. by L. Unger. La Salle · Illinois: Open Court, 1971.
19. MILLMAN, R. S. & PARKER, G. D., *Elements of Differetial Geometry*. New Jersey: Prentice-Hall, Inc. 1977.
20. STILL, J., *Mathematics and its History*. New York: Springer-Verlag, 1989.

21. STRUIK, D. J., *Lectures on Classical Differential Geometry*. 2nd ed. Addison-Wesley Publishing Company, Inc., 1957.

22. _______, *A Concise History of Mathematics*. Rev. ed. New York: Dover Publications, 1967.

23. EATHERBURN, C. E., *An Introduction to Riemannian Geometry and the Tensor Calculus*. Cambridge at the University Press, 1957.

찾아보기

Math is Life ■ 012

기하학의 역사적 배경과 발달

지은이 이종우
펴낸이 조경희
펴낸곳 경문사
펴낸날 2011년 3월 5일 1판 1쇄
2018년 9월 1일 1판 6쇄
등 록 1979년 11월 9일 제313-1979-23호
주 소 04057, 서울특별시 마포구 와우산로 174
전 화 (02)332-2004 팩스 (02)336-5193
이메일 kyungmoon@kyungmoon.com
facebook facebook.com/kyungmoonsa

값 17,000원

ISBN 978-89-6105-155-2
ISBN 978-89-6105-152-1 (세트)